Die Wärmeübertragung

Ein Lehr- und Nachschlagebuch
für den praktischen Gebrauch

von

Dipl.-Ing. M. ten Bosch

Professor an der Eidgen. Technischen Hochschule
in Zürich

Dritte
neu bearbeitete Auflage

Mit 148 Textabbildungen
41 Anwendungsbeispielen
und 5 Nomogrammtafeln

Springer-Verlag Berlin Heidelberg GmbH
1936

ISBN 978-3-662-33641-0   ISBN 978-3-662-34039-4 (eBook)
DOI 10.1007/978-3-662-34039-4
Softcover reprint of the hardcover 3rd edition 1936

Vorwort zur dritten Auflage.

Die zweite Auflage ist schon seit mehr als 2 Jahren vergriffen. Wenn ich im Vorwort der ersten Auflage (1921) schreiben mußte, daß die Gesetze der Wärmeübertragung in der Literatur recht stiefmütterlich behandelt wurden, so hat sich dies in den letzten Jahren vollauf geändert. Die Literatur ist so umfangreich und vielseitig geworden, daß auch der Fachmann Mühe hat sich in den immer neuen Formeln zurecht zu finden und zu den oft widersprechenden Versuchsergebnissen Stellung zu nehmen.

Viele Zuschriften haben mir gezeigt, daß das Buch sich (trotz verschiedener Mängel) in praktischen Kreisen gut eingeführt hat. Bei der Neubearbeitung war deshalb der gleiche Grundgedanke leitend wie bisher, denn der in der Praxis stehende Ingenieur benötigt noch mehr als früher einen Leitfaden, der ihm zuverlässige Zahlenwerte für die Berechnung der Wärmeaustauschapparate gibt.

Entsprechend dem praktischen Zweck des Buches sind alle theoretischen Überlegungen, deren Schlußfolgerungen nicht mit der Erfahrung in Übereinstimmung stehen (z. B. die Potentialtheorie, Wärmeübergang bei Laminarströmung) weggelassen. Verzichtet wurde auch auf die Wiedergabe von Untersuchungen, deren praktische Bedeutung gering ist. Ich denke hier z. B. an die verschiedenen Arbeiten über die Strahlung von durch Luft getrennte Körper, die bei den technischen Feuerungen infolge der Gasstrahlung an Bedeutung verloren haben. Auch die Untersuchungsmethoden wurden nicht aufgenommen; es ist zu hoffen, daß dieses interessante Kapitel der Experimentalphysik einmal von berufener Seite eine zusammenfassende Bearbeitung erfährt. Aus wirtschaftlichen Gründen müßten auch die praktischen Anwendungen der Wärmeübertragung stark gekürzt werden.

Ein ausführliches Verzeichnis, das besonders die technische Literatur berücksichtigt, muß über solche und andere Lücken hinweghelfen; es ermöglicht auch die Vertiefung in einzelne Teilgebiete.

Gegenüber der zweiten Auflage sind die theoretischen Grundlagen der Strahlung etwas erweitert worden, um die großen Schwierigkeiten zu zeigen, die bei der genauen Festlegung der Strahlungszahlen bestehen. Die theoretischen Untersuchungen über die Gasstrahlung von A. Schack haben sich als praktische Grundlage für die Berechnung von technischen Feuerungen bewährt. Ihre Anwendung hat Hottel durch Einführung des „wirksamen" Strahlungsweges noch vereinfacht.

Bei der Wärmeleitung wurde die Berechnung der Rippenflächen entsprechend ihrer erhöhten praktischen Bedeutung erweitert und für den Gebrauch vereinfacht.

Der dritte Abschnitt ist, noch mehr wie bei der zweiten Auflage, gekennzeichnet durch die Bevorzugung der Reynolds-Prandtlschen

Theorie des Wärmeüberganges bei turbulenter Strömung. Die einfachen und sehr anschaulichen physikalischen Grundlagen dieser Theorie bieten so große Vorzüge zum Verständnis des Mechanismus des Wärmeüberganges, daß ihre bisherige Zurücksetzung in der Literatur fast unbegreiflich erscheint. Die meist bevorzugte Potenzformel kann durch entsprechende Wahl der Exponenten ein begrenztes Versuchsgebiet sicher mit sehr guter Annäherung darstellen. Sie versagt aber, sobald versucht wird, ein allgemein gültiges Gesetz aufzustellen und gibt gar keinen Einblick in die interessanten physikalischen Vorgänge des Wärmeüberganges. Auf Grund der Nachrechnung von allen bisher vorliegenden Versuchsergebnissen, die zum größten Teil von meinem Assistenten Dipl.-Ing. L. Weber durchgeführt wurden, kann ich feststellen, daß die erweiterte Theorie von Reynolds-Prandtl mit allen Versuchsergebnissen in sehr guter Übereinstimmung steht. Die Abweichungen liegen innerhalb der erreichten Versuchsgenauigkeit. Dort wo vereinzelt größere Abweichungen bestehen, z. B. bei den Versuchen von Burbach oder bei einer der beiden Meßmethoden von Hahn, müssen sie durch ungenaue Messungen erklärt werden.

Die erweiterte Theorie von Reynolds-Prandtl führt zu einer ziemlich verwickelten Gleichung, mit welcher der Ingenieur nur ungern rechnet. Ich habe diesen Nachteil durch Verwendung von einfachen Nomogrammen für die Berechnung der Wärmeübergangszahlen zu überwinden versucht. Auch für die Strömung längs einer Platte, quer zur Rohrachse (Rohrbündel) und für die freie Strömung sind Nomogramme aufgestellt, wodurch die Berechnung so vereinfacht ist, daß ihre allgemeine Verwendung erwartet werden darf.

Auch der in der Praxis stehende Ingenieur wird sich daran gewöhnen müssen, mit den Kenngrößen, Re, Pr, Nu, Gr usw. zu rechnen; sie sind für die Aufstellung von allgemeinen Gleichungen unbedingt notwendig. Für Einzelfälle, z. B. für ein bestimmtes Medium, können leicht noch einfachere Nomogramme entworfen werden, die nur noch die Temperaturen, Geschwindigkeiten, Rohrdurchmesser usw. enthalten.

Recht unbefriedigend ist noch unsere Kenntnis über den Wärmeübergang bei Laminarströmung in Rohren. Hier würde es schon einen erheblichen Fortschritt bedeuten, wenn es gelingen würde, den Druckverlust bei nichtisothermischer Laminarströmung theoretisch zu berechnen.

Zürich, Februar 1936.

ten Bosch.

Inhaltsverzeichnis.

---

[1] Die eingeklammerten Zahlen verweisen auf das Literaturverzeichnis am Schluß des Buches.

III. Wärmeübergang.

IV. Allgemeine Gesichtspunkte für die Konstruktion von Wärmeaustauschapparaten (*L. 40*).

V. Stoffwerte.

Buchstabenbezeichnungen.

Temperaturen.

ϑ = Temperatur in ^{0} C.
T = absolute Temperatur = Temperatur in ^{0} K.
Θ = Temperaturunterschied.
ϑ_0 = Temperatur in der Rohrachse.
ϑ_1 = Eintrittstemperatur.

ϑ_2 = Austrittstemperatur.
$\vartheta_x = f(x, r)$ = Temperatur an der Stelle x.
ϑ_{mx} = Mittelwert an der Stelle x.
ϑ_∞ = unveränderliche Temperatur der Umgebung.

Der Zeiger (Index) w wird für die Wandtemperatur verwendet. In Abschnitt IV beim Wärmeaustausch zweier Flüssigkeiten auch um die warme Flüssigkeit zu kennzeichnen; Index k = kalte Flüssigkeit.

Wärmemenge.

$Q = \int_F q_x\, dF$ = totale Wärmemenge [kcal/h].
q_x = Wärme je Flächeneinheit an der Stelle x [kcal/m², h].
q = mittlere Wärme je Flächeneinheit
$$= \frac{1}{F} \int_F q_x\, dF \ \text{[kcal/m², h]}.$$
q = Heizflächenbelastung.
F = Oberfläche.
f = Querschnittsfläche.

Geschwindigkeiten.

u = Geschwindigkeit an irgendeiner Stelle oder
  = X-Komponente der Geschwindigkeit.
v = Y-Komponente der Geschwindigkeit.
w = Z-Komponente der Geschwindigkeit oder mittlere Geschwindigkeit.
u_0 = maximale Geschwindigkeit, z. B. in der Rohrachse.
u' = Geschwindigkeit an der Grenze der Laminarschicht.
u_* = Schubspannungsgeschwindigkeit.

Dicke.

δ = Wanddicke, oft auch mit s bezeichnet.
  = totale Dicke der Prandtlschen Grenzschicht = $\delta' + \delta'' + \delta'''$.
δ' = Dicke der Laminarschicht.
δ'' = Dicke des Übergangsgebietes.
δ''' = Dicke der turbulenten Reibungsschicht mit dem 1/7-Potenzgesetz als Geschwindigkeitsverteilung.

λ = Wärmeleitzahl.
p = Druck.
γ = spezifisches Gewicht.
v = spezifisches Volumen.
g = Erdbeschleunigung.
$\varrho = \dfrac{\gamma}{g}$ = Dichte.
η = Zähigkeitszahl.
$\nu = \dfrac{\eta}{\varrho}$ = kin. Zähigkeit.
h = Stunden.
$c,\ c_p$ = spezifische Wärme.
a = Temperaturleitfähigkeit = $\lambda/c_p\,\gamma$.
$C_1,\ C_0$ = Konstanten (Strahlungszahl).
α = Wärmeübergangszahl (W.Ü.Z.).
k = Wärmedurchgangszahl.
β = Ausdehnungszahl.
$l,\ L$ = Länge.
d = Rohrdurchmesser.
$x,\ y,\ z$ = Koordinaten.
t = Zeit.

Einleitung.

Die Wärmeübertragung umfaßt die Gesamtheit aller Erscheinungen, die durch die Überführung einer Wärmemenge von einer Stelle des Raumes nach einer anderen Stelle gekennzeichnet ist. Sobald zwei Stellen aus irgendwelchen Ursachen verschiedene Temperaturen haben, ist von selbst das Bestreben vorhanden, die Temperaturdifferenzen auszugleichen. Dieser Ausgleich kann auf folgende Weise vermittelt werden:

1. Es können von einem wärmeren Molekül Schwingungen ausgesandt und von den kälteren Molekülen absorbiert werden. Diesen Vorgang nennt man Wärmestrahlung. Die Wärme kann dabei auf weit entfernten Körpern übertragen werden, ohne das dazwischen liegende Medium zu erwärmen.

2. Die zweite Möglichkeit der Wärmeübertragung findet statt von Molekül zu Molekül bei Körpern aller Aggregatzustände. Nach der mechanischen Wärmetheorie hat man sich die Moleküle eines Körpers nicht in Ruhe, sondern in beständiger, regelloser Bewegung zu denken. Die kinetische Energie der Moleküle ist um so größer, je höher die Temperatur ist. Bei dieser Molekularbewegung finden nun fortwährend im Innern des Körpers Zusammenstöße der Moleküle statt, und so wird die kinetische Energie von dem einen Molekül dem anderen mitgeteilt. Diesen direkten Übergang der Wärme von Molekül zu Molekül nennt man Wärmeleitung.

Sind die Moleküle des Körpers gegeneinander verschiebbar, wie bei Flüssigkeiten (tropfbare oder elastische), so werden die wärmeren, spezifisch leichteren Teile einen Auftrieb erleiden, während die kälteren unter dem Einfluß der Schwere sich abwärts bewegen. Diesen Vorgang nennt man Konvektion oder „freie" Strömung in Gegenüberstellung zur „erzwungenen" Strömung der Flüssigkeit, die durch äußere Kräfte unabhängig von Temperaturunterschieden verursacht wird. Eine Trennung der Wärmeübertragung in Leitung und Konvektion ist bei Flüssigkeiten nicht möglich.

An der Grenzfläche eines Körpers kann die Wärme sowohl durch Leitung als auch durch Strahlung auf einen zweiten übergehen. Beide Arten des Wärmeüberganges folgen aber grundverschiedenen Gesetzen und müssen bei der Berechnung getrennt behandelt werden. Bei Änderung des Aggregatzustandes (Verdunsten, Sieden, Kondensieren, Auftauen, Gefrieren) ändern sich auch die Gesetze der Wärmeübertragung.

I. Wärmestrahlung.

1. Allgemeine Definitionen.

Wärmestrahlen bilden einen Teil der von einem Körper ausgesandten elektromagnetischen Strahlen. Nur ein kleiner Bruchteil davon wird durch das Auge als Lichtempfindung wahrgenommen (vgl. Abb. 5), nämlich das Gebiet zwischen den Wellenlängen $\lambda = 0,365\,\mu$ bis $0,75\,\mu$[1]. Das ganze Gebiet der elektromagnetischen Strahlen hat etwa folgende Einteilung:

$\lambda = 0,1$ bis $10 \cdot 10^{-8}$ cm[1]	Höhen- und Gammastrahlen
$= 10$ bis $200 \cdot 10^{-8}$ cm	Röntgenstrahlen
$= 0,02\,\mu$ bis $0,35\,\mu$	chemische (ultraviolette) Strahlen
$= 0,365$ bis $0,75\,\mu$	sichtbare (Licht-) Strahlen
$= 0,75$ bis $400\,\mu$	Wärme- (ultrarote) Strahlen
$= 0,4$ mm bis x km	elektrische Wellen.

Aus der Analogie der Licht- und Wärmestrahlen folgt, daß die aus der Optik bekannten geometrischen Erfahrungssätze auch auf die Wärmestrahlung angewandt werden dürfen; vor allem die der geradlinigen Fortpflanzung, der Spiegelung (Reflexion) und der Brechung (Refraktion). Die Wärmestrahlen können demnach durch Linsen gesammelt oder durch Hohlspiegel gerichtet werden, wie es z. B. bei einzelnen elektrischen Heizkörpern geschieht.

Die **Entstehung** eines Wärmestrahles wird als „Emission" bezeichnet. Da die Wärmestrahlung eine besondere Energieform ist, so muß — nach dem Prinzip der Erhaltung der Energie — die Emission stets auf Kosten anderweitiger Energie erfolgen (Körperwärme, chemische oder elektrische Energie). Daraus folgt, daß nur substantielle Partikel Wärmestrahlen emittieren können, nicht aber geometrische Flächen.

Ein Volumenelement dV im Innern einer strahlenden, homogenen und isotropen[2] Substanz wird in der Zeiteinheit eine Energiemenge aussenden, die mit dem Volumen proportional ist. Da die Energiestrahlung sich mit der endlichen Geschwindigkeit c (rd. 300000 km/s im Vakuum) fortpflanzt, so befindet sich in einem endlichen Raumteile des Stoffes ein endlicher Betrag von Energie. Für mathematische Betrachtungen ist es zweckmäßiger mit der Frequenz ν, d. i. mit der Anzahl Schwingungen pro Sekunde als mit der Wellenlänge λ zu rechnen:

$$\nu = c/\lambda. \tag{1}$$

Die Wellenlänge ändert sich nämlich beim Übergang von einem Medium zum andern, während die Frequenz der Strahlung unverändert bleibt. Die Strahlungsgeschwindigkeit c ist also vom Medium abhängig. Die räumliche **Strahlungsdichte** $u = dU/dV$ sei nur von der Temperatur abhängig, d. h. wir setzen voraus, daß keine chemischen Änderungen im

---

[1] $1\,\mu = 0,001$ mm $= 10^{-4}$ cm; 1 Ångströmeinheit $= 10^{-8}$ cm.

[2] In einem **isotropen** Stoff sind alle physikalischen Eigenschaften unabhängig von der Richtung.

Medium auftreten und eine reine **Temperaturstrahlung** vorliegt. Auch bei der Verbrennung ist die Strahlung infolge der chemischen Änderung der Moleküle unbedeutend gegenüber der Temperaturstrahlung.

Weil im homogenen und isotropen Medium keine Richtung irgendwie bevorzugt ist, so strahlt das Volumenelement nach allen Richtungen gleichmäßig Strahlen aus. Die in der Richtung β (Abb. 1) ausgestrahlte Energie ist demnach der Öffnung $d\Omega$ des Einheitskegels proportional. Die emittierte Energie wird im allgemeinen eine ganz beliebige spektrale Verteilung besitzen, d. h. die verschiedenen Wellenlängen von 0 bis ∞ können mit ganz verschiedener Intensität[1] darin vertreten sein. Wenn die Emission nur für ein beschränktes Spektralgebiet von Null verschieden ist, wie z. B. bei Gasen, wo nur einzelne Spektralstreifen vorhanden sind (vgl. Abb. 10, S. 27), so besitzt das Medium **selektive** (auswählende) Emission.

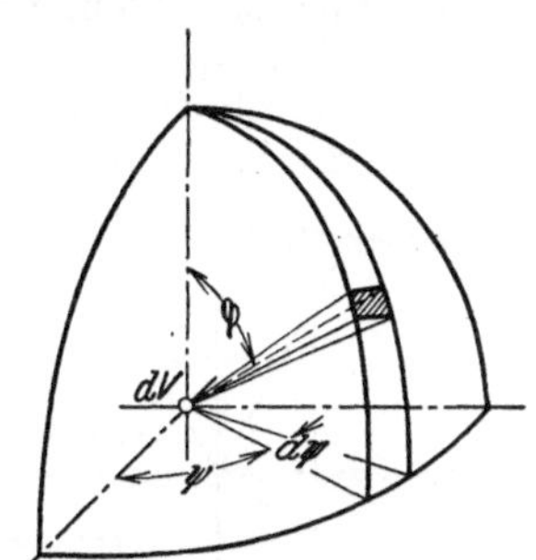

Abb. 1. Strahlung eines Volumenelementes dV in der Einheitskugel. $\psi = $ Azimut.

Nennt man ε_λ die Emissionszahl des Stoffes für die Wellenlänge λ so strahlt das Volumenelement in der Zeiteinheit und in der Richtung β die Energiemenge:

$$dE_\beta = dV\,d\Omega \int\limits_0^\infty \varepsilon_\lambda\,d\lambda,$$

wobei nach unserer Voraussetzung die Emissionszahl ε_λ außer von der Wellenlänge nur von der Temperatur des Volumenelementes abhängt.

Durch Integration von $d\Omega$ über alle Richtungen erhält man die Oberfläche der Einheitskugel 4π, so daß die gesamte vom Volumenelement in der Zeiteinheit ausgestrahlte Energie

$$dE = 4\pi\,dV \int\limits_0^\infty \varepsilon_\lambda\,d\lambda \quad \text{ist.}$$

Die **Fortpflanzung** der Strahlen im Innern des homogenen, isotropen und ruhend angenommenen Mediums erfolgt geradlinig und nach allen Richtungen mit der gleichen Geschwindigkeit. Jeder Strahl erleidet dabei im allgemeinen eine Schwächung dadurch, daß beständig ein gewisser Teil seiner Energie aus seiner Richtung abgelenkt und nach allen

---

[1] Unter **Intensität** versteht man ganz allgemein die Stärke der Wirkung, hier der Strahlung, also die Energiemenge, die in der Zeiteinheit ausgestrahlt wird Watt oder kcal/h). Man muß dabei unterscheiden:

a) Die Intensität bei einer bestimmten Wellenlänge (J_λ), oft „relative" Intensität genannt.

b) Die Intensität in einem engen Wellenbereich von λ_1 bis λ_2: $E_{\Delta\lambda} = \int\limits_{\lambda_1}^{\lambda_2} J_\lambda\,d\lambda$.

c) Die Intensität der Gesamtstrahlung: $E = \int\limits_0^\infty J_\lambda\,d\lambda$.

Man kann die verschiedenen Intensitäten auf das Volumen des strahlenden Körpers oder auf die Einheit der Oberfläche beziehen. Die auf die Flächeneinheit bezogene Intensität wird „spezifische Intensität" oder **Helligkeit** (Flächenhelle) genannt. Der Begriff der Helligkeit ist also (wie auch der Begriff der Farbe) nicht auf das sichtbare Bereich (photometrische Helligkeit) beschränkt.

Weiter kann man die Intensität in einer bestimmten Richtung oder auch in einem bestimmten Raumwinkel betrachten.

Richtungen des Raumes zerstreut wird. Die blaue Farbe des Himmels ist ein typisches Beispiel der Zerstreuung, die für kurze Wellenlängen beträchtlich größer als für lange ist.

Reflexion. Wenn der Strahl an die Grenze des Mediums gelangt und dort auf die Oberfläche eines anderen, ebenfalls homogenen und isotropen Stoffes trifft, so spaltet er sich in zwei ungleiche Teile: Ein Teil (R) wird zurückgeworfen ein anderer Teil (D) dringt mit plötzlich geänderter Richtung in das zweite Medium ein, er wird gebrochen.

Man spricht häufig — der Kürze halber — davon, daß die Oberfläche eines Körpers Wärme nach außen strahlt, aber die Oberfläche emittiert niemals im eigentlichen Sinne. Je nachdem der hindurchgehende Teil größer oder kleiner ist, scheint die Oberfläche stärker oder schwächer zu strahlen (vgl. S. 10).

Die durch die Grenzfläche des Mediums reflektierte und damit auch die hindurchgehende Strahlungsenergie ist von der Beschaffenheit der Oberfläche und von der Wellenlänge des auffallenden Strahles abhängig. Die Rückstrahlung (Reflexion) ist regelmäßig (regulär), wenn die Unebenheiten der Oberfläche klein sind im Verhältnis zur Wellenlänge. Solche Oberflächen nennt man glatt. Dabei tritt nur ein einziger gebrochener und ein einziger reflektierter Strahl auf (Abb. 2). Errichtet man in dem Einfallspunkt auf der Trennungsfläche

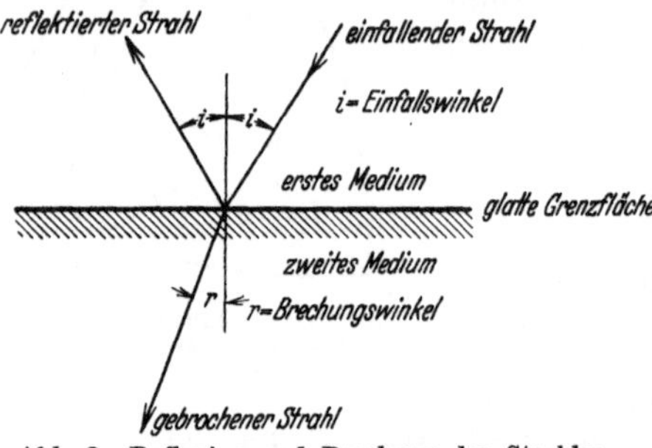

Abb. 2. Reflexion und Brechung des Strahles.

das Lot, so liegen einfallender Strahl, Lot und reflektierter Strahl in einer Ebene, der sog. Einfalls- (Inzidenz-) Ebene. Für regelmäßige Rückstrahlung gilt das Reflexionsgesetz: Einfallwinkel = Reflexionswinkel. Die Richtungen des einfallenden und des gebrochenen Strahles sind durch das **Brechungsgesetz von Snellius** verbunden:

$$n_1 \sin i = n_2 \sin r. \tag{2}$$

Das Verhältnis $\dfrac{\sin r}{\sin i} = \dfrac{n_2}{n_1} = n$ heißt Brechungsindex (auch Quotient, Exponent, Koeffizient genannt) des Mediums 1 gegen das Medium 2. Es ist von der Natur der beiden Medien und von der Wellenlänge der Strahlung abhängig, aber unabhängig von der Größe des Einfallswinkel i. Der Brechungsindex von Luft ist 1,00029, also praktisch $= 1$, gleich dem Brechungsindex gegenüber dem leeren Raum.

Je kleiner die Wellenlänge, um so glätter muß die Oberfläche für die regelmäßige Rückstrahlung sein. Die kurzwelligen X-Strahlen werden auch von der glättesten Metallfläche diffus zurückgestrahlt, d. h. der auffallende Strahl wird nach allen Richtungen gleich reflektiert. Die Oberfläche heißt dann rauh. Die Definitionen glatt und rauh beziehen sich also auf Strahlen einer bestimmten Wellenlänge. Eine Fläche, die für eine gewisse Strahlungsgattung rauh ist, kann für Strahlen mit größerer Wellenlänge, z. B. für Wärmestrahlen, glatt sein. Polierte

Metallflächen sind für Wärmestrahlen glatt; Backstein ist sowohl für Wärme- als auch für Lichtstrahlen rauh.

Eine glatte Fläche, die alle auffallenden Strahlen reflektiert, nennt man „spiegelnd"; glatte Flächen, die alle Strahlen durchlassen, gibt es nicht.

Während für die Optik die reguläre Strahlung, d. i. die Strahlung von Lichtpunkten die größte Bedeutung hat, sind bei der Wärmeübertragung die diffusen, von Flächen ausgehenden Strahlen die praktisch wichtigsten.

Ein Körper heißt grau, wenn die Strahlen aller Wellenlängen gleich stark, farbig, wenn gewisse Wellenlängen erheblich stärker als andere reflektiert werden. Wenn eine rauhe Fläche alle auf sie fallenden Strahlen vollständig reflektiert, nennt man sie weiß. Eine rauhe Fläche, die alle auffallenden Strahlen durchläßt und keine reflektiert, heißt schwarz.

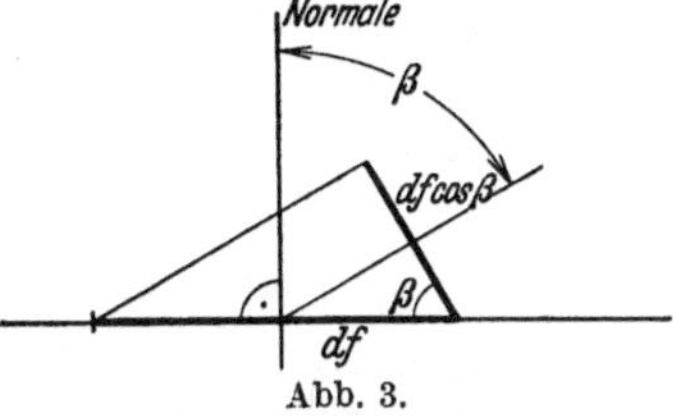

Abb. 3.

Eine unendlich kleine Fläche dF im Innern eines beliebig durchstrahlten Mediums wird nach den verschiedensten Richtungen von Strahlen durchkreuzt. Die in der Zeiteinheit in einer bestimmten Richtung hindurchgestrahlte Energie ist proportional dem Kosinus des Winkels β, welchen die Normale von dF mit der Richtung der Strahlung bildet (Abb. 3). Da dF sehr klein ist, werden alle Punkte der Fläche in vollkommen gleicher Weise getroffen, so daß die hindurchgestrahlte Energie der „gesehenen" Fläche $dF \cos \beta$ proportional ist:

$$H_\beta = H_n \cos \beta. \tag{3}$$

Das Lambertsche Kosinusgesetz gilt streng für schwarze Flächen, angenähert auch für die meisten technischen, diffus strahlenden. Für polierte Metallflächen gilt das Gesetz aber nicht (vgl. S. 17). Der Winkel β heißt Ausstrahl-, Emissions- oder auch Emanationswinkel.

Die Energie, die in der Zeiteinheit in der Richtung β des Einheitskegels $d\Omega$ hindurchgestrahlt wird, ist

$$H_n \cos \beta \cdot d\Omega \cdot dF. \tag{3a}$$

Das Produkt $H\,dF$ wird Lichtstärke (Strahlungsstärke) genannt.

Zwischen der räumlichen Strahlungsdichte $u = \dfrac{dU}{dV}$ und der spezifischen Intensität (oder Flächenhelle) $H = \dfrac{dE}{dF}$ besteht die Beziehung[1]

$$u = \frac{4\pi H}{c},$$

worin c die Strahlungsgeschwindigkeit ist.

Als ganze von der Fläche ausgestrahlte Wärme ist jene Wärmemenge zu betrachten, die nach einer Seite des Raumes ausgestrahlt wird. Denken wir uns um die Fläche dF eine Halbkugel mit dem Radius 1 und schneiden daraus eine Zone von der Breite $d\beta$ aus, deren Mantelfläche $= 2\pi \sin\beta\, d\beta$ ist (Abb. 4), so ist die in der Zeiteinheit darauf gestrahlte Wärme:

$$d^2 Q_\beta = 2\pi H_n\, dF \sin\beta \cos\beta\, d\beta.$$

---

[1] *L. 10.3,* S. 21/23.

Auf die Kugelhaube mit dem Spitzenwinkel 2β fällt daher die Wärmemenge:

$$d Q_\beta = \pi H_n \, dF \int\limits_0^\beta \sin 2\beta \, d\beta = \frac{\pi}{2} H_n \, df (1 - \cos 2\beta) \tag{4}$$

und auf die ganze Halbkugel:

$$d Q = \pi H_n \, dF, \quad \text{so daß} \quad H_n = \frac{1}{\pi} \cdot \frac{dQ}{dF} \; [\text{kcal/m}^2, \text{h}] \tag{5}$$

ist.

Die Intensität der von einer Fläche in senkrechter Richtung ausgestrahlten Wärme ist gleich der ganzen je Flächeneinheit ausgestrahlten Wärme geteilt durch π.

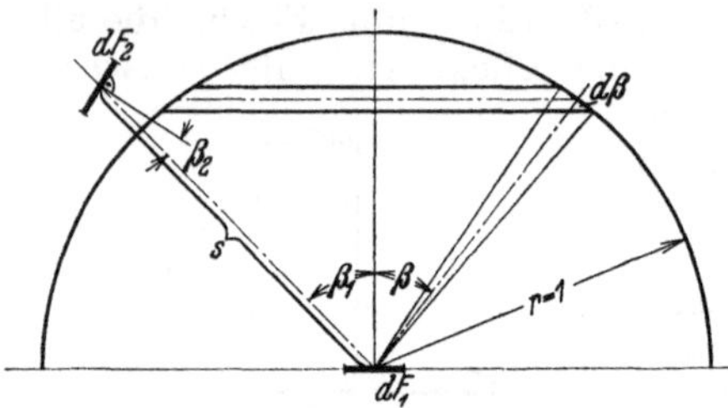

Abb. 4. Strahlung eines Flächenelementes nach verschiedenen Richtungen.

Einstrahlzahl. Von allen ausgesandten Strahlen trifft im allgemeinen nur ein Teil (ein Strahlungskegel) einen zweiten Körper. Dieser Teil wird **Winkelverhältnis** φ oder **eindeutiger Einstrahlzahl** genannt, und gibt den mittleren Winkel an von welchem der eine Körper vom zweiten „gesehen" wird.

Für eine senkrecht über dF liegende Kugelhaube ist die Einstrahlzahl

$$\varphi = \frac{\frac{\pi}{2} H_n \, dF \, (1 - \cos 2\beta)}{\pi H_n \, dF} = \frac{1 - \cos 2\beta}{2}. \tag{6}$$

Für eine andere, ebenso große Kugelhaube, deren Achse nicht mit der senkrechten Richtung zusammenfällt, sondern damit den Winkel β_1 einschließt, ist:

$$\varphi = \frac{1 - \cos 2\beta}{2} \cos \beta_1. \tag{7}$$

Die Wärmemenge, die ein Flächenelement dF_1 (Abb. 4) nach eine irgendwo im Raum liegende zweite kleine Fläche dF_2 strahlt, kann wie folgt berechnet werden. Der Strahl s, der die beiden unendlich kleinen Flächen verbindet, schließe mit den beiden Flächennormalen die Winkel β_1 und β_2 ein. Denken wir uns das Flächenelement dF_2 zunächst so gedreht, daß es auf s senkrecht steht, dann wäre die zugestrahlte Wärmemenge $\frac{H_n dF_1}{s^2} \cos \beta_1 \, dF_2$. Da es aber gegen diese Lage um den Winkel β_2 geneigt ist, so empfängt er nur die Wärmemenge

$$dQ = \frac{H_n}{s^2} \, dF_1 \, dF_2 \cos \beta_1 \cos \beta_2. \tag{8}$$

Die gesamte Wärme, die die Oberflächeneinheit eines Körpers von der absoluten [1] Temperatur T gegen einen diesen ganz umschließenden Körper von der absoluten Temperatur Null (-273^0 C) ausstrahlt,

---

[1] 1^0 C absolut $= 1^0\ K$ (Kelvin).

bezeichnet man als das **Emissionsvermögen** E des Körpers bei der Temperatur T [kcal/m², h].

Ein Körper A von 100° C emittiert gegen einen ihm gegenüber befindlichen Körper B von 0° C genau dieselbe Wärmestrahlung, wie gegen einen gleich großen und gleich gelegenen Körper B' von 1000° C. Wenn der Körper A von dem Körper B abgekühlt und von dem Körper B' erwärmt wird, so ist dies nur eine Folge des Umstandes, daß B schwächer, B' aber stärker emittiert als A.

Endlich ist bei einem Strahl von bestimmter Richtung, Intensität und Frequenz noch die Art der *Polarisation* charakteristisch. Nach der **Maxwell**schen Strahlungstheorie (S. 16) besteht die Strahlung in elektrischen und magnetischen Schwingungen, und zwar erfolgen diese Schwingungen immer in Ebenen senkrecht zur Strahlrichtung. In einem homogenen, isotropen Körper ist keine Schwingungsrichtung bevorzugt, die Schwingungen sind nach allen Richtungen gleich.

Gehen die Schwingungen ständig in einer Ebene vor sich, so heißt die Strahlung linear polarisiert; dabei erfolgen die magnetischen Schwingungen in der Polarisationsebene und senkrecht zu ihr die elektrischen.

Zerlegt man nun einen in bestimmter Richtung fortschreitenden unpolarisierten oder beliebig polarisierten Strahl von bestimmter Schwingungszahl ν in zwei geradlinig polarisierte Komponenten, deren Schwingungsebenen senkrecht zueinander stehen, im übrigen aber beliebig sind, so ist die Summe der Intensitäten der beiden Komponenten stets gleich der Intensität des ganzen Strahles. Die Größe der beiden Komponenten kann stets durch zwei Ausdrücke von der Form

$$H_\nu \cos^2 \psi + H'_\nu \sin^2 \psi \quad \text{und} \quad H_\nu \sin^2 \psi + H'_\nu \cos^2 \psi \tag{9}$$

dargestellt werden, wobei ψ das Azimut der Schwingungsebene einer Komponente bedeutet. Die Größen H_ν und H'_ν sind unabhängig von ψ. Die Summe der beiden Ausdrücke, welche Komponenten der spezifischen Schwingungsintensität von der Schwingungszahl ν genannt werden, ergibt in der Tat die Intensität des ganzen Strahles $H_\nu + H'_\nu$, unabhängig von ψ.

Für die absolut schwarze Strahlung ist keine Richtung bevorzugt, also $H_\nu = H'_\nu$, d. h. die **Intensität der schwarzen Strahlung ist doppelt so groß wie die der geradlinig polarisierten.**

Absorption ist die Vernichtung eines Wärmestrahles. Der Vorgang äußert sich darin, daß jeder Wärmestrahl auf einer Strecke ds seiner Bahn um einen Bruchteil dJ seiner Intensität J geschwächt wird, und zwar ist dieser Bruchteil proportional der kleinen Strecke ds.

$$dJ_\lambda = - \alpha_\lambda J_\lambda ds. \tag{10}$$

Den Beiwert α_λ [1/m] nennt man die **Absorptionszahl** des Mediums für die Wellenlänge λ. In den physikalischen Handbüchern wird (abgeleitet aus der elektromagnetischen Theorie der Strahlung), $\alpha_\lambda = 4\pi\, k_\lambda/\lambda$ gesetzt und k_λ als **Absorptionsindex** bezeichnet. Für Silber z. B. ist für die Wellenlänge $\lambda = 5{,}89 \cdot 10^{-5}$ cm, $k_\lambda = 3{,}67$ und $\alpha_\lambda = \dfrac{4\pi \cdot 3{,}67}{5{,}89 \cdot 10^{-6}}$ $= 0{,}77 \cdot 10^6$ cm⁻¹.

Medien, die keine Wärmestrahlen absorbieren, sie also ohne Erwärmung durchlassen, nennt man **diatherman**. Für trockene Luft z. B.

ist α_λ für alle Wellenlängen gleich Null. Wenn die Absorptionszahl α_λ nur für ein beschränktes Spektralgebiet von Null verschieden ist, wie z. B. bei Kohlensäure oder Wasserdampf (Abb. 10), so besitzt das Medium selektive (auswählende) Absorption und gibt im Wellenspektrum einzelne Absorptionsstreifen.

Wenn J_1 die Intensität des eintretenden und J_2 die des aus dem Medium austretenden Strahles ist, so ist die absorbierte Intensität $J_1 - J_2$. Das Verhältnis

$$A = \frac{J_1 - J_2}{J_1} = 1 - \frac{J_2}{J_1} \tag{11}$$

wird Absorptionsverhältnis genannt[1]. Für eine bestimmte Wellenlänge ist α_λ konstant, so daß die Intensität des austretenden Strahles aus der einfachen Integration der Gleichung (10) zwischen den Grenzen 0 und s berechnet werden kann.

$$J_2 = J_1\, e^{-\alpha_\lambda \cdot s}.$$

Für den Strahl von der Wellenlänge λ ist also das Absorptionsverhältnis:

$$A_\lambda = 1 - e^{-\alpha_\lambda \cdot s}. \tag{12}$$

Um die auffallenden Strahlen vollständig zu absorbieren muß der Körper also eine gewisse Dicke s haben. Je kräftiger der Stoff absorbiert, um so kleiner kann die Dicke s sein. Da $e^{-4,6} = 0,01$ ist, so genügt eine Schichtstärke $s = 4,6/\alpha_\lambda$ um 99% der senkrecht auffallenden Strahlen zu absorbieren. Für Silber mit $\alpha_\lambda = 0,77 \cdot 10^6$ cm^{-1} wird $s = 6 \cdot 10^{-6}$ cm, also etwa 0,1 der Wellenlänge. Die Absorption von Metallen ist im allgemeinen so stark, daß die Amplitude schon nach dem Weg einer Wellenlänge gleich Null wird.

Die Gleichung (12) darf nicht zur Berechnung des Absorptionsverhältnisses eines durchlässigen Körpers verwendet werden, weil bei der Integration der Gleichung (10) beachtet werden muß, daß

1. die Intensität der Strahlung J_λ von der Strahlungsrichtung abhängt (Lambertsches Kosinusgesetz, S. 5),

2. die Wege s je nach der Form des Körpers für die einzelnen Strahlen verschieden lang sind, und

3. die Absorptionszahl α_λ sehr stark von der Wellenlänge abhängt.

Das Absorptionsverhältnis A eines durchlässigen Körpers ist also sowohl von der Körperform als auch von der Wellenlänge und von der Temperatur abhängig.

Die Energiemenge von der Wellenlänge λ, die ein Flächenelement dF_1 nach einem zweiten Flächenelement dF_2 strahlen würde, wenn kein absorbierendes Medium vorhanden wäre, ist nach Gleichung (8):

$$dQ_\lambda = J_\lambda \frac{dF_1\, dF_2}{s^2} \cos\beta_1 \cos\beta_2.$$

Auf dem Wege s von dF_1 nach dF_2 wird diese Energie auf das $e^{-\alpha_\lambda \cdot s}$ fache geschwächt, so daß der Betrag

$$\left(1 - e^{-\alpha_\lambda s}\right) J_\lambda \frac{dF_1\, dF_2}{s^2} \cos\beta_1 \cos\beta_2 \tag{13}$$

---

[1] In den physikalischen Handbüchern meist noch als Absorptionsvermögen bezeichnet.

absorbiert wird. Durch Integration über die Fläche F_1 erhält man dei absorbierte Energie des ganzen durch die Fläche F_1 begrenzten Körpers. Die Energie, welche die ganze Oberfläche F_1 nach dF_2 aussenden würde, wenn kein absorbierendes Medium vorhanden wäre, folgt aus der Integration der Gleichung (8), so daß das Absorptionsverhältnis

$$A = \frac{\int\limits_{\lambda=0}^{\infty}\int\limits_{F_1} (1 - e^{-\alpha_\lambda s}) J_\lambda \frac{\cos\beta_1 \cos\beta_2}{s^2}\, dF_1}{\int\limits_{\lambda=0}^{\infty}\int\limits_{F_1} J_\lambda \frac{\cos\beta_1 \cos\beta_2}{s_2}\, dF_1} \tag{14}$$

ist. Die Integration dieser Gleichung ist für einfache Körperformen (Kugel, Zylinder, ebene Platte) unter der Voraussetzung einer konstanten, von der Wellenlänge unabhängigen Absorptionszahl α_λ durchführbar. Sie ist von Nusselt für die Kugel[1] und für den Zylinder[2] und von Jakob für die ebene Platte[3] durchgeführt worden.

E. Schmidt[4] hat, ebenfalls unter der Annahme $\alpha_\lambda = \mathrm{const}$, die Strahlung eines Gasvolumens von der Gestalt eines Kreiszylinders beliebiger Höhe und beliebigen Durchmessers auf ein Flächenelement in der Mitte seiner Grundfläche nur durch eine einfache Integration bestimmt. Mit Hilfe dieser Lösung kann dann die Strahlung eines rechteckigen Gasvolumens auf ein beliebiges Flächenelement seiner Begrenzung in einfacher Weise berechnet werden.

Die Annahme einer konstanten Absorptionszahl α_λ ist aber unzulässig, weil sie tatsächlich sehr stark von der Wellenlänge und auch von der Temperatur abhängt. Die aus der Integration der Gleichung (14) abgeleiteten Absorptionsverhältnisse gelten demnach nur für eine bestimmte Wellenlänge und für eine bestimmte Temperatur. Sie dürfen nicht ohne weiteres für praktische Fälle, z. B. bei der Gasstrahlung (vgl. S. 27) verwendet werden.

E. Schmidt umgeht diese Schwierigkeit, indem er für einen nicht allzugroßen Bereich der Schichtstärke einen mittleren konstanten Wert α_m für die Absorptionszahl annimmt, der aus den Messungen der Gesamtstrahlung des betreffenden Körpers bestimmt werden muß. Diese mittlere Absorptionszahl ist also abhängig von Schichtstärke und Temperatur.

Man nennt einen Körper schwarz, wenn er alle auf seine Oberfläche fallenden Strahlen ohne jede Reflexion aufnimmt und keinen derselben wieder herausläßt.

Absolut schwarze Körper existieren in der Natur nicht. Man kann aber einen solchen Körper dadurch herstellen, daß ein Hohlkörper, dessen Innenfläche eine gleichmäßige Temperatur hat, mit einem kleinen Loch versehen wird. Die Strahlen, welche durch das Loch ins Innere des Hohlkörpers fallen, können erst nach so vielfachen Reflexionen an den Innenwänden des Hohlraumes wieder nach außen gelangen, daß ihre Intensität durch die mit jeder Reflexion verbundene Absorption so gut

---

[1] *L. 13.2*, S. 41. — [2] *L. 13.14*, S. 763. — [3] Der Chemie-Ingenieur S. 301. — [4] *L. 13.19.*

wie Null geworden ist. Es gelangt daher von der einfallenden Strahlung
so gut wie nichts nach außen zurück, d. h. das Loch wirkt als ein absolut
schwarzer Körper.

Wenn der reflektierte Teil der auffallenden Strahlen mit R (Reflexions-
verhältnis) bezeichnet wird, so ist für wärmenichtdurchlassende Körper:

$$A + R = 1. \tag{15}$$

Das Absorptionsverhältnis A darf nicht verwechselt werden mit
der Absorptionszahl α. Für polierte Metalle, die fast alle Strahlen
reflektieren, ist nach Gleichung (15) A klein, trotzdem α für alle Metalle
sehr groß ist. Das Absorptionsverhältnis kann durch Oberflächen-
behandlung geändert werden, die Absorptionszahl nicht.

Für wärmedurchlassende (diathermane) Körper ist

$$A + R + D = 1, \tag{16}$$

worin D das Durchlässigkeitsverhältnis ist.

Die Emission eines Körpers und die Absorption stehen nun in einem
engen Zusammenhang. Kirchhoff[1] hat nämlich nachgewiesen, daß das
Verhältnis des Emissionsvermögens E zur Absorption A bei derselben
Temperatur konstant und unabhängig von der Natur des Körpers ist

$$\frac{E}{A} = E_s. \tag{17}$$

Für $A = 1$, d. i. für den absolut schwarzen Körper ist $E = E_s$.

Der Kirchhoffsche Satz gilt sowohl für die Gesamtstrahlung als auch
für jede Wellenlänge, jede Richtung und jeden Polarisationszustand. Es
kann also in keinem Wellenbereich in irgendeiner Richtung
die Strahlung des schwarzen Körpers überschritten werden.

Da für die Absorption der Strahlen in festen Körpern sehr kleine
Schichtdicken ausreichen (S. 8), so nehmen nach dem Kirchhoffschen
Gesetz auch nur diese dünnen Schichten an der Emission der Strahlen
teil. Die als Abkürzung gebräuchliche Bezeichnung, daß die Oberfläche
der Körper strahlen ist demnach für feste Körper wohl gerechtfertigt.

Da auch für homogene und isotrope Körper sowohl die Emissionszahl
als die Absorptionszahl von der Wellenlänge, von der Temperatur und
von der Art des Körpers abhängen, ist die Wärmestrahlung ein recht
verwickeltes physikalisches Problem. Das vollständige Gesetz der ausgestrahlten Energie eines Körpers bezeichnet man als das Strahlungsgesetz des Körpers:

$$E = f(\lambda, T),$$

welche Funktion theoretisch oder experimentell bestimmt werden muß.

---

[1] Der Beweis des Kirchhoffschen Satzes folgt unmittelbar aus dem zweiten
Hauptsatz der Thermodynamik durch Betrachtung des Temperaturgleichgewichtes
in einem geschlossenen Raum. Für zwei unendlich große, ebene Platten z. B. ist
in Gleichung (67), S. 23, $F_1 = F_2$ und $\varphi = 1$. Haben beide Körper ursprünglich
gleiche Temperaturen, so muß die Temperaturgleichheit dauernd bestehen bleiben,
d. h. Q_1 wird gleich Null und damit

$$A_2\, q_1 = A_1\, q_2.$$

Wählen wir Körper II als absolut schwarz, so ist $A_2 = 1$ und $q_2 = E_s$, also:

$$\frac{q_1}{A_1} = \frac{E_1}{A_1} = E_s \quad \text{(q. e. d.).}$$

2. Strahlung des absolut schwarzen Körpers.

Das Stefan-Boltzmannsche Gesetz. Wir denken uns einen vollständig evakuierten Hohlzylinder mit einem dicht abschließenden, ohne Reibung frei beweglichen Kolben. Ein Teil der Wandung, z. B. der feste Boden bestehe aus einem absolut schwarzen Körper und habe die Temperatur $T\ ^0K$. Die übrige Wand und auch die innere Kolbenfläche reflektiere vollständig. Bei ruhenden Kolben und bei konstant gehaltener Temperatur T ist die Strahlung nach allen Richtungen gleichmäßig.

Nach der elektromagnetischen Theorie der Strahlung ist der Strahlungsdruck p gleich der in der Volumeneinheit vorhandenen elektromagnetischen Energie. Boltzmann nimmt nun an, daß — wie in der Gastheorie — die Strahlung nach jeder der drei Koordinatenachsen mit $^1/_3$ ihres Wertes drückt, also $p = u/3$.

Führt man durch den Bodenkörper eine unendlich kleine Wärmemenge dQ zu, so wird sich der Kolben verschieben, also Arbeit leisten. Nach dem ersten Hauptsatz der Thermodynamik ist:

$$dQ = dU + p\,dV,$$

und die Änderung der Entropie dS, mit $p = u/3$ und $U = uV$:

$$dS = \frac{dQ}{T} = \frac{d(uV) + p\,dV}{T} = \frac{V}{T}\frac{du}{dT}\,dT + \frac{4u}{3T}\,dV \tag{18}$$

muß ein totales Differential sein. Allgemein ist:

$$dS = \left(\frac{\partial S}{\partial T}\right)_V dT + \left(\frac{\partial S}{\partial V}\right)_T dV$$

so daß

$$\left(\frac{\partial S}{\partial T}\right)_V = \frac{V}{T}\cdot\frac{du}{dT} \quad \text{und} \quad \left(\frac{\partial S}{\partial V}\right)_T = \frac{4u}{3T}$$

sein muß. Differenziert man die erste dieser Gleichungen partiell nach V und die zweite partiell nach T, so erhält man:

$$\frac{\partial^2 S}{\partial T\cdot\partial V} = \frac{1}{T}\cdot\frac{du}{dT} = \frac{4}{3}\left(\frac{1}{T}\frac{du}{dT} - \frac{u}{T^2}\right)$$

oder

$$\frac{du}{dT} = 4\frac{u}{T}$$

und

$$u = \sigma\,T^4, \tag{19}$$

d. i. das Stefan-Boltzmannsche Gesetz[1], das aussagt, daß die Gesamtstrahlung des absolut schwarzen Körpers proportional der vierten Potenz der absoluten Temperatur ist.

Das Wiensche Gesetz ist ebenfalls eine Folgerung aus der klassischen Thermodynamik und seine Gültigkeit deshalb unabhängig von den Anschauungen über die Entstehung der Strahlung.

Wände und Boden des Hohlzylinders seien jetzt weiß, d. h. sie reflektieren alle Strahlen. Wenn der absolut spiegelnde Kolben mit einer sehr kleinen Geschwindigkeit bewegt wird (adiabatische Kompression),

---

[1] Von Stefan 1879 experimentell gefunden und 1884 von Boltzmann abgeleitet.

so behält die Strahlung stets den Charakter der schwarzen Strahlung. Nach dem Dopplerprinzip werden die auf den Kolben treffenden Strahlen bei der Reflexion eine Änderung ihrer Frequenz erfahren. Aus der Energieänderung, die der bewegte Kolben der auffallenden Strahlung erteilt, kann dann die Änderung der räumlichen Energiedichte irgendeiner bestimmten Schwingung berechnet werden. Es folgt daraus

$$E\,(\lambda,\,T) = \frac{1}{\lambda^5}\,F\,(\lambda \cdot T), \qquad (20)$$

worin F eine universelle, zunächst noch unbekannte Funktion ist. Aus dieser Gleichung folgt das sog. **Wiensche Verschiebungsgesetz** für die Wellenlänge λ_m des Energiemaximums:

$$\lambda_m \cdot T = \mathrm{const} = b\,. \qquad (21)$$

Bei Zunahme der Temperatur verschiebt sich das Energiemaximum nach kürzeren Wellen.

Das Plancksche Strahlungsgesetz bestimmt die unbekannte Funktion F in Gleichung (20) und gibt somit die Energieverteilung, also die Abhängigkeit der Intensitäten der einzelnen Strahlen von der Wellenlänge für den absolut schwarzen Körper.

Die Grundlagen für die Erklärung des ultraroten Spektrums liefert die **Quantentheorie**. Ein Grundprinzip dieser Theorie ist die sog. „**Bohrsche Frequenzbedingung**", die aussagt, daß Strahlung nur dann ausgesandt wird, wenn das Molekel seinen Energiezustand ändert. Es ist

$$h \cdot \nu = E^{(1)} - E^{(2)} = \Delta E \qquad (22)$$

worin h das **Plancksche Wirkungsquantum**,
$\quad \nu$ die Frequenz der Schwingung $= c/\lambda$ und
$\quad c$ die Strahlungsgeschwindigkeit ist.

Die Energien $E^{(1)}$ und $E^{(2)}$ der Zustände (1) und (2) sind Funktionen von ganzen Zahlen (**Quantenzahlen**).

Beim absolut schwarzen Körper kommen Schwingungen von allen Frequenzen vor. Die Häufigkeit (Wahrscheinlichkeit), daß Schwingungen mit einer bestimmten Frequenz vorkommen, ist nach dem **Maxwell-Boltzmannschen** Verteilungsgesetz (wie bei der kin. Gastheorie) bekannt. Neben diesen „freien" Schwingungen können „erzwungene" auftreten, indem andere Strahlen auf den Strahler fallen oder von diesem angeregt werden. Aus dem Gleichgewicht zwischen diesen drei Elementarprozessen kann die räumliche Strahlungsdichte und damit auch die Energieverteilung bestimmt werden[1].

Für die **senkrecht zur Fläche** ausgestrahlte Energie eines unpolarisierten Strahles, die doppelt so groß ist als die Energie der geradlinig polarisierten Strahlung (vgl. S. 7), ist:

---

[1] Die **Plancksche** Ableitung geht von der Strahlung von Oszillatoren aus. A. Einstein [Physik. Z. Bd. 18 (1917) S. 121] hat gezeigt, daß eine solche spezialisierte Vorstellung nicht notwendig ist. Er nimmt nur an, daß die der Strahlung zugrunde liegenden Elementarprozesse nach Zufallsgesetzen erfolgen und daß die Energieübertragung in endlichen Beträgen erfolgt.

$$J_{\lambda, T} = \frac{2\,C_1}{\lambda^5 \left(e^{c_2/\lambda\,T} - 1\right)} \text{ kcal/cm}^3, \text{h} \qquad (23)^{[1]}$$

$C_1 = 5{,}04 \cdot 10^{-13} \text{ kcal} \cdot \text{cm}^2/\text{h} = 5{,}89 \cdot 10^{-13} \text{ Watt cm}^2,$

$C_2 = 1{,}430 \text{ cm} \cdot {}^0K$ und $\lambda = $ Wellenlänge in cm.

Diese Gleichung ist in Abb. 5 dargestellt; sie zeigt wie klein das Gebiet der sichtbaren Lichtstrahlung ($\lambda = 0{,}35$ bis $0{,}75\,\mu$) ist. Auch bei den

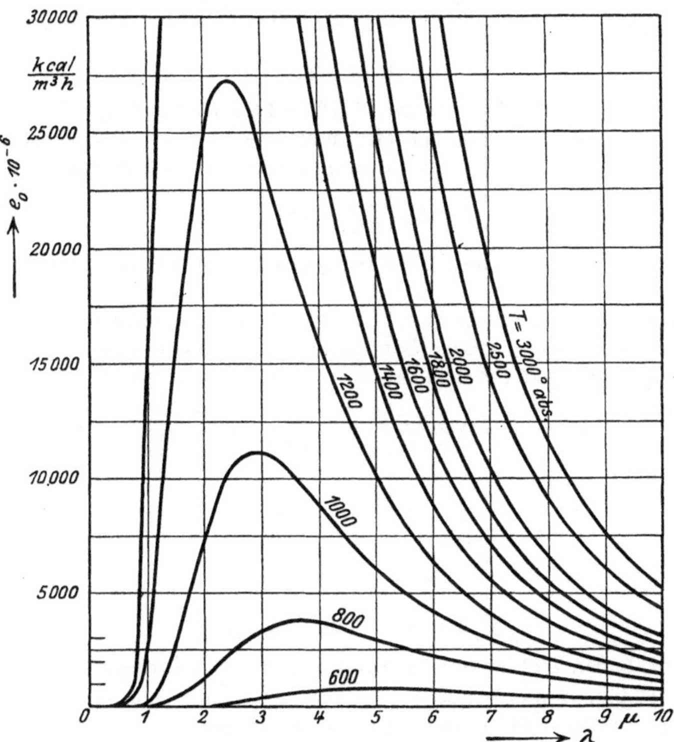

Abb. 5. Strahlung des absolut schwarzen Körpers.

höchsten in der Technik vorkommenden Temperaturen beträgt die Lichtstrahlung nur einen kleinen Teil der gesamten Strahlungsenergie. Erst bei der Sonnentemperatur von etwa 5600° C bildet die ausgestrahlte Lichtenergie einen Hauptteil der Gesamtstrahlung.

---

[1] Die Konstanten $C_1 = c^2 \cdot h$ und $C_2 = c \cdot h \cdot k$ können aus den universalen physikalischen Konstanten bestimmt werden:

$c = $ Lichtgeschwindigkeit $= 2{,}9985 \cdot 10^{10}$ cm/s

$h = $ Plancksches Wirkungsquantum $= 6{,}55 \cdot 10^{-27}$ erg $\cdot$ sec

$k = $ Boltzmannsche Konstante $= 1{,}372 \cdot 10^{-16}$ erg $\cdot$ grad; 1 mkg $= 0{,}981 \cdot 10^8$ erg.

Aus Gleichung (23) läßt sich der Anteil der Strahlung berechnen, der auf einen bestimmten Wellenbereich entfällt. Für das sichtbare Gebiet bestehen ausführliche Zahlentafeln und Kurven (Miscellaneous Publ. Bur. of Standard Nr. 56). Im Handbuch der Physik, Bd. 21, S. 201, Abb. 9 und 10 ist der Strahlungsanteil, der im Wellenbereich von 0 bis λ liegt, über der Wellenlänge eingetragen. Durch Differenzbildung kann man aus diesen Kurven den Strahlungsanteil für jeden Wellenintervall entnehmen.

Die gesamte vom schwarzen Körper ausgestrahlte Energie erhält man durch Integration der Gleichung (23) über alle Wellenlängen und Multiplikation mit π (S. 6).

$$Q_s = 3,17 \; 10^{-12} \int_0^\infty \frac{d\lambda}{\lambda^5 \, (e^{C_2/\lambda\,T} - 1)} \; \text{kcal/cm}^2 \, \text{h}. \tag{24}$$

Die Integration[1] dieser Gleichung gibt das Stefan-Boltzmannsche Gesetz:

$$Q_s = \sigma\,T. \tag{19}$$

Weil $\sigma = 5{,}76 \; 10^{-12}$ Watt/cm^2, $^0 K^4 = 4{,}95 \; 10^{-8}$ kcal/m^2, h, $^0 K^4$ sehr klein und T^4 sehr groß ist, schreibt man die Stefan-Boltzmannsche Gleichung bei praktischen Anwendungen meist in der Form:

$$Q_s = C_s \left(\frac{T}{100}\right)^4 \text{kcal/m}^2\,\text{h} \tag{25}$$

und nennt $C_s = 10^8\,\sigma$, die **Strahlungszahl des absolut schwarzen Körpers**.

Aus dem **Planck**schen Gesetz läßt sich die Konstante b des **Wien**schen Verschiebungsgesetzes berechnen. Die Wellenlänge λ_m für das Energiemaximum jeder Isotherme folgt aus der Gleichung

$$\left(\frac{dJ_{\lambda,T}}{d\lambda}\right)_{\lambda=\lambda_m} = 0 = \frac{(e^{C_2/\lambda\,T} - 1)\,5\lambda^4 - \lambda^5\,e^{C_2/\lambda\,T}\cdot C_2/T\lambda^2}{\lambda^{10}\,(e^{C_2/\lambda\,T} - 1)^2}$$

oder aus

$$1 - e^{-C_2/\lambda\,T} - C_2/5\,\lambda\,T = 0.$$

$$\frac{C_2}{\lambda_m\,T} = 4{,}9651$$

oder

$$\lambda_m\,T = b = 0{,}288 \; \text{cm} \; ^0K. \tag{26}$$

Im sichtbaren Gebiet der Strahlung, wenn das Produkt $\lambda\,T$ klein ist, kann der Faktor 1 gegenüber $e^{C_2/\lambda\,T}$ vernachlässigt werden, so daß das vereinfachte (**Wien**sche) Strahlungsgesetz lautet:

$$E_{\lambda,T} = \frac{2\,C_1}{\lambda^5}\,e^{-C_2/\lambda\,T}. \tag{27}$$

Der Fehler ist im sichtbaren Gebiet und unterhalb $T = 2900\,^0 K$ nicht größer als $1^0/_{00}$.

---

[1] Setzt man $\dfrac{C_2}{\lambda\cdot T} = x$, also $\lambda = \dfrac{C_2}{T\cdot x}$ so ist $d\lambda = -\,\dfrac{C_2}{T}\cdot\dfrac{dx}{x^2}$ und

$$Q = \frac{2\,C_1}{C_2^4}\cdot T^4 \int_0^\infty \frac{x^3\,dx}{e^x - 1} = \frac{2\,C_1}{C_2^4}\,T^4 \int_0^\infty x^3\,(e^{-x} + e^{-2x} + e^{-3x} + e^{-4x} + \ldots)\,dx.$$

Mit $\displaystyle\int_0^\infty x^3\,e^{-x}\,dx = \Pi(3) = 1.\,2.\,3;$ $\displaystyle\int_0^\infty x^3\,e^{-2x}\,dx = \int \frac{(2x)^3\,e^{-2x}\,d(2x)}{2^4}$, usw.

wird: $Q = \dfrac{2\,C_1}{C_2^4}\,T^4 \cdot 6 \left\{1 + \left(\dfrac{1}{2}\right)^4 + \left(\dfrac{1}{3}\right)^4 + \left(\dfrac{1}{4}\right)^4 + \ldots\right\} = \dfrac{2\,C_1}{C_2^4}\cdot 6{,}4938\,T^4 = \sigma\,T^4.$

3. Strahlung nichtschwarzer Körper.

Der Wärmestrahlung nichtschwarzer Körper liegt nur ein allgemeines Gesetz zugrunde, nämlich das Kirchhoffsche

$$E = A \cdot E_s, \tag{17}$$

das nicht nur für die Gesamtstrahlung, sondern auch für die Strahlung jeder Wellenlänge gilt. Man nennt das Verhältnis $A = E/E_s$ auch das **Emissionsverhältnis** oder den **Schwärzegrad** des betreffenden Körpers. Zahlenmäßig sind also Schwärzegrad T und Absorptionsverhältnis gleich groß. $C = A \cdot C_s$ wird **Strahlungszahl des Körpers** genannt.

Die „graue" Strahlung ist charakterisiert durch eine von der Wellenlänge unabhängige Strahlungszahl C. Für solche Körper gilt auch das **Stefan-Boltzmannsche** Gesetz. Idealgraue Körper gibt es ebensowenig wie absolut schwarze.

Die Gesetzmäßigkeit der Strahlung nichtschwarzer Körper ist noch wenig systematisch untersucht worden und jedenfalls sehr verwickelt. Die Energien $E^{(1)}$ und $E^{(2)}$ (vgl. S. 12) setzen sich zusammen aus der Energie der Elektronenbewegung (E_{el}) und aus der Energie der Schwingung (E_s) und der Rotation (E_r) der Atome, also:

$$E = E_{el} + E_s + E_r, \tag{28}$$

und

$$h \cdot v = \varDelta E_{el} + \varDelta E_s + \varDelta E_r = h \, (v_{el} + v_s + v_r). \tag{29}$$

Von diesen drei Gliedern ist die Frequenz der Elektronenschwingung infolge ihrer starker Bindung an das Atom die größte. Die Elektronenschwingungen bilden das sichtbare und das ultraviolette Spektrum, während die Atomschwingungen das ultrarote Spektrum bilden. Dabei bestimmt die wesentlich größere Schwingungsenergie $\varDelta E_s$ die Lage der Schwingung im Spektrum, während die Rotationsenergie $\varDelta E_r$ die positiven oder negativen Abweichungen davon kennzeichnen. Da die Energie sich nur um endliche Beträge ändert, bilden die Frequenzen der Rotationsenergie einzelne getrennte Linien, deren Lage durch die jeweiligen Beträge von $\varDelta E_r$ gegeben ist; sie bilden eine sog. „Bande". Die Intensitäten der einzelnen Schwingungen sind im wesentlichen durch die Maxwellsche Verteilung gegeben.

Die Wärmestrahlungen sind also von der Struktur der Materie abhängig. Schon bei der relativ einfachen Molekularstruktur eines zweiatomigen Gases, entsteht ein recht verwickeltes Schwingungsspektrum, das aus einzelnen getrennten Banden besteht, die wieder aus vielen einzelnen Linien zusammengesetzt sind (vgl. auch S. 27, Gasstrahlung). Bei dem verwickelten Aufbau der festen Körper treten Schwingungen von fast allen Wellenlängen auf. Es entsteht ein kontinuierliches Spektrum, wobei allerdings nicht alle Schwingungen die gleiche Intensität haben, so daß die Strahlung fast immer selektiv ist. Die spektrale Energieverteilung verläuft also nicht so gleichmäßig wie für den absolutschwarzen Körper (Abb. 5), sondern kann sehr verwickelte Formen annehmen. Die Quantentheorie ist aber nicht in der Lage, über die Energieverteilung bei der Strahlung nichtschwarzer Körper positive Aussagen zu machen.

Die elektromagnetische Strahlungstheorie zeigt am deutlichsten, wie verwickelt das Strahlungsproblem für nichtschwarze Körper ist. Die allgemeinen Maxwellschen Gleichungen über den Zusammenhang zwischen elektrischen und magnetischen Kräften lauten in der abgekürzten Bezeichnung der Vektorrechnung:

$$\varepsilon \frac{\partial \mathfrak{E}}{\partial t} + 4 \pi \sigma \, \mathfrak{E} = c \operatorname{rot} \mathfrak{H}, \tag{31}$$

$$\mu \frac{\partial \mathfrak{H}}{\partial t} = - c \operatorname{rot} \mathfrak{E} \; \text{(Induktionsgesetz)}. \tag{32}$$

Hierin ist $\mathfrak{E}$ die Intensität des elektrischen Feldes,
$\mu \mathfrak{H}$ die Intensität des magnetischen Feldes,
μ die magnetische Permaebilität; sie kann für die überwiegende Mehrzahl der Stoffe $= 1$ gesetzt werden,
ε die Dielektrizitätskonstante, immer größer als 1,
$\sigma = \dfrac{\mathfrak{J}}{\mathfrak{E}}$ die spezifische elektrische Leitfähigkeit. Für Glas ist $\varepsilon = 6 - 10$, für Kristalle ist $\varepsilon > 100$,
c die Lichtgeschwindigkeit im Vakuum, d. i. das Verhältnis des elektrischen zum magnetischen Maßsystem.

In rechtwinkligen Koordinaten geschrieben, lauten diese Gleichungen

$$\varepsilon \frac{\partial \mathfrak{E}x}{\partial t} + 4 \pi \sigma \, \mathfrak{E}_x = c \left(\frac{\partial \mathfrak{H}z}{\partial y} - \frac{\partial \mathfrak{H}y}{\partial z} \right) \tag{31a}$$

(entsprechend für $\mathfrak{E}_y$ und $\mathfrak{E}_z$)

und

$$\mu \frac{\partial \mathfrak{H}x}{\partial t} = c \left(\frac{\partial \mathfrak{E}y}{\partial z} - \frac{\partial \mathfrak{E}z}{\partial y} \right) \tag{32a}$$

(entsprechend für $\mathfrak{H}_y$ und $\mathfrak{H}_z$).

Die magnetischen Kraftfelder sind dadurch gekennzeichnet, daß

$$\operatorname{div} \mathfrak{H} = 0 = \frac{\partial \mathfrak{H}x}{\partial x} + \frac{\partial \mathfrak{H}y}{\partial y} + \frac{\partial \mathfrak{H}z}{\partial z} \tag{33}$$

ist. Ebenso ist für das elektrische Kraftfeld, solange die Raumladung $= 0$ ist:

$$\operatorname{div} \mathfrak{E} = 0 = \frac{\partial \mathfrak{E}x}{\partial x} + \frac{\partial \mathfrak{E}y}{\partial y} + \frac{\partial \mathfrak{E}z}{\partial z}. \tag{34}$$

Im leeren Raum ist $\sigma = 0$ und $\varepsilon = 1$. Die einfachste Lösung der ersten drei Gleichungen (31a) ist dann gegeben durch den Ansatz:

$$\mathfrak{E}_x = A_1 \sin 2 \pi \left(t - \frac{z}{c} \right), \quad \mathfrak{E}_y = 0 \quad \text{und} \quad \mathfrak{E}_z = 0 \tag{35}$$

und stellt eine mit der Geschwindigkeit c in der Richtung der Z-Achse fortschreitende Schwingung dar, der ausschließlich durch zur X-Achse parallel wirkende Kräfte charakterisiert ist.

Aus den drei weiteren Gleichungen (32a) folgt

$$\mathfrak{H}_x = 0, \quad \mathfrak{H}_y = A_1 \sin 2 \pi \left(t - \frac{z}{c} \right) \quad \text{und} \quad \mathfrak{H}_z = 0, \tag{36}$$

d. h. es wirken gleichzeitig magnetische Kräfte länge der Y-Achse. Die elektrischen und magnetischen Kräfte stehen senkrecht zueinander und zur Fortpflanzungsgeschwindigkeit der Welle. Diese Lösung stellt also eine geradlinig polarisierte ebene Welle dar (S. 7).

Für die Strahlung in einem beliebigen Medium, das durch die Dielektrizitätskonstante ε und durch die Leitfähigkeit σ charakterisiert ist, lautet die Lösung für die geradlinig polarisierte Welle:

$$\mathfrak{E}_x = A\, e^{-qz} \sin 2\,\pi \left(t - \frac{z}{c} \right), \qquad \mathfrak{E}_y = 0 \text{ und } \mathfrak{E}_z = 0. \tag{37}$$

Die Amplitude der Welle im Medium nimmt im Laufe des Fortschreitens mit dem Faktor e^{-qz} ab. Für die magnetische Welle folgt aus den Grundgleichungen:

$$\mathfrak{H}_x = 0, \quad \mathfrak{H}_y = A \cdot n \sqrt{1 + \mathrm{tg}^2\,\delta}\; e^{-qz} \sin \left\{ 2\,\pi \left(t - \frac{z}{c} \right) - \delta \right\} \text{ und } \mathfrak{H}_z = 0, \tag{38}$$

worin $n = c/c'$ der Berechnungsindex ist. Die magnetische Welle schwingt also mit der elektrischen Welle nicht mehr in gleicher Phase, sondern ist um δ gegen sie verzögert.

Im allgemeinen ist also die Materie in optischer Beziehung durch die zwei Konstanten n und $\varkappa = \mathrm{tg}\,\delta$ charakterisiert, die mit den elektrischen Konstanten und mit der Wellenlänge der Schwingung durch die Gleichungen verbunden sind:

$$n^2 = \frac{\varepsilon}{2} \left(1 + \sqrt{1 + \frac{4\,\sigma^2\,\lambda^2}{c^2\,\varepsilon^2}} \right) \quad \text{und} \quad \varkappa = \frac{2\,\sigma\,\lambda}{c\,\varepsilon \left(1 + \sqrt{1 + \frac{4\,\sigma^2\,\lambda^2}{c^2\,\varepsilon^2}} \right)}. \tag{39/40}$$

Diese Gleichungen müssen nun auf den Übergang zwischen zwei Medien angewandt werden. Man muß dabei vollkommen glatte Oberflächen voraussetzen und zerlegt den in beliebiger Richtung i zur Oberfläche einfallenden (unpolarisierten) Strahl in zwei geradlinig polarisierte Komponenten (vgl. S. 7). Die Richtung der Schwingungsebenen werden so gewählt, daß das elektrische Feld der einen Komponente senkrecht zur Einfallsebene und der andere Komponente parallel zu dieser Ebene schwingt. Die Rechnung führt, namentlich für die Schwingung parallel zur Einfallsebene zu sehr verwickelten Gleichungen[1].

Man kann nun zwei Grenzfälle betrachten:

a) metallische Leiter. Ist σ sehr groß, so daß 1 gegenüber $\dfrac{4\,\sigma^2\,\lambda^2}{c^2\,\varepsilon^2}$ vernachlässigt werden kann, so wird

$$n^2 = \frac{\sigma\,\lambda}{c} \quad \text{und} \quad \varkappa = 1, \tag{41}$$

b) Isolatoren, d. h. $\sigma = 0$. Dann ist

$$\varkappa = 0 \text{ und } n^2 = \varepsilon. \tag{42}$$

Glatte, polierte Metalle. Zunächst folgt aus der allgemeinen Theorie, daß beim Übertritt des Strahles aus einem isolierenden in ein gut leitendes Medium, wie Gold, Silber, Kupfer, der Brechungsindex mit dem Einfallswinkel veränderlich ist, so daß das Brechungsgesetz von Snellius (S. 4) nicht mehr gültig ist. Für nicht so gut leitende Metalle wie Eisen und Platin bleibt dagegen das Gesetz von Snellius gültig.

---

[1] *L. 10.1.* Bd. 20, Kap. 6, Gleichung (116) und (122).

Die Unhandlichkeit der strengen Formel gab Veranlassung vereinfachte Näherungslösungen zu suchen. Wird $\sin^2 i$ gegenüber n^2 vernachlässigt (Näherung von Cauchy, die für längere Wellen erlaubt ist), so erhält man für senkrecht zur Einfallsebene polarisierte Strahlung:

$$R_n = 1 - A_s = \frac{2\,n^2 + \cos^2 i - 2\,n\cos i}{2\,n^2 + \cos^2 i + 2\,n\cos i} \tag{43}$$

und für die parallel zur Einfallsebene polarisierte Komponente:

$$R_p = 1 - A_p = \frac{2\,n^2\cos^2 i + 1 - 2\,n\cos i}{2\,n^2\cos^2 i + 1 + 2\,n\cos i}, \tag{44}$$

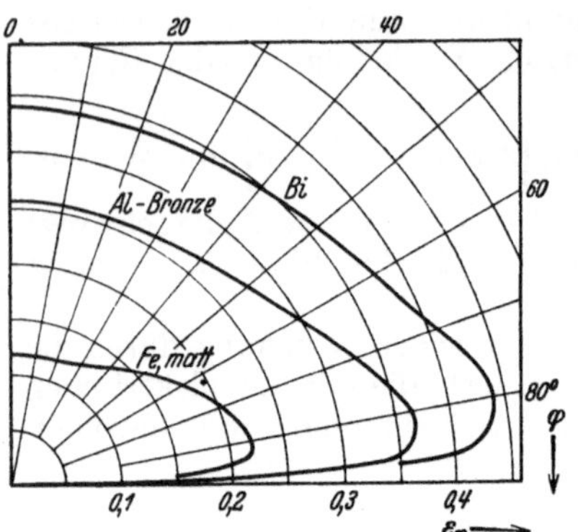

Abb. 6. Polardiagramm der Richtungsverteilung von Metallen. (Messungen von Eckert).

woraus folgt, daß das Lambertsche Kosinusgesetz für glatte Metalle nicht mehr gültig ist (da A nicht mehr proportional mit $\cos i$ ist). Das Emissionsverhältnis nimmt bei großen Winkeln gegen die Flächennormale stark zu und sinkt in der Nähe der streifenden Emission wieder ab (Abb. 6).

Für senkrecht auffallende Strahlen gehen beide Gleichungen über in:

$$\left. \begin{aligned} A &= 1 - \frac{2\,n^2 + 1 - 2\,n}{2\,n^2 + 1 + 2\,n} = \\ &= \frac{4\,n}{2\,n^2 + 2\,n + 1}. \end{aligned} \right\} \tag{45}[1]$$

Entwickelt man diese Gleichung in eine Reihe nach steigenden Potenzen von $1/n$ und setzt in Gleichung (41) den spezifischen Widerstand ϱ in Ohm für 1 m Länge und 1 mm² Querschnitt[2], also den Reziprokwert der elektrischen Leitfähigkeit σ ein, so erhält man, wenn λ in μ gemessen wird:

$$A_\lambda = 0{,}365\sqrt{\frac{\varrho}{\lambda}} - 0{,}0667\,\frac{\varrho}{\lambda}. \tag{46}$$

Aus dieser Gleichung folgt, daß A mit zunehmender Wellenlänge abnimmt. Schlecht leitende Metalle (wie Eisen) sind also bei niedrigen Temperaturen auch schlechte Wärmestrahler, während gute Leiter, wie Kupfer und Aluminium auch bei höheren Temperaturen fast alle Wärmestrahlen reflektieren.

---

[1] E. Schmidt [*L. 11.2*] vernachlässigt weiter in Gl. (43) $\cos i$ gegenüber $2\,n$ und in Gleichung (44) 1 gegenüber $2\,n\cos i$. Er erhält dann die einfachen Gleichungen:

$$A_s = \frac{2}{n}\cos i \quad\text{und}\quad A_p = \frac{2}{n}\cos i.$$

Für senkrecht auffallende Strahlen gehen beide Gleichungen über in $A = 2/n$, d. i. die schon von Drude gefundene Beziehung.

Die vereinfachte Gleichung von A_s ist umso genauer erfüllt, je größer i ist; die Gleichung für A_s gilt dagegen nur solange $2/n\cos i < 1$ bleibt (Gesetz von Kirchhoff). E. Schmidt integriert nun die Strahlung über alle Richtungen des Halbraumes und findet, daß die Intensität in senkrechter Richtung gleich der ganzen gestrahlten Energie geteilt durch $1{,}33\,\pi$ ist. H. Schmidt und E. Furthmann haben darauf hingewiesen, daß die Vereinfachungen von E. Schmidt nicht zulässig sind und daß der Faktor $1{,}33\,\pi$ viel zu groß ist. Der Faktor liegt für glatte Metalle zwischen 1 und 1,3.

[2] Zahlentafel für ϱ im Taschenbuch „Hütte", 26. Aufl. Bd. 2 S. 961.

Die Messungen von E. Hagen und H. Rubens zeigen, daß für $\lambda > 10\,\mu$ die vereinfachte Theorie mit den Messungen gut übereinstimmt, daß aber für kleine Wellenlängen Gleichung (46) viel zu kleine Werte gibt.

Nach den Gesetzen von Kirchhoff und von Planck erhält man mit A_λ aus Gleichung (46) die Footesche Gleichung:

$$E_{\lambda,\,n} = C_1 \frac{0{,}365 \sqrt{\dfrac{\varrho}{\lambda}} - 0{,}0667\,\dfrac{\varrho}{\lambda}}{\lambda^5\,(e^{C_2/\lambda\,T} - 1)}. \tag{47}$$

Dabei ist zu beachten, daß die Strahlungszahl aus Gleichung (46) nur für die senkrecht zur Fläche gerichtete Strahlung gilt, so daß Gleichung (47) auch die Strahlung in vertikaler Richtung für die Wellenlänge λ gibt. Die Gesamtstrahlung in vertikaler Richtung ist

$$E_n = \int_0^\infty E_{\lambda,\,n}\, d\lambda.$$

Das Absorptionsverhältnis $A = \dfrac{E_n}{E_{s,\,n}}$ ergibt sich dann zu:

$$A = 0{,}00577\,\sqrt{\varrho\,T} - 0{,}00179\,\varrho\,T, \tag{48}$$

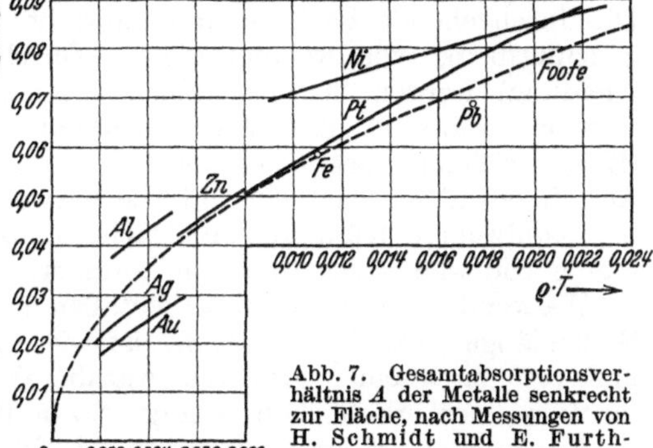

Abb. 7. Gesamtabsorptionsverhältnis A der Metalle senkrecht zur Fläche, nach Messungen von H. Schmidt und E. Furthmann.

also abhängig von der Temperatur. Für blanke Metalle gilt deshalb das Stefan-Boltzmannsche Gesetz nicht mehr. Vernachlässigt man in Gleichung (48) das zweite Glied, so ist die ausgestrahlte Wärme Q proportional mit $\sqrt{\varrho}\,T^{4,5}$ und da bei reinen Metallen ϱ proportional mit T wächst, wird Q proportional $\sqrt{\varrho_0}\,T^5$.

Wie gut die Übereinstimmung zwischen Theorie und Erfahrung, trotz den gemachten Vereinfachungen ist, zeigt Abb. 7, worin die Versuchsresultate von H. Schmidt und E. Furthmann mit der Gleichung von Foote verglichen ist. Wesentlich ist bei diesem Vergleich, daß die Metalloberfläche eben, poliert und frei von Oxydschichten bleibt, weil Rauhigkeiten und nichtmetallische Oberflächenschichten die Strahlungszahl bedeutend erhöhen. Die untersuchten Metallscheiben wurden bei den Versuchen von Schmidt und Furthmann mit Aluminiumoxyd auf der Polierscheibe so gut wie irgend möglich war auf Hochglanz poliert. Bei der Bleischeibe gelang es, durch vorsichtiges Abdrehen eine blanke Oberfläche herzustellen. Das Einsetzen der Oxydation machte sich stets durch eine Erhöhung der Strahlungszahl bemerkbar. Das Verhältnis der Strahlungszahl der Gesamtstrahlung zu derjenigen der Flächennormalen liegt bei Metallen (nach Messungen von E. Eckert) zwischen 1 und 1,3. Eine aus Messungen in Richtung der Flächennormalen durch Vergleich mit dem schwarzen Körper bestimmte relative Strahlungszahl darf nicht ohne weiteres auf die Gesamtstrahlung nach allen Richtungen übertragen werden.

Vollkommene Isolatoren, die vollständig wärmeundurchlässig sind, gibt es wieder nicht. Schlechte Elektrizitätsleiter absorbieren stark meist nur in einem bestimmten Wellenbereich; sie strahlen selektiv. So sind z. B. die festen Körper Flußspat, Steinsalz, Sylvin in einem bestimmten Wellenbereich für Wärmestrahlen durchlässig. Die Wärmedurchlässigkeit steht in keiner Beziehung zur optischen Durchsichtigkeit. Glas z. B. läßt die kurzwelligen Lichtstrahlen fast ungeschwächt durch, während es die Wärmestrahlen bei niedriger Temperatur stark absorbiert. Auf diese bekannte Eigenschaft des Glases beruht seine Verwendung beim Wohnungsbau. Die selektive Absorption von Stoffen für Lichtwellen von einer bestimmten Farbe ist die Ursache der Körperfarbe. Dünnes, rotes Papier z. B. läßt rotes Licht durch und reflektiert es diffus. Die durchgehende Farbe wird verursacht durch die Absorption der Ergänzungsfarbe von weißem Licht. Durch weiße Farbe (auch weiße Kleidung) werden Sonnenstrahlen stark reflektiert (also schwach absorbiert) während die Wärmestrahlen bei niedrigen Temperaturen (Körperwärme) stark absorbiert, also auch stark ausgestrahlt werden. Auf diesen Eigenschaft beruht die Verwendung von weißen Anstrichen bei Kühlwagen, Kühlhäusern, Dächern, usw. und auch die angenehme Kühle von weißer Kleidung im Sommer.

Während die Absorption bei Metallen in Schichten von der Dicke einer Wellenlänge erfolgt (vgl. S. 8), ist sie bei Isolatoren viel schwächer und erst nach einer größeren Anzahl Wellenlängen erreicht die Absorption einen erheblichen Betrag. So mußten z. B. auf eine Oberfläche 16 Firnisschichten von zusammen 0,0435 mm aufgetragen werden, bis die ausgestrahlte Wärme konstant wurde. Bei den in der Technik vorkommenden großen Schichtdicken wird keine merkliche Energie mehr durchgelassen, so daß auch hier die Emission aus der Gleichung $A = 1 - R$ berechnet werden kann.

Quarz z. B. reflektiert im wesentlichen Strahlen von der Wellenlänge $8,8\,\mu$ und wird deshalb verwendet um monochromatische Strahlung von dieser Wellenlänge zu erhalten.

Auch für dielektrische Körper ist das Reflektionsverhältnis nur vom Brechungsindex n, von der Wellenlänge und von der Strahlungsrichtung abhängig. Der Brechungsindex ist nur für wenige Stoffe genauer untersucht. Er hängt jedenfalls von der Wellenlänge und auch von der Temperatur ab. Soweit Versuche vorliegen, liegt er für die meisten Nichtleiter etwa zwischen 1,4 und 1,7. Die theoretische Berechnung der reflektierten Energie führt zu der Fresnelschen Gleichung:

$$J_r = \frac{J}{2}\left\{ \frac{\sin^2(i-r)}{\sin^2(i+r)} + \frac{\text{tg}^2(i-r)}{\text{tg}^2(i+r)} \right\}. \tag{49}$$

Das erste Glied in der Klammer gibt die Intensität des reflektierten Strahles, wenn die Schwingungsebene senkrecht zur Ebene des einfallenden Strahles steht, das zweite Glied, wenn beide Ebenen zusammenfallen. Für $i = r$, d. i. für senkrecht auffallende Strahlung ist[1]:

---

[1] $\dfrac{\sin(i-r)}{\sin(i+r)} = \dfrac{\sin i \cos r - \cos i \sin r}{\sin i \cos r + \cos i \sin r} = \dfrac{\dfrac{\sin i}{\sin r}\cos r - \cos i}{\dfrac{\sin i}{\sin r}\cos r + \cos i} = \dfrac{n \cos r - \cos i}{n \cos r + \cos i}.$

$$J_r = J \left(\frac{n-1}{n+1}\right)^2 \quad \text{und} \quad A = 1 - \left(\frac{n-1}{n+2}\right)^2 \tag{50}$$

Die Gesamtemission aller Richtungen folgt aus der Integration der Gleichung

$$A = \int A_i \cos i \, d\Omega$$

über alle Raumwinkelelemente $d\Omega$ der Halbkugel. Die Kurven in Abbildung 8 geben die Helligkeitsverteilung der Strahlung in den verschiedenen Richtungen. Der Kreis $\varepsilon_\varphi = 1$ entspricht der konstanten Helligkeitsverteilung des absolut schwarzen Körpers. Aus dem Verlauf der Kurven folgt in Übereinstimmung mit der Theorie, daß mit Annäherung des Winkels i an 90^0 die Emission stark abnimmt, um bei streifender Ausstrahlung null zu werden.

Bei rauhen Oberflächen (wie sie in der Praxis meist vorkommen) fällt die Emission weniger rasch ab. Für die meisten Nichtleiter ($n = 1{,}4$

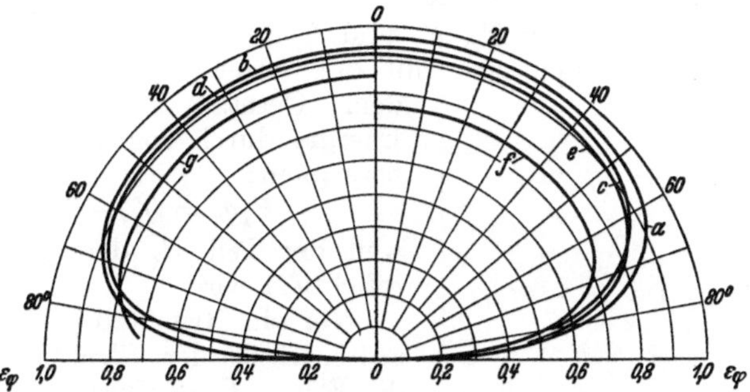

Abb. 8. Polardiagramm der Strahlung von Nichtleitern, nach Messungen von Eckert. *a* feuchtes Eis, *b* Holz, *c* Glas, *d* Papier, *e* Ton, *f* Kupferoxyd, *g* Korund, rauh.

bis 1,7) ist deshalb das Lambertsche Gesetz annähernd (bis $i =$ etwa 75^0) erfüllt; sie strahlen grau. Wenn der Brechungsindex unabhängig von der Wellenlänge wäre, müßten alle Nichtleiter „grau" strahlen. Diese Annahme gilt annähernd bei niedrigen Temperaturen. Es ist aber noch ziemlich unsicher, ob z. B. feuerfeste Steine bei den hohen Temperaturen im Feuerraum noch als Graustrahler betrachtet werden dürfen. Diese Frage muß durch Versuche geklärt werden, die zur Zeit noch nicht vorliegen.

Man pflegt für feste Körper bei den technischen Anwendungen das Stefan-Boltzmannsche Gesetz beizubehalten. Die Abweichungen von diesem Gesetz kommen dadurch zum Ausdruck, daß die Strahlungszahl C einen mit der Temperatur veränderlichen Wert hat, der für jede Temperatur durch Versuche bestimmt werden sollte. Solche Messungen liegen zur Zeit nur wenig vor, was bei Verwendung der Werte in Zahlentafel 28/30, S. 242 zu beachten ist. Versuche von Wamsler[1] haben aber gezeigt, daß für viele technisch wichtige Stoffe das Stefan-Boltzmannsche Gesetz in weiten Grenzen mit praktisch genügender Genauigkeit zutrifft, d. h. daß sie grau strahlen.

---

[1] *L. 35.41.*

4. Die gegenseitige Strahlung zweier Körper.

Zwei sich vollständig umschließende Körper I und II mit den Oberflächen F_1 und F_2 werden durch ein vollkommen diathermanes Medium getrennt (Abb. 9). Sie sollen keine einspringenden Ecken haben und „grau" strahlen.

Die Strahlungszahlen der Flächen F_1, F_2 und F_3 seien C_1, C_2 und C_3, dann sind die Absorptionsverhältnisse (Schwärzegrade):

$$A_1 = \frac{C_1}{C_s}, \qquad A_2 = \frac{C_2}{C_s}, \qquad \text{und} \qquad A_3 = \frac{C_3}{C_s}$$

und die Reflexionsverhältnisse:

$$R_1 = 1 - A_1, \qquad R_2 = 1 - A_2 \quad \text{und} \qquad R_3 = 1 - A_3.$$

Nach dem **Stefan-Boltzmannschen** Gesetz sind die je Zeit- und Flächeneinheit ausgestrahlten Energien:

$$q_1 = C_1 \left(\frac{T_1}{100}\right)^4, \qquad q_2 = C_2 \left(\frac{T_2}{100}\right)^4 \quad \text{und} \qquad q_3 = C_3 \left(\frac{T_3}{100}\right)^4. \tag{51}$$

Die durch die Flächen F_1, F_2 und F_3 in der Zeiteinheit hindurchgehenden Energien lassen sich mit den Bezeichnungen in Abb. 9 aus dem Gesetz der Erhaltung der Energie durch folgende Gleichungen berechnen:

$$F_1 q_1 = Q_1' - R_1 Q_1'', \tag{52}$$

weil der Teil R_1 der Strahlung Q_1'' reflektiert wird.

Nur ein Bruchteil φ (**Einstrahlzahl**, S. 6) der Strahlung Q_1'' wird die Fläche F_1 treffen:

$$Q_1' = \varphi Q_2', \tag{53}$$

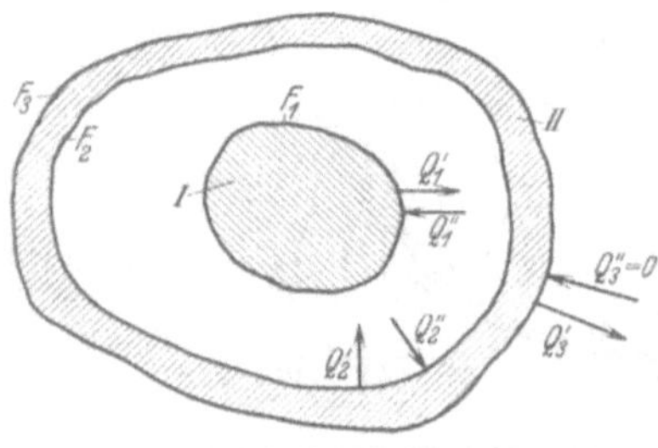
Abb. 9. Gegenseitige Strahlung zweier Körper.

wobei wir zunächst annehmen wollen, daß φ bekannt sei. Der übrige Teil der Strahlung Q_2', also $(1 - \varphi) Q_2'$ trifft wieder den Körper *II*, so daß

$$Q_2'' = Q_1' + Q_2' (1 - \varphi) \tag{54}$$

ist. Da der Teil R_2 der Strahlung Q_2'' reflektiert wird, ist:

$$F_2 q_2 = Q_2' - R_2 Q_2''. \tag{55}$$

Wird vorausgesetzt, daß keine Wärme von der Umgebung zugestrahlt wird, daß also die Fläche F_3 alle Strahlen spiegelnd reflektiert, so ist:

$$Q_3'' = 0 \tag{56}$$

und

$$Q_3' = q_3 F_3. \tag{57}$$

Die durch die Flächen F_1 bzw. F_2 hindurchgehende resultierende Energie ist:

$$Q_1 = Q_1' - Q_1'' \tag{58}$$

bzw.

$$Q_2 = Q_2' - Q_2'' + Q_3'. \tag{59}$$

Mit den Werten von Q_1' und Q_1'' aus den Gleichungen (52 und (53) wird:

$$\begin{aligned} Q_1 &= F_1 q_1 + R_1 Q_1'' - \varphi Q_2' = F_1 q_1 - \varphi Q_2' (1 - R_1) \\ &= F_1 q_1 - \varphi A_1 Q_2' \end{aligned} \tag{60}$$

Aus Gleichung (55) folgt mit den Werten von Q_2'' und Q_1' aus den Gleichungen (54) und (52):

$$Q_2' = F_2 q_2 + R_2 \{ F_1 q_1 + R_1 \varphi Q_2' + (1 - \varphi) Q_2' \}$$
$$= F_2 q_2 + R_2 F_1 q_1 + R_2 Q_2' (1 - \varphi A_1). \tag{61}$$

Den hieraus folgenden Wert von Q_2' in Gleichung (60) eingesetzt, gibt:

$$Q_1 = F_1 q_1 - \varphi A_1 \frac{q_2 F_2 + R_2 F_1 q_1}{1 - R_2 (1 - \varphi A_1)}$$

oder

$$Q_1 = \frac{A_2 F_1 q_1 - A_1 q_2 F_2}{A_2 + \varphi A_1 R_2} \tag{62}$$

und

$$Q_2 = F_3 q_3 - Q_1. \tag{63}$$

Durch Auflösen nach φ folgt aus Gleichung (62) die Einstrahlzahl

$$\varphi = \frac{A_2}{A_1} \cdot \frac{F_1 q_1 - Q_1}{F_2 q_2 + R_2 Q_1}. \tag{64}$$

Setzt man $Q_1 = 0$, also $T_1 = T_2$, dann ist unter Berücksichtigung des Kirchhoffschen Gesetzes:

$$\varphi = \frac{\dfrac{F_1 q_1}{A_1}}{\dfrac{F_2 q_2}{A_2}} = \frac{F_1}{F_2}. \tag{65}$$

Es ist nun gebräuchlich die Einstrahlzahl $\varphi = F_1/F_2$, die von der gegenseitigen Lage der Flächen F_1 und F_2 abhängt für jede beliebige Lage der beiden Körper I und II anzunehmen. M. P. Clausing hat zuerst darauf hingewiesen, daß diese Annahme sicher nicht genau zutrifft und nur für die konzentrische Lage von zwei Kugeln oder Zylindern gilt. Das Winkelverhältnis φ kann experimentell aus Gleichung (64) durch Messung der Energie Q_1 bestimmt werden. Die genaue Berechnung von φ ist sehr umständlich und auch bei einfachen Körperformen, wie Zylinder und Kugel, bei nichtkonzentrischer Lage so umständlich, daß die aufgewandte Mühe in keinem Verhältnis zur praktischen Bedeutung steht.

Setzt man $\varphi = \dfrac{F_1}{F_2}$, $\quad q_1 = A_1 C_s \left(\dfrac{T_1}{100} \right)^4$ und $\quad q_2 = A_2 C_s \left(\dfrac{T_2}{100} \right)^4$ in Gleichung (62) ein, so erhält man

$$Q_1 = \frac{F_1 \left\{ \left(\dfrac{T_1}{100} \right)^4 - \left(\dfrac{T_2}{100} \right)^4 \right\}}{\dfrac{1}{C_1} + \dfrac{F_1}{F_2} \left(\dfrac{1}{C_2} - \dfrac{1}{C_s} \right)} = C F_1 \left\{ \left(\dfrac{T_1}{100} \right)^4 - \left(\dfrac{T_2}{100} \right)^4 \right\} \text{kcal/h}. \tag{66}$$

$$C = \frac{1}{\dfrac{1}{C_1} + \dfrac{F_1}{F_2} \left(\dfrac{1}{C_2} - \dfrac{1}{C_s} \right)} \tag{67}$$

heißt Strahlungsfaktor der beiden Körper. Bei konzentrischen spiegelnd reflektierten Flächen fällt der Faktor F_1/F_2 in Gleichung (67) weg. Hottel sagt, daß C in diesem Fall zwischen den Werten der Gleichungen (67) und (70) liegt.

Ist F_1 sehr klein in bezug auf F_2, so wird

$$Q_1 = C_1 F_1 \left\{ \left(\frac{T_1}{100} \right)^4 - \left(\frac{T_2}{100} \right)^4 \right\} \text{ kcal/h} . \qquad (68)$$

Für parallele Flächen, mit $F_1 = F_2$ ist:

$$Q_1 = C F_1 \left\{ \left(\frac{T_1}{100} \right)^4 - \left(\frac{T_2}{100} \right)^4 \right\} \qquad (69)$$

mit

$$\frac{1}{C} = \frac{1}{C_1} + \frac{1}{C_2} - \frac{1}{C_s} . \qquad (70)$$

Strahlungsschutz. Wird zwischen den Flächen F_1 und F_2 eine Platte eingeschaltet, so ist die zwischen F_1 und der Mittelplatte ausgetauschte Wärme je Flächeneinheit:

$$Q_1 = C_a \left\{ \left(\frac{T_1}{100} \right)^4 - \left(\frac{T_x}{100} \right)^4 \right\}$$

mit

$$\frac{1}{C_a} = \frac{1}{C_1} + \frac{1}{C_x} - \frac{1}{C_s} ,$$

worin T_x die noch unbekannte Temperatur und C_x die Strahlungszahl der Mittelplatte ist.

Zwischen der Mittel- und der zweiten Platte ist die ausgetauschte Wärme, wenn $C_1 = C_2$ ist

$$Q_2 = C_a \left\{ \left(\frac{T_x}{100} \right)^4 - \left(\frac{T_2}{100} \right)^4 \right\} .$$

Im Beharrungszustand muß $Q_1 = Q_2$ sein, so daß

$$\left(\frac{T_x}{100} \right)^4 = \frac{1}{2} \left\{ \left(\frac{T_1}{100} \right)^4 + \left(\frac{T_2}{100} \right)^4 \right\}$$

ist, und

$$Q_1 = C_a \left\{ \left(\frac{T_1}{100} \right)^4 - \frac{1}{2} \left(\frac{T_1}{100} \right)^4 - \frac{1}{2} \left(\frac{T_2}{100} \right)^4 \right\} = \frac{C_a}{2} \left\{ \left(\frac{T_1}{100} \right)^4 - \left(\frac{T_2}{100} \right)^4 \right\}$$

oder

$$Q_1 = \frac{C_a}{2C} Q_0, \qquad (71)$$

wenn mit Q_0 die zwischen den beiden Platten, ohne Schirm, ausgetauschte Wärme bezeichnet wird. Sind alle drei Platten aus dem gleichen Material, dann ist $C_a = C$ und $Q_1 = {}^1/_2 Q$. In der Praxis wird bei den Feuer- und Rauchtüren von Dampfkesseln davon Gebrauch gemacht, um die Strahlungsverluste zu vermindern.

Wird zwischen zwei oxydierten Eisenplatten ($C_1 = C_2 = 4,5$) eine polierte Kupferplatte eingeschaltet mit $C_x = 0,8$, dann ist

$$\frac{1}{C_a} = \frac{1}{4,5} + \frac{1}{0,8} - \frac{1}{4,93} = 1,269 \text{ oder } C_a = 0,79,$$

und

$$\frac{1}{C} = \frac{1}{4,5} + \frac{1}{4,5} - \frac{1}{4,93} = 0,241 \text{ oder } C = 1,16,$$

so daß

$$Q_1 = \frac{0,79}{2 \cdot 4,16} Q_0 = 0,095 Q_0$$

wird. Für eine hochglanzpolierte Kupferplatte mit $C_1 = 0{,}2$ ist $Q_1 = 0{,}024\,Q_0$. Durch eine einzige Zwischenwand wird die ausgestrahlte Wärme also auf den 40. Teil vermindert.

Hiervon wird bei genauen Temperaturmessungen Gebrauch gemacht, um Meßfehler durch zugestrahlte Wärme zu vermeiden (S. 37).

Wenn zwischen den beiden strahlenden Platten z w e i andere aus dem gleichen Material eingeschaltet werden, dann ist im Beharrungszustand

$$\left(\frac{T_1}{100}\right)^4 - \left(\frac{T_{x_1}}{100}\right)^4 = \left(\frac{T_{x_1}}{100}\right)^4 - \left(\frac{T_{x_2}}{100}\right)^4 = \left(\frac{T_{x_2}}{100}\right)^4 - \left(\frac{T_2}{100}\right)^4$$

oder

$$T_1^4 + T_{x_2}^4 = 2\,T_{x_1}^4 \qquad \text{und} \qquad T_{x_1}^4 + T_x^4 = 2\,T_{x_2}^4\,,$$

woraus

$$T_{x_1}^4 = \frac{1}{3}\,(2\,T_1^4 + T_2^4)$$

und

$$Q = C\left\{\left(\frac{T_1}{100}\right)^4 - \frac{2}{3}\left(\frac{T_1}{100}\right)^4 - \frac{1}{3}\left(\frac{T_2}{100}\right)^4\right\} = \frac{1}{3}\,C\left\{\left(\frac{T_1}{100}\right)^4 - \left(\frac{T_2}{100}\right)^4\right\} = \frac{1}{3}\,Q_0\,.$$

Wenn n Platten aus dem gleichen Material dazwischengestellt werden, dann ist allgemein:

$$Q = \frac{1}{n+1}\,Q_0\,. \tag{72}$$

Durch eine vielfache Unterteilung kann also die durch Strahlung übertragene Wärme beliebig verkleinert werden (Alfol-Isolierung, S. 180, poröse Körper).

Zwei beliebig im Raum angeordnete Körper. Von der Wärmemenge, die eine unendlich kleine Fläche dF_1 des einen Körpers (Abb. 4) nach der ebenfalls unendlich kleinen Fläche dF_2 des zweiten Körpers strahlt

$$dQ_1 = J_1\,\frac{dF_1\,dF_2}{s^2}\cos\beta_1\cos\beta_2 \tag{8}$$

wird der Teil $A_2\,dQ_1$ absorbiert, der Rest reflektiert. Ein Bruchteil davon $\varphi\,(1 - A_2)\,dQ_1$ trifft wieder die Fläche dF_1 und wird wieder teilweise absorbiert und reflektiert, usw. In ähnlicher Weise muß die Strahlung von dF_2 nach dF_1 verfolgt werden. Aus dieser Betrachtung ist zu erkennen, daß die exakte Rechnung der von den Flächen dF_1 und dF_2 ausgetauschten Wärme sehr umständlich und schwierig zu berechnen ist.

Wenn wir uns auf stark absorbierende Körper beschränken und dann ohne zu große Ungenauigkeit die Untersuchung der Strahlung nach der ersten Absorption abbrechen, so ist die von den Flächen dF_1 und dF_2 ausgetauschte Wärme praktisch genügend genau durch

$$dQ = \frac{C_1 C_2}{\pi C_s}\left\{\left(\frac{T_1}{100}\right)^4 - \left(\frac{T_2}{100}\right)^4\right\}\frac{dF_1\,dF_2}{s^2}\cos\beta_1\cos\beta_2$$

bestimmt.

Die gesamte zwischen den Flächen F_1 und F_2 mit den konstanten Temperaturen T_1 und T_2 ausgetauschte Wärme ist

$$Q = \frac{C_1 C_2}{\pi C_s}\left\{\left(\frac{T_1}{100}\right)^4 - \left(\frac{T_2}{100}\right)^4\right\}\iint\limits_{F_1\,F_2}\frac{dF_1\,dF_2}{s^2}\cos\beta_1\cos\beta_2$$

und kann in der allgemeinen Form

$$Q = C \cdot F \cdot \varphi \left\{ \left(\frac{T_1}{100} \right)^4 - \left(\frac{T_2}{100} \right)^4 \right\} \tag{73}$$

geschrieben werden. In dieser Gleichung ist der **Strahlungsfaktor**,

$$C = \frac{C_1 C_2}{C_s},$$

abhängig von den Strahlungszahlen der beiden Körper, F, die Oberfläche eines der beiden Körper, und

$$\varphi = \frac{1}{\pi F} \int\limits_{F_1} \int\limits_{F_2} \frac{dF_1\, dF_2}{s^2} \cos \beta_1 \cos \beta_2 \tag{74}$$

die **Einstrahlzahl** dieser Fläche (S. 6). Für Körper von beliebiger Form und Anordnung wird φ am besten graphisch ermittelt (*L. 12.6, 11, 12*); sie kann für Rechtecke und Kreisscheiben bei verschiedener gegenseitiger Lage berechnet werden (*L. 12.4, 6*).

Oft ist es möglich, durch einfache Überlegungen die Rechnung zu umgehen und eine wenigstens angenähert richtige Lösung zu erhalten. Praktisch wichtig ist z. B. die Wärmeabgabe durch Strahlung von Wellblechen (Transformatoren) oder von Rippenrohren. Diese können als eine Art unvollständige Hohlräume aufgefaßt werden, die mit einer mehr oder weniger großen Öffnung strahlen. Die Strahlung solcher Körper ist dann nicht mehr der abgewickelten Oberfläche proportional, sondern das Rippenrohr verhält sich wie ein glattes Rohr, dessen Außendurchmesser gleich dem Rippendurchmesser ist und das Wellblech als ein glattes Blech, dessen Oberfläche dem kürzesten, z. B. durch eine Schnur umspannten Umfang entspricht. Die Strahlungszahlen können in beiden Fällen etwas größer eingesetzt werden als eigentlich zum Material gehörend. Der Spielraum, welcher hier zur Verfügung steht, ist allerdings nicht groß, weil $C_0 = 4{,}9$ und C_{eisen} (gestrichen oder oxydiert) $= 4{,}5$ ist.

Diese Überlegungen gelten nur, wenn beide Körper durch trockene Luft getrennt sind, also z. B. für Heizkörper, für elektrisch geheizte Glüh- oder Härteöfen, für Sende- und Verstärkerröhre und auch für diffus strahlende Lichtquellen. Sie dürfen aber nicht bei industriellen Feuerungen · (Dampfkessel, Siemens-Martin-Öfen) angewandt werden, wegen der Eigenstrahlung der Rauchgase.

Bei Rohrenapparaten strahlen **gekrümmte** Flächen. Ist die Entfernung der strahlenden Flächen groß, so kann die Rohroberfläche als eben betrachtet werden. Das Rohr strahlt aber nach allen Richtungen in einer Ebene senkrecht zur Rohrachse gleich viel Wärme aus, während die Intensität der Strahlung einer ebenen Fläche sich nach dem **Lambert**schen Kosinusgesetz ändert. In einem Winkelraum von β_1 bis β_2 wird also je Flächeneinheit

$$J \int\limits_{\beta_1}^{\beta_2} \cos \beta \, d\beta = J (\sin \beta_2 - \sin \beta_1)$$

ausgestrahlt. Man kann demnach die Strahlung eines Rohres durch die Strahlung einer ebenen Fläche von der Breite

$$b = \frac{\beta_2 - \beta_1}{\sin \beta_2 - \sin \beta_1} d \tag{75}$$

ersetzen, worin d der Rohrdurchmesser ist. Kössler weist nun nach, daß diese Beziehung mit guter Annäherung auch für die Strahlung nach beliebigen Richtungen gilt, so daß die Strahlung von Rohrflächen mit Hilfe der Gleichung (73) wie die Strahlung ebener Flächen berechnet werden kann.

Wesentlich schwieriger wird die Abschätzung des Strahlungsfaktors C, wenn glatte Metallflächen konkav geformt sind (z. B. Rohre mit Kupferrippen.

5. Gasstrahlung.

Das Absorptionsspektrum von Gasen ist selektiv; es besteht aus einzelnen Streifen. Nach dem Kirschhoffschen Gesetz muß ein Gas in dem Wellenbereich, in dem es Strahlen absorbiert, auch Wärmestrahlen aussenden. Wenn es in dem Wellenbereich sämtliche Strahlen absorbierte, würde seine Strahlung dem Wellenbereich des absolut schwarzen Körpers entsprechen. In diesem Fall spricht

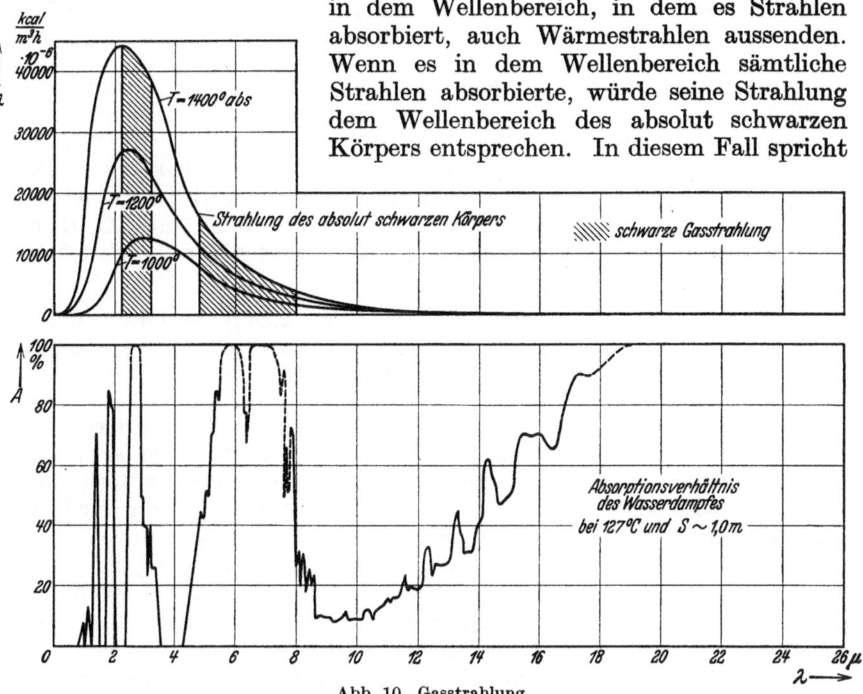

Abb. 10. Gasstrahlung.

man von der schwarzen Gasstrahlung (Abb 10). Ihre Werte können aus dem Planckschen Strahlungsgesetz

$$E_{s,\lambda\,\Delta} = c_1 \int_{\lambda_1}^{\lambda_2} \frac{d\lambda}{\lambda^5 \left(e^{c_2/\lambda\,T} - 1\right)} \tag{76}$$

berechnet werden, unter der Voraussetzung, daß die Breite der Absorptionsstreifen unabhängig von der Temperatur ist. Diese Voraussetzung trifft in Wirklichkeit nicht zu. Aus den Messungen von F. Paschen, H. Schmidt und E. von Bahr folgt, daß im allgemeinen die Banden bei Erhöhung der Temperatur nach längeren Wellen verbreitet werden und daß auch das Maximum sich nach längeren Wellen verschiebt.

Bei den technischen Anwendungen kommen hauptsächlich die Strahlung von Kohlensäure und von Wasserdampf in Frage, auch Schwefeldioxyde (SO_2), Ammoniak (NH_3) und HCl zeigen nennenswerte Absorptionsbanden. Nach den Messungen Paschens sind die drei wichtigsten Absorptionsstreifen für

$$\text{Kohlensäure:}\quad \begin{array}{lll} \text{Streifen I von } \lambda_1 = 2,36\mu \text{ bis } 3,02\mu, \text{ also } \Delta\lambda = 0,66\mu \\ \text{II } \text{,,} \quad = 4,01\mu \text{ ,, } 4,80\mu, \text{ ,, } \quad = 0,79\mu \\ \text{III } \text{,,} \quad = 12,5 \ \mu \text{ ,, } 16,5 \ \mu \text{ ,, } \quad = 4,0 \ \mu \end{array}$$

$$\text{Wasserdampf:}\quad \begin{array}{lll} \text{Streifen I } \text{,,} \quad = 2,24\mu \text{ ,, } 3,27\mu \text{ ,, } \quad = 1,03\mu \\ \text{II } \text{,,} \quad = 4,8 \ \mu \text{ ,, } 8,0 \ \mu \text{ ,, } \quad = 3,7 \ \mu \\ \text{III } \text{,,} \quad = 12,0 \ \mu \text{ ,, } 25 \ \mu \text{ ,, } \quad = 13 \ \mu \end{array}$$

Außer diesen Streifen bestehen noch kleine, schwache Absorptionsstreifen bei $1,8\ \mu$, die vernachlässigt werden, weil sie noch nicht genau gemessen sind; sie werden nur bei großen Schichtdicken und wegen der kurzen Wellen bei hohen Temperaturen stärker bemerkbar. Ihre Vernachlässigung läßt die berechnete Strahlung etwas zu klein erscheinen.

Die späteren Untersuchungen von E. von Bahr und G. Herz ergaben für Kohlensäure wesentlich kleinere Breiten für die Streifen I und II.

$$\text{Kohlensäure:}\quad \begin{array}{lll} \text{Streifen I von } \lambda = 2,64 \ \mu \text{ bis } 2,84 \ \mu, \text{ also } \Delta\lambda = 0,2 \ \mu \\ \text{II } \text{,,} \quad = 4,13\mu \text{ ,, } 4,47\mu, \text{ ,, } \quad = 0,34\mu \\ \text{III } \text{,,} \quad = 13,0\mu \text{ ,, } 17,0 \ \mu \text{ ,, } \quad = 4,0 \ \mu \end{array}$$

Die Abweichungen lassen sich dadurch erklären, daß die Absorptionsstreifen flache Grenzgebiete haben, in denen nur eine sehr schwache Absorption stattfindet. Es liegt im Interesse der Sicherheit der Rechnung, wenn die „wirksame" Streifenbreite nicht zu hoch eingesetzt wird, da „unendlichdicke" Schichten bei den technischen Anwendungen doch nicht vorkommen. Die für die schwarze Strahlung von CO_2 in Abbildung 11 eingetragenen Werte sind von A. Schack mit den kleineren, konstanten Streifenbreiten berechnet und liefern deshalb für hohe Temperaturen und große Schichtdicken sicher zu kleine Werte.

Für die wirksamen Streifenbreiten des Wasserdampfs kommen als neuere Messungen hauptsächlich die von G. Hettner und E. von Bahr in Frage, aus welchen folgt, daß die Absorptionsstreifen des Wasserdampfes aus vielen immer stärker werdenden Einzelmaxima zusammengesetzt sind, die durch Täler von ähnlicher Breite getrennt sind. Der zweite Streifen enthält Stellen so geringer Absorption, daß die „wirksame" Streifenbreite nicht mehr als $1\ \mu$ beträgt. Die ebenfalls von A. Schack berechneten Werte der schwarzen Strahlung von Wasserdampf sind in Abb. 11, bezogen auf die Gesamtstrahlung des absolut schwarzen Körpers, durch eine stetige Kurve ausgeglichen.

Auffallend ist das große Absorptionsverhältnis von Wasserdampf bei niedrigen Temperaturen (Nebel, Wolken). Sie stehen aber in Übereinstimmung mit folgenden Beobachtungen im Tiefland der Schweiz.

Tagesstrahlung für Mitte[1] in kcal/m² horiz. Fläche	April	Mai	Juni	Juli	Aug.	Sept.	Okt.
bei wolkenlosem Himmel . . .	4720	5960	6485	6240	5260	3820	2410
bei mittlerer Bewölkung . . .	2300	2800	3200	3400	3160	2180	1300

Die Sonnenenergie, die je Zeit- und Flächeneinheit senkrecht zur Erd-oberfläche fallen würde, wenn die Erde keine Atmosphäre hätte (Solarkonstante genannt), wird in den physikalischen Büchern verschieden angegeben. Der wahrscheinlichste Wert scheint etwa 1150 kcal/m²h zu sein. Auf Meereshöhe erreichen bei klarem Himmel davon höchstens 70% (im Mittel 66%) die Erde.

Wie die Absorptionsspektren zeigen ist die Absorptionszahl α_λ von Kohlensäure und Wasserdampf außerordentlich stark mit der Wellenlänge veränderlich. Eine arithmetische Mittelwertbildung wäre nur für eine bestimmte Schichtstärke s verwendbar, da andere Schichtdicken wieder andere Mittelwerte ergeben. Die verwickelte Abhängigkeit von α_λ mit der Wellenlänge muß bei der Integration der Gleichung (8) berücksichtigt werden. Diese Gleichung gilt überdies nur für homogene Körper. Für Gasgemische, wie sie z. B. bei technischen Feuerungen vorkommen, ist

$$dJ_\lambda = - \alpha_\lambda \, p J_\lambda \, d\lambda_\lambda \,, \quad (77)$$

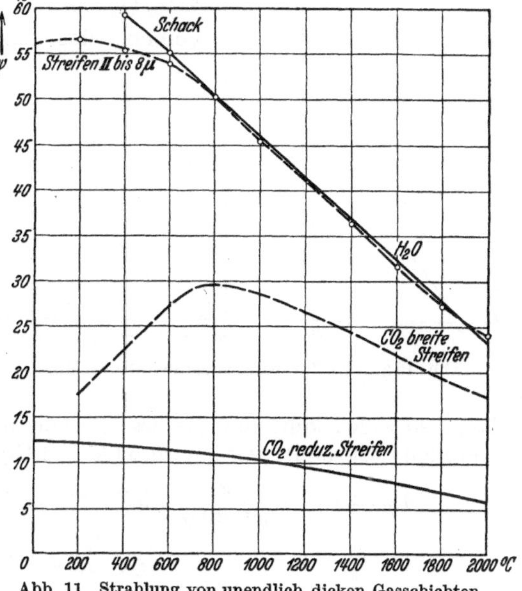

Abb. 11. Strahlung von unendlich dicken Gasschichten.

worin p der Partialdruck des Gases = Gasdruck/Gesamtdruck ist. Nach den Versuchen von E. von Bahr und G. Hertz nimmt die Absorptionszahl mit steigendem Gesamtdruck zu, aber bei konstantem Gesamtdruck von etwa 760 mm Hg ist der Partialdruck p und der Strahlungsweg beliebig vertauschbar, wobei es gleichgültig ist, durch welches neutrales Gas der Gesamtdruck konstant gehalten wird.

Schack überwindet die großen Schwierigkeiten der Integration, indem er unter Annahme einer mittleren konstanten Strahlungsintensität für die ganze Streifenbreite

$$\bar{E}_\lambda = \frac{1}{\lambda_2 - \lambda_1} \int_{\lambda_1}^{\lambda_2} J_\lambda \, d\lambda$$

folgenden Satz aufstellt und beweist:

<hr>

[1] Schweiz. Bauzeitung 1918 II, S. 90. Für die Berechnung der einem Freilufteisfeld zugestrahlten Wärme s. W. Koeniger, Z. ges. Kälteind. Bd. 41 (1934) S. 109.

„Die Absorption eines schmalen Streifens mit beliebig vielen Absorptionslinien von beliebig verschiedener Breite und Intensität ändert sich nicht, wenn man die Linien oder ihre Teile so ordnet, daß ihre Absorptionszahlen nach einem möglichst einfachen Gesetz von der Wellenlänge abhängen."

Da genaue Messungen über den wahren Verlauf von α nicht vorliegen, nimmt Schack als erste Annäherung eine lineare Abhängigkeit an:

$$\alpha_\lambda = \alpha - C\,\lambda, \tag{78}$$

(Abb. 12a) worin α die größte Absorptionszahl im betreffenden Streifen ist. Mit diesem Wert von α_λ folgt aus der Integration der Gleichung

$$A = \int \left(1 - e^{\alpha_\lambda\, p \cdot s}\right) ds,$$

wenn $ps = \text{const}$ angenommen, das Absorptionsverhältnis bei einer bestimmten Temperatur:

$$A_T = 1 - \frac{1 - e^{-\alpha p s}}{\alpha\, p\, s}. \tag{79}$$

Für Kohlensäure und Streifen

$$\text{I ist } \alpha = 16 \quad [1/\text{m}]$$
$$\text{II} \qquad = 1800 \quad \text{,,}$$
$$\text{III} \qquad = 80 \qquad \text{,,}$$

Für Wasserdampf ist im zweiten Streifen die Abhängigkeit der Absorptionszahl mit der Wellen-

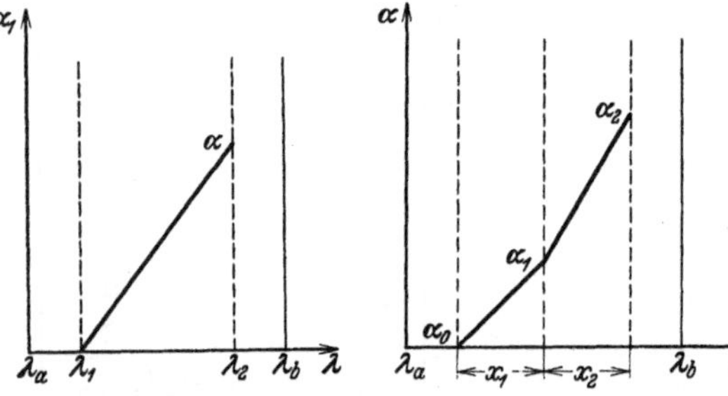

Abb. 12 a u. b. Zur Berechnung der Gasstrahlung.

länge so verwickelt, daß als bessere Annäherung der Verlauf durch zwei Geraden dargestellt werden muß (Abb. 12b). Die Integration ergibt dann:

$$A_T = 1 - \frac{x_1}{(\alpha_1 - \alpha_0)\, p \cdot s}\left\{e^{-\alpha_0 p s} - e^{-\alpha_1 p s}\right\} - \\ - \frac{x_2}{(\alpha_2 - \alpha_1)\, p \cdot s}\left\{e^{-\alpha_1 p s} - e^{-\alpha_2 p s}\right\} \tag{80}$$

worin α_0 die Absorptionszahl am Anfang der ersten Gerade
α_1 ,, ,, ,, Ende ,, ,, ,,
α_2 ,, ,, ,, ,, ,, zweiten ,,
und $x_1 + x_2 = 1$ ist.

Schack leitet aus den bisher bekannten Versuchen für Wasserdampf ab:

Streifen I: $\alpha = 8\ 1/\text{m}$
II: $x_1 = 0{,}66,\ \alpha_0 = 0,\ \alpha_1 = 5\ 1/\text{m}$; $x_2 = 0{,}34,\ \alpha_2 = 27$
III: $\alpha = 45\ 1/\text{m}$.

Bei der Integration ist die Weglänge s und auch die Intensität J des Strahles als konstant angenommen, während in Wirklichkeit s und J von der Strahlungsrichtung, also von der Körperform abhängen. Die Gleichung (79) bzw. (80) gibt also die Gasstrahlung in dem Wellenbereich einer Absorptionsbande nur für den Fall der Strahlung einer Halbkugel auf die Flächeneinheit im Mittelpunkt.

Man muß also für die verschiedenen Körperformen die Absorptionsverhältnisse A für jeden Streifen einzeln und weiter für die verschiedenen

Temperaturen berechnen. Die Abhängigkeit der Absorptionszahl α von der Temperatur ist noch wenig erforscht; man weiß, daß sie mit steigender Temperatur zunimmt. Die von A. Schack angenommenen Absorptionszahlen stützen sich auf Messungen bei 127^0 C. Wenn diese Werte auch für höhere Temperaturen eingesetzt werden, so erscheint die berechnete Strahlung zu klein, was im Interesse der Sicherheit der Rechnungen liegt.

Die Energie, die in der Zeiteinheit von einem Oberflächenelement in der Richtung des Einheitskegels $d\Omega$ ausgestrahlt wird, ist

$$H_n \cos\beta \, dF \cdot d\Omega .$$

Auf der Strecke x wird durch das Gas absorbiert:

$$H_n \, dF \cos\beta \, d\Omega \left(1 - \frac{1 - e^{-\alpha p x}}{\alpha p x}\right) .$$

Die Gesamtabsorption erhält man durch Integration über alle Richtungen des Halbraumes oberhalb dF

$$H_n \, dF \int d\Omega \cos\beta \left(1 - \frac{1 - e^{-\alpha p x}}{\alpha p x}\right) .$$

Wenn die Strecke x konstant $= s$ wäre, könnte der Klammerausdruck außerhalb des Integralzeichens genommen werden; die Integration gibt dann:

$$H_n \, dF \left(1 - \frac{1 - e^{-\alpha p s}}{\alpha p s}\right) \pi .$$

Das Verhältnis

$$\Phi = \frac{\int d\Omega \cos\beta \left(1 - \dfrac{1 - e^{-\alpha p x}}{\alpha p x}\right)}{\pi \left(1 - \dfrac{1 - e^{-\alpha p s}}{\alpha p s}\right)} \tag{81}$$

wird „Formfaktor" genannt, und ist für jeden Absorptionsstreifen verschieden. Ihre Werte liegen je nach der Körperform zwischen 0,7 und 1,1.

H. C. Hottel hat eine Vereinfachung der Rechnung vorgeschlagen, indem er nachweist, daß durch die geeignete Wahl eines „mittleren" Strahlungsweges s der Formfaktor mit einer Genauigkeit von 5 bis 10% gleich 1 wird, so daß dadurch der Einfluß der Form des Gaskörpers auf das Absorptionsverhältnis A eliminiert werden kann. Die von H. C. Hottel berechneten „mittleren" Strahlungswege für die Gesamtstrahlung des Gaskörpers auf die Umhüllungsfläche konstanter Temperatur, sind in Zahlentafel 1 für verschiedene Körperformen zusammengestellt.

Zahlentafel 1. Mittlerer Strahlungsweg für verschiedene Körperformen (nach H. C. Hottel).

1. Kugel $s = {}^2/_3$ des Kugeldurchmessers.
2. Unendlich langer Zylinder $s =$ Zylinderdurchmesser.
3. Gas zwischen zwei unendlich großen parallelen Platten, $s = 1{,}8 \times$ Plattenabstand.
4. Gas zwischen Rohren, versetzt, Durchmesser $d =$ lichte Entfernung e, $s = 2{,}8\,e$
$$d = 0{,}5 \times e \qquad\qquad s = 3{,}3\,e$$
5. Parallelepiped: mit dem Seitenverhältnis $1 : 2 : 6$
Strahlung nach der Breitseite $s = 1{,}3 \times$ kleinste Abmessung.
6. Kubus: $s = {}^2/_3 \times$ Seitenlänge.

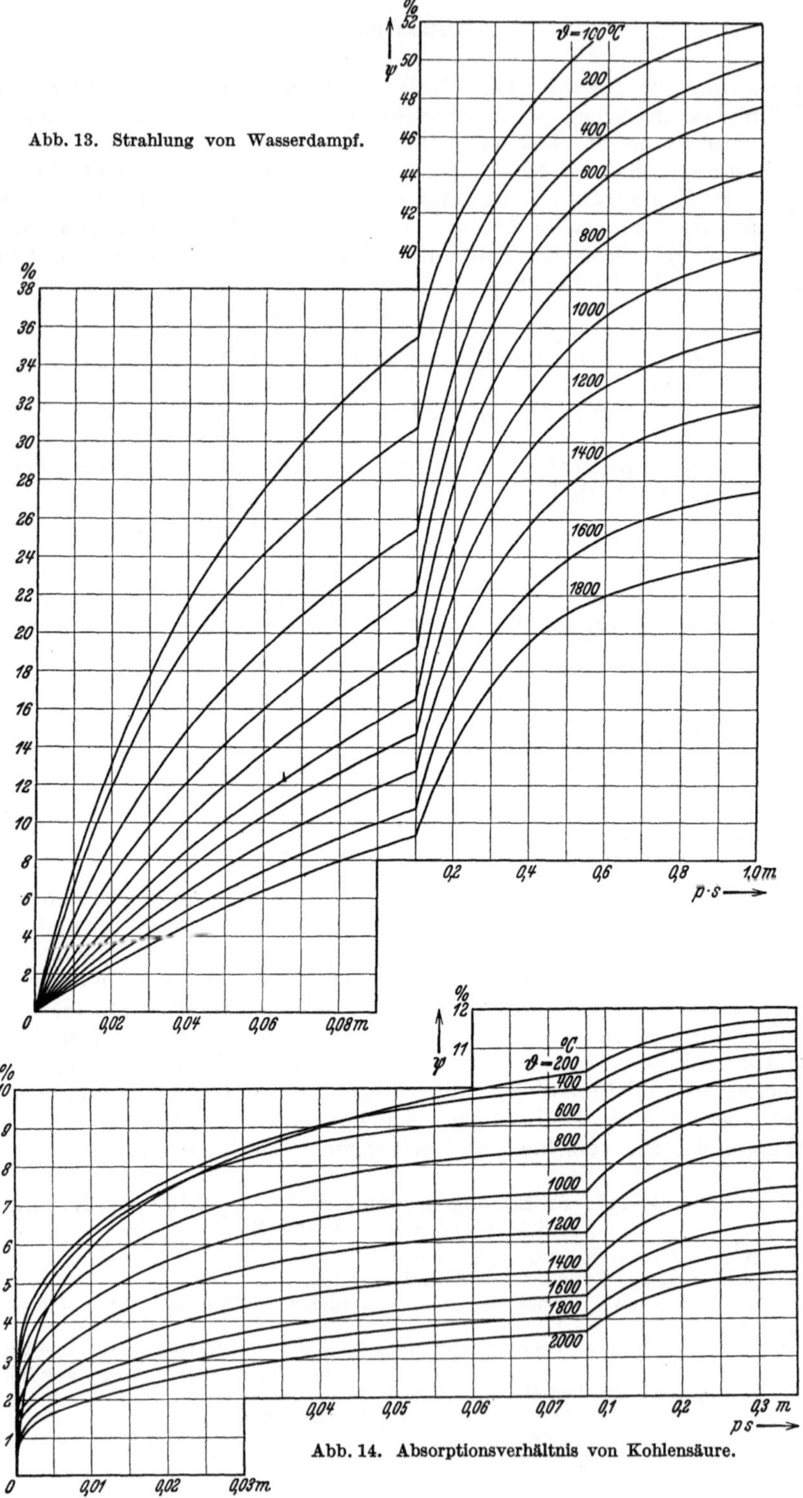

Abb. 13. Strahlung von Wasserdampf.

Abb. 14. Absorptionsverhältnis von Kohlensäure.

Mit diesen Werten ist es möglich die Strahlung irgendwelcher Gasschichten durch einfache Addition der Strahlung der einzelnen Streifen zu berechnen. Die berechneten Werte sind in den Abb. 13 und 14 eingetragen. Sie gelten für einen Gesamtdruck von etwa 760 mm Hg. Solange Versuche bei höheren Drucken nicht vorliegen, können sie auch als untere Grenzwerte für solche Fälle, also z. B. im Zylinder einer Verbrennungskraftmaschine benützt werden.

Da diese Abbildungen mit einer zu kleinen „wirksamen" Streifenbreite berechnet wurden, geben sie für hohe Temperaturen und große

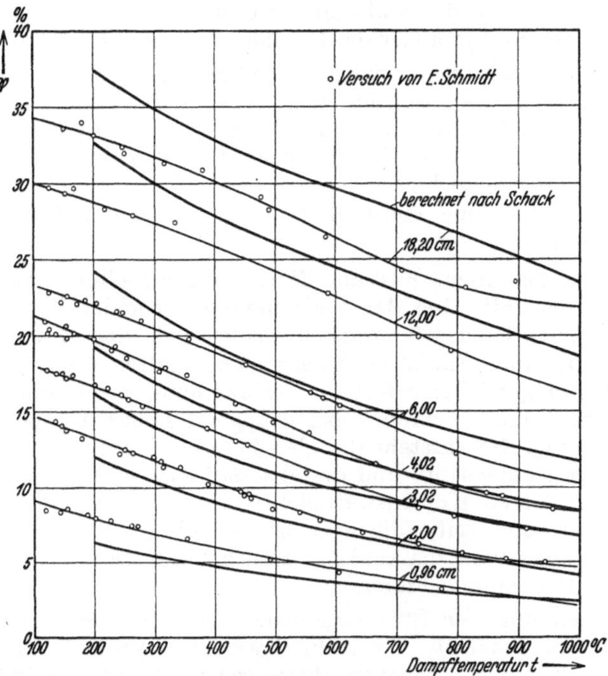

Abb. 15. Vergleich der nach Abb. 13 berechneten Strahlung von Wasserdampf mit den Versuchen von E. Schmidt.

Schicktdicken sicher zu kleine Werte für die Gasstrahlung. Abb. 15, in welcher die aus Abb. 14 berechneten Strahlungszahlen für Wasserdampf mit den Messungen von E. Schmidt verglichen sind, zeigt dies deutlich. Auch die neuesten Messungen von H. C. Hottel und V. S. Smith mit Kohlensäure zwischen Temperaturen von 1450 und 2050° C und Werte von $p \cdot s$ zwischen 0,016 und 0,17 m liegen höher als die aus Abb. 13 berechneten Werte.

Dennoch seien die in den Abb. 13 und 14 enthaltenen Werte unverändert für die Berechnung der Gasstrahlung empfohlen. Infolge der niedrigeren Temperaturen der Gasschicht in der unmittelbaren Nähe der kalten Begrenzungswände, muß die Gasstrahlung bei technischen Feuerungen oder in den Zylindern von Verbrennungskraftmaschinen kleiner sein, als wenn die Gasschichten eine vollständig gleichmäßige Temperatur hätte.

Wenn ein Gas sowohl Kohlensäure als Wasserdampf enthält, wie es bei den Rauchgasen von technischen Feuerungen fast immer der Fall ist, so dürfen die Strahlungsanteile der beiden Gase im allgemeinen nicht einfach addiert werden. Wie die Zusammenstellung der Absorptionszahlen auf S. 28 zeigt, fallen die Absorptionsstreifen I und III für Wasserdampf und Kohlensäure teilweise zusammen. Diese Streifen können aber zusammen niemals mehr absorbieren als die schwarze Gasstrahlung, während die Addition bei dicken Gasschichten höhere Werte geben kann. Der Fehler, der durch die Addition entsteht ist um so größer, je dicker die Gasschichten und je höher die Partialdrucke der Gase sind.

.Der Korrekturfaktor, der das gleichzeitige Auftreten der beiden Gase berücksichtigen könnte, ist eine sehr verwickelte Funktion der Temperatur, der Partialdrucke, der Schichtdicke, der Absorptionszahlen, der Form, usw. Er kann aber für gegebene Verhältnisse leicht berechnet werden. Für die bei technischen Feuerungen vorliegenden Verhältnisse ist die Gesamtstrahlung meist gleich der Summe der Teilstrahlungen der Bestandteile.

Leuchtende Flammen. Fast alle Brennstoffe enthalten sowohl Wasserstoff als Kohlenstoff. Bei der Verbrennung verbindet sich zuerst der Wasserstoff mit Sauerstoff; dabei scheidet sich der Kohlenstoff aus der Verbindung aus. Findet er, infolge mangelhafter Mischung mit Luft nicht sofort genügend Sauerstoff zur Verbrennung, so schwebt er glühend in der Flamme und verbrennt bei genügend hoher Temperatur ohne Flammenbildung. So entsteht die „leuchtende" Flamme, die neben der Strahlung der Kohlensäure und des Wasserdampfes auch Wärme durch Strahlung der festen Kohlenstoffteilchen abgibt. Bei guter Mischung von Brennstoff und Luft (die aber bei technischen Feuerungen kaum vorkommt) geben auch die kohlenstoffreichsten Gase immer eine durchsichtige, nichtleuchtende Flamme.

Zur Berechnung der Strahlung leuchtender Flammen muß wieder das Absorptionsverhältnis A berechnet werden. Wenn die Gesamtdicke der einzelnen Kohlenstoffteilchen, durch welche der Strahl hindurchgeht, mit Σs bezeichnet wird, ist

$$A_\lambda = 1 - e^{-\alpha_\lambda \Sigma s}.$$

Nach den Messungen von Ångström hat ein einzelnes Rußteilchen eine Dicke s von der Größenordnung $0{,}3\,\mu$. Für die Absorptionszahl α_λ, die von der Wellenlänge abhängt, setzt A. Schack:

$$\alpha_\lambda = \frac{\alpha_1}{\lambda^{0,9}} = \frac{570\,000}{\lambda^{0,9}}\ [1/\mathrm{m}],$$

worin $\alpha_1 = 5{,}7 \cdot 10^5$ die Absorptionszahl für $\lambda = 1\,\mu$ ist. Kohlenstoff absorbiert also die kurzen Lichtwellen viel intensiver als die langen Wärmestrahlen. Die „sichtbare" Schätzung des Schwärzegrades ist also nicht möglich, denn die undurchsichtige leuchtende Flamme kann die Wärmestrahlen noch zu einem großen Teil durchlassen.

Da Kohlenstoff Strahlen aller Wellenlängen absorbiert und das Absorptionsverhältnis A definiert ist als das Verhältnis der absorbierten Energie zu der insgesamt auffallenden Energie, so ist

$$A = \frac{\displaystyle\int_0^{\infty} \frac{\lambda^{-5}}{e^{1,43/T}-1}\left(1-e^{-\frac{\alpha_1\,\varSigma\,s}{\lambda^{0,9}}}\right)d\lambda}{\displaystyle\int_0^{\infty} \frac{\lambda^{-5}\,d\lambda}{e^{1,43/\lambda\,T}-1}}. \tag{82}$$

Dieses Integral läßt sich nicht geschlossen lösen. Die Ergebnisse der von A. Schack durchgeführten graphischen Integration sind in Abb. 16 dargestellt. Die praktische Verwertung dieser Abbildung ist nur möglich, wenn $\varSigma s$ bekannt wäre, welche Größe je nach dem Brennstoff, der Mischung, der Luftzuführung und der Form des Feuerraumes verschieden ist.

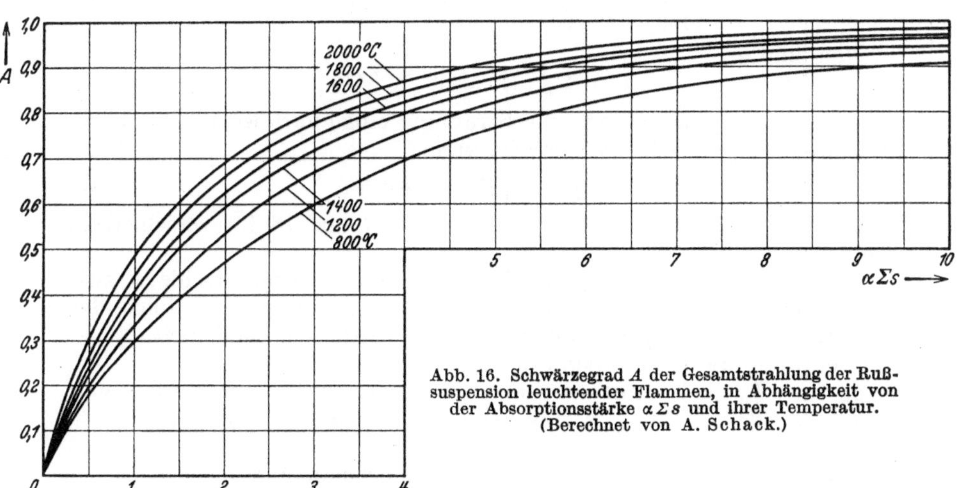

Abb. 16. Schwärzegrad A der Gesamtstrahlung der Rußsuspension leuchtender Flammen, in Abhängigkeit von der Absorptionsstärke $\alpha\varSigma s$ und ihrer Temperatur. (Berechnet von A. Schack.)

Für ein einzelnes Rußteilchen ist $\alpha_\lambda s = 570000 \cdot 0,3 \cdot 10^{-6} = 0,17$, so daß, wenn der Strahl nur 10 hintereinander liegende Staubteilchen treffen würde, das Absorptionsverhältnis nach Abb. 16 schon über 50% betragen würde. Zu diesem Wert ist noch die Strahlung der nichtleuchtenden Gasschichten zu addieren, so daß in den großen technischen Feuerungen (Dampfkessel) der Schwärzegrad der leuchtenden Flammen bei gasreichen Brennstoffen 75 und mehr % beträgt[1].

Bei der Verbrennung von Gas mit der Zusammensetzung:

CO_2	C_2H_4	H_2	CO	CH_4	O_2	N_2
2,2	4,2	48	9,4	22	1,2	13,0 %

---

[1] A. Schack gibt auch eine Methode an die Strahlung leuchtender Flammen durch Temperaturmessungen experimentell zu bestimmen. Leider ist die Methode für die praktische Auswertung recht ungünstig, da zu ungenau (*L. 13.17*).

das also relativ arm an Kohlenstoff ist, zeigten die Messungen von Hottel und Smith, daß die Strahlung der „leuchtenden" Gasflamme nur gleich der Summe der nichtleuchtenden Strahlungen von CO_2- und H_2O-Gas nach Abb. 13 und 14 war.

Die Kohlenstaubflamme unterscheidet sich von der leuchtenden Gasflamme im wesentlichen nur durch die Größe der glühenden Teilchen. Nusselt sowie Wohlenberg und seinen Mitarbeitern haben aus theoretischen Überlegungen den Schwärzegrad der Kohlenstaubflamme berechnet. Man kann das Resultat dieser sehr interessanten Untersuchungen kurz so zusammenfassen, daß eine Kohlenstaubflamme mindestens so stark strahlt wie die leuchtende Flamme bei Rostfeuerungen.

6. Anwendungen.

Für praktische Anwendungen wird Gleichung (66) etwa umgeformt, indem ein Temperaturfaktor f_ϑ nach der Gleichung:

$$\left(\frac{T_1}{100}\right)^4 - \left(\frac{T_2}{100}\right)^4 = f_\vartheta \, (T_1 - T_2) = f_\vartheta \, \Theta$$

gebildet und

$$\alpha_s = C f_\vartheta \; [\text{kcal/m}^2, \text{h}, \,^0\text{C}] \tag{83}$$

als Wärmeübergangszahl für Strahlung eingeführt wird. Die durch Strahlung ausgetauschte Wärme ist dann:

$$Q_s = \alpha_s F \cdot \Theta \; \text{kcal/h} \, . \tag{84}$$

Die Werte von f_ϑ können aus den Abb. 17 und 18 für verschiedene Temperaturen abgelesen werden.

Temperaturmeßfehler [1]. Sobald große Temperaturunterschiede zwischen Gasen und Wandungen vorhanden sind, ist es — infolge der Wärmeabgabe des Meßinstrumentes durch Strahlung und Leitung — sehr schwierig die Gastemperatur genau zu messen.

Sei ϑ_g bzw. T_g die Temperatur der Gase, welche gemessen werden soll,

ϑ „ T „ „ welche das Thermometer anzeigt,

ϑ_w „ T_w „ „ der Wandung,

l und d Länge und Durchmesser des Thermometers,

dann nimmt im Beharrungszustand das Thermometer von dem Gasstrom ebensoviel Wärme auf, als es an die Wandungen ausstrahlt, so daß

$$\alpha \, \pi \, d l \, (\vartheta_g - \vartheta) = C \pi d l \left\{ \left(\frac{T}{100}\right)^4 - \left(\frac{T_w}{100}\right)^4 \right\}$$

oder

$$\vartheta_g - \vartheta = \frac{C}{\alpha} \left\{ \left(\frac{T}{100}\right)^4 - \left(\frac{T_w}{100}\right)^4 \right\} . \tag{85}$$

Die Differenz $\vartheta_g - \vartheta$ gibt den Fehler an, den man bei der Temperaturmessung begeht. Dieser Fehler ist um so kleiner, je kleiner C und je größer α ist; das Thermometer soll z. B. in ein dünnes hochglanzpoliertes Kupferrohr satt eingelegt werden.

Die Strahlungszahl C (vgl. S. 24) und auch die Wärmeübergangszahl α (vgl. Abschnitt III) sind von einer großen Anzahl Faktoren

---

[1] *L. 14.*

abhängig, die alle die Meßgenauigkeit beeinflussen. Die Größe des Meßfehlers könnte nur dann im voraus geschätzt werden, wenn alle diese Faktoren genau bekannt wären. Die Form des Thermometers bzw. die Konstruktion des Thermoelementes, das Material, die Beschaffenheit der strahlenden Oberfläche, die Art des Einbaues, Gasart und Geschwindigkeit der Gasströmung usw. müßten dabei berücksichtigt werden. Es kann sich also niemals darum handeln allgemein gültige Angaben über die Größe des Meßfehlers zu machen.

Wie groß der Fehler werden kann, zeigen folgende Beobachtungen von M. Wenzl und E. Schulze, die die Gastemperatur in einem Flammrohr ($\vartheta_w = 180^0$ C) mit einem ungeschützten Thermoelement gemessen haben, das gegen Ableitung von Wärme isoliert war.

Mit Hilfe der Gleichung (85) kann aus diesen Beobachtungen der Faktor C/α berechnet

Gastemperatur °C		Meßfehler °C	C/α berechnet aus Gl. (a)
beobachtet	wirklich		
400	500	100	$0{,}061 = {}^1\!/_{16{,}3}$
500	647	147	$0{,}0468 = {}^1\!/_{21{,}4}$
600	793	193	$0{,}036 = {}^1\!/_{21{,}9}$
700	945	245	$0{,}0287 = {}^1\!/_{34{,}6}$

werden (Spalte 4). Da weder die Gasgeschwindigkeit noch die Beschaffenheit der Lötstelle bekannt sind, können weitere Schlußfolgerungen nicht gezogen werden.

Der Meßfehler kann durch Anbringen eines Strahlungsschutzes verkleinert werden. Legt man koaxial um das Thermometer eine zylindrische Hülse, so nimmt diese eine zwischen ϑ_g und ϑ_w liegende Temperatur T_x an. Dann folgt sofort:

$$\vartheta_g - \vartheta = \frac{C_s}{\alpha}\left\{\left(\frac{T}{100}\right)^4 - \left(\frac{T_x}{100}\right)^4\right\}, \tag{86}$$

und da auch für die Hülse im Beharrungszustand die abgegebene Wärme gleich der aufgenommenen sein muß, ist

$$\underbrace{C\,\pi\,d\,l\left\{\left(\frac{T}{100}\right)^4 - \left(\frac{T_x}{100}\right)^4\right\}}_{\substack{\text{Vom Thermometer}\\\text{an die Schutzhülle}\\\text{abgegeben}}} + \underbrace{(\alpha_i + \alpha_a)\,\pi\,d_x l_x (\vartheta_g - \vartheta_x)}_{\substack{\text{aus dem Gasstrom}\\\text{aufgenommene}\\\text{Wärme}}} = \underbrace{C\pi d_x l_x\left\{\left(\frac{T_x}{100}\right)^4 - \left(\frac{T_w}{100}\right)^4\right\}}_{\substack{\text{von der Schutzhülle}\\\text{an die Wandung}\\\text{abgegeben}}}.$$

Wenn
$$C\pi d l\left\{\left(\frac{T}{100}\right)^4 - \left(\frac{T_x}{100}\right)^4\right\} = \alpha\,\pi\,d l\,(\vartheta_g - \vartheta)$$

gegenüber dem viel größeren Wert von $(\alpha_i + \alpha_a)\,d_x l_x (\vartheta_g - \vartheta_x)$ vernachlässigt wird, ist

$$\vartheta_g - \vartheta_x = \frac{C}{\alpha_i + \alpha_a}\left\{\left(\frac{T_x}{100}\right)^4 - \left(\frac{T_w}{100}\right)^4\right\}.$$

Wenn T_w bekannt oder berechnet ist, kann damit ϑ_x bestimmt werden, und der Meßfehler folgt dann aus der Gleichung (86). Die Lösung dieser Gleichungen erfolgt am besten graphisch.

Die in Abb. 19 eingetragenen Messungen von Wenzl und Schulze zeigen, daß auch bei Verwendung eines Schutzrohres die gemessene Temperatur erst dann gleich der wahren Gastemperatur wird, wenn durch das Schutzrohr eine Gasmenge mit sehr großer Geschwindigkeit gesaugt wird (Durchflußpyrometer) [1].

---

[1] Für die durch Wärmeleitung entstehenden Meßfehler vgl. S. 59, Gleichung (27b).

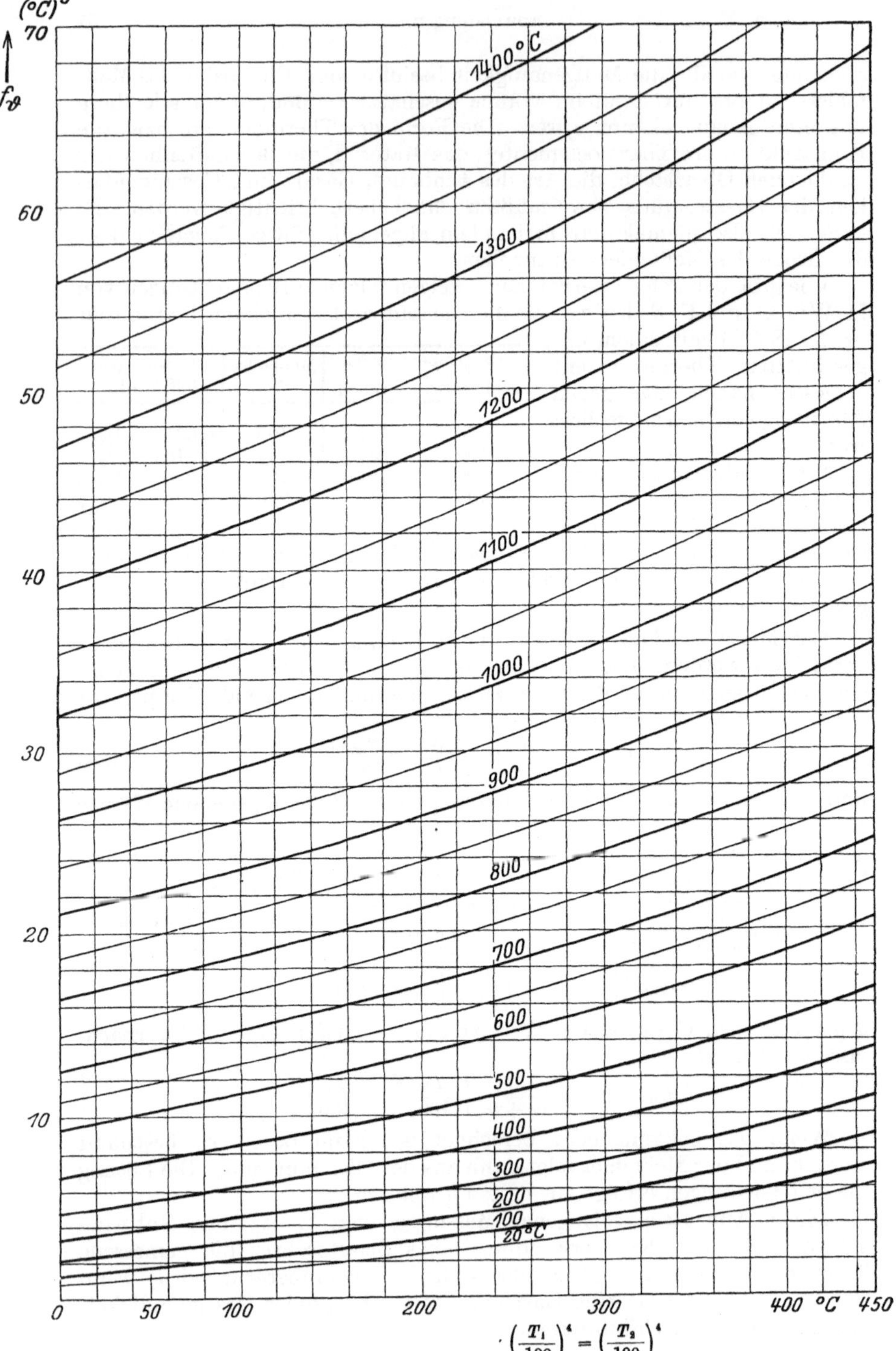

Abb. 17. Temperaturfaktor $f_\vartheta = \dfrac{\left(\dfrac{T_1}{100}\right)^4 - \left(\dfrac{T_2}{100}\right)^4}{T_1 - T_2}$.

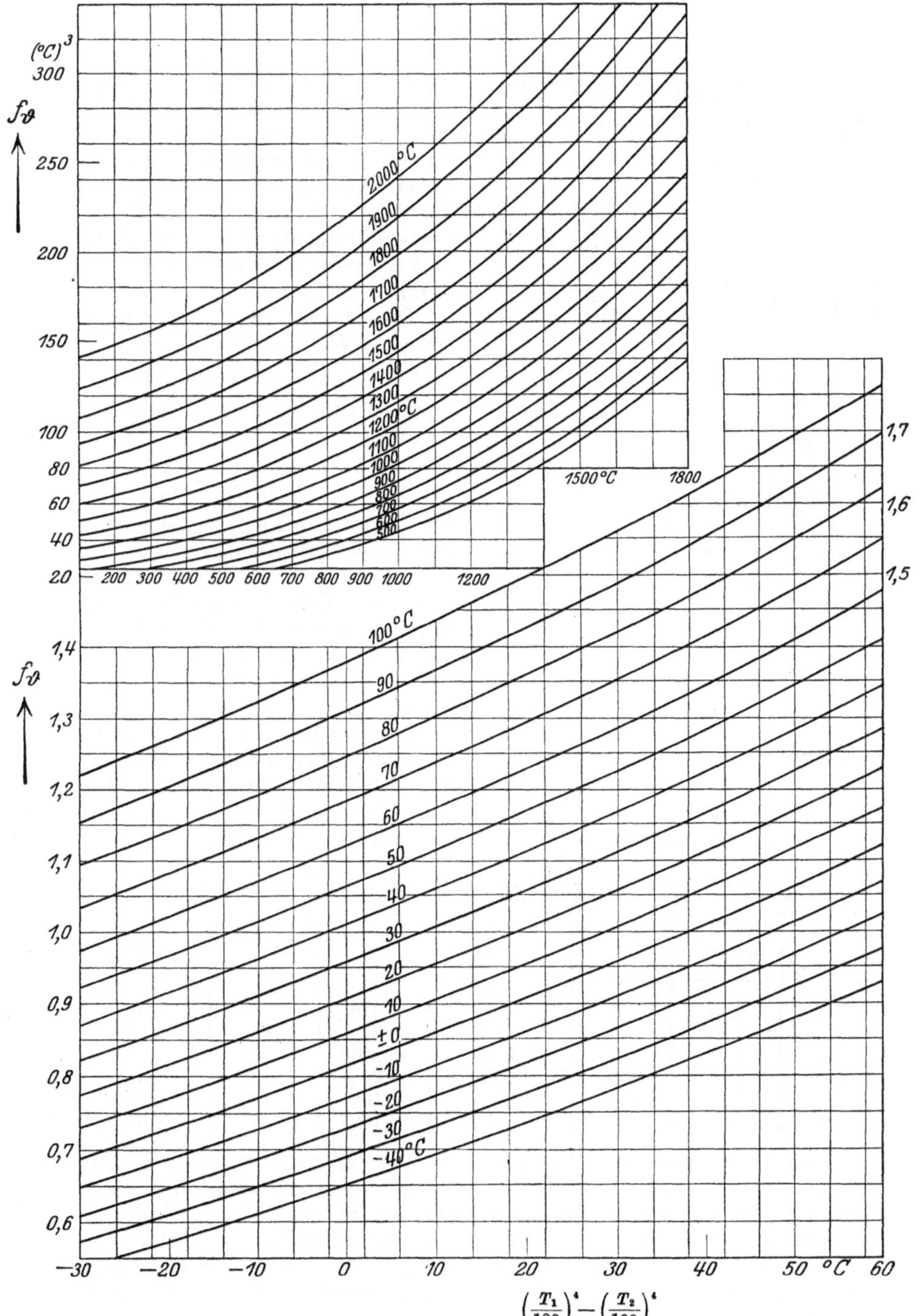

Abb. 18. Temperaturfaktor $f_{\vartheta} = \dfrac{\left(\dfrac{T_1}{100}\right)^4 - \left(\dfrac{T_2}{100}\right)^4}{T_1 - T_2}$.

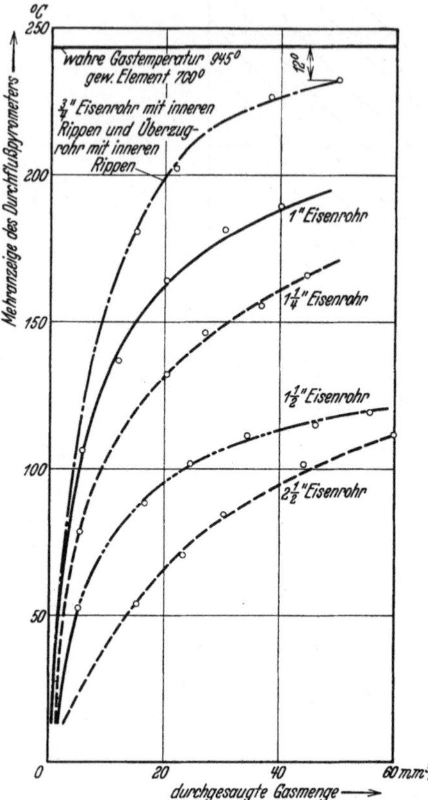

Abb. 19. Versuche von Wenzl und Schulze mit Durchflußpyrometer.

Zahlenbeispiel 1. Wie groß ist die Wärmeübergangszahl für Strahlung in einem Rauchrohr von 45 mm Durchmesser bei verschiedenen Rauchgastemperaturen, wenn die Wandtemperatur 160° C beträgt und die Rauchgase im Mittel 14,5% Kohlensäure und 4% Wasserdampf enthalten?

Die durch Strahlung ausgetauschte Wärme ist allgemein:

$$Q = C f_\vartheta \, \Theta = a_s \Theta \ \text{kcal/m}^2, \text{h},$$

worin, wenn der eine Körper ein Gas ist,

$$\frac{1}{C} = \frac{1}{\psi C_0} + \frac{1}{C_2} - \frac{1}{C_0}.$$

Für Eisenrohre ist $C_2 = 4,5$, so daß mit $C_0 = 4,96$, $C \approx C_0 \psi$ ist. Das Rauchrohr ist praktisch als unendlich langer Zylinder zu betrachten, so daß $s = D$ wird (Zahlentafel 1). Mit $p = 0,145$ ist für Kohlensäure $ps = 0,007$ m und für Wasserdampf mit $p = 0,04$, $ps = 0,0018$ m.

Die Berechnung der Wärmeübergangszahlen ist in der untenstehenden Zahlentafel durchgeführt. Die Strahlung der glühenden Flugasche ist dabei vernachlässigt.

Wärmeübergangszahlen für Strahlung in einem Rauchrohr.

ϑ °C	Aus Abb. 14 ψ_{CO_2}%	Aus Abb. 13 ψ_{H_2O}%	Summe % $\psi_{CO_2} + \psi_{H_2O}$	$C = \psi C_0$	Aus Abb. 17 f_ϑ	$\alpha = f_\vartheta \cdot C$ kcal $\overline{\text{m}^2, \text{h}, °\text{C}}$
400	5,80	0,9	6,70	0,332	7,2	2,39
600	5,56	0,8	6,36	0,315	12,5	3,94
800	4,87	0,7	5,57	0,276	20,2	5,58
1000	4,15	0,6	4,75	0,236	30,9	7,30
1200	3,45	0,5	3,95	0,196	44,8	8,78
1400	2,78	0,4	3,18	0,158	63,0	9,95

Zahlenbeispiel 2. Wie groß ist die Wärmeübergangszahl für Strahlung in einem Flammrohr von 1 m Durchmesser, wenn die Rauchgase die gleiche Zusammensetzung haben wie in Beispiel 1? Die Rohrtemperatur sei 200° C entsprechend 15 at Kesseldruck.

Das Absorptionsverhältnis der Rauchgase in dem Flammrohr liegt zwischen dem Absorptionsverhältnis eines unendlich langen Zylinders und einer Kugel.

Für Zylinder mit $s = D$ ist für CO_2 $ps = 0,145$ und für H_2O $ps = 0,04$.
Für Kugel mit $s = {}^2/_3 D$ ist für CO_2 $ps = 0,0965$ und für H_2O $ps = 0,0267$.

Wärmeübergangszahlen für Strahlung in einem Flammrohr.

$\vartheta\,^{\circ}C$	Aus Abb. 14			Aus Abb. 15			$\Sigma\psi$ m.%	$\psi\cdot C_0$	f_ϑ Abb. 20	α_s
	$s=D$ ψ_{CO_2}	$s=\tfrac{2}{3}D$ ψ_{CO_2}	ψ_{CO_2} mittel	$s=D$ ψ_{H_2O}	$s=\tfrac{2}{3}D$ ψ_{H_2O}	ψ_{H_2O} mittel				
400	10,63	10,20	10,42	14,90	11,10	13,00	23,42	1,16	7,7	8,9
600	10,04	9,50	9,77	12,08	9,00	10,54	20,31	1,01	13,2	13,2
800	9,37	8,80	9,09	10,14	7,30	8,77	17,86	0,89	21,1	18,7
1000	8,39	7,70	8,05	8,42	6,10	7,26	15,31	0,76	32,2	24,4
1200	7,43	6,70	7,07	7,46	5,30	6,38	13,45	0,67	46,5	31,0
1400	6,39	5,70	6,05	6,32	4,40	5,36	11,41	0,57	65,0	36,8

Berechnung der mittleren Feuerraumtemperatur. Verbrennt 1 kg Brennstoff von der Temperatur ϑ_b mit L kg Luft von der Temperatur ϑ_l zu G kg Gas mit der Verbrennungstemperatur ϑ_g, dann folgt aus der Wärmebilanz für B kg Brennstoff pro Stunde im Beharrungszustand:

$$B\cdot H + Bc_{pb}\vartheta_b + BLc_{pl}\vartheta_l = BGc_{pg}\vartheta_g + Q$$

erzeugte Wärme — im Brennstoff vorhandene Wärme — durch die Luft zugeführte Wärme — Gesamtwärme der Rauchgase — abgegebene Wärme

In dieser Gleichung ist:

$H =$ der untere Heizwert des Brennstoffs,

$c_{pb} =$ die spezifische Wärme des Brennstoffes,

$c_{pl} =$ „ „ „ der Luft,

$c_{pg} =$ „ „ „ der Rauchgase.

Für Brennstoffe, welche nicht vorgewärmt werden, kann $c_{pb}\vartheta_b$ gegenüber H vernachlässigt werden, denn für $\vartheta_b = 20^{\circ}$ C und $c_{pb} = 0{,}2$ ist $c_{pb}\vartheta_b = 4$ kcal/kg. Wenn die Verbrennungsluft nicht vorgewärmt wird, kann auch das dritte Glied der Gleichung vernachlässigt werden. Zur Verbrennung von 1 kg Brennstoff sind rd. 13 kg Luft erforderlich, die bei 20° C Temperatur $13\cdot 0{,}25\cdot 20 = 65$ kcal/kg enthalten, deren Vernachlässigung gegenüber $H = 7000$ kcal/kg einen Fehler von etwa 1 % bedeutet.

Die Rauchgasmenge G läßt sich am einfachsten aus folgender Gleichung berechnen[1]:

$$G = 1{,}866\,\underbrace{\frac{C}{k+p}}_{\text{trockene Gase}} + \underbrace{\frac{9h'+w}{80{,}4}}_{\text{Wasserdampf}}\ \text{nm}^3,$$

worin $C =$ der Kohlenstoffgehalt des Brennstoffes in Gewichtsprozenten,

$h' =$ der freie Wasserstoffgehalt des Brennstoffes in Gewichtsprozenten,

$w =$ der Wassergehalt des Brennstoffes in Gewichtsprozenten,

$k =$ der Kohlensäuregehalt der Rauchgase in Volumenprozenten,

$p =$ der Kohlenoxydgehalt der Rauchgase in Volumenprozenten.

Der Wärmeinhalt der Rauchgase WI_g für die Verbrennung von 1 kg Brennstoff ist dann

$$Gc_{pg}\vartheta_g = \left(1{,}866\,\frac{C}{k+p}\,c_{pg} + \frac{9h'+w}{80{,}4}\,c_{pw}\right)\vartheta_g\ \text{kcal/kg} = WI_g,$$

---

[1] Vgl. z. B. F. Seufert: Verbrennungslehre, S. 61. Berlin: Julius Springer.

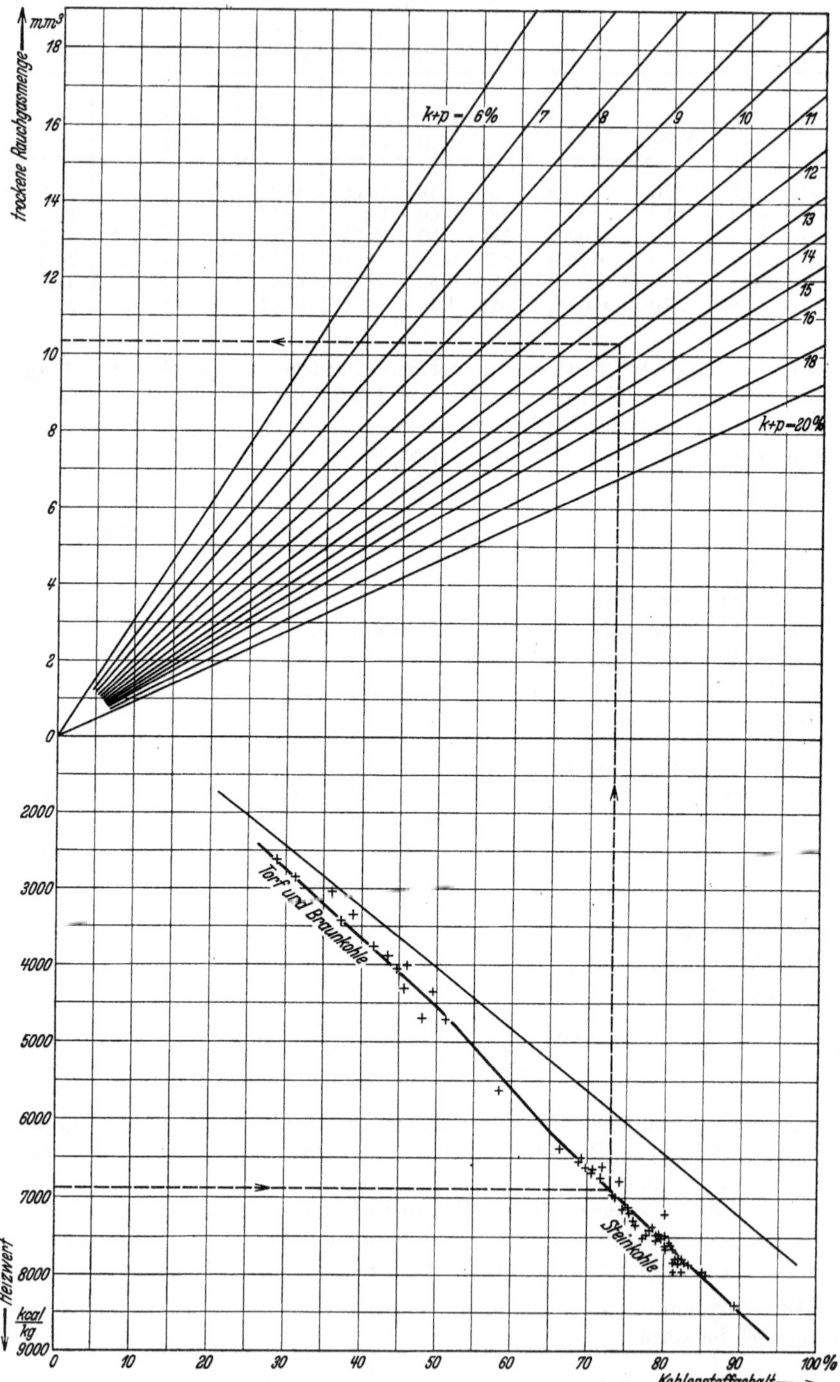

Abb. 20. Heizwert und trockene Rauchgasmenge in Abhängigkeit des C-Gehaltes der Brennstoffe.

welcher direkt aus Abb. 21 entnommen werden kann. Die Feuchtigkeit F in kg auf 1 nm³ trockenes Gas ist:

$$F = \frac{9'h + w}{186,6 \dfrac{C}{k+p}} \; \text{kg/nm}^3.$$

Der **Heizwert** des Brennstoffes wird bei der Verbrennung auf einem Rost niemals vollkommen frei. Wenn nur Asche und Schlacke durch die Rostspalten herunterfallen würden, so hätte man nur mit dem kleinen Verlust zu rechnen, welcher durch die höhere Temperatur dieser Teile entsteht, und auch diese Wärme dient noch zur Vorwärmung der Verbrennungsluft. Aber oft fallen Staub und Gruskohle unverbrannt durch den Rost, und durch die direkte Berührung mit den kalten Roststäben kühlt sich die Brennstoffschicht an der Berührungsstelle unter die Verbrennungstemperatur ab, so daß immer unverbrannte Koksteile in die Asche gelangen. Bei guten Feuerungen sollte dieser Verlust kleiner als 2—3% sein, aber in praktischen Betrieben ist er oft größer.

Auch durch unvollkommene Verbrennung, Flugasche und Rußbildung geht ein Teil des Heizwertes verloren. Garbe[1] gibt für Dampflokomotiven den Verlust durch Löschen und unvollkommene Verbrennung zu 7% des Heizwertes an. Diese Kohlenstoffverluste beeinflussen natürlich die Verbrennungstemperatur; sie können berücksichtigt werden, indem an Stelle der **verfeuerten** Brennstoffmenge, B, die wirklich verbrannte Menge, die um 2—7% kleiner ist, in der Rechnung eingesetzt wird. Bei sehr hohen Feuerraumtemperaturen, über 1500° C entsteht ein weiterer Verlust durch die Dissioziation der Kohlensäure; er kann bei Dampfkesselfeuerungen vernachlässigt werden. Alle diese Verluste faßt man durch den Verbrennungswirkungsgrad η_v zusammen. Die Wärmebilanz geht dann mit den erwähnten Vereinfachungen über in

$$\eta_v H - W I_g = Q/B - 0{,}24 \, L \, \vartheta_l.$$

Die Berechnung der Feuerraumtemperatur setzt also, außer der Bestimmung des Kohlensäure- und Kohlenoxydgehaltes der Rauchgase aus der Gasanalyse, auch die chemische Analyse des Brennstoffes (C- und h'-Gehalt) voraus. Die für fast alle feste Brennstoffe ähnliche Entstehung aus vorgeschichtlichen Wäldern ermöglicht, aus dem kalorimetrisch festgestellten Heizwert mit praktisch genügender Annäherung den Kohlenstoffgehalt zu bestimmen. In Abb. 20 sind aus einer großen Anzahl Versuche[2] die Heizwerte in Funktion des C-Gehaltes aufgetragen. Aus der gleichen Abbildung kann dann sofort die trockene Rauchgasmenge abgelesen werden, wenn k und p aus der Rauchgasanalyse bekannt sind.

Zur Berechnung des Wärmeinhaltes der Rauchgase aus Abb. 21 kann für Steinkohle der h'-Gehalt zu 3,5—4% angenommen werden.

Die im Feuerraum abgegebene Wärme Q ist in hohem Maße von der Art der Feuerung abhängig (Innen- oder Unterfeuerung, Rost- oder Staubfeuerung). Es wird also niemals möglich sein allgemein gültige Formeln für die Berechnung der Feuerraumtemperatur aufzustellen. Bei der **Innenfeuerung** ist die Rostfläche R_{m^2}) vollständig von Heizflächen (H_{m^2}) von der gleichen Temperatur T_h umgeben. Ohne die

---

[1] Garbe: Die zeitgemäße Heißdampflokomotive. Berlin: Julius Springer.
[2] Z. VDI. 1900, S. 670; 1909, S. 1842 u. 1882.

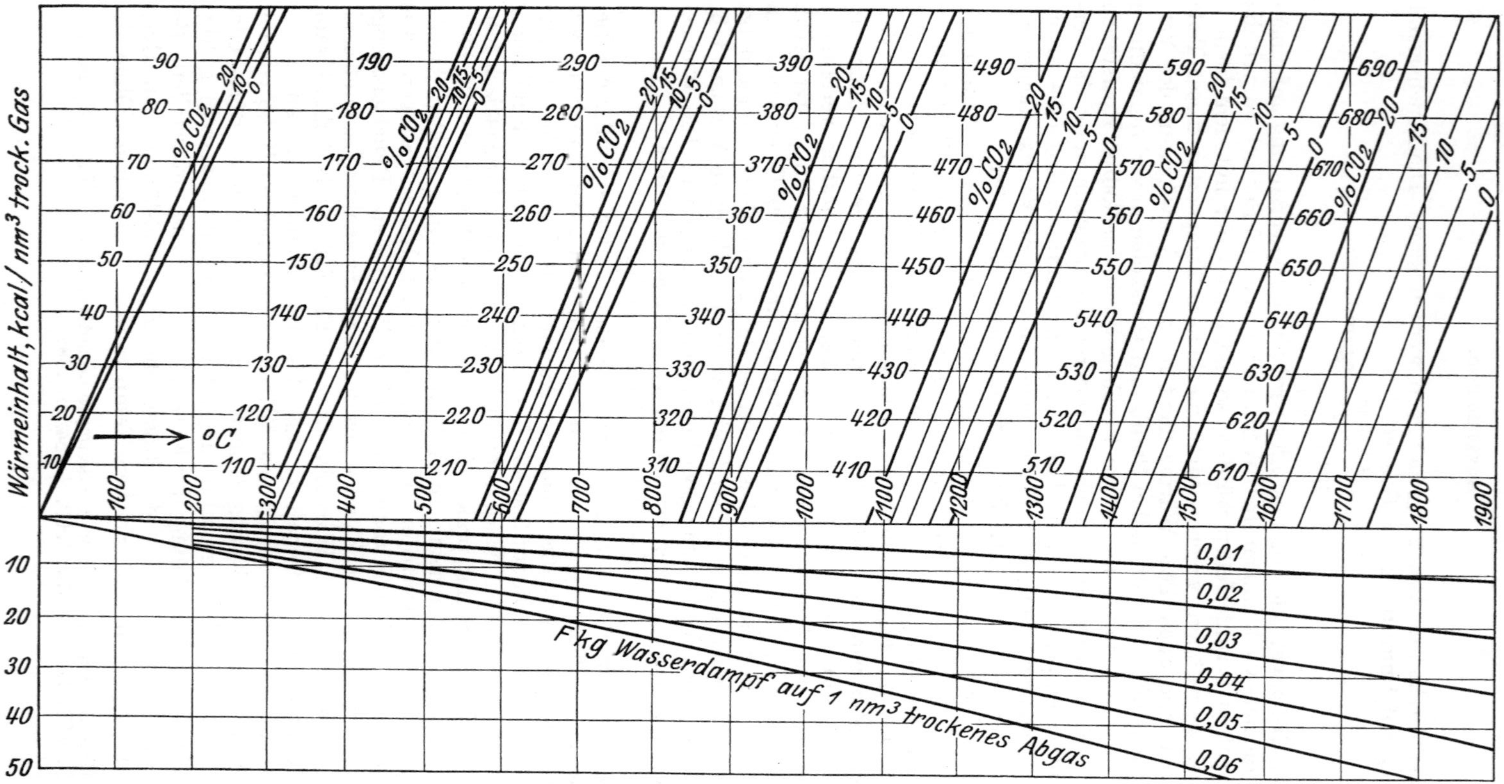

Abb. 21. Wärmeinhalt von 1 nm³ Rauchgas.

trennende Gasschicht wäre die zwischen der Brennstoffschicht und der Heizfläche durch Strahlung übertragene Wärme

$$Q = C \cdot R \left\{ \left(\frac{T_r}{100} \right)^4 - \left(\frac{T_h}{100} \right)^4 \right\},$$

worin

$$\frac{1}{C} = \frac{1}{C_1} + \frac{R}{H} \left(\frac{1}{C_2} - \frac{1}{C_0} \right)$$

ist. Das Verhältnis H/R ist je nach Art des Kessels (Flammrohr oder Lokomotivkessel) und je nach der Form des Rostes stark verschieden

$$H/R = \quad \pi/2 \qquad 3{,}3 \quad \text{bis} \quad 6$$

Flammrohr   breite   schmale
Feuerbüchsen

Die Strahlungszahl C_1 der Brennstoffschicht kann zu 4,6 bis 4,7 angenommen werden; die Strahlungszahl der Heizfläche C_2 ist vom Material abhängig und kann für eiserne Flammrohre zu 4,4 und für kupferne Feuerbüchsen zu etwa 4 gesetzt werden. Der Strahlungsfaktor C kann also nur von Fall zu Fall genauer berechnet werden, und ist im folgenden Zahlenbeispiel zu 4,1 angenommen.

Die Brennstoffschicht strahlt nicht nur nach oben, sondern auch durch die Rostspalten (freie Rostfläche) hindurch nach unten Wärme aus. Das Verhältnis $\dfrac{\text{freie Rostfläche}}{\text{totale Rostfläche}}$ hängt von der Rostkonstruktion, und die Wahl des Rostes wieder vom Brennstoff und auch davon ab, ob natürlicher oder künstlicher Zug vorgesehen ist. Hätte die Brennstoffschicht unten die gleiche Temperatur wie oben, so käme es einfach auf eine Vergrößerung der strahlenden Fläche durch die freie Rostfläche hinaus. Nun ist aber durch die Berührung mit den Roststäben, und weil Asche und Schlacke sich dort ablagern, die Temperatur unten viel kleiner. Da die strahlende Wärme mit der vierten Potenz der absoluten Temperatur steigt, wird nach unten pro Flächeneinheit weniger Wärme ausgestrahlt als nach oben. Man kann aber dennoch die nach unten ausgestrahlte Wärme durch eine prozentuale Vergrößerung ξ der Rostfläche berücksichtigen und für weitere Rostspalten etwa 4—5% zuschlagen.

Da die Rauchgase ein Teil (A_g) der Strahlung der Brennstoffschicht absorbieren, erreicht nur der Teil ($l - A_g$) die Heizfläche, so daß die von der Brennstoffschicht direkt an die Heizfläche übertragene Wärme

$$Q_{\text{Rost}} = C R (l - A_g) \left\{ \left(\frac{T_r}{100} \right)^4 - \left(\frac{T_h}{100} \right)^4 \right\}$$

ist. Das Absorptionsverhältnis der Rauchgase ist von der Schichtdicke des Gases, also von den Abmessungen des Feuerraumes abhängig. Wird der mittlere Strahlungsweg zwischen Rost und Heizfläche zu $s = 0{,}8$ m angenommen und bestehen die Rauchgase aus 14% CO_2 und 4% H_2O, so kann das Absorptionsverhältnis der nichtleuchtenden Flamme mit Hilfe der Abb. 13 und 14 berechnet werden:

Für 14% CO_2, d. h. $ps = 0{,}112$, ist bei 1000° C $\psi = 7{,}95$ ⎫
                                       1200° C $= 7{,}0$ ⎬ Mittel 6,95
                                       1400° C $= 5{,}95$ ⎭

Für 4% H_2O, d. h. $ps = 0{,}024$, ist bei 1000° C $\psi = 5{,}5$ ⎫
                                         1200° C $= 6{,}8$ ⎬ Mittel 6,9
                                       1400° C $= 8{,}3$ ⎭

Im Mittel zusammen also 14%.

Die Brennstoffe brennen aber mit leuchtender Flamme, abhängig vom Gasgehalt und von der Zusammenstellung, von der Luftzuführung und von der Form des Feuerraumes. Wenn bei dem mittleren Strahlungsweg von 0,8 m nur 10 hintereinander liegende glühende Rußteilchen getroffen werden, so ist das Absorptionsverhältnis dieser Rußteilchen schon 0,5 (vgl. S. 36), so daß als Kleinstwert für A_g sicher $0,14 + 0,50 = 0,64$ eingesetzt werden darf.

Die Oberflächentemperatur der glühenden Brennstoffschicht ist im allgemeinen nicht gleich der Temperatur der Rauchgase. Nehmen wir aber, weil genauere Versuche darüber fehlen und zur Vereinfachung der Rechnung diese Gleichheit an, so ist die von der Brennstoffschicht der Heizfläche direkt zugestrahlte Wärme, zuzüglich der durch die Rostspalten abgestrahlten Wärme, mit $l + \xi - 0,64 = 0,4$:

$$Q_{\text{Rost}} = 0,4\, C_1\, R \left\{ \left(\frac{T_r}{100} \right)^4 - \left(\frac{T_h}{100} \right)^4 \right\}.$$

Dazu kommt nun die **Eigenstrahlung der Gase**, deren mittlerer Strahlungsweg von Fall zu Fall, je nach der Form des Feuerraumes, nach den Angaben in Zahlentafel 1 geschätzt werden muß. Die praktisch zur Wirkung kommende Strahlung ist wegen den an der Heizfläche liegenden abgekühlten Schichten kleiner als die mit einer unveränderlichen Gastemperatur berechneten. Die kalten Randschichten sind aber relativ dünn; die darin absorbierte Wärme wird kompensiert, indem Abb. 13 und 14 mit den kleineren „wirksamen“ Streifenbreiten berechnet wurden (vgl. S. 31).

Schätzen wir unter Berücksichtigung aller dieser Faktoren den mittleren wirksamen Strahlungsweg wieder zu 0,8 m, so ist die von den Gasen der Heizfläche zugestrahlte Wärme

$$Q_{\text{gas}} = 0,64\, C_s\, H \left\{ \left(\frac{T_r}{100} \right)^4 - \left(\frac{T_h}{100} \right)^4 \right\}.$$

Da die Heizfläche H vielfach größer als die Rostfläche R ist, wird der Einfluß der Eigenstrahlung der Gase im gleichen Verhältnis vergrößert; sie überwiegt mehrfach gegenüber der direkten Roststrahlung. Alle Untersuchungen über die Wärmeaufnahme von Kesselheizflächen, welche die Gasstrahlung vernachlässigen, müssen also praktisch unbrauchbare Resultate ergeben.

Die gesamte durch Strahlung im Feuerraum abgegebene Wärme ist nun:

$$Q_s = \left(0,4\, \frac{C_1}{C_s} + 0,64\, \frac{H}{R} \right) R \cdot C_s \left\{ \left(\frac{T_r}{100} \right)^4 - \left(\frac{T_h}{100} \right)^4 \right\}.$$

Die Wärmeabgabe durch Berührung der Rauchgase mit den Wandungen ist bei der unregelmäßigen Strömung wohl nie genau zu berechnen. Durch folgende Überlegung kann die Größenordnung der Wärmeübergangszahl geschätzt werden. Sie ist jedenfalls größer als die Wärmeübergangszahl für reine Konvektion bei der gleichen Temperaturdifferenz [Gleichung (131), S. 163], d. h. für 1000^0 C Temperaturunterschied größer als 14. Die zu erwartende Wärmeübergangszahl ist etwa zu vergleichen mit der Wärmeübergangszahl von ebenen Platten; die Rauchgasgeschwindigkeit hängt außer von den Größenabmessungen des Feuerraumes auch von der verbrannten Brennstoffmenge ab. Bis genauere Messungen vorliegen, kann für die Berechnung der Feuerraumtemperatur $\alpha_b = 20$ für kleine und 40 für große Brenngeschwindigkeiten B/R gesetzt werden.

Die Brenngeschwindigkeit (Rostbeanspruchung) B/R ist bei natürlichem Zug 75—100 kg/m², h; größere Rostbelastungen werden mit künstlichem Zug (Unterwindfeuerungen, Blasrohr bei Lokomotivkesseln) erreicht.

Die allgemeine Gleichung zur Berechnung der Feuerraumtemperatur lautet nun:

$$\eta_v H - W I_g = \left(0{,}4\frac{C_1}{C_s} + 0{,}64\frac{H}{R}\right) R \cdot C_s\left\{\left(\frac{T_r}{100}\right)^4 - \left(\frac{T_h}{100}\right)^4\right\} + \left. + \alpha_b \frac{H}{B}(T_g - T_h) - 0{,}24 L \vartheta_L \right\}$$

und läßt sich in einfacher und übersichtlicher Weise graphisch lösen. Zur leichteren Durchführung der Rechnung sind in der Zahlentafel 3 die Werte von $\dfrac{R}{B}\left\{\left(\dfrac{T_g}{100}\right)^4 - \left(\dfrac{T_h}{100}\right)^4\right\}$ für verschiedene Werte von $\dfrac{R}{B}$ und T_g eingetragen, wobei für eine reine Heizfläche $\left(\dfrac{T_h}{100}\right) = 500$ gesetzt ist.

Zahlentafel 2.

$\vartheta_g\,°C$	$\left(\dfrac{T_g}{100}\right)^4 - 500$	$\dfrac{R}{B} = \dfrac{1}{15}$	$\dfrac{1}{20}$	$\dfrac{1}{25}$	$\dfrac{1}{30}$	$\dfrac{1}{40}$	$\dfrac{1}{50}$	$\dfrac{1}{60}$
800	12700	850	635	510	425	315	254	210
1000	25700	1720	1285	1030	860	645	514	430
1100	34800	2320	1740	1400	1160	870	700	580
1200	46600	3100	2330	1860	1550	1165	930	775
1300	67500	4500	3375	2700	2250	1685	1350	1125
1400	77000	5135	3850	3080	2570	1925	1540	1285
1500	98000	6535	4900	3920	3270	2450	1960	1635
1600	122000	8135	6100	4880	4070	3050	2440	2035
1700	151000	—	7550	6040	5030	3775	3020	2515

Ist die Heizfläche durch Asche oder Schlacken stark verunreinigt, so steigt die Temperatur T_h, was bei der Berechnung der Feuerraumtemperatur berücksichtigt werden kann.

Zahlenbeispiel 3. Die Feuerraumtemperatur in einem Lokomotivkessel ist bei verschiedenen Brenngeschwindigkeiten zu bestimmen, wenn Steinkohle mit einem oberen Heizwert von 7920 kcal/kg verbrannt wird. Der untere Heizwert $H_u = H_0 - 54\,h' - 6\,w = 7700$ kcal/kg, wenn $h' = 3{,}5$ und $w = 4\%$ angenommen wird. Der Verbrennungswirkungsgrad η_v sei 89% und $H/R = 4$.

Aus Abb. 20 (G_{trocken} in Funktion von H) für verschiedene Kohlensäuregehalte die trockene Gasmenge entnehmen.

Das Gewicht des Wasserdampfes ist $9\,h' - w = 0{,}355$ kg/kg Brennstoff; F ist das Wasserdampfgewicht je nm³ trockenes Gas.

$$\begin{aligned}
k &= \quad 10 \qquad\quad 12 \qquad\quad 14 \qquad\quad 16 \quad \% \ CO_2 \\
G_t &= \quad 15 \qquad\; 12{,}5 \qquad 10{,}7 \qquad 9{,}35 \ \text{nm}^3 \\
F &= 0{,}355/G_t = 0{,}023 \quad 0{,}029 \quad 0{,}033 \quad 0{,}038 \ \text{kg/nm}^3
\end{aligned}$$

Aus Abb. 21 die Gesamtwärme der Rauchgase berechnen:

$k\,\%$	i kcal/nm³ trock. Gas			i H₂O kcal/nm³			i kcal/nm³ Rauchgas			i kcal/kg Kohle		
	500°	1000°	1500°	500°	1000°	1500°	500°	1000°	1500°	500°	1000°	1500°
10	169	350	540	6,5	12	19	175,5	362	559	2625	5430	8380
12	170,5	352,5	545,5	8,0	14	23	178,5	366,5	568,5	2230	4590	7230
14	172	355	551	9,1	16	26	181	371	577	1935	3970	6170
16	173,5	357,5	556,5	9,9	19	30,5	184,5	376,5	587	1725	3502	5490

Aus der Konstruktion der Feuerbüchstemperatur, welche in Abb. 22 durchgeführt ist, folgt auch sofort der Teil der erzeugten Wärme, welcher in der Feuerbüchse zur Dampfbildung dient. Für eine Brenngeschwindig-

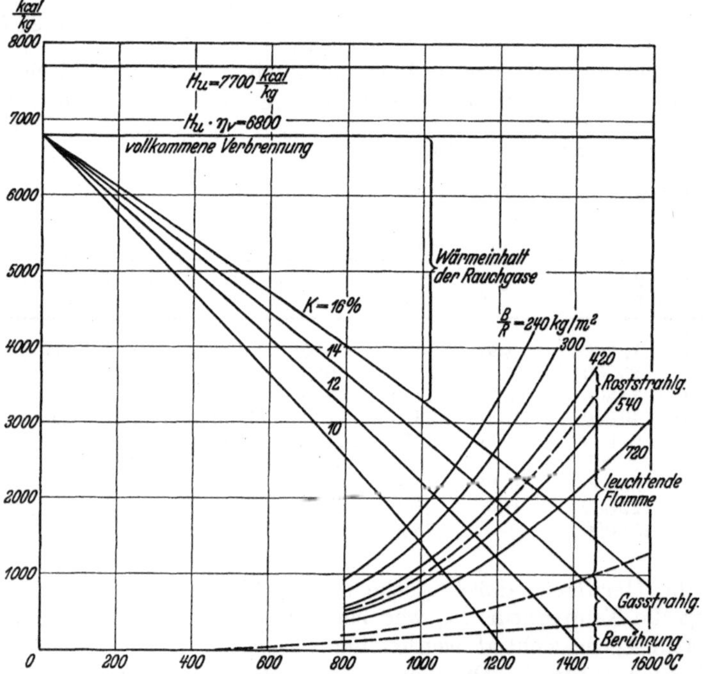

Abb. 22. Berechnung der Feuerraumtemperatur in einem Lokomotivkessel bei reiner Heizfläche $C = 80\%$, $h' = 3,5\%$, $H/R = 4$.

keit $B/R = 420$ und $k = 14\%$ sind es $\dfrac{2000}{6800} \cdot 100 = 29{,}4\%$ der erzeugten Wärme, was bei 75% Kesselwirkungsgrad 39% der Nutzwärme ausmacht.

Abgesehen davon, daß die genauen Temperaturmessungen mit ziemlichen Schwierigkeiten verbunden sind, ändert sich im praktischen Betrieb meist sowohl die Brenngeschwindigkeit als auch die Rauchgaszusammensetzung fortwährend. Aus der Konstruktion folgt, daß dann auch die Feuerraumtemperatur schwanken muß. Ein Vergleich zwischen Theorie und Beobachtung ist nur an Hand von Durchschnittswerten längerer Versuchszeiten möglich, wobei gleichzeitig fortwährend genaue Rauchgasanalysen durchzuführen sind.

II. Wärmeleitung.

A. Stationäre Wärmeströmungen.

1. Die allgemeine Differentialgleichung.

Die Wärmeleitung ist durch den direkten Austausch von kinetischer Energie der Moleküle unter sich zu erklären, welche Energie teils aus Schwingungen, Drehungen und aus fortschreitender Bewegung in geradliniger oder krummliniger Richtung besteht. Nur für den gasförmigen Zustand ist es bisher gelungen, die Erscheinungen der Wärmeleitung aus der Molekulartheorie quantitativ und qualitativ genau zu erklären. Für feste Stoffe hat P. Debye[1], für Flüssigkeiten A. Kardos[2] die ersten Ansätze zur Erläuterung der Wärmeleitzahl gemacht.

Man kann aber auch, ohne molekulartheoretische Betrachtungen anzustellen, die Gesetze der Wärmeleitung rein der Erfahrung entnehmen; dieses ist zuerst von Fourier in seiner berühmten „Théorie analytique de la chaleur" (1882) geschehen. In jedem Körper, in dem nicht völliges Temperaturgleichgewicht herrscht, können die Punkte gleicher Temperaturen durch einen Linienzug verbunden werden; diese Linien nennt man Isothermen. Die senkrecht zu den Isothermen gerichteten Linien nennt man Stromlinien, da sie die Richtung des Wärmestromes angeben.

Die Erfahrung lehrt nun, daß die durch eine Fläche df in der Zeit dt durchgehende Wärme

$$dQ = -\lambda\, df\, \frac{\partial \vartheta}{\partial n}\, dt \tag{1}$$

ist. Das ist die Fouriersche Grundgleichung. In dieser Gleichung ist λ die Wärmeleitzahl [kcal/m, h, ^{0}C], und $-\dfrac{\partial \vartheta}{\partial n}$ das Temperaturgefälle in der Richtung der Wärmeströmung. Das negative Vorzeichen ist dadurch begründet, daß allgemein $\dfrac{\partial \vartheta}{\partial n}$ in der Richtung der zunehmenden Temperatur als positiv bezeichnet wird und die Wärme in der Richtung der abnehmenden Temperatur strömt.

Durch eine beliebig gerichtete Fläche df_1 (Abb. 23), die mit der Isotherme den Winkel α einschließt, wird die Wärmemenge $-\lambda\dfrac{\partial \vartheta}{\partial n} df_1$ $\cos \alpha\, dt$ durchgehen. Nennen wir dx die senkrecht zur Fläche df_1 gerichtete Komponente von dn, so ist $dx = dn \cdot \cos \alpha$, und die Wärmemenge gleich $-\lambda\dfrac{\partial \vartheta}{\partial x} df_1\, dt$, worin $-\dfrac{\partial \vartheta}{\partial x}$ das Temperaturgefälle senkrecht zur Fläche df_1 ist.

---

[1] Debye, P., Vorträge über die kinematische Theorie der Materie. Leipzig: B. G. Teubner 1914.

[2] Kardos, A., Theorie der Wärmeleitung von Flüssigkeiten. Forschung Bd. 5 (1934) S. 14/24.

Betrachten wir in einem ungleich temperierten, homogenen und isotropen Körper ein kleines Parallelepiped mit den Seitenlängen dx, dy und dz, so haben die Seitenflächen im allgemeinen verschiedene Temperaturen. Jede der sechs Flächen läßt in der Zeit dt eine gewisse Wärmemenge (positiv oder negativ) durch. Nach der **Fourier**schen Grundgleichung ist die in der Richtung der Z-Achse durch die Fläche *1*

eintretende Wärme $= - \lambda\, dx\, dy\, \dfrac{\partial \vartheta}{\partial z}\, dt$, die durch die auf der Entfernung dz

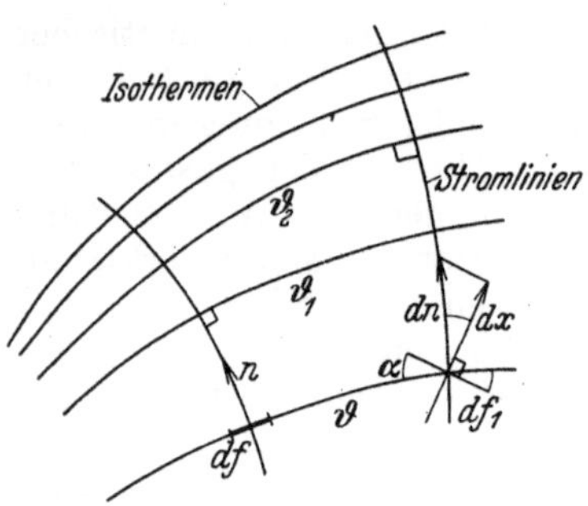

Abb. 23. Isothermen und Stromlinien.

davon gelegene parallele Fläche *2* austretende Wärme

$$= - \lambda\, dx\, dy\, \frac{\partial}{\partial z}\left(\vartheta + \frac{\partial \vartheta}{\partial z}\, dz\right) dt$$

und die Wärmezunahme:

$$\lambda\, dx\, dy\, dt\left\{ -\frac{\partial \vartheta}{\partial z} + \frac{\partial}{\partial z}\left(\vartheta + \frac{\partial \vartheta}{\partial z}\, dz\right)\right\} =$$
$$= \lambda\, dx\, dy\, dz\, dt\, \frac{\partial^2 \vartheta}{\partial z^2}.$$

Ähnliche Gleichungen bestehen auch für die X- und Y-Richtung. Die gesamte aufgenommene Wärme:

$$dQ = \lambda\left(\frac{\partial^2 \vartheta}{\partial x^2} + \frac{\partial^2 \vartheta}{\partial y^2} + \frac{\partial^2 \vartheta}{\partial z^2}\right) dx\, dy\, dz\, dt$$

ändert die Temperatur des Volumenelementes um den Betrag $\dfrac{\partial \vartheta}{\partial t}\, dt$. Wenn c die unveränderliche spezifische Wärme und γ das spezifische Gewicht des Körpers ist, so ist die aufgenommene Wärme auch gleich:

$$dQ = dx\, dy\, dz\, \gamma\, c\, \frac{\partial \vartheta}{\partial t}\, dt.$$

Durch Gleichsetzung erhält man mit $\dfrac{\lambda}{c_p\, \gamma} = a$ die Differentialgleichung:

$$\frac{\partial \vartheta}{\partial t}\, \vartheta = a\left(\frac{\partial^2 \vartheta}{\partial x^2} + \frac{\partial^2 \vartheta}{\partial y^2} + \frac{\partial^2 \vartheta}{\partial z^2}\right) \tag{2}$$

oder mit dem Symbol $\varDelta$ für den **Laplace**schen Differentialoperator

$$\varDelta = \frac{\partial^2}{\partial x^2} + \frac{\partial^2}{\partial y^2} + \frac{\partial^2}{\partial z^2}$$

$$\frac{\partial \vartheta}{\partial t} = a\, \varDelta\, \vartheta. \tag{2a[1]}$$

Zwei verschiedene Körper von gleicher Form und unter gleichen Anfangstemperaturen und Randbedingungen werden sich an entsprechenden Stellen gleich mit der Zeit verändern, wenn der Faktor a für beide Körper gleich ist. Aus diesem Grunde wird a die **Temperaturleitzahl** (Leitfähigkeit) des Körpers genannt.

Die Gleichung (2) kann noch verallgemeinert werden, indem angenommen wird, daß im Volumenelement $dx \cdot dy \cdot dz$ selbst Wärme erzeugt wird, wobei es gleichgültig ist aus welchen anderen Energiearten diese Wärme entsteht (chemische, elektrische Energie, Reibung, usw.). Man nennt die Ursache dieses Vorganges **Wärmequellen** und

---

[1] Man findet in der Literatur dafür auch das Zeichen $\varDelta^2$ oder ∇ (sprich Nabla) oder auch ∇^2.

nimmt im allgemeinen an, daß die erzeugte Wärmemenge dem Volumen des Elementes proportional ist. Wenn q die in der Zeit- und in Volumeneinheit erzeugte Wärme ist (**Ergiebigkeit der Quelle** genannt), so lautet die Differentialgleichung:

$$\frac{\partial \vartheta}{\partial t} = a\, \Delta \vartheta + \frac{q}{\gamma \cdot c}. \tag{3}$$

Im **stationären** Zustand, wenn die Temperaturen sich nicht mehr mit der Zeit ändern, ist $\dfrac{\partial \vartheta}{\partial t} = 0$ und

$$a\, \Delta \vartheta + \frac{q}{\gamma c} = 0. \tag{4}$$

Sind keine Wärmequellen vorhanden ($q = 0$), so vereinfacht sich diese Gleichung (da $a \neq 0$ ist) zu der Differentialgleichung von **Laplace**:

$$\Delta \vartheta = 0. \tag{5}$$

Diese Gleichung ist von mathematischer Seite ausführlich untersucht worden[1]. Sie hat eine große Anzahl von Lösungen. Die Wahl der für einen bestimmten Fall am besten geeigneten Lösung hängt von den Grenzbedingungen ab. Die Funktionen, welche dieser Gleichung genügen, geben Scharen von isothermen Flächen, die bei den stationären Wärmeströmungen ihre Lage dauernd beibehalten. Bei jeder Lösung der Gleichung können irgend zwei isotherme Flächen als Oberflächen eines zwischen ihnen liegenden Körpers gedacht werden, für welchen die unveränderlichen Oberflächentemperaturen vorgeschrieben sind.

Am einfachsten werden die Lösungen für eindimensionale Wärmeströmungen, z. B.:

a) bei der unendlich großen planparallelen Platte, quer zur Platte (ebenes Koordinatensystem),

b) bei dem unendlich langen Zylinder in radialer Richtung (Zylinderkoordinaten) und

c) bei der Kugel.

2. Die planparallele Platte.

Wenn bei einer unendlich großen Platte die Oberflächentemperaturen konstant sind, so kann die Wärme nur in einer Richtung, quer zur Plattenebene, strömen. Die Differentialgleichung (2a) vereinfacht sich dann zu:

$$\frac{\partial^2 \vartheta}{\partial x^2} = 0. \tag{6}$$

Die Integration ergibt:

$$\vartheta = A\, x + B, \tag{7}$$

d. h.: Im Beharrungszustand ist der Temperaturverlauf geradlinig. Die Integrationskonstanten A und B sind aus den Anfangs- und Grenzbedingungen (Randbedingungen) zu berechnen.

Randbedingung 1. Die Temperaturen der beiden Grenzflächen sind gegeben, und zwar ist für $x = 0$,

$$\vartheta = B = \vartheta_{w_1}$$

<hr>

[1] Vgl. z. B. **Frank-von Mises**, Differentialgleichungen der Physik Bd. 1, 2. Braunschweig: F. Vieweg & Sohn 1935.

und für $x = \delta$,

$$\vartheta = A \delta + \vartheta_{w_1} = \vartheta_{w_2}$$

oder

$$A \vartheta = \vartheta_{w_2} - \vartheta_{w_1}. \tag{8}$$

Die in der Zeiteinheit durch die Fläche df hindurchgehende Wärme dQ folgt aus der Fourierschen Grundgleichung zu

$$dQ = \frac{\lambda}{\delta}\, df\, (\vartheta_{w_1} - \vartheta_{w_2}). \tag{9}$$

Ist die Platte aus mehreren Teilen zusammengesetzt, so werden die Grenzflächen nur dann gleiche Temperaturen haben, wenn sie sich über die ganze Fläche innig berühren. Das ist z. B. der Fall bei einer Lötung, bei einem Anstrich oder auch zwischen Kesselstein und Wandung. Unter dieser Voraussetzung folgt aus der Kontinuitätsgleichung für die Wärmeströmung

$$dQ = \frac{\lambda_1}{\delta_1}\, df\, (\vartheta_{w_1} - \vartheta) \;\; \text{oder} \;\; dQ\, \frac{\delta_1}{\lambda_1}\, (\vartheta_{w_1} - \vartheta)\, df,$$

$$dQ = \frac{\lambda_2}{\delta_2}\, df\, (\vartheta - \vartheta') \;\; \text{oder} \;\; dQ\, \frac{\delta_2}{\lambda_2} = (\vartheta - \vartheta')\, df,$$

$$dQ = \frac{\lambda_3}{\delta_3}\, df\, (\vartheta' - \vartheta_{w_2}) \;\; \text{oder} \;\; dQ\, \frac{\delta^3}{\lambda_3} = (\vartheta' - \vartheta_{w_2})\, df.$$

Durch Addition erhält man

$$dQ \left(\frac{\delta_1}{\lambda_1} + \frac{\delta_2}{\lambda_2} + \frac{\delta_3}{\lambda_3} \right) = (\vartheta_{w_1} - \vartheta_{w_2})\, df,$$

oder allgemein

$$dQ = \frac{\vartheta_{w_1} - \vartheta_{w_2}}{\sum \dfrac{\delta}{\lambda}}\, df. \tag{10}$$

Schreiben wir diese Gleichung in der Form

$$dQ = \frac{\lambda_m}{\varDelta}\, df\, (\vartheta_{w_1} - \vartheta_{w_2}), \tag{11}$$

worin $\varDelta$ die totale Dicke und λ_m die mittlere Wärmeleitzahl der Platte ist, so wird:

$$\lambda_m = \frac{\varDelta}{\sum \dfrac{\delta}{\lambda}}. \tag{12}$$

Für die Wärmeströmung parallel zur Lage der Schichten kann die mittlere Wärmeleitzahl

$$\lambda'_m = \frac{\sum (\delta \lambda)}{\varDelta} \tag{13}$$

in ähnlicher Weise berechnet werden.

Zahlenbeispiel 4. Wie groß sind die mittleren Wärmeleitzahlen in einem Blechpaket, bestehend aus s Blechen von 0,5 mm Dicke ($\lambda = 54$), je beklebt mit 0,05 mm Papier ($\lambda = 0,1$)?

Nach Gleichung (12) ist die mittlere Wärmeleitzahl

$$\lambda_m = \frac{0{,}00055 \cdot s}{s \left(\dfrac{0{,}0005}{54} + \dfrac{0{,}00005}{0{,}1} \right)} = 1{,}08 \text{ kcal/m, h } ^0\text{C}.$$

Die Versuche von Ott (*L. 32.10*) ergaben mit rauhen Blechen bei einer mittleren Flächenpressung:

$$p = 0{,}16 \quad 0{,}79 \quad 1{,}43 \quad 2{,}2 \quad \text{und} \quad 3{,}25 \text{ at}$$
$$\lambda = 0{,}378 \quad 0{,}443 \quad 0{,}449 \quad 0{,}460 \quad 0{,}464 \text{ kcal/m, h } {}^0\text{C}$$

also eine viel kleinere mittlere Wärmeleitzahl, abhängig von der Flächenpressung. Diese Abweichung von der Berechnung ist dadurch zu erklären, daß die beiden rauhen Blechoberflächen sich nur teilweise berühren (Abb. 24). Die Wärmeleitzahl der eingeschlossenen Luft ($\lambda = 0{,}02$) ist so klein, daß nur ein Teil der Berührungsfläche für die ungehinderte Wärmeströmung wirksam ist[1].

Die Versuche mit glatten Blechen gaben λ_m zu 0,8 und 1,0, so daß sich die mittlere Wärmeleitzahl dem theoretischen Grenzwert 1,08 für satte Berührung nähert.

Für die Wärmeströmung parallel zur Lage der Schichten ist

$$\lambda'_m = \frac{0{,}0005 \cdot 54 + 0{,}00005 \cdot 0{,}1}{0{,}00055} = 49 \text{ kcal/m, h, } {}^0\text{C.}$$

In beiden Richtungen sind also die mittleren Wärmeleitzahlen stark verschieden. Die Wärme strömt fast ausschließlich in der Richtung parallel zur Lage der Schichten.

Randbedingung 2. Die Temperaturen der Umgebung der Platten sind gegeben. Wenn ein Körper an eine Flüssigkeit von Abb. 24. niederer Temperatur grenzt, so wird die Flüssigkeit durch die aufgenommene Wärme in ihren einzelnen Teilchen in Bewegung kommen. Ihre Temperatur wird aber, da die erwärmten Teilchen sich von dem Körper entfernen und abkühlen, in einiger Entfernung von dem warmen Körper einen Wert haben, der unabhängig ist von der Anwesenheit des warmen Körpers. Diese Temperatur nennt man die **Temperatur der Umgebung.**

Für diesen Wärmeaustausch oder Wärmeübergang ist es gebräuchlich, vom Newtonschen Abkühlungsgesetz auszugehen. Dieses besteht in der Annahme, daß die Wärmemenge dQ, die ein Oberflächenelement F von der gleichmäßigen Temperatur ϑ_w in der Zeit dt an die Umgebung von der Temperatur ϑ abgibt, dem Temperaturunterschiede $\vartheta_w - \vartheta = \Theta$, der Größe F der Oberfläche und der Zeit dt direkt proportional ist, also

$$dQ = \alpha \Theta F \, dt. \tag{14}$$

Der Proportionalitätsfaktor α heißt die **Wärmeübergangszahl** (**W.U.Z.**) und muß durch die Erfahrung bestimmt werden[2].

Die Wärmeübergangszahl ist also die Wärmemenge, welche in der Zeiteinheit durch die Flächeneinheit bei 1^0 C Temperaturunterschied übergeht (kcal/m², h, ^{0}C). Durch diese Definition sind die gesamten Erscheinungen der Wärmestrahlung, der Konvektion und der Wärmeleitung in den Wärmeübergangszahlen enthalten.

---

[1] Die Wärmeleitung bei nicht satter Berührung ist auf S. 182 behandelt.

[2] In physikalischen Handbüchern findet man dafür den weniger zutreffenden Ausdruck „äußere Wärmeleitfähigkeit".

Eine planparallele Platte von der Dicke $\varDelta$, die im allgemeinen aus mehreren Schichten· zusammengestellt ist (Abb. 25) trenne zwei Flüssigkeiten von den gegebenen, unveränderlichen Temperaturen ϑ_1 und ϑ_2. Aus der Kontinuitätsgleichung der Wärmeströmung folgen dann die Gleichungen:

$$dQ\,\frac{1}{\alpha_1} = (\vartheta_1 - \vartheta_{w_1})\,dF, \qquad dQ\,\frac{\delta_3}{\lambda_3} = (\vartheta'' - \vartheta''')\,dF,$$

$$dQ\,\frac{\delta_1}{\lambda_1} = (\vartheta_{w_1} - \vartheta')\,dF, \qquad dQ\,\frac{\delta_4}{\lambda_4} = (\vartheta''' - \vartheta_{w_2})\,dF,$$

$$dQ\,\frac{\delta_2}{\lambda_2} = (\vartheta' - \vartheta'')\,dF, \qquad dQ\,\frac{1}{\alpha_1} = (\vartheta_{w_2} - \vartheta_2)\,dF.$$

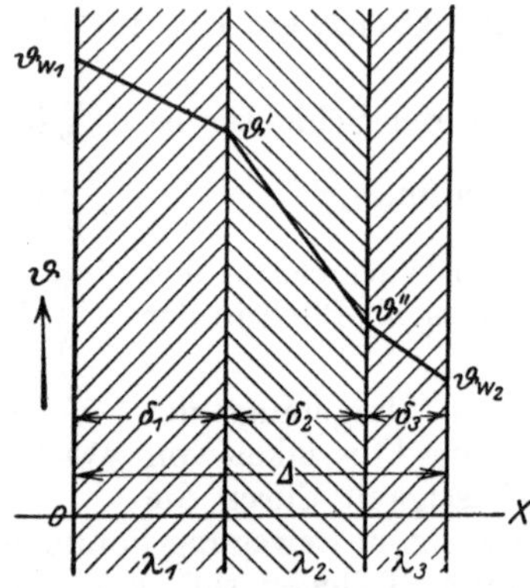

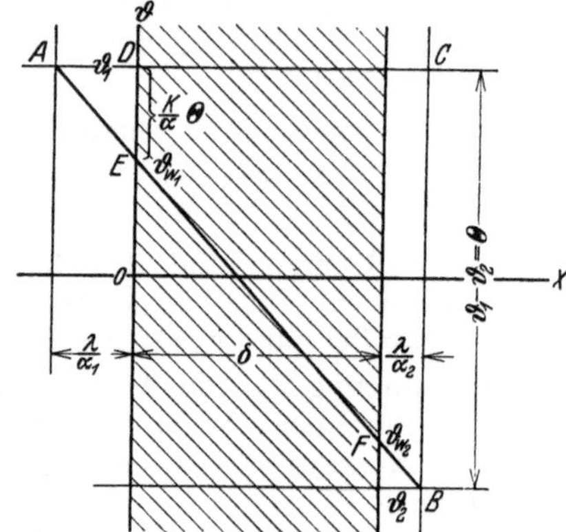

Abb. 25. Temperaturverlauf in einer ebenen Platte.   Abb. 26. Konstruktion des Temperaturverlaufes.

Durch Addition erhält man die Beziehung

$$dQ\left(\frac{1}{\alpha_1} + \sum\frac{\delta}{\lambda} + \frac{1}{\alpha_2}\right) = (\vartheta_1 - \vartheta_2)\,dF = \Theta\,dF$$

oder

$$q = \frac{dQ}{dF} = k\,\Theta \;\;[\text{kcal/m}^2,\,\text{h}] \tag{15}$$

mit

$$\frac{1}{k} = \frac{1}{\alpha_1} + \frac{1}{\alpha_2} + \sum\frac{\delta}{\lambda}. \tag{16}\,[1]$$

Man nennt k die **Wärmedurchgangszahl**, d. i. die auf die Flächeneinheit bei 1^0 C Temperaturunterschied zwischen beiden Flüssigkeiten stündlich durchgehende Wärmemenge [kcal/m², h, °C].

Die Wandtemperaturen ϑ_{w_1} und ϑ_{w_2}, die für die Berechnung der Wärmeübergangszahlen von Bedeutung sind, folgen aus den obenstehenden Gleichungen zu:

$$\left.\begin{aligned} \vartheta_{w_1} &= \vartheta_1 - \frac{k}{\alpha_1}\,\Theta \\[2mm] \vartheta_{w_2} &= \vartheta_2 + \frac{k}{\alpha_2}\,\Theta \end{aligned}\right\} \tag{17}$$

---

[1] Man bezeichnet $1/\alpha$ auch als Übergangswiderstand, δ/λ als Wärmeleitungswiderstand und $1/k$ als Wärmedurchgangswiderstand, so daß (analog dem Ohmschen Gesetz) der Gesamtwiderstand für die Wärmeströmung gleich der Summe der Einzelwiderstände ist. (M. Jakob, Z. ges. Kälteind. 1926.)

Wenn die Temperaturdifferenz Θ bekannt ist, kann für eine gegebene Wandung der Temperaturverlauf und damit die Wandtemperaturen sehr leicht konstruiert werden (Abb. 26). Für den Fall, daß die Wandung aus einem homogenen Material besteht, ist:

$$\frac{1}{k} = \frac{1}{\alpha_1} + \frac{1}{\alpha_2} + \frac{\delta}{\lambda}$$

oder

$$\frac{\lambda}{k} = \frac{\lambda}{\alpha_1} + \frac{\lambda}{\alpha_2} + \delta = AC\,.$$

Auf beiden Seiten der Wandung werden $\dfrac{\lambda}{\alpha_1}$ bzw. $\dfrac{\lambda}{\alpha_1}$ als Strecken aufgetragen, und zwar im gleichen Maßstabe wie δ gezeichnet ist. Die Punkte A und B werden durch eine Gerade verbunden, dann geben die Schnittpunkte E und F mit der Wandung sofort die gesuchten Wandtemperaturen. Der Beweis folgt direkt aus der Abbildung, weil die Dreiecke ABC und ADE ähnlich sind.

$$DE : CB = AD : AC\,,$$
$$DE : \Theta = \frac{\lambda}{\alpha_1} : \frac{\lambda}{k}\,,$$
$$DE = \frac{k}{\alpha_1}\,\Theta \ \text{(q.e.d.)}\,.$$

Aber auch wenn die Wandung aus mehreren Schichten zusammengesetzt ist, führt die Konstruktion leicht zum Ziel. Man trage an beiden Seiten, im gleichen Maßstabe wie die Wandung gezeichnet ist, die Strecken $\dfrac{1}{\alpha_1}\cdot\dfrac{\varDelta}{\sum\frac{\delta}{\lambda}}$ bzw. $\dfrac{1}{\alpha_2}\cdot\dfrac{\varDelta}{\sum\frac{\delta}{\lambda}}$

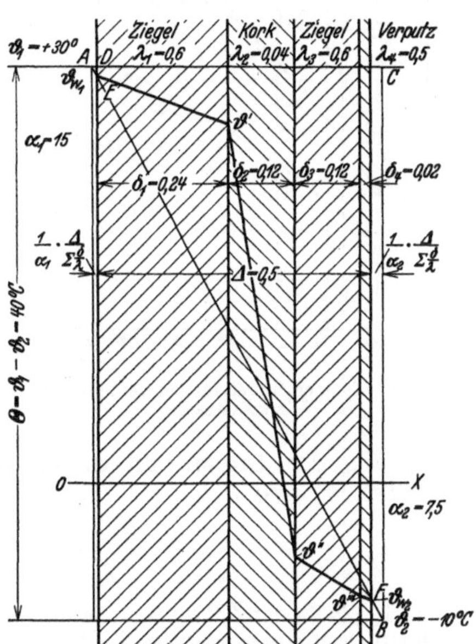

Abb. 27. Konstruktion der Wandtemperaturen.

auf und verbinde die Punkte A und B wieder durch eine Gerade; dann folgt aus der Abb. 27, daß die Schnittpunkte E und F die Wandtemperaturen geben. Denn es ist

$$\frac{1}{k} = \frac{1}{\alpha_1} + \frac{1}{\alpha_2} + \sum\frac{\delta}{\lambda}$$

oder

$$\frac{\varDelta}{k\sum\frac{\delta}{\lambda}} = \frac{\varDelta}{\alpha_1\sum\frac{\delta}{\lambda}} + \frac{\varDelta}{\alpha_2\sum\frac{\delta}{\lambda}} + \varDelta = AC\,.$$

Aus der Ähnlichkeit der Dreiecke ADE und ACB folgt:

$$AC : AD = DE : CB\,,$$
$$\frac{1}{k}\cdot\frac{\varDelta}{\sum\frac{\delta}{\lambda}} : \frac{1}{\alpha_1}\cdot\frac{\varDelta}{\sum\frac{\delta}{\lambda}} = DE : \Theta\,,$$
$$DE = \frac{k}{\alpha_1}\,\Theta \ \text{(q.e.d.)}\,.$$

Der weitere Temperaturverlauf wird meist **genauer gerechnet** aus:

$$\vartheta_{w_1} = \vartheta_1 - \frac{k}{\alpha_1}\,\Theta\,, \qquad \vartheta' = \vartheta_{w_1} - k\frac{\delta_1}{\lambda_1}\,\Theta\,, \qquad \vartheta'' = \vartheta' - k\frac{\delta_2}{\lambda_2}\,\Theta\,, \quad \text{usw.}$$

Randbedingung 3. Die hindurchgehende Wärme Q ist gegeben. Da die allgemeine Lösung (7) zwei Integrationskonstanten enthält, ist das Problem durch diese eine Bedingung noch nicht eindeutig bestimmt. Irgendeine zweite Bedingung, z. B. eine Wandtemperatur oder eine Temperatur der Umgebung sollte noch bekannt sein. Der Temperaturverlauf ist dann aus den Gleichungen (15)/(16) und (17) zu berechnen [1].

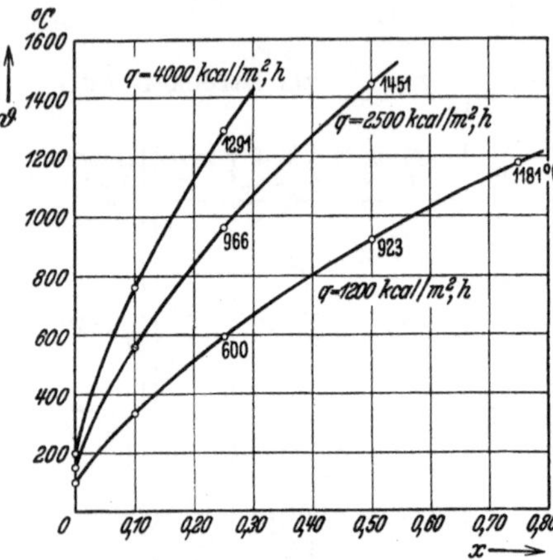

Abb. 28. Temperaturverlauf bei veränderlicher Wärmeleitzahl.

Wärmeleitzahl mit der Temperatur veränderlich. Die Annahme einer von der Temperatur unabhängigen Wärmeleitzahl ist für viele Stoffe und namentlich bei großen Temperaturunterschieden nicht zulässig. Da die durch die Platte in der Zeiteinheit hindurchgehende Wärme im Beharrungszustand konstant ist:

$$Q/f = -\lambda\frac{d\vartheta}{dx} = \pm q \ \text{kcal/m}^2\,\text{h}, \quad (18)$$

folgt aus der Integration dieser Gleichung zwischen 0 und x, bzw. zwischen ϑ_1 und ϑ_2:

$$\int_{\vartheta_1}^{\vartheta_2} \lambda\,d\vartheta = \pm q x. \quad (19)$$

Das $+$- bzw. $-$-Zeichen hängt von der Richtung der Wärmeströmung in bezug auf die gewählte X-Richtung ab. Für feuerfeste Steine ändert sich z. B. die Wärmeleitzahl geradlinig mit der Temperatur:

$$\lambda_\vartheta = \lambda_0 + \beta\,\vartheta, \quad (20)$$

so daß dann

$$\lambda_0\,\vartheta + \frac{\beta}{2}\,\vartheta^2 - A = \pm q x \quad (21)$$

ist, worin die Integrationskonstante A aus den Randbedingungen bestimmt werden muß.

Zahlenbeispiel 5. Der Temperaturverlauf in einer Wand aus Silikastein ($\lambda_0 = 0{,}32$, $\lambda_{500} = 6{,}5$ kcal/m, h, °C) soll für den Beharrungszustand berechnet werden, wenn $q = 1200$, 2500 bzw. 4000 kcal/h und die eine Wandtemperatur (für $x = 0$) 100, 150 bzw. 200° C ist.

Aus $\lambda_\vartheta = \lambda_0 + \beta\,\vartheta$ folgt $\beta = 0{,}0008$ und aus Gleichung (21) für $x = 0$, mit den gegebenen Wandtemperaturen:

[1] J. Geiger: Temperaturverlauf in geheizten Wandungen von beliebiger Form. Z.VDI Bd. 67 (1923) S. 905/908. — O. Lutz: Graphische Ermittlung der Wandtemperaturen beim Wärmedurchgang durch Wände von beliebiger Form. Z.VDI Bd. 79 (1935) S. 1041 und Forschung Bd. 6 (1935) S. 240.

$$0,32\,\vartheta + 0,0004\,\vartheta^2 = A$$

$A = 36, 57$ bzw. 80. Die Lösung der quadratischen Gleichung

$$0,32\,\vartheta + 0,0004\,\vartheta^2 = qx - A$$

für verschiedene Werte von q und x in Abb. 28 dargestellt. Für die Berechnung der durchgehenden Wärme kann meistens mit einer konstanten mittleren Wärmeleitzahl gerechnet werden bei der Temperatur $\dfrac{\vartheta_1 + \vartheta_2}{2}$; z. B. für $\vartheta_1 = 100$, $\vartheta_2 = 1180^0$ C ist $\lambda_m = 0,83$ und

$$q = \frac{\lambda}{\delta}\,\Theta = \frac{0,83}{0,75}\cdot 1080 = 1200\ \text{kcal/m}^2,\ \text{h}.$$

3. Wärmeleitung in der Längsrichtung eines Stabes.

Prismatischer Stab. Durch den Querschnitt an der Stelle x (Abb. 29) strömt in Beharrungszustand pro Zeiteinheit die Wärmemenge:

$$dQ_1 = -\lambda f \frac{d\vartheta}{dx}$$

und durch den Schnitt $x + dx$:

$$dQ_2 = -\lambda f \frac{d}{dx}(\vartheta - d\vartheta)$$

Die Wärmeabgabe des Oberflächenelementes $U \cdot dx$ ($U =$ Umfang des Stabes) an die Umgebung mit der unveränderlichen Temperatur ϑ_0 ist:

$$dQ_3 = \alpha\,U\,(\vartheta - \vartheta_0)\,dx.$$

Im Beharrungszustand ist $dQ_1 - dQ_2 - dQ_3 = 0$, also

$$\lambda f \frac{d^2\vartheta}{dx^2} = \alpha\,U\,(\vartheta - \vartheta_0).$$

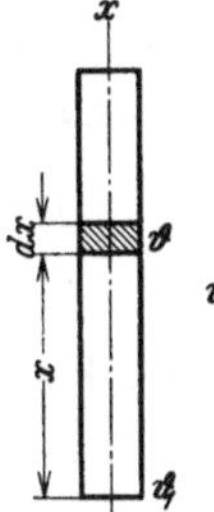

Abb. 29.

Führt man die Übertemperatur $\Theta = \vartheta - \vartheta_0$ ein und setzt zur Abkürzung

$$\sqrt{\frac{\alpha U}{\lambda f}} = \beta\ [1/\text{m}], \tag{22}$$

so erhält man die Differentialgleichung:

$$\frac{d^2\Theta}{dx^2} = \beta^2\,\Theta. \tag{23}$$

Wenn α unabhängig von x, also $\beta = $ const ist, lautet die allgemeine Lösung dieser Gleichung:

$$\Theta = A\,e^{\beta x} + B\,e^{-\beta x}, \tag{24}$$

worin die Integrationskonstanten A und B aus den Randbedingungen zu bestimmen sind. Ist für $x = 0$, $\Theta = \Theta_1 = $ const, dann ist

$$A + B = \Theta_1. \tag{25}$$

Die zweite Randbedingung sagt aus, daß die Stirnfläche die durch den Querschnitt $x = h$ zugeführte Wärme an die Umgebung abgibt:

$$\frac{Q}{f} = -\lambda\left(\frac{d\vartheta}{dx}\right)_{x=h} = \alpha\,\Theta_{x=h},$$

wenn für die Stirnfläche die gleiche Wärmeübergangszahl wie für die Mantelfläche angenommen wird. Setzt man den Wert von Θ aus Gleichung (24) und $\left(\dfrac{d\vartheta}{dx}\right)_{x=h} = \left(\dfrac{d\Theta}{dx}\right)_{x=h} = A\beta\,e^{\beta h} - B\beta\,e^{-\beta h}$ in dieser Gleichung ein, so erhält man:

$$-\frac{\alpha}{\lambda}(A\,e^{\beta h} + B\,e^{-\beta h}) = A\beta\,e^{\beta h} - B\beta\,e^{-\beta h}, \tag{26}$$

Durch die Gleichungen (25) und (26) sind die Integrationskonstanten eindeutig bestimmt.

$$A = \Theta_1 \frac{\left(1 - \dfrac{\alpha}{\lambda\beta}\right) e^{-\beta h}}{e^{\beta h} + e^{-\beta h} + \dfrac{\alpha}{\lambda\beta}\left(e^{\beta h} - e^{-\beta h}\right)}$$

$$B = \Theta_1 \frac{\left(1 + \dfrac{\alpha}{\lambda\beta}\right) e^{\beta h}}{e^{\beta h} + e^{-\beta h} + \dfrac{\alpha}{\lambda\beta}\left(e^{\beta h} - e^{-\beta h}\right)}.$$

Die Übertemperatur am Stabende ist:

$$\Theta_2 = \Theta_1 \frac{2}{e^{\beta h} + e^{-\beta h} + \dfrac{\alpha}{\lambda\beta}\left(e^{\beta h} - e^{-\beta h}\right)} = \Theta_1 \frac{1}{\mathfrak{Cof}\,\beta h + \dfrac{\alpha}{\lambda\beta}\,\mathfrak{Sin}\,\beta h}. \quad (27)\,[1]$$

Die gesamte vom Stab abgegebene Wärme Q muß durch den Querschnitt $x = 0$ zugeführt werden:

$$Q = -\lambda f \left(\frac{d\vartheta}{dx}\right)_{x=0} = -\lambda f \left(A\beta e^{\beta x} - B\beta e^{-\beta x}\right)_{x=0},$$

$$Q = -\lambda f \beta\,(A - B). \quad (28)$$

Durch Einsetzen der Werte A und B erhält man:

$$Q = \lambda f \beta\, \Theta_1 \frac{\dfrac{\alpha}{\lambda\beta} + \mathfrak{Tg}\,\beta h}{1 + \dfrac{\alpha}{\lambda\beta}\,\mathfrak{Tg}\,\beta h}\ \mathrm{kcal/h} \quad (29)$$

In manchen Fällen lassen sich die Gleichungen etwas vereinfachen:
1. Für $h = \infty$ wird $\Theta_2 = 0$, also $A e^{\infty} + B e^{-\infty} = 0$, was nur für $A = 0$ möglich ist. Dann wird

$$\Theta = \Theta_1 c^{-\beta x} \quad (24a)$$

und da $\mathfrak{Tg}\,\infty = 1$ ist (mit Gleichung 29)

$$Q = \lambda f \beta\,\Theta_1\ \mathrm{kcal/h}. \quad (29a)$$

2. Wird die Wärmeabgabe an der Stirnseite des Stabes vernachlässigt:

$$Q_{x=h} = 0 = \left(\frac{d\vartheta}{dx}\right)_{x=h} = A e^{\beta h} - B e^{-\beta h} = 0,$$

so folgen daraus mit Gleichung (25) die Konstanten

$$A = \frac{\Theta_1 e^{-\beta h}}{e^{\beta h} + e^{-\beta h}} \quad \text{und} \quad B = \frac{\Theta_1 e^{\beta h}}{e^{\beta h} + e^{-\beta h}}$$

und der Temperaturverlauf

$$\Theta = \frac{\Theta_1}{e^{\beta h} + e^{-\beta h}} \left[e^{\beta(x-h)} + e^{-\beta(x-h)}\right]$$

$$= \Theta_1 \frac{\mathfrak{Cof}\,\beta(x-h)}{\mathfrak{Cof}\,\beta h} \quad (24b)$$

---

[1] Das Taschenbuch „Hütte" 26. Aufl., Bd. 1, S. 38/41, enthält Zahlentafeln für die Hyperbelfunktionen, so daß die zahlenmäßige Ausrechnung der Formeln keine Schwierigkeiten bietet.

Für $x = h$ wird, da $\mathfrak{Cof}\ 0 = 1$ ist:

$$\Theta_2 = \frac{\Theta_1}{\mathfrak{Cof}\ \beta\,h}\ . \tag{27b}\ [1]$$

Die übertragene Wärme folgt aus Gleichung (28) zu

$$Q = -\lambda f \beta\,(A - B) = \lambda f \beta\,\Theta_1 \frac{e^{\beta h} - e^{-\beta h}}{e^{\beta h} + e^{-\beta h}}$$

$$= \lambda f \beta\,\Theta_1\,\mathfrak{Tg}\,\beta\,h = \frac{\alpha\,U}{\beta}\,\Theta_1\,\mathfrak{Tg}\,\beta\,h \tag{29b}$$

Diese vereinfachten Gleichungen werden in der Literatur meistens verwendet.

Zahlenbeispiel 6. Durch Lagerreibung wird dem einen Ende einer 60 mm starken Welle soviel Wärme zugeführt, daß dort im Beharrungszustand eine Übertemperatur von 60^0 C herrscht. Wieviel Wärme wird im günstigsten Falle längs der Welle abgegeben, wenn $\alpha = 6$ kcal/qm, h, ^{0}C ist und wie ist der Temperaturverlauf.

Die größte Wärmemenge für $l = \infty$ folgt aus Gleichung (29) $Q = \Theta_1 \lambda f \beta$.

$$\left.\begin{array}{l} \text{Mit } f = \frac{\pi}{4} \cdot 0{,}06^2 = 0{,}0028 \text{ m}^2 \\[4pt] u = \pi \cdot 0{,}06 = 0{,}189 \text{ m} \\[2pt] \lambda = 50 \text{ kcal/m, h, }^0\text{C} \\[2pt] \alpha = 6 \text{ kcal/m}^2\text{, h, }^0\text{C} \end{array}\right\} \text{ wird } \beta = \sqrt{\frac{\alpha\,u}{\lambda f}} = 2{,}85\ [1/\text{m}]$$

und

$$Q_{\max} = 50 \cdot 0{,}0028 \cdot 2{,}85 \cdot 60 = 24 \text{ kcal/h}.$$

Der Temperaturverlauf folgt aus Gleichung (24a) zu $\Theta = 60\,e^{-2{,}85\,x}$.

Für $x =$	0,01	0,05	0,10	0,2	0,5 m,
ist $\Theta =$	58,5	52,2	43,5	35	$11{,}8^0$ C.

Für ebene Rippenflächen bleiben die Gleichungen (27) bis (29) gültig. Mit $h =$ Höhe, $\delta =$ Dicke und $l =$ Länge der Rippe, wird $f = l \cdot \delta$ und $U \backsim 2\,l$, also $U/f = 2/\delta$ und

$$\beta = \sqrt{\frac{2\,\alpha}{\lambda\,\delta}}\ [1/\text{m}]\ . \tag{30}$$

Zahlenbeispiel 7. Wie groß ist die durch eine gußeiserne ($\delta = 0{,}5$ cm) bzw. schmiedeeiserne ($\delta = 0{,}2$ cm) Rippe je Meter Rippenlänge übertragene Wärme und wie hoch sind die Temperaturen an der Stirnseite der Rippen, wenn die Rippenhöhe $h = 5$ cm, die W.Ü.Z. $\alpha = 10$ kcal/m^2, h, ^{0}C (Wärmeaustausch mit Luft) und $\Theta_1 = 80^0$ C ist?

1. Unter Vernachlässigung der Wärmeabgabe an der Stirnseite.

2. Mit Berücksichtigung der Wärmeabgabe an der Stirnseite:

3. Unter Vernachlässigung der Wärmeabgabe an der Stirnseite (wie bei 1), wenn die Rippenhöhe um die halbe Rippendicke verlängert gedacht wird.

---

[1] Diese Gleichung gibt sofort den Meßfehler eines in einer Metallhülse eingebauten Thermometers durch Wärmeleitung an die Wand. Die Schwierigkeit bei der Anwendung liegt wieder in der richtigen Schätzung der Wärmeübergangszahlen.

	Gußeisen	Schmied-eisen	
1. h	0,05	0,05	m
β nach Gleichung (30) . .	8,944	14,142	
βh	0,4472	0,7071	
Θ_2 nach Gleichung (27 b) .	72,6	63,5	⁰ C
Q_1 nach Gleichung (29 b) .	75,06	68,9	kcal/h
2. Θ_2 nach Gleichung (27) . .	71,9	62,9	⁰ C
Q_1 nach Gleichung (29 b) .	78,3	69,9	kcal/h
3. h	0,0525	0,051	m
βh	0,4696	0,7212	
Θ_2 nach Gleichung (27 b) .	71,9	62,9	⁰ C
Q_1 nach Gleichung (29 b) .	78,3	69,9	kcal/h

Aus dem Zahlenbeispiel folgt, daß es durchaus zulässig ist, mit den einfacheren Gleichungen (27 b) und (29 b) zu rechnen, wenn die Rippenhöhe h um die halbe Rippendicke verlängert wird.

Rippen mit verjüngtem Querschnitt. Der Unterschied der Wärmemengen, die für die Breiteneinheit der Rippe durch die Schnitte x und

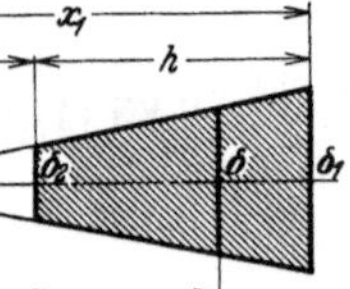

Abb. 30.

$x + dx$ strömt, wird an den Seitenflächen abgegeben. Es ist also

$$\frac{d}{dx}\left(\lambda f \frac{d\vartheta}{dx}\right) = \alpha U \Theta \qquad (31)$$

oder mit $d\vartheta = d\Theta$ und $U/f = 2/\delta$

$$\delta \frac{d^2\Theta}{dx} + \frac{d\delta}{dx} \cdot \frac{d\Theta}{dx} - \frac{2\alpha}{\lambda}\Theta = 0,$$

worin δ die veränderliche Rippendicke ist. Wird der Nullpunkt in die Spitze des Dreiecks verlegt (Abb. 30), dann ist für die geradlinig verjüngte Rippe:

$$\delta = 2x \operatorname{tg}\varphi.$$

Gleichung (31) lautet dann:

$$\frac{d^2\Theta}{dx} + \frac{1}{x} \cdot \frac{d\Theta}{dx} - \frac{\alpha\Theta}{\lambda x \operatorname{tg}\varphi} = 0$$

und erhält mit der neuen Veränderlichen $z = \dfrac{\alpha}{\lambda \operatorname{tg}\varphi}\, x$ die einfachere Form:

$$\frac{d^2\Theta}{dz^2} + \frac{1}{z} \cdot \frac{d\Theta}{dz} - \frac{\Theta}{z} = 0. \qquad (32)$$

Die allgemeine Lösung dieser Gleichung lautet:

$$\Theta = A J_0\left(2i\sqrt{z}\right) - B N_0\left(2i\sqrt{z}\right), \qquad (33)[1]$$

J_0 ist die Besselsche Funktion nullter Ordnung mit imaginärem Argument und ist positiv reell für positiv reelle Werte von z; N_0, die Neumannsche Funktion nullter Ordnung mit imaginärem Argument ist dagegen für positiv reelle Werte von z imaginär. Da Θ immer positiv reell sein muß, vereinfacht sich die Lösung zu:

---

[1] Die Zahlenwerte dieser Funktionen sind aus Jahnke und Emde, Funktionentafeln (2. Auflage, Teubner 1933) zu entnehmen. Da diese Tafeln in praktischen Kreisen kaum vorhanden sind, sind die Funktionen in Abb. 33, S. 69 dargestellt.

$$\Theta = A H J_0 \left(2 i \sqrt{z}\right)$$

und mit der Grenzbedingung $\Theta = \Theta_1$ für $x = x_1$, ergibt sich:

$$\Theta = \Theta_1 \frac{J_0\left(2 i \sqrt{z}\right)}{J_0\left(2 i \sqrt{z_1}\right)}. \tag{33a}$$

Die je Meter Rippenlänge abgegebene Wärme ist

$$Q_1 = -\alpha \int_{x_1}^{x_2} \Theta\, dx = -\frac{\alpha\, \Theta_1}{J_0\left(2 i \sqrt{z_1}\right)} \int_{x_1}^{x_2} J_0\left(2 i \sqrt{z}\right) dx \quad \text{kcal/m, h}$$

$$= \frac{\lambda\, \mathrm{tg}\, \varphi\, \Theta_1}{J_0\left(2 i \sqrt{z_1}\right)} \left[2 i \sqrt{z}\, J_1\left(2 i \sqrt{z}\right)\right]_{z_1}^{z_2},$$

$$= \frac{2\, \Theta_1 \sqrt{\alpha \lambda\, \mathrm{tg}\, \varphi}}{J_0\left(2 i \sqrt{z_1}\right)} \left\{ \sqrt{x_1}\, i J_1\left(2 i \sqrt{z_1}\right) - \sqrt{x_2}\, i J_1\left(2 i \sqrt{z_2}\right) \right\} \text{kcal/m, h.} \tag{34}[1]$$

Für die **dreieckförmige Rippe** ist $z = 0$ und

$$Q_1 = -\frac{\Theta_1 \sqrt{\alpha \lambda\, \mathrm{tg}\, \varphi}}{J_0\left(2 i \sqrt{z_1}\right)} \sqrt{x} \cdot i J_1\left(2 i \sqrt{z_2}\right). \tag{34a}$$

Zahlenbeispiel 8. Für eine gußeiserne Rippe ($\lambda = 50$ kcal/m, h, °C) mit $\delta_1 = 7$ mm, $\delta_2 = 3$ mm und $h = 50$ mm ist $\mathrm{tg}\, \varphi = 1/25$.

Nehmen wir $\alpha = 10$ kcal/m², h °C, so wird für

$x = \dfrac{\delta}{2\,\mathrm{tg}\,\varphi}$	0,0875	0,0375 m
$\sqrt{x}$	0,296	0,194
$z = \dfrac{\alpha\, x}{\lambda\, \mathrm{tg}\, \varphi}$	0,4375	0,1875
$2 i \sqrt{z}$	1,323 i	0,866 i
$J_0\left(2 i \sqrt{z}\right)$ Abb. 33	1,488	1,20
$-J_1\left(2 i \sqrt{z}\right)$ Abb. 33	$-0,816$	$-0,475$

Die Temperatur an der Rippenspitze, wenn $\Theta_1 = 80^0$ C ist, nach Gleichung (33a):

$$\Theta_2 = 80\, \frac{1,20}{1,49} = 64,35^0\, \text{C}$$

und die übergehende Wärme Q_1 für die Breiteneinheit, nach Gl. (34a)

$$Q_1 = \frac{80\, \sqrt{\dfrac{10 \cdot 50}{25}}}{1,488} \left\{ 0,296\,(-0,816) - 0,194\,(-0,475) \right\} = 71,9\ \text{kcal/m, h.}$$

Verjüngter Stab. In den letzten Jahren kommen auch Wärmeaustauschflächen mit sog. Nadeln vor, deren kreis- oder tropfenförmige Querschnitte verjüngt sind. Wenn für einen kegelförmigen Stab der Nullpunkt in die Kegelspitze verlegt wird, so ist mit dem Spitzenwinkel $2\,\varphi$, der Radius r des kreisförmigen Querschnittes:

$$r = x\, \mathrm{tg}\, \varphi \quad \text{und} \quad dr = \mathrm{tg}\, \varphi\, dx$$

$$\frac{U}{f} = \frac{2\,\pi\, r}{\pi\, r^2} = \frac{2}{r} = \frac{2}{x\, \mathrm{tg}\, \varphi} \quad \text{und} \quad \frac{1}{f}\frac{df}{dx} = \frac{2\,\pi\, x\, \mathrm{tg}^2\, \varphi\, dx}{\pi\, x^2\, \mathrm{tg}^2\, \varphi\, dx} = \frac{2}{x}.$$

---

[1] Die Integration folgt aus der Beziehung: $\int x J_0(x)\, dx = x J_1(x)$.

Setzt man diese Werte in die Differentialgleichung (31) ein, so erhält man mit $k = \dfrac{2\,\alpha}{\lambda\,\mathrm{tg}\,\varphi}$ die neue Gleichung:

$$\frac{d^2\,\Theta}{dx^2} + \frac{2}{x}\cdot\frac{d\,\Theta}{dx} - k\,\Theta = 0\,,$$

deren Lösung lautet:

$$\Theta = \frac{1}{\sqrt{x}}\left\{ A\,J_1\left(2\,i\,\sqrt{k\,x}\right) + B\,N_1\left(2\,i\,\sqrt{k\,x}\right)\right\}. \tag{35}$$

J_1 ist die Besselsche Funktion erster Ordnung mit imaginärem Argument und ist reell für positiv reelle Werte von $x\cdot N_1$, die Neumannsche Funktion erster Ordnung mit imaginärem Argument ist für positiv reelle Werte von x imaginär. Da Θ immer reell sein muß, vereinfacht sich die Lösung zu:

$$\Theta = \frac{A}{\sqrt{x}}\,J_1\left(2\,i\,\sqrt{k\,x}\right). \tag{35a}$$

Die Rippe kleinsten Baustoffaufwandes. E. Schmidt stellt auf Grund einer Analogie mit Kanalströmungen den Satz auf, daß für Rippen kleinsten Baustoffaufwandes die Dichte des Wärmestromes dQ/df an allen Stellen gleich groß sein muß. Bei konstanter Wärmestromdichte muß nach der Fourierschen Grundgleichung $\left(\dfrac{d\,\vartheta}{d\,f} = -\,\lambda\,\dfrac{\partial\,\vartheta}{\partial\,x}\right)$ das Temperaturgefälle konstant sein, solange die Wärmeleitzahl des Baustoffes unverändert bleibt, also ist:

$$\Theta = \Theta_1 - C\,x.$$

Die von der Rippenfläche ausgetauschte Wärme wird am größten, wenn das Temperaturgefälle am größten ist, d. h. wenn für $x = h$, $\Theta = 0$ wird. Dann ist

$$\Theta_1 = C\,h \qquad \text{oder} \qquad C = \frac{\Theta_1}{h}$$

und

$$\Theta = \Theta_1\left(1 - \frac{x}{h}\right).$$

Setzt man diesen Wert in die Differentialgleichung für gerade Rippen mit verjüngtem Querschnitt ein (Gleichung 31), so erhält man:

$$\frac{d\,\delta}{d\,x} = -\frac{2\,\alpha\,h}{\lambda}\left(1 - \frac{x}{h}\right) \tag{36}$$

Aus der Integration folgt mit der Randbedingung, daß für $x = h$, $\delta = 0$ wird, die Gleichung der parabelförmigen Begrenzungskurve der Rippe

$$\delta = \frac{\alpha}{\lambda}\,(h - x)^2 \tag{37}$$

mit

$$\delta_0 = \frac{\alpha}{\lambda}\,h^2\,. \tag{38}$$

Der Baustoffaufwand für 1 m Rippenlänge ist:

$$f_1 = \int\limits_0^h \delta\,dx = \frac{\alpha}{\lambda}\cdot\frac{h^3}{3}\,. \tag{39}$$

Aus der je Längeneinheit der Rippe übertragene Wärme

$$Q_1 = \alpha \int_0^h \Theta \, dx = \frac{\alpha \, \Theta_1 \, h}{2}$$

folgt

$$h = \frac{2}{\alpha} \frac{Q}{\Theta_1} \, . \tag{40}$$

Setzt man diesen Wert in den Gleichungen (38) und (39) ein, so wird:

$$\delta_0 = \frac{4}{\alpha \, \lambda} \left(\frac{Q_1}{\Theta_1} \right)^2 \tag{38a}$$

und

$$f_1 = \frac{8}{3 \, \alpha^2 \, \lambda} \cdot \left(\frac{Q_1}{\Theta_1} \right)^3 \, . \tag{39a}$$

Die scharfe, durch Berührung zweier Parabeln erzeugte Rippe kleinsten Baustoffaufwandes ist für die Herstellung unbequem und oft auch unzweckmäßig. So wird z. B. für $Q_1/\Theta_1 = 0,5$ und $\alpha = 10 \, \text{kcal/m}^2$, h, °C

$$h = 0,1 \, \text{m} = 100 \, \text{mm}$$

und die Fußbreite δ_0 für Gußeisen $(\lambda = 50)$ bzw. Aluminium $(\lambda = 150 \, \text{kcal/m, h, °C})$

$$\delta_0 = 2 \, \text{mm} \ \text{bzw.} \ 2/3 \, \text{mm}!$$

Vernachlässigt man bei der Rechteckrippe für eine Überschlagsrechnung die an der Rippenspitze übertragene Wärme und setzt für kleine Werte von $\beta \, h \ (< 0,4) \ \mathfrak{T}\mathfrak{g} \, \beta \, h = \beta \, h$, so wird die Höhe der Recht-eckrippe nach Gleichung (29 b).

$$h_r = \frac{1}{\alpha} \cdot \frac{Q_1}{\Theta_1} \, . \tag{41}$$

also nur halb so groß wie bei der Rippe mit kleinstem Baustoffaufwand. Führt man die Rechteckrippe mit der Rippendicke δ_0 nach Gleichung (38) aus, so ist der Baustoffaufwand:

$$f_1 = h \, \delta_0 = \frac{2}{\alpha^2 \, \lambda} \left(\frac{Q_1}{\Theta_1} \right), \tag{42}$$

also bei gleicher Wärmeleistung Q_1/Θ_1 rd. 50% größer als bei der günstigsten Rippenform. Dort wo das Gewicht eine wesentliche Rolle spielt, z. B. bei der Kühlung von Flugzeugmotoren, sind dreieckförmige Rippen aus Aluminium zu wählen, für welche E. Schmidt als günstigste Höhe gefunden hat

$$h_\Delta = \frac{3,37}{\alpha} \left(\frac{Q_1}{\Theta_1} \right) \, . \tag{43}$$

Die Übertemperatur an der Rippenspitze ist dann:

$$\Theta_2 = 0,277 \, \Theta_1 \tag{44}$$

und der Baustoffaufwand nur 4,5% größer als bei der günstigsten Rippenform.

E. Schmidt hat für die Rechteckrippe bei gegebenem Baustoffaufwand das günstigste Verhältnis δ/h berechnet und findet

$$\frac{\delta}{h} = \frac{0,08}{\lambda} \frac{Q_1}{\Theta_1} \tag{45}$$

abhängig von Q_1/Θ_1 und

$$\delta = \frac{2{,}53}{\alpha\,\lambda}\left(\frac{Q_1}{\Theta_1}\right)^2 \tag{46}$$

$$h = \frac{1{,}596}{\alpha}\cdot\frac{Q_1}{\Theta_1}. \tag{47}$$

4. Das Rohr.

Glatte Rohre. Durch die Innenfläche eines ringförmigen Volumenelementes eines unendlich langen Zylinders strömt nach der Fourierschen Grundgleichung die Wärmemenge

$$dQ_1 = -\lambda\,2\,\pi\,r\,dz\,\frac{\partial\vartheta}{\partial r}\,dt,$$

und durch die Außenfläche:

$$dQ_2 = -\lambda\,2\,\pi\,(r+dr)\,dz\,\frac{\partial}{\partial r}\left(\vartheta+\frac{\partial\vartheta}{\partial r}\,dr\right)dt$$

$$= -\lambda\,2\,\pi\,r\,dz\,dt\left(\frac{\partial\vartheta}{\partial r}+\frac{\delta^2\vartheta}{\partial r^2}\,dr\right)-\lambda\,2\,\pi\,dr\,dz\,dt\cdot\left(\frac{\partial\vartheta}{\partial r}+\frac{\partial^2\vartheta}{\partial r^2}\,dr\right).$$

Im Beharrungszustand ist

$$dQ_1 - dQ_2 = \lambda\,2\,\pi\left(r\,\frac{\partial^2\vartheta}{\partial r^2}\,dr+dr\,\frac{\partial\vartheta}{\partial r}+\frac{\partial^2\vartheta}{\partial r_2}\,dr^2\right)dz\,dt = 0,$$

wobei $\dfrac{\partial^2\vartheta}{\partial r^2}\,dr^2$ gegenüber den anderen Gliedern zu vernachlässigen, also

$$\frac{d_2\vartheta}{dr^2}+\frac{1}{r}\,\frac{d\vartheta}{dr} = 0 \tag{48}$$

ist. Mit $\dfrac{d\vartheta}{dr} = u$ wird $\dfrac{du}{u} = -\dfrac{dr}{r}$ und $\ln u = -\ln r + \ln A$ oder

$$u\cdot r = A = r\,\frac{d\vartheta}{dr}. \tag{49}$$

Die nochmalige Integration gibt:

$$\vartheta = A\ln r + B. \tag{50}$$

Im Beharrungszustand ist der Temperaturverlauf in einem Zylinder eine logarithmische Linie.

Die Integrationskonstanten A und B sind wieder aus den Grenzbedingungen zu bestimmen.

a) Wenn die beiden Wandtemperaturen gegeben sind, ist

$$\text{für } r = r_i: \quad \vartheta = \vartheta_i = A\ln r_i + B$$
$$\text{für } r = r_a: \quad \vartheta = \vartheta_a = A\ln r_a + B$$

woraus folgt:

$$A = \frac{\vartheta_i - \vartheta_a}{\ln r_i - \ln r_a} \quad\text{und}\quad B = \frac{\vartheta_i\ln r_a - \vartheta_a\ln r_i}{\ln r_a - \ln r_i}.$$

Die Konstante B läßt sich noch umformen in:

$$B = \vartheta_a + \frac{\vartheta_i - \vartheta_a}{\ln r_a - \ln r_i}\ln r_a = \vartheta_i + \frac{\vartheta_i - \vartheta_a}{\ln r_a - \ln r_i}\ln r_i,$$

Mit diesen Werten von A und B ist der Temperaturverlauf nach Gleichung (50)

$$\vartheta = \vartheta_a + \frac{\vartheta_i - \vartheta_a}{\ln r_a - \ln r_i}(\ln r_a - \ln r) = \vartheta_i - \frac{\vartheta_i - \vartheta_a}{\ln r_a - \ln r_i}(\ln r - \ln r_i). \quad (51)$$

Die durch eine Ringfläche vom Radius r und von der Länge l durchgehende Wärme

$$Q = -\lambda\, 2\,\pi\, r \cdot l \frac{d\vartheta}{dr} = \lambda\, 2\,\pi\, A \cdot l = \lambda\, 2\,\pi \cdot l \frac{\vartheta_i - \vartheta_a}{\ln \dfrac{r_a}{r_i}}\ \text{kcal/h}. \quad (52)$$

Um das Rechnen mit dem natürlichen Logarithmus zu vermeiden hat M. Jakob diese Gleichung etwas umgeformt. Er schreibt:

$$Q = \frac{\lambda F}{\varphi} \cdot \frac{\vartheta_i - \vartheta_a}{\delta}, \quad (53)$$

worin $F = \pi\,(r_a + r_i)\,l$, die „mittlere" Fläche und $\varphi = \dfrac{1}{2} \cdot \dfrac{r_a - r_i}{r_a - r_i} \ln \dfrac{r_a}{r_i}$ ein „Formfaktor" ist, der aus Zahlentafel 4 entnommen werden kann[1].

Zahlentafel 3.

$\dfrac{r_a}{r_i}$	1,0	1,1	1,2	1,3	1,4	1,5	1,6	1,7	1,8
φ	1	1,001	1,003	1,006	1,010	1,014	1,018	1,023	1,029
$\dfrac{r_a}{r_i}$	1,9	2,0	2,2	2,4	2,6	2,8	3,0	3,5	4,0
φ	1,034	1,040	1,051	1,063	1,075	1,087	1,099	1,128	1,155

b) Wenn die Temperaturen ϑ_I und ϑ_A des Innen- und Außenraumes gegeben sind.

Nach der Definition der Wärmeübergangszahl ist: für $r = r_i$

$$\alpha_i\,(\vartheta_I - \vartheta_i) = -\lambda \left(\frac{d\vartheta}{dr}\right)_{\text{für } r = r_i},$$

und für $r = r_a$

$$\alpha_a\,(\vartheta_a - \vartheta_A) = -\lambda \left(\frac{d\vartheta}{dr}\right)_{\text{für } r = r_a}.$$

Nach einigen Zwischenrechnungen erhält man daraus

$$A = -\frac{\vartheta_I - \vartheta_A}{\dfrac{\lambda}{\alpha_i r_i} + \dfrac{\lambda}{\alpha_a r_a} + \ln \dfrac{r_a}{r_i}} \quad (54\,\text{a})$$

und

$$B = \vartheta_I + A\left(\frac{\lambda}{\alpha_i r_i} - \ln r_i\right) = \vartheta_A - A\left(\frac{\lambda}{\alpha_a r_a} + \ln r_i\right) \quad (54\,\text{b})$$

Aus $Q = -\lambda \cdot 2\,\pi\, l \cdot A$ folgt

$$Q = \frac{2\,\pi\, l}{\dfrac{1}{\alpha_i r_i} + \dfrac{1}{\alpha_a r_a} + \dfrac{1}{\lambda} \ln \dfrac{r_a}{r_i}}(\vartheta_I - \vartheta_A). \quad (55)$$

---

[1] Dieser Formfaktor ist z. B. in die vom VDI aufgestellten Regeln für die Prüfung von Wärme und Kälteschutzanlagen (Berlin 1930) aufgenommen worden.

In vielen Fällen ist eine Vereinfachung dieser Gleichung zulässig. Für die Platte fanden wir

$$Q = \frac{F \cdot \Theta}{\dfrac{1}{\alpha_i} + \dfrac{1}{\alpha_a} + \dfrac{\delta}{\lambda}} = kF \cdot \Theta \qquad (15/16)$$

und für das Rohr:

$$Q = \frac{2\pi l \cdot \Theta}{\dfrac{1}{\alpha_i r_i} + \dfrac{1}{\alpha_a r_a} + \dfrac{1}{\lambda}\ln\dfrac{r_a}{r_i}}, \quad = \frac{2\pi l r_x \cdot \Theta}{\dfrac{r_x}{\alpha_i r_i} + \dfrac{r_x}{\alpha_a r_a} + \dfrac{r_x}{\lambda}\ln\dfrac{r_a}{r_i}} = k_x F_x \Theta,$$

mit

$$\frac{1}{k_x} = \frac{r_x}{\alpha_i r_i} + \frac{r_x}{\alpha_a r_a} + \frac{r_x}{\lambda}\ln\frac{r_a}{r_i}.$$

Beide Gleichungen (55) und (15/16) werden identisch, wenn wir eine Fläche F_x so bestimmen, daß $k = k_x$ wird, d. h. der Radius r_x muß so gewählt werden, daß

$$\frac{1}{\alpha_i} + \frac{1}{\alpha_a} + \frac{\delta}{\lambda} = \frac{r_x}{\alpha_i r_i} + \frac{r_x}{\alpha_a r_a} + \frac{r_x}{\lambda}\ln\frac{r_a}{r_i}.$$

Nun ist $\ln\dfrac{r_a}{r_i} = \ln\left(1 + \dfrac{\delta}{r_i}\right) = \dfrac{\delta}{r_i} - \dfrac{\delta^2}{2\,r_i^2} + \dfrac{\delta^3}{3\,r_i^3} + \cdots$

Wenn nun $\dfrac{\delta}{r_i}$ klein ist, also für **dünnwandige Rohre**, ist $\ln\dfrac{r_a}{r_i} = \dfrac{\delta}{r_i}$.

Dann wird: $\quad \dfrac{1}{\alpha_i} + \dfrac{1}{\alpha_a} + \dfrac{\delta}{\lambda} = r_x\left(\dfrac{1}{\alpha_i r_i} + \dfrac{1}{\alpha_a r_a} + \dfrac{\delta}{\lambda}\cdot\dfrac{1}{r_i}\right)$

oder

$$r_x = r_i \frac{\dfrac{1}{\alpha_i} + \dfrac{1}{\alpha_a} + \dfrac{\delta}{\lambda}}{\dfrac{1}{\alpha_i} + \dfrac{r_i}{\alpha_a r_a} + \dfrac{\delta}{\lambda}} = r_i\left(1 + \frac{\dfrac{\delta}{\alpha_a r_a}}{\dfrac{1}{\alpha_i} + \dfrac{r_i}{\alpha_a r_a} + \dfrac{\delta}{\lambda}}\right), = r_i + \frac{r_i\delta}{r_a\dfrac{\alpha_a}{\alpha_i} + r_i + r_a\alpha_a\dfrac{\delta}{\lambda}}.$$

Beschränken wir uns weiter nur auf solche Fälle, wo $\dfrac{\alpha_a}{\lambda}\delta$ gegenüber $\dfrac{\alpha_a}{\alpha_i} + \dfrac{r_i}{\alpha_i}$ zu vernachlässigen ist. Dabei kann $\dfrac{\alpha_a}{\alpha_i}$ alle Werte zwischen 0 und ∞ annehmen, während $\dfrac{r_i}{r_a} \approx 1$ oder kleiner ist.

Wenn wir weiter Metallrohre voraussetzen, wird $\lambda = 50$ bis 300 und $\delta < 5\ \text{mm} = 0{,}005\ \text{m}$.

$$\frac{\alpha_a}{\lambda}\delta = \frac{\alpha_a}{200\cdot 50} \text{ bis } \frac{\alpha_a}{200\cdot 300},$$

d. h. bei großen Werten von α_a ist $\alpha_a\dfrac{\delta}{\lambda}$ gegenüber $\dfrac{\alpha_a}{\alpha_i}$ zu vernachlässigen, und bei kleinen Werten von α_a ist $\alpha_a\dfrac{\delta}{\lambda}$ gegenüber $\dfrac{r_i}{r_a}$ zu vernachlässigen. Die Vernachlässigung dieses Gliedes ist also in fast allen Fällen durchaus zulässig. Damit vereinfacht sich die Beziehung zu:

$$r_x = r_i + \frac{\delta r_i}{r_a\dfrac{\alpha_a}{\alpha_i} + r_i}.$$

1. Für $\dfrac{\alpha_a}{\alpha_i} \approx 1,\ r_x = r_i + \dfrac{\delta\,r_i}{r_a + r_i} \approx r_i + \dfrac{\delta}{2} = r_m.$

2. Für $\dfrac{\alpha_a}{\alpha_i} = \infty,\ r_x = r_i.$

3. Für $\dfrac{\alpha_a}{\alpha_i} = 0,\ r_x = r_i + \delta = r_a.$

Die Berechnung des Wärmedurchganges in Röhrenapparaten kann also mit den einfacheren Gleichungen der planparallelen Platte durchgeführt werden, wenn die Wandstärke klein ist im Verhältnis zum Radius, d. h. für dünnwandige Rohre, und wenn das Rohrmaterial gut leitend ist. Dabei ist jedoch folgendes zu beachten:

a) Weichen die Wärmeübergangszahlen innen und außen nicht stark voneinander ab, so ist bei der Berechnung der Fläche ein mittlerer Radius $r_m = 0,5\ (r_a + r_i)$ einzusetzen.

b) Sind die beiden Wärmeübergangszahlen stark verschieden, so ist stets der Radius zu nehmen, wo die kleinere Wärmeübergangszahl liegt.

Von diesen schon von Mollier gemachten Vereinfachungen wird in der Praxis ausgedehnter Gebrauch gemacht. Die bei der Behandlung der Platte abgeleiteten Gleichungen erhalten dadurch erhöhte Bedeutung.

Die durch das Rohr hindurchgehende Wärme vereinfacht sich in diesen Fällen zu

$$\frac{Q}{l} = k\,\pi\,d_x\,\Theta\ \text{kcal/m, h}. \tag{55a}$$

Für starkwandige und für isolierte Rohre muß immer mit der genauen Gleichung (55) gerechnet werden.

Zahlenbeispiel 9. Eine Dampfleitung von 70/76 mm Durchmesser wird isoliert mit 10 mm Asbestmasse ($\lambda = 0,175$), dann 15 mm Seidenpolster ($\lambda = 0,047$) und schließlich 15 mm Wellpappe mit Nesseltuch umwunden ($\lambda = 0,09$). Der äußere Durchmesser des isolierten Rohres ist 156 mm [1]. Wie groß ist die Wärmeersparnis, wenn $t_d = 160^0$ und die Temperatur der Umgebung 20^0 C ist?

Für das nicht isolierte Rohr ist:

$$\frac{1}{k} = \frac{1}{\alpha_i r_i} + \frac{1}{\alpha_a r_a} + \frac{1}{\lambda_i}\ln\frac{r_a}{r_i}.$$

Mit $\alpha_i = 10000, \alpha_a = 15,1$ (Abb. 147a, Nomogramm 5) und $\lambda_{\text{eisen}} = 50$ wird:

$$\frac{1}{k} = \frac{1}{10000\cdot 0,035} + \frac{1}{15,1\cdot 0,038} + \frac{1}{50}\ln\frac{38}{35}\ \text{und}\ k = 0,575\ \text{kcal/m, h, }^0\text{C}.$$

Für das isolierte Rohr:

Mit $\alpha_a = 7$, kleiner, da niedrigere Oberflächentemperatur und größerer Durchmesser und weil der Einfluß der Strahlung etwas geringer ist, ist

$$\frac{1}{k} = \frac{1}{\alpha_i r_i} + \frac{1}{\alpha_a r_a} + \frac{1}{0,175}\ln\frac{48}{38} + \frac{1}{0,047}\ln\frac{63}{48} + \frac{1}{0,09}\ln\frac{78}{63}$$

$$= 0,003 + 1,83 + 1,34 + 5,8 + 2,38 = 11,35,$$

und $k_{\text{isoliert}} = 0,088\ \text{kcal/m}^2\text{, h, }^0\text{C}$,

also eine Ersparnis durch die Isolierung von $\dfrac{0,575 - 0,085}{0,575} = 85\%.$

---

[1] Eberle, Z. VDI 1908 S. 544.

Die Oberflächentemperatur (Abb. 31) wird berechnet aus:

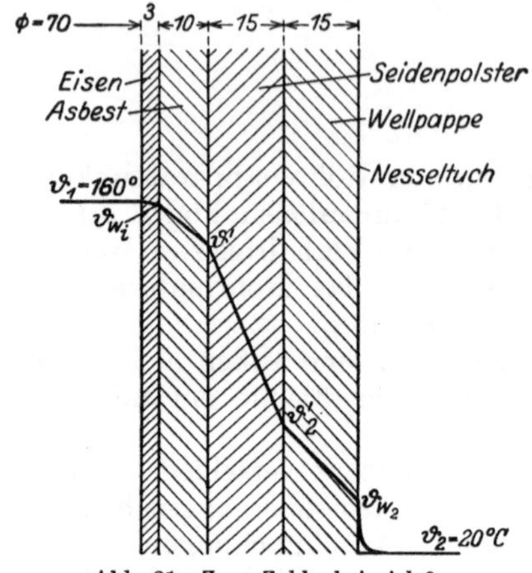

Abb. 31. Zum Zahlenbeispiel 9.

$$\vartheta_1 - \vartheta_{w_i} = \frac{0{,}003}{11{,}35} \cdot 140 = 0^0,$$

$$\vartheta_{w_1} - \vartheta_1' = \frac{1{,}34}{11{,}35} \cdot 140 = 16{,}6^0,$$

$$\vartheta_1' - \vartheta_2' = \frac{5{,}8}{11{,}35} \cdot 140 = 71{,}5^0,$$

$$\vartheta_2 - \vartheta_{w_a} = \frac{2{,}38}{11{,}35} \cdot 140 = 29{,}4^0,$$

$$\vartheta_{w_a} - \vartheta_2 = \frac{1{,}83}{11{,}38} \cdot 140 = 22{,}5^0,$$

also $\vartheta_{w_a} = 20 + 22{,}5 = 42{,}5^0$ C, was mit dem Versuch gut übereinstimmt.

Erhält nun diese Isolierung an Stelle der Nesseltuchumkleidung einen polierten Blechmantel, dann ist α_2 noch kleiner, da der Strahlungsanteil in diesem Fall viel geringer wird. Mit $\alpha_a = 4$ ist für das isolierte Rohr:

$$\frac{1}{k} = 0{,}002 + 3{,}2 + 1{,}34 + 5{,}8 + 2{,}38 = 12{,}72,$$

also

$$k = 0{,}0785 \text{ kcal/m}^2, \text{ h, } ^0\text{C},$$

was einer Ersparnis von $\dfrac{0{,}575 - 0{,}785}{0{,}575} = 86{,}5\%$ entspricht.

Die Oberflächentemperatur ist zu rechnen aus:

$$\vartheta_{w_a} - \vartheta_2 = \frac{3{,}2}{12{,}72} \cdot 140 = 35{,}2^0, \text{ also } \vartheta_{w_a} = 55{,}2^0 \text{ C}.$$

Trotz höherer Oberflächentemperatur ist der Wärmeverlust hier also geringer. Eine solche Glanzblechverkleidung wird man allerdings der Kosten halber bei Dampfleitungen kaum verwenden; dagegen sind solche mit Recht bei Wärmespeichern in Gebrauch.

Muß die Veränderlichkeit der Wärmeleitzahl mit der Temperatur berücksichtigt werden, so folgt aus der Integration der Gleichung (18)

$$\pm \frac{Q}{2\pi r \cdot l} = -\lambda \frac{d\vartheta}{dr} \tag{56}$$

und

$$\int_{\vartheta_1}^{\vartheta_2} \lambda \, d\vartheta = \pm \frac{Q}{2\pi l} \int_{r_1}^{r_2} \frac{dr}{r} = \pm \frac{Q}{2\pi l} \ln \frac{r_2}{r_1}.$$

Für

$$\lambda = \lambda_0 + \beta \vartheta$$

wird:

$$\lambda_0 \vartheta + \frac{\beta}{2} \vartheta^2 - A = \frac{Q}{2\pi l} \ln \frac{r_2}{r_1}. \tag{57}$$

Rippenrohre. Beim Rippenrohr muß noch die Wärmeabgabe dQ_3 der Oberfläche $2 \cdot 2\,\pi\,r\,dr$ des Ringelementes berücksichtigt werden.

$$dQ_3 = \alpha \cdot 4\,\pi\,r\,d\,r\,(\vartheta - \vartheta_0),$$

wenn ϑ_u die unveränderliche Temperatur der Umgebung ist. Im Beharrungszustand ist $dQ_1 - dQ_2 - dQ_3 = 0$, woraus mit $\delta = $ Rippendicke folgt:

$$\frac{2\,a}{\delta\,\lambda}\,(\vartheta - \vartheta_u) = \frac{d^2\,\vartheta}{dr^2} + \frac{1}{r}\,\frac{d\,\vartheta}{dr}\,.$$

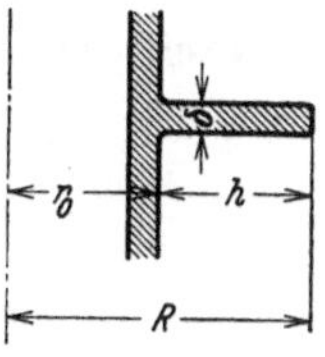

Setzt man $\sqrt{\dfrac{2\,\alpha}{\delta\,\lambda}}\,r = \beta\,r = x$ und $\vartheta - \vartheta_u = \Theta$, so wird:

$$\frac{d^2\,\Theta}{d\,x^2} + \frac{1}{x}\,\frac{d\,\Theta}{d\,x} - \Theta = 0. \tag{58}$$

Abb. 32.

Die Lösung dieser Differentialgleichung sind Zylinderfunktionen mit imaginärem Argument

$$\Theta = A \cdot J_0\,(i \cdot x) + B \cdot i \cdot H_0\,(i \cdot x) \tag{59}$$

J_0 bzw. H_0 ist die Besselsche bzw. Hankelsche Funktion nullter Ordnung. $J_0\,(i \cdot x)$ und $i \cdot H_0\,(i \cdot x)$ sind beide positiv reell für positiv reelle Argumente x (vgl. Abb. 33).

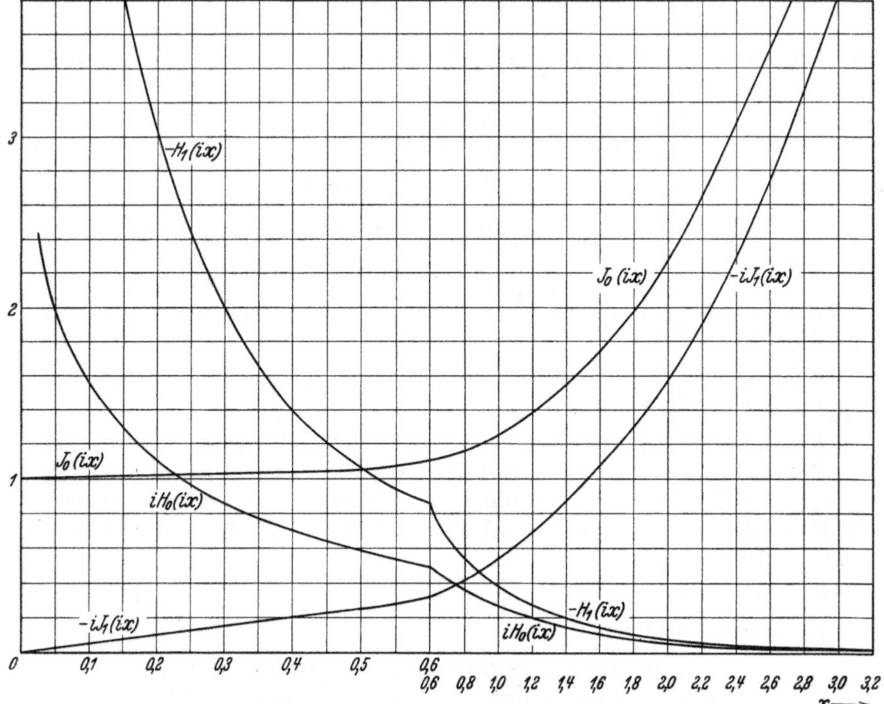

Abb. 33. Werte der Besselschen und Hankelschen Funktionen.

$$\lim_{x=0} i \cdot H_0\,(i \cdot x) = \frac{2}{\pi} \cdot \ln \frac{2}{r\,x} \quad \text{und} \quad \lim_{x=0} H_1\,(i \cdot x) = -\frac{2}{\pi \cdot x}\,.$$

Die Integrationskonstanten A und B folgen aus den Grenzbedingungen

1. für $r = r_0$ ist $\Theta = \Theta_1 = A J_0 (i \beta r_0) + B i H_0 (i \beta r_0)$,

2. für $r = R$ ist $Q = 0$, also $\left(\dfrac{d \Theta}{d r}\right)_{r = R} = 0$, d. h. die Wärmeabgabe
an der Stirnseite der Rippe wird vernachlässigt.

Nach den Eigenschaften der Besselschen Funktionen ist

$$\frac{d J_0 (x)}{d x} = - J_1 (x) \quad \text{und} \quad \frac{d H_0 (x)}{d x} = - H_1 (x), \text{ also}$$

$$\left(\frac{d \Theta}{d r}\right)_{r = R} = - A i J_1 (i \beta R) + B H_1 (i \beta R).$$

Mit diesen Randbedingungen wird:

$$\Theta = \Theta_1 \frac{J_0 (i \beta r) H_1 (i \beta R) + i H_0 (i \beta r) \cdot i J_1 (i \beta R)}{J_0 (i \beta r_0) H_1 (i \beta R) + i H_0 (i \beta r_0) \cdot i J_1 (i \beta R)} , \qquad (60)$$

worin J_1 bzw. H_1 die Besselsche bzw. Hankelsche Funktion erster
Ordnung ist; $-i \cdot J_1 (i \cdot x)$ und $-H_1 (i \cdot x)$ sind für positive x-Werte
wieder positiv reell (Abb. 33).

Die Wärmeabgabe bzw. -aufnahme der beidseitigen Rippenfläche ist:

$$Q_r = 2 \int\limits_{l_0}^{R} \alpha \cdot 2 \pi r \, dr \cdot \Theta.$$

Die Integration gibt nach einigen Umformungen, so daß die einzelnen
Glieder reell werden:

$$Q_r = 4 \pi \Theta_1 \alpha \frac{r_0}{\beta} \frac{[-H_1 (i \beta r_0)] [-i J_1 (i \beta R)] - [-i J_1 (i \beta r_0)] [-H_1 (i \beta R)]}{[i H_0 (i \beta r_0)] [-i J_1 (i \beta R)] + [J_0 (i \beta r_0)] [-H_1 (i \beta R)]} \text{ kcal/h.} \quad (61)$$

Setzt man aus Gleichung (30) $\alpha = \beta^2 \delta \lambda / 2$ darin ein, so wird

$$Q_r = 2 \pi r_0 \delta \lambda \Theta_1 \beta \psi = f_0 \lambda \Theta_1 \beta \psi. \qquad (61\,\text{a})$$

Die ψ-Werte können direkt aus Abb. 34 abgelesen werden.

Zahlenbeispiel 10. Die Temperatur an der Rippenspitze und die
ausgetauschte Wärme ist zu berechnen:

a) Für ein Gußrohr von 70 mm l. W. und 10 mm Wandstärke mit
Rippen nach Abb. 35a.

$$\beta = 8{,}944 \ [1/\text{m}] \qquad J_0 (i \beta R) = 1{,}1888 \quad H_1 (i \beta R) = -0{,}4997$$
$$R = 0{,}095 \ \text{m} \qquad -i J_1 (i \beta R) = 0{,}4642 \quad i H_0 (i \beta R) = 0{,}3338$$
$$r_0 = 0{,}045 \ \text{m} \qquad J_0 (i \beta r_0) = 1{,}0409 \quad i H_0 (i \beta r_0) = 0{,}7061$$
$$\beta R = 0{,}8497 \qquad -i J_1 (i \beta r_0) = 0{,}2053 \quad H_1 (i \beta r_0) = -1{,}381$$
$$\beta r_0 = 0{,}4025$$
$$\beta (R - r_0) = \beta h = 0{.}4472$$

und nach Gleichung (60):

$$\Theta_2 = 80 \frac{1 \cdot 1888 \cdot 0{,}4997 + 0{,}3338 \cdot 0{,}4642}{1 \cdot 0409 \cdot 0{,}4997 + 0{,}7061 \cdot 0{,}4642} = 80 \frac{0{,}7490}{0{,}8479} = 70{,}67^0 \ \text{C}.$$

gegenüber $72{,}6^0$ C, berechnet mit der Gleichung für die ebene Rippe
(Zahlenbeispiel 7, S. 60).

Die übertragene Wärme ist nach Gleichung (61):

$$Q_r = 4\pi \cdot 80 \cdot 10 \frac{0{,}045}{8{,}944} \cdot \frac{1 \cdot 381 \cdot 0{,}4642 - 0{,}2053 \cdot 0{,}4997}{0{,}7061 \cdot 0{,}4642 + 1{,}0409 \cdot 0{,}4997} = 32{,}12 \text{ kcal/Rippe.}$$

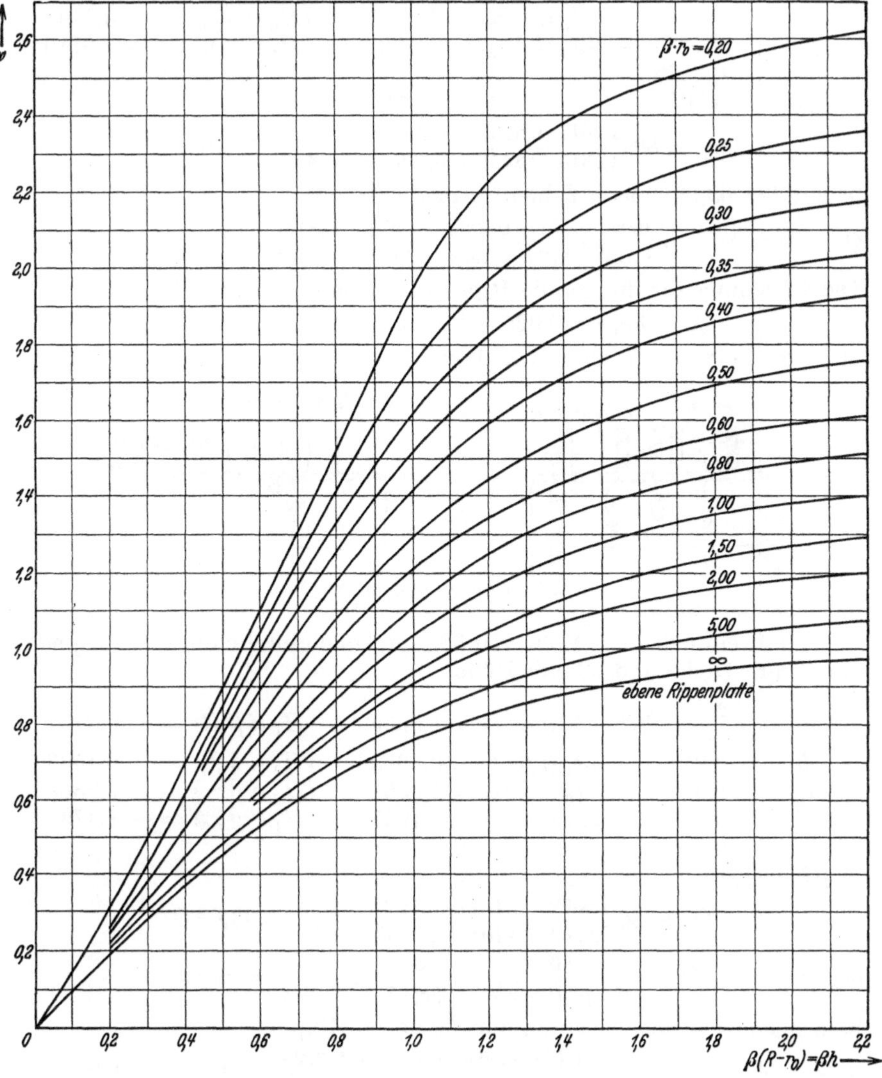

Abb. 34. ψ-Werte zur Berechnung der beim Rippenrohr übergehenden Wärme.

Da nach Zahlenbeispiel 7 die Rippe je Meter 75,06 kcal/h überträgt, ist für die mittlere Rippenlänge $\pi\,(0{,}095 + 0{,}045)$

$$Q_r = 75{,}06\,\pi\,(0{,}095 + 0{,}045) = 33{,}01 \text{ kcal/Rippe.}$$

Die Abweichung von der genauen Formel ist rd. 3%.

b) Für ein nahtloses Rohr von 50 mm Außendurchmesser mit Rippen nach Abbildung 35 b.

$$\beta = 14{,}142 \qquad J_0\,(i\,\beta\,R) = 1{,}3017 \qquad H_1\,(i\,\beta\,R) = -\,0{,}3461$$
$$R = 0{,}075 \qquad -\,i J_1\,(i\,\beta\,R) = 0{,}6084 \qquad i H_0\,(i\,\beta\,R) = -\,0{,}2460$$
$$r_0 = 0{,}025 \qquad J_0\,(i\,\beta\,r_0) = 1{,}0315 \qquad i H_0\,(i\,\beta\,r_0) = 0{,}7790$$
$$\beta\,R = 1{,}0607 \qquad -\,i J_1\,(i\,\beta\,r_0) = 0{,}1795 \qquad H_1\,(i\,\beta\,r_0) = -\,1{,}6110$$
$$\beta\,r_0 = 0{,}3536$$
$$B h = 0{,}707$$

$$\Theta_2 = 80\;\frac{1{,}3017 \cdot 0{,}3461 + 0{,}2460 \cdot 0{,}6084}{1{,}0315 \cdot 0{,}3461 + 0{,}7790 \cdot 0{,}6084} = 57{,}78^{\,0}\,\mathrm{C}$$

gegenüber 63,5⁰ C nach Zahlenbeispiel 7, S. 60

$$Q_r = 4\,\pi \cdot 80 \cdot 10\;\frac{0{,}025}{14{,}142} \cdot \frac{1{,}611 \cdot 0{,}6084 - 0{,}1794 \cdot 0{,}3461}{0{,}779 \cdot 0{,}6084 + 1{,}0315 \cdot 0{,}3461} = 19{,}63\ \mathrm{kcal/Rippe}.$$

Die Gleichung für die gerade Rippe gibt (Zahlenbeispiel 7):

$$Q_r = 69{,}9\,\pi\,(0{,}025 + 0{,}075) = 21{,}8\ \mathrm{kcal/Rippe},$$

also einen etwa 10% zu großen Wert.

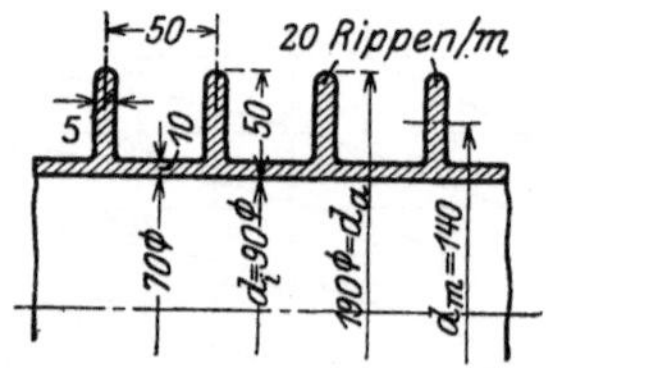

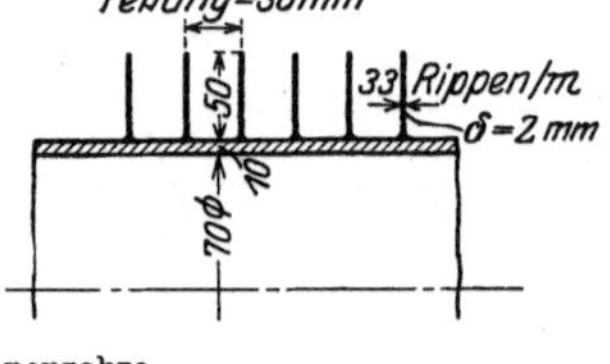

Abb. 35 a u. b. Rippenrohre.

c) Für ein nahtloses Rohr von 38 mm Außendurchmesser mit Rippen von 1 mm Dicke und 50 mm Höhe.

$$\beta = \sqrt{\frac{2\,\alpha}{\lambda\,\delta}} = 20 \qquad J_0\,(i\,\beta\,R) = 1{,}5359 \qquad H_1\,(i\,\beta\,R) = -\,0{,}2104$$
$$R = 0{,}069 \qquad -\,i J_1\,(i\,\beta\,R) = 0{,}8678 \qquad i H_0\,(i\,\beta\,R) = 0{,}1593$$
$$r_0 = 0{,}019 \qquad J_0\,(i\,\beta\,r_0) = 1{,}0364 \qquad i H_0\,(i\,\beta\,r_0) = 0{,}7382$$
$$\beta\,R = 1{,}38 \qquad -\,i J_1\,(i\,\beta\,r_0) = 0{,}1935 \qquad H_1\,(i\,\beta\,r_0) = -\,1{,}479$$
$$\beta\,r_0 = 0{,}38$$
$$\beta\,h = 1{,}0$$

$$\Theta_2 = 80\;\frac{1{,}5359 \cdot 0{,}2104 + 0{,}1593 \cdot 0{,}8678}{1{,}0364 \cdot 0{,}2104 + 0{,}7382 \cdot 0{,}8678} = 43{,}0^{\,0}\,\mathrm{C}$$

gegenüber $\quad \Theta_2 = \dfrac{80}{\mathfrak{Cof}\,\beta\,(R - r_0)} = \dfrac{80}{\mathfrak{Cof} \cdot 1} = \dfrac{80}{1{,}543} = 51{,}85$

berechnet nach der Gleichung für die ebene Rippe

$$Q_r = 4\,\pi \cdot 80 \cdot 10\;\frac{0{,}019}{20} \cdot \frac{1{,}479 \cdot 0{,}8678 - 0{,}1935 \cdot 0{,}2104}{0{,}7382 \cdot 0{,}8678 + 1{,}0364 \cdot 0{,}2104} = 13{,}82\ \mathrm{kcal/Rippe}.$$

Für die ebene Rippe ist

$$Q_1 = \frac{2\,\alpha}{\beta}\,\Theta_1\,\mathfrak{Tg}\,\beta\,h = 80 \cdot 0{,}7616 = 60{,}93\ \mathrm{kcal/m, h}$$

und $\qquad Q_r = 60{,}93\,\pi\,(0{,}019 + 0{,}069) = 16{,}84\ \mathrm{kcal/Rippe, h}.$

Hier sind die einfachen Gleichungen nicht mehr brauchbar.

Die Berechnung der Temperatur und der übertragenen Wärme mit den Gleichungen (60) und (61) ist etwas umständlich. Wie Zahlenbeispiel 10 zeigt, ist es für **praktische Anwendungen** oft (solange $\beta h < 0{,}5$) zulässig mit den viel einfacheren Formeln für die ebene Rippe (S. 59) zu rechnen, wenn für die Rippenlänge l der Mittelwert der Kreisrippe $\pi (R + r_0)$ eingesetzt wird. Auf diese einfache Weise kann auch die an der Rippenspitze übertragene Wärme berücksichtigt werden, die bei der Ableitung der Gleichungen (60) und (61) vernachlässigt wurde. Die Vereinfachung ist um so eher zulässig als die Voraussetzung einer konstanten Wärmeübergangszahl für die ganze Rippenfläche in Wirklichkeit nicht vorhanden ist und weil man den Mittelwert nur selten **genau** kennt[1] (*L. 21.1*).

Der Temperaturverlauf und die Wärmeabgabe von Rippenrohren mit verjüngtem Querschnitt können durch Zerlegung in kleinen Einzelteilen ebenfalls mit den Gleichungen (60) und (16) berechnet werden.

Zahlenbeispiel 11.

Teil 1: $\alpha = 50\,\text{kcal/m}^2,\text{h},^0\,\text{C}$; $\lambda = 50\,\text{kcal/m, h, }^0\text{C}$.

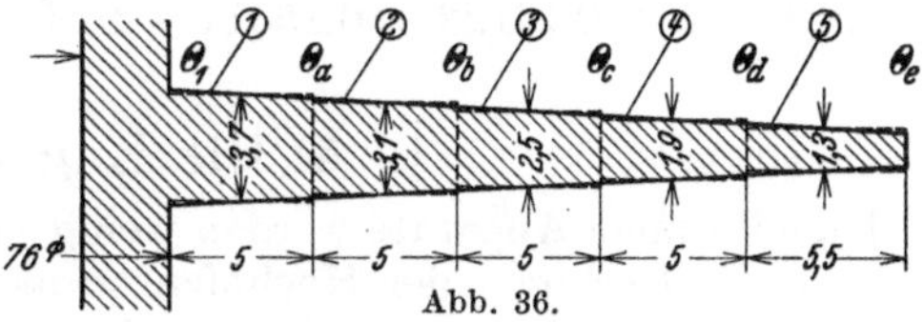

$$\beta = \sqrt{\frac{2\cdot 50}{50\cdot 0{,}0037}} = 23{,}25.$$

$r_0 = 0{,}038 \qquad \beta r_0 = 0{,}8835$
$R = 0{,}043 \qquad \beta_1 R = 0{,}9997$

Abb. 36.

$$J_0(i\beta R) = J_0(i\cdot 0{,}9997) = 1{,}2656 \qquad J_0(i\beta r_0) = J_0(i\cdot 0{,}8835) = 1{,}2049$$
$$iJ_1(i\beta R) = iJ_1(i\cdot 0{,}9997) = -0{,}5650 \qquad iH_0(i\beta r_0) = iH_0(i\cdot 0{,}8835) = 0{,}3176$$
$$H_1(i\beta R) = H_1(i\cdot 0{,}9997) = -0{,}3834 \qquad iJ_1(i\beta r_0) = iJ_1(i\cdot 0{,}8835) = -0{,}4863$$
$$iH_0(i\beta R) = iH_0(i\cdot 0{,}9997) = 0{,}2681 \qquad H_1(i\beta r_0) = H_1(i\cdot 0{,}8835) = -0{,}4699$$

$$\Theta_a = \Theta_1 \cdot \frac{(1{,}2656)\,(-0{,}3834) + (0{,}2681)\,(-0{,}5650)}{(1{,}2049)\,(-0{,}3834) + (0{,}3176)\,(-0{,}5650)} = 0{,}993\cdot\Theta_1$$

$$Q'_r = 4\,\pi\,\Theta_1\,50\cdot\frac{0{,}038}{23{,}25}\cdot\frac{0{,}4699\cdot 0{,}565 - 0{,}4863\cdot 0{,}3834}{0{,}3176\cdot 0{,}565 + 1{,}2049\cdot 0{,}3834} = Q'_r = 0{,}1266\,\Theta_1\,\frac{\text{kcal}}{\text{Rippe}}.$$

Teil 2.

$$\beta = \sqrt{\frac{2\cdot 50}{50\cdot 0{,}0031}} = 25{,}4 \qquad \begin{array}{l} r_0 = 0{,}043 \quad \beta r_0 = 1{,}0922 \\ R = 0{,}048 \quad \beta R = 1{,}2192 \end{array}$$

$$J_0(i\beta R) = J_0(i\cdot 1{,}2192) = 1{,}4076 \qquad J_0(i\beta r_0) = J_0(i\cdot 1{,}0922) = 1{,}3212$$
$$iJ_1(i\beta R) = iJ_1(i\cdot 1{,}2192) = -0{,}7302 \qquad iH_0(i\beta r_0) = iH_0(i\cdot 1{,}0922) = 0{,}2353$$
$$H_1(i\beta R) = H_1(i\cdot 1{,}2192) = -0{,}2685 \qquad iJ_1(i\beta r_0) = iJ_1(i\cdot 1{,}0922) = -0{,}6317$$
$$iH_0(i\beta R) = iH_0(i\cdot 1{,}2192) = 0{,}1975 \qquad H_1(i\beta r_0) = H_1(i\cdot 1{,}0922) = -0{,}3287$$

$$\Theta_b = \Theta_a \cdot \frac{(1{,}4076)\cdot(-0{,}2685) + (0{,}1975)\,(-0{,}7302)}{(1{,}3212)\cdot(-0{,}2685) + (0{,}2353)\,(-0{,}7302)} = 0{,}9847\,\Theta_1$$

$$Q''_r = 4\,\pi\cdot\Theta_a\cdot 50\,\frac{0{,}043}{25{,}4}\cdot\frac{0{,}3287\cdot 0{,}7302 - 0{,}6317\cdot 0{,}2685}{0{,}2353\cdot 0{,}7302 - 1{,}3212\cdot 0{,}2685} = 0{,}14123\,\Theta_1\,\frac{\text{kcal}}{\text{Rippe}}.$$

---

[1] Das Rippenrohr wird z. B. oft aus Flacheisen gebildet, das warm auf ein nahtloses Stahlrohr schraubenförmig gewickelt wird. Die Rohre werden verzinnt um eine gute metallische Verbindung zwischen Rippenfuß und Kernrohr zu erhalten. (Mannesmannröhrenwerke, Düsseldorf). Das Band verläuft auf etwa $^2/_3$ bis $^3/_4$ der Bandbreite gewellt. Die Gleichungen für die ebene Wandfläche können hier nur als Anhaltspunkt für die Schätzung der Wärmeübergangszahl dienen.

In gleicher Weise findet man für die Teile 3, 4 und 5:

$$\Theta_c = \Theta_b \cdot \frac{1,6458 \cdot 0,1768 + 0,13627 \cdot 0,9808}{1.5167 \cdot 0,1768 + 0,1640 \cdot 0,9808} = 0,9764\,\Theta_1$$

$$Q_r''' = 4\,\pi \cdot \Theta_b \cdot 50\,\frac{0,048}{28,2843} \cdot \frac{0,2175 \cdot 0,9808 - 0,8477 \cdot 0,1768}{0,1640 \cdot 0,9808 + 1,5167 \cdot 0,1768} = Q_r''' = 0,15514 \cdot \Theta_1\,.$$

$$\Theta_d = \Theta_c\,\frac{2,1015 \cdot 0,10414 + 0,0839 \cdot 1,4236}{1,8824 \cdot 0,10414 + 0,1028 \cdot 1,4236} = 0,9632\,\Theta_1$$

$$Q_r^{\mathrm{IV}} = 4\,\pi \cdot \Theta_c \cdot 50 \cdot \frac{0,053}{32,444} \cdot \frac{0,12976 \cdot 1,4236 - 1,2191 \cdot 0,10414}{0,10280 \cdot 1,4236 + 1,8824 \cdot 0,10414} = 0,16885\,\Theta_1\,\frac{\text{kcal}}{\text{Rippe}}\,.$$

$$\Theta_e = \Theta_d \cdot \frac{3,267 \cdot 0,04759 + 0,04014 \cdot 2,496}{2,778 \cdot 0,04759 + 0,05192 \cdot 2,496}\,\Theta_e = 0,941\,\Theta_1$$

$$Q_r^{\mathrm{V}} = 4\,\pi \cdot 0,9632\,\Theta_1 \cdot \frac{50 \cdot 0,058}{39 \cdot 223} \cdot \frac{0,06242 \cdot 2,496 - 2,0505 \cdot 0,04759}{0,05192 \cdot 2,496 + 2,778 \cdot 0,04759} = 019683\,\Theta_1\,.$$

Die total abgegebene Wärme ist dann:

$$Q_{\text{tot}} = (0,12664 + 0,14123 + 0,15514 + 0,16865 + 0,19683)\,\Theta_1 = 0,78849\,\Theta_1\,.$$

5. Die Kugel.

Kugelförmige Apparate werden wenig verwendet, und wo solche vorkommen (Lufterhitzer der Hochöfen, große Kochgefäße), darf, aus ähnlichen Gründen wie beim Rohr, meist mit den einfacheren Gleichungen der Platte gerechnet werden.

Setzt man in der allgemeinen Gleichung (3) $x^2 + y^2 + z^2 = r^2$, so ist:

$$r\frac{\partial r}{\partial x} = x,\quad r\frac{\partial r}{\partial y} = y,\quad r\frac{\partial r}{\partial z} = z,$$

$$\frac{\partial \vartheta}{\partial x} = \frac{d\vartheta}{dr}\cdot\frac{\partial r}{\partial x} = \frac{x}{r}\cdot\frac{\partial \vartheta}{dr}\quad \text{und}\quad \frac{\partial^2 \vartheta}{\partial x^2} = \frac{d^2\vartheta}{dr^2}\cdot\frac{x^2}{r^2} + \frac{d\vartheta}{dr}\left(\frac{1}{r} - \frac{x^0}{r^2}\right).$$

Ähnlich für $\frac{d^2\vartheta}{dy^2}$ und $\frac{\partial^2\vartheta}{\partial z^2}$, so daß die Differentialgleichung nun lautet:

$$\Delta\vartheta = \frac{d^2\vartheta}{dr^2} + \frac{2}{r}\cdot\frac{d\vartheta}{dr} = 0. \tag{62}$$

Zur Lösung der Gleichung setzten wir $\frac{d\vartheta}{dr} = u$, also

$$\frac{du}{dr} + 2\frac{u}{r} = 0\quad \text{oder}\quad \frac{du}{u} = -2\frac{dr}{r}\,.$$

Die Integration gibt

$$\ln u = -2\ln r + \ln A$$

oder

$$ur^2 = A = \frac{d\vartheta}{dr}r^2\quad \text{bzw.}\quad d\vartheta = A\frac{dr}{r^2}$$

und nochmals integriert:

$$\vartheta = -\frac{1}{r}A + B. \tag{63}$$

Im Beharrungszustand ist die Temperaturkurve in einer Kugel eine gleichseitige Hyperbel.

Die durchgehende Wärme ist allgemein:

$$Q = -\lambda F \frac{d\vartheta}{dr}, \text{ worin } F = 4\pi r^2 \text{ und } \frac{d\vartheta}{dr} = u = \frac{A}{r^2},$$

$$Q = -4\pi\lambda \cdot A \quad \text{und} \quad \vartheta = \frac{Q}{4\pi\lambda r} + B. \tag{64}$$

1. Sind die Oberflächentemperaturen bekannt, so ist für $r = r_a$,

$$\vartheta = \vartheta_a = -\frac{A}{r_a} + B,$$

und für $r = r_i$,

$$\vartheta = \vartheta_i = -\frac{A}{r_i} + B,$$

so daß

$$\vartheta_a - \vartheta_i = -A\left(\frac{1}{r_a} - \frac{1}{r_i}\right) = -A\frac{r_i r_a}{r_i - r_a}$$

oder

$$A = (\vartheta_a - \vartheta_i)\frac{r_a - r_i}{r_i r_a} \quad \text{und} \quad B = \frac{\vartheta_a r_a - \vartheta_i r_i}{r_a - r_i}.$$

Aus Gleichung (63) folgt nach einigen Umformungen:

$$\vartheta = \vartheta_i - (\vartheta_i - \vartheta_a)\frac{r_a}{r} \cdot \frac{r - r_i}{r_a - r_i} = \vartheta_a + (\vartheta_i - \vartheta_a)\frac{r_i}{r} \cdot \frac{r_a - r}{r_a - r_i} \tag{65}$$

und aus Gleichung (64) die Wärmemenge:

$$Q = 4\pi\lambda(\vartheta_a - \vartheta_i)\frac{r_i r_a}{r_a - r_i}. \tag{66}$$

Für sehr kleine Innenradien, wenn $\frac{r_i}{r_a} \to 0$ wird, ist

$$Q = 4\pi\lambda(\vartheta_a - \vartheta_i) \cdot r_i = \alpha \cdot 4\pi r_i^2(\vartheta_a - \vartheta_i)$$

und

$$\alpha = \frac{\lambda}{r_i} \quad \text{oder} \quad \frac{\alpha d}{\lambda} = 2. \tag{67}$$

2. Sind die Temperaturen ϑ_A und ϑ_J der Umgebung gegeben, so findet man in ähnlicher Weise für den Temperaturverlauf:

$$\vartheta = \vartheta_A - \frac{\vartheta_A - \vartheta_J}{\dfrac{\lambda}{r_i^2 \alpha_i} + \dfrac{r_a - r_i}{r_a r_i} + \dfrac{\lambda}{r_a^2 \alpha_a}}\left(\frac{1}{r} - \frac{1}{r_a} + \frac{\lambda}{r_a^2 \alpha_a}\right) \tag{68a}$$

oder

$$\vartheta = \vartheta_J + \frac{\vartheta_A - \vartheta_J}{\dfrac{\lambda}{r_i^2 \alpha_i^2} + \dfrac{r_a - r_i}{r_a r_i} + \dfrac{\lambda}{r_a^2 \alpha_a}}\left(\frac{1}{r_i} - \frac{1}{r} + \frac{\lambda}{r_i^2 \alpha_a}\right) \tag{68b}$$

und für die Wärmemenge

$$Q = 4\pi\lambda\frac{\vartheta_A - \vartheta_J}{\dfrac{\lambda}{r_i^2 \alpha_i} + \dfrac{r_a - r_i}{r_a r_i} + \dfrac{\lambda}{r_a^2 \alpha_a}}. \tag{69}$$

3. Ist die Wärmemenge Q gegeben und nimmt man an, daß für $r = \infty$, $\vartheta = 0$ wird, so ist

$$\vartheta = \frac{Q}{4\pi\lambda r}.$$

Diese Lösung entspricht dem Falle, daß im Kugelmittelpunkt eine punktförmige Wärmequelle von der Ergiebigkeit Q, positiv (Quelle) oder negativ (Senke) vorhanden ist, die radial nach allen Seiten einen Wärmestrom

$$Q = - \lambda \frac{\partial \vartheta}{\partial r}$$

schickt. Die Stromlinien sind die Radien.

Die allgemeine Gleichung

$$\vartheta = \frac{1}{4 \pi \lambda} \sum_a \frac{Q_a}{r_a}, \tag{70}$$

worin $r_a = \sqrt{(x - x_a)^2 + (y - y_a)^2 + (z - z_a)^2}$ zeigt, daß in den Punkten (x_a, y_a, z_a) Wärmequellen von der Ergiebigkeit Q_a vorhanden sind[1].

6. Allgemeine Lösungen der Differentialgleichung.

Alle linearen Funktionen der Koordinaten sind Lösungen der Differentialgleichung, weil deren zweite Ableitungen einzeln verschwinden. Die Lösung

$$\vartheta = Ax + By + Cz + D$$

zeigt einen Wärmestrom in einer zu den Koordinatenachsen schräge Richtung. Eine andere Lösung, die besonders für zylindrische Körper geeignet ist, lautet:

$$\vartheta = m (r^2 - 2 z^2) + \vartheta_0,$$

worin $r = \sqrt{x^2 + y^2}$ und m eine beliebige Konstante ist. Durch Einsetzen des Wertes von ϑ in Gleichung (2a) überzeugt man sich leicht von der Richtigkeit der Lösung. Mit Hilfe dieser Gleichung kann man z. B. den Temperaturverlauf in den Kolbenboden einer Verbrennungskraftmaschine abschätzen. Wenn man von den kleinen Temperaturschwankungen absieht, die durch die periodischen Änderungen der Gastemperatur entstehen, wird der Kolbenboden einseitig durch eine konstante Wärmemenge q geheizt. Die andere durch Luft gekühlte Kolbenseite gibt in Vergleich zur Mantelfläche so wenig Wärme ab, daß diese in erster Annäherung vernachlässigt werden darf.

Aus diesen Grenzbedingungen folgt: für $z = 0 \; \frac{\partial \vartheta}{\partial z} = 0$,

und für $z = s \; \left(\frac{\partial \vartheta}{\partial z} \right)_{z = s} = - \frac{q}{\lambda} = \frac{\partial}{\partial z} (r^2 - 2 z^2)_{z = s} = - 4 m s,$

also $q = 4 \lambda m s, \; m = \frac{q}{4 \lambda \delta}$ und damit

$$\vartheta - \vartheta_0 = \frac{q}{4 \lambda \delta} (r^2 - 2 z^2).$$

Die Temperaturverteilung der Mantelfläche (für $r = r_0$)

$$\vartheta - \vartheta_0 = \frac{q}{4 \lambda \delta} (r_0{}^2 - 2 z^2)$$

stimmt mit der wirklichen Randbedingung nicht genau überein. Dennoch gibt diese Lösung für nicht zu dicke Zylinder mit den Beobachtungen gut übereinstimmende Werte.

---

[1] Wilson, H. A.: Proc. Cambridge. Phil. Soc. Bd. 12 (1904) S. 406.

Einige Wärmeleitungsprobleme lassen sich angenähert als ebene Strömungen betrachten; die Differentialgleichung lautet dann

$$\frac{\partial^2 \vartheta}{\partial x^2} + \frac{\partial^2 \vartheta}{\partial^2 y} = 0$$

und läßt sich mathematisch leichter lösen, weil sowohl der reelle als auch der imaginäre Teil einer beliebigen Funktion einer komplexen Variablen ($z = x + i \cdot y$) Lösungen dieser Differentialgleichung sind.

$$\vartheta = f(z) = \varphi(x, y) + i\,\psi(x, y).$$

Betrachtet man die Kurven $\varphi = $ const als Isothermen, so stellen die Kurven $\varphi = $ const (wegen der Orthogonalitätbedingung)

$$\frac{\partial \varphi}{\partial x} \cdot \frac{\partial \psi}{\partial x} + \frac{\partial \varphi}{\partial y} \cdot \frac{\partial \psi}{\partial y} = 0$$

die Stromlinien dar, und umgekehrt[1].

B. Nichtstationäre Wärmeströmungen.

1. Die planparallele Platte[2].

Analytische Lösung. Die Differentialgleichung (12) vereinfacht sich für die Platte zu:

$$\frac{\partial \vartheta}{\partial t} = a \frac{\partial^2 \vartheta}{\partial x^2}. \tag{71}$$

Sie ist linear und homogen; es lassen sich also allgemeine Integrale durch Summierung von partiellen bilden. Zur Auffindung einer partikulären Lösung setzt man (versuchsweise) die Temperatur gleich dem Produkt zweier Funktionen, von denen die eine nur von x und die andere nur von der Zeit t abhängt, also:

$$\vartheta = X(x) \cdot T(t). \tag{72}$$

Dann ist:

$$\frac{\partial^2 \vartheta}{\partial x^2} = T \frac{d^2 X}{d x^2} \qquad \text{und} \qquad \frac{\partial \vartheta}{\partial t} = X \frac{d T}{d t},$$

so daß die Differentialgleichung (71) nun lautet:

$$\frac{1}{X} \cdot \frac{d^2 X}{d x^2} = \frac{1}{a \cdot T} \cdot \frac{d T}{T}. \tag{73}$$

Weil X nur von x und T nur von t abhängt, ist diese Gleichung nur dann für jedes x und t erfüllt, wenn beide Seiten gleich einer beliebigen Zahl $\pm n^2$ werden. Dadurch erhalten wir folgende gewöhnliche Differentialgleichungen:

$$\frac{1}{a T} \cdot \frac{d T}{T} = \pm n^2 \tag{74}$$

und

$$\frac{1}{X} \cdot \frac{d^2 X}{d x^2} = \pm n^2, \tag{75}$$

---

[1] Schaeffer: Einführung in die theoretische Physik. Bd. 2 S. 27/35. Berlin 1932.

[2] Für Platten, die aus Schichten von verschiedenen Substanzen aufgebaut sind, vgl. E. F. M. van der Held: Physika II (1935) S. 943/951. Für Zylinder und Kugel vgl. H. Gröber u. S. Erk: Grundgesetze der Wärmeübertragung. 2. Aufl. Berlin: Julius Springer 1933.

worin n^2 alle Werte von 0 bis ∞ haben kann. Die Integration der Gleichung (74) gibt:

$$\ln T = \pm\, n^2 a t + \ln C$$

oder

$$T = C\,e^{\pm\, n^2 at}. \tag{76}$$

Das positive Vorzeichen von n^2 gibt keine praktisch brauchbare Lösung, weil T und damit die Temperatur ϑ mit wachsender Zeit unendlich groß würde; es bleibt also die Lösung:

$$T = C\,e^{-\,n^2 at}. \tag{76a}$$

Die bekannte Lösung der Bedingungsgleichung (75) lautet für $n \neq 0$:

$$X = C_1 \cos n\,x + C_2 \sin n\,x, \tag{77}$$

so daß

$$\vartheta = (C \cos n\,x + D \sin n\,x)\,e^{-\,n^2 at}$$

eine Lösung der Differentialgleichung (71) ist. In dieser Gleichung können C, D und n alle Werte von 0 bis ∞ stetig durchlaufen. Für $n = 0$ erhält man die Lösung $A + Bx$ (vgl. S. 51); das allgemeine Integral lautet also:

$$\vartheta = A + B \cdot x + \sum_{k\,=\,0}^{\infty} (C_k \cos n_k\,x + D_k \sin n_k\,x)\,e^{-\,n_k^2 at}. \tag{78}$$

Die Gleichung (78) muß nun der allgemeinen Bedingung genügen, daß zu allen Zeiten die in den Oberflächen der Platte durch Leitung zu- bzw. abgeführte Wärme gleich der von der Umgebung aufgenommenen bzw. abgegebenen Wärme ist. Für die Flächeneinheit muß also für $x = 0$

$$q_0 = -\lambda\left(\frac{\partial \vartheta}{\partial x}\right)_{x=0} = \alpha_1\,(\vartheta_1 - \vartheta_{w_1}) \tag{79}$$

und für $x = s$

$$q_s = -\lambda\left(\frac{\partial \vartheta}{\partial x}\right)_{x=s} = \alpha_2\,(\vartheta_2 - \vartheta_{w_2}) \tag{80}$$

sein, worin die Wandtemperaturen

$$\vartheta_{w_1} = A + \sum_{0}^{\infty} C_k\,e^{-\,n_k^2 at} \tag{81}$$

und

$$\vartheta_{w_2} = A + Bs + \sum_{0}^{\infty} (C_k \cos n_k\,s + D_k \sin n_k\,s)\,e^{-\,n_k^2 at} \tag{82}$$

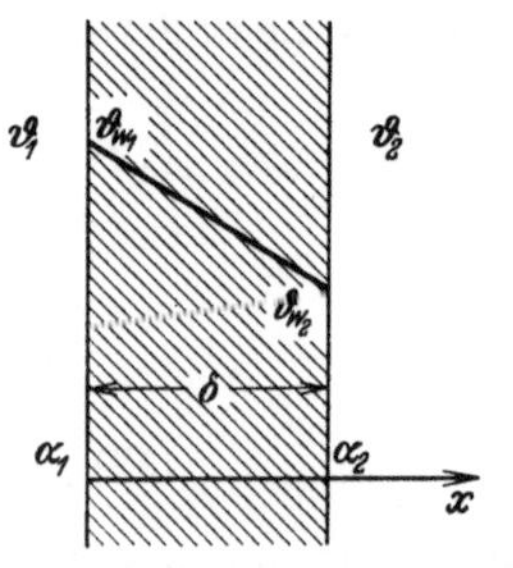

Abb. 37.

sind. Dabei ist noch zu berücksichtigen, ob in den Oberflächen Wärme aufgenommen oder abgegeben wird. Die in der positiven X-Richtung bei abnehmender Temperatur strömende Wärmemenge wird als positiv bezeichnet. Man berücksichtigt dies am einfachsten so, daß in den Gleichungen (79) und (80) je nach der gewählten X-Richtung α positiv oder negativ eingesetzt wird.

Die noch unbekannten Integrationskonstanten A, B und C_k müssen aus den Randbedingungen bestimmt werden. Im Grenzfall der Beharrung, also für $t = \infty$, geht Gleichung (78) über in:

$$\vartheta_{t\,=\,\infty} = A + B \cdot x. \tag{83}$$

Aus der geradlinigen Temperaturverteilung sind die Konstanten A und B festgelegt. A ist demnach immer die Temperatur im Beharrungszustand für $x = 0$. Aus der Differentiation der allgemeinen Lösung (78):

$$\frac{\partial \vartheta}{\partial x} = B + \sum_0^\infty (- n_k\, C_k \sin n_k\, x + n_k\, D_k \cos n_k\, x)\, e^{-n_k^2\, at}$$

folgt mit den Randbedingungen (80), (81) und den Wandtemperaturen nach den Gleichungen (82) und (83):

$$\left(\frac{\partial \vartheta}{\partial x}\right)_{x=0} = \frac{\alpha_1}{\lambda} \left\{ \vartheta_1 - A - \sum_0^\infty C_k\, e^{-n_k^2\, at} \right\} = B + \sum_0^\infty n_k\, D_k\, e^{-n_k^2\, at} \quad (84)$$

und

$$\left(\frac{\partial \vartheta}{\partial x}\right)_{x=\delta} = \frac{\alpha_2}{\lambda} \left\{ \vartheta_2 - A - B s - \sum_0^\infty (C_k \cos n_k s + D_k \sin n_k s)\, e^{-n_k^2\, at} \right\}$$

$$= B + \sum_0^\infty (- n_k\, C_k \sin n_k\, s + n_k\, D_k \cos n_k\, s)\, e^{-n_k^2\, at} \quad (85)$$

Die Gleichungen (84) und (85) müssen nun für alle Werte von n_k identisch erfüllt sein, was nur dann möglich ist, wenn die Koeffizienten der entsprechenden Glieder gleich sind.

Aus Gleichung (84) folgt also:

$$\frac{\alpha_1}{\lambda} \left\{ \vartheta_1 - A \right\} \equiv B$$

und

$$n_k D_k \equiv - \frac{\alpha_1}{\lambda} C_k. \quad (86)$$

Und aus Gleichung (85)

$$\frac{\alpha_2}{\lambda} (\vartheta_2 - A - B s) \equiv B \quad (87)$$

und

$$- n_k C_k \sin n_k\, s + n_k D_k \cos n_k\, s \equiv - \frac{\alpha_2}{\lambda} (C_k \cos n_k\, s + D_k \sin n_k\, s).$$

Dividiert man beiderseits durch $\cos n_k\, \delta$, so wird

$$- n_k C_k \operatorname{tg} n_k\, s + n_k D_k = - \frac{\alpha_2}{\lambda} C_k - \frac{\alpha_2}{\lambda} D_k \operatorname{tg} n_k\, s,$$

$$\operatorname{tg} n_k\, s \left(\frac{\alpha_2}{\lambda} D_k - n_k C_k \right) = - \frac{\alpha_2}{\lambda} C_k - n_k D_k.$$

Den Wert von $n_k D_k$ aus Gleichung (86) darin eingesetzt:

$$\operatorname{tg} n_k\, s \left(- \frac{\alpha_1 \alpha_2}{\lambda^2} - n_k \right) = - \frac{\alpha_2}{\lambda} + \frac{\alpha_1}{\lambda},$$

$$\operatorname{tg} n_k\, s = n_k \lambda\, \frac{\alpha_2 - \alpha_1}{n_k^2 \lambda^2 + \alpha_1 \alpha_2}. \quad (88)$$

Durch die Oberflächenbedingungen sind also die bisher stetig von 0 bis ∞ veränderlichen Werte von n_k auf Lösungen der Gleichungen (88) beschränkt. Diese transzendente Gleichung läßt sich auf graphischem Wege lösen, indem die beiden Kurven

$$f_1 = \operatorname{tg} n_k\, s \qquad \text{und} \qquad f_2 = \pm\, n_k\, s\, \frac{\alpha_2 \pm \alpha_1}{n_k^2 \lambda^2 \pm \alpha_1 \alpha_2}$$

aufgezeichnet werden. Die Kurve f_1 besteht aus den unendlich vielen Zweigen der Tangenskurve, während f_2 allgemein eine Kurve dritten Grades ist, welche die Tangenskurve in unendlich vielen Punkten schneidet. Die Konstanten C_k und D_k sind durch die Gleichung (86) verbunden, so daß nur noch die Bestimmung von C_k übrig bleibt, wozu die ursprüngliche Temperaturverteilung, zur Zeit $t = 0$ für alle Werte von x, bekannt sein muß. Mit $\alpha_1/\lambda = b$ wird:

$$\vartheta_{t=0} = A + Bx + \sum_0^\infty C_k \left(\cos n_k x \pm \frac{b}{n_k} \sin n_k x\right) = \vartheta_0(x), \qquad (89)$$

und die bekannte Funktion $F_0(x) = \vartheta_0(x) - A - Bx$ muß nun in eine Reihe mit Sinus- und Kosinusgliedern zerlegt werden. Um diese mathematische Aufgabe zu lösen, bilden wir durch lineare Kombination aus den bekannten Gliedern:

$$f_k(x) = \cos n_k x + \frac{b}{n_k} \sin n_k x$$

neue Funktionen $\varphi_k(x)$ so, daß

$$\int_0^s \varphi_k \varphi_\lambda \, dx = 0 \qquad \text{und} \qquad \int_0^s \varphi_k^2 \, dx = 1$$

wird[1]. Schreiben wir zur Abkürzung die Lösung der bestimmten Integrale

$$\int_0^s f_k(x) f_\lambda(x) \, dx = K_{k\lambda},$$

so ist

$$K_{k\lambda} = K_{\lambda k} = \int_0^s \left(\cos n_k x + \frac{b}{n_k} \sin n_k x\right)\left(\cos n_\lambda x + \frac{b}{n_\lambda} \sin n_\lambda x\right) dx.$$

Aus der Integration folgt:

$$\left.\begin{aligned}
K_k &= \left(1 + \frac{b}{n_k n_\lambda}\right)\frac{\sin(n_k - n_\lambda)s}{2(n_k - n_\lambda)} + \left(1 - \frac{b}{n_k n_\lambda}\right)\frac{\sin(n_k + n_\lambda)s}{2(n_k + n_\lambda)} + \\
&\quad + \frac{b}{n_k n_\lambda} \sin n_k s \sin n_\lambda s
\end{aligned}\right\} \qquad (90)$$

und

$$K_{kk} = \left(1 + \frac{b}{n_k^2}\right)\cdot\frac{s}{2} + \left(1 - \frac{b}{n_k^2}\right)\frac{\sin n_k s}{4 n_k} + \frac{b}{n_k^2} \sin^2 n_k s. \qquad (91)$$

Durch Einsetzen der Werte s, b, n_k und n_λ erhält man alle Zahlenwerte $K_{k\lambda}$. Die Funktionen sind dann [nach Frank-von Mises, Differentialgleichungen, 2. Aufl, Bd. 1 (1930) S. 377]:

$$\left.\begin{aligned}
\varphi_1 &= \frac{f_1(x)}{K_{11}}; \quad \varphi_2 = \frac{\begin{vmatrix} K_{11} & K_{22} \\ f_1 & f_2 \end{vmatrix}}{\sqrt{\begin{vmatrix} K_{11} & K_{12} \\ K_{21} & K_{22} \end{vmatrix} \cdot K_{11}}} = \frac{K_{11} f_2(x) - K_{21} f_1(x)}{\sqrt{(K_{11} K_{22} - K_{12} K_{21}) \cdot K_{11}}}; \\[2em]
\varphi_3 &= \frac{\begin{vmatrix} K_{11} & K_{21} & K_{31} \\ K_{12} & K_{22} & K_{32} \\ f_1 & f_2 & f_3 \end{vmatrix}}{\sqrt{\begin{vmatrix} K_{11} & K_{12} & K_{13} \\ K_{21} & K_{22} & K_{23} \\ K_{31} & K_{32} & K_{33} \end{vmatrix} \cdot \begin{vmatrix} K_{11} & K_{12} \\ K_{12} & K_{22} \end{vmatrix}}}, \quad \text{usw.}
\end{aligned}\right\} \qquad (92)$$

---

[1] Diese allgemeine Lösung verdanke ich meinem Sohn, Dipl. el. Ing. M. ten Bosch.

Da die Funktionen $\varphi_1 \ldots \varphi_k \ldots \varphi_n$ orthogonal und normiert sind, kann die Anfangstemperaturverteilung $F_0(x)$ nach diesen Funktionen entwickelt werden:

$$F_0(x) = C_1\,\varphi_1 + C_2\,\varphi_2 + \ldots C_k\,\varphi_k + \ldots \qquad (93)$$

Nach Multiplikation mit φ_k erhält man durch Integration:

$$C_k = \int_0^s F_0(x)\,\varphi_k(x)\,dx. \qquad (94)$$

Ist die Temperaturverteilung zur Zeit $t = 0$ const $= \vartheta_0$, so ist

$$F_0(x) = \vartheta_0 - A - Bx = \alpha + \beta\,x \qquad (95)$$

und

$$C_k = \int_0^s (\alpha + \beta\,x)\,\varphi_k(x)\,dx, \qquad (94\,\mathrm{a})$$

also mit den Gleichungen (90) und (91):

$$\left.\begin{aligned}
&C_1 = \frac{1}{K_{11}} \int_0^s (\alpha + \beta\,x)\,f_1(x)\,dx = \frac{J_1}{K_{11}}, \qquad C_2 = \frac{K_{11}\,J_2 - K_{21}\,J_1}{\sqrt{(K_{11}\,K_{22} - K_{12}\,K_{21})\,K_{11}}}, \\[2mm]
&C_3 = \frac{(K_{11}\,K_{22} - K_{21}\,K_{12})\,J_3 + (K_{31}\,K_{12} - K_{11}\,K_{32})\,J_2 + (K_{21}\,K_{32} - K_{22}\,K_{33})\,J_3}{\sqrt{(K_{11}\,K_{22} - K_{12}\,K_{21})\,K_{33} + (K_{21}\,K_{13} - K_{11}\,K_{23})\,K_{32} + (K_{12}\,K_{23} - K_{22}\,K_{13})\,K_{31}}}
\end{aligned}\right\} \quad (96)$$

usw., worin

$$J_k = \int_0^s (\alpha + \beta\,x)\left(\cos n_k x + \frac{b}{n_k}\sin n_k x\right)dx$$

ist. Aus der Integration folgt:

$$J_k = \left(\frac{\alpha + \beta\,s}{n_k} + \frac{b\,\beta}{n_k^3}\right)\sin n_k s + \frac{\beta - b\,(\alpha + \beta\,s)}{n_k^2}\cos n_k s + \frac{b\,\alpha - \beta}{n_k^2}. \qquad (97)$$

Zahlenbeispiel 12. Eine ebene Wand von 200 mm Dicke hat eine gleichmäßige Anfangstemperatur von 20^0 C und wird einseitig durch Gase von 420^0 C erwärmt. Es soll der Temperaturverlauf nach 8 Stunden berechnet werden. Aus den physikalischen Tabellen ist zu entnehmen:

$$\gamma = 1800 \text{ kg/cm}^3, \qquad c = 0{,}22\ \frac{\text{kcal}}{\text{kg/}^0\text{C}}, \qquad \lambda = 0{,}6\ \frac{\text{kcal/m}}{\text{m}^2,\ \text{h},\ ^0\text{C}},$$

woraus

$$a = \frac{\lambda}{c \cdot \gamma} = 0{,}0015 \text{ m}^2/\text{h}.$$

Angenommen sei

$$\alpha_1 = 6 \quad \text{und} \quad \alpha_2 = 10 \text{ kcal/m}^2,\ \text{h},\ ^0\text{C}.$$

Im vorliegenden Fall wird für $x = 0$ Wärme abgegeben (Abb. 38) und für $x = s$ Wärme aufgenommen. In Gleichung (79) ist also $\alpha_1 =$ negativ und in Gleichung (80) $\alpha_2 =$ positiv einzusetzen. Gleichung (88) lautet dann:

$$\operatorname{tg}(n_k s) = n_k\,\lambda\,\frac{\alpha_1 + \alpha_2}{n_k^2\,\lambda^2 - \alpha_1\,\alpha_2} = \frac{9{,}6\,n_k}{0{,}36\,n_k^2 - 60}$$

oder

$$\operatorname{ctg} n_k s = \frac{0{,}36\,n_k^2 - 60}{9{,}6\,n_k}.$$

Die graphische Lösung dieser Gleichung gibt folgende Werte von n_k:

n_k	9,2	21,2	35,15	49,7	64,7	80,3
$n_k s$ im Bogenmaß	1,84	4,24	7,03	9,94	12,94	16,06
$n_k s$ im Gradmaß[1]	$105^0 30'$	243^0	43^0	210^0	$21^0 50'$	$200^0 40'$
$\sin n_k s$	0,964	—0,891	0,628	—0,500	0,372	—0,353
$\cos n_k s$	—0,267	—0,454	0,731	—0,864	0,927	—0,936
$2 n_k s$	211^0	126^0	86^0	60^0	$43^0 40'$	$41^0 20'$
$\sin 2 n_k s$	—0,515	0,809	0,998	0,690	0,690	0,660
$C_k = \vartheta a \dfrac{4 \sin n_k s}{\sin n_k s + 2 n_k s}$ (für $\vartheta a = 1$)	1,215	—0,384	+0,167	—0,092	+0,056	—0,044
$D_k = C_k \dfrac{\alpha_1}{\lambda n_k}$	2,20	—0,302	+0,0795	—0,031	+0,0144	—0,0046
$n_k^2 a$	0,126	0,74	1,85	3,7	6,3	—

Aus Gleichung (16) folgt

$$\frac{1}{k} = \frac{1}{6} + \frac{1}{10} + \frac{0,2}{0,6} = 0,6 \quad \text{und} \quad k = 1,67.$$

Im Beharrungszustand sind die Wandtemperaturen durch Gleichung (17) gegeben. Für $x = 0$ ist die Wandtemperatur

$$\vartheta_{w_\iota} = A = \vartheta_1 + \frac{k}{\alpha_1} \Theta$$

also mit

$$\vartheta_1 = 20 \quad \text{und} \quad \Theta = 400^0 \, \text{C}, \quad A = 131^0 \, \text{C}.$$

Aus Gleichung (86) folgt

$$B = -\frac{6}{0,6} (20 - 131) = 1110^0 \, \text{C/m}.$$

Die allgemeine Gleichung für den Temperaturverlauf lautet also mit $\alpha_1/\lambda = b = 10$:

$$\vartheta = 131 + 1110 \, x + \Sigma \, C_k \left(\cos n_k x + \frac{10}{n_k} \sin n_k x\right) e^{-n_k^2 at}$$

und für $t = 0$:

$$\vartheta_0 = 20 = 131 + 1110 \, x + \Sigma \, C_k \left(\cos n_k x + \frac{10}{n_k} \sin n_k x\right).$$

Die Konstanten α und β in Gleichung (94) sind also

$$\alpha = -111^0 \, \text{C} \quad \text{und} \quad \beta = -1110^0 \, \text{C/m}.$$

Die Koeffizienten $K_{k \lambda}$ für die drei ersten Glieder der Reihe folgen aus den Gleichungen (90) und (91) zu:

$$K_{11} = 0,3308 \qquad K_{22} = 0,1473 \qquad K_{33} = 0,1178$$
$$K_{12} = K_{21} = -0,00306 \qquad K_{23} = 0,00018$$
$$K_{13} = K_{31} = 0,0009$$

Aus Gleichung (97) folgt:

$$J_1 = -55,64 \qquad J_2 = 12,79 \qquad J_3 = -7,423$$

und aus den Gleichungen (96):

$$C_1 = -168,15 \qquad C_2 = 29,27 \qquad C_3 = -21,231.$$

Der Temperaturverlauf nach 8 Stunden

$$\vartheta_{t=8} = 131 + 1110 \, x + C_1 \varphi_1(x) + C_2 \varphi_2(x) + C_3 \varphi_3(x) + \dots$$

---

[1] Umrechnungstabellen im Taschenbuch Hütte, Bd. 1 S. 38/42.

ist in Abb. 38 eingezeichnet. Der stationäre Zustand ist praktisch erreicht, wenn für den kleinsten Wert von $n_k\,n_k^2\,at > 5$ ist, also nach

$$\frac{5}{0,126} = 40 \text{ Stunden.}$$

Die Abkühlung der Platte läßt sich mit den gleichen Formeln untersuchen, wobei aber zu beachten ist, daß bei Speicheröfen nur die Wärmeabgabe an der Seite der niedrigen Oberflächentemperaturen Nutzwärme für die Raumheizung gibt.

Wenn man mit den drei Gliedern der Reihe den Temperaturverlauf für $t = 0$ aufzeichnet, so erhält man, da plötzlich eine sehr starke Temperaturänderung auftritt, eine wellenförmige Linie (Abb. 39), die von der konstanten Anfangstemperatur bedeutend abweicht auch wenn 6, 7 und mehr Glieder der Reihe berechnet werden. Da aber diese Glieder mit dem Faktor $e^{-n_k^2\,at}$ zu multi-

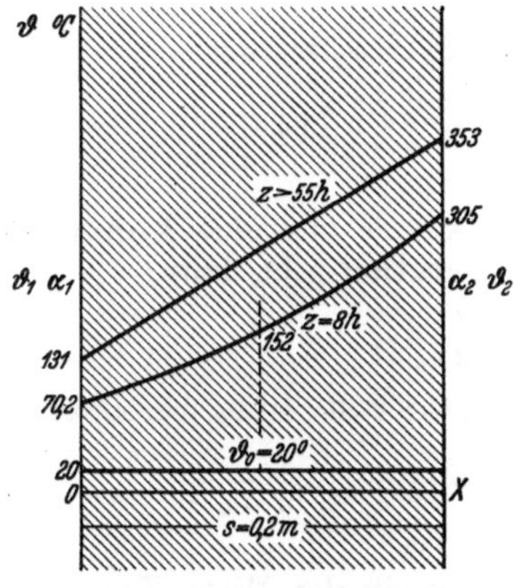

Abb. 38. Zum Zahlenbeispiel 12.

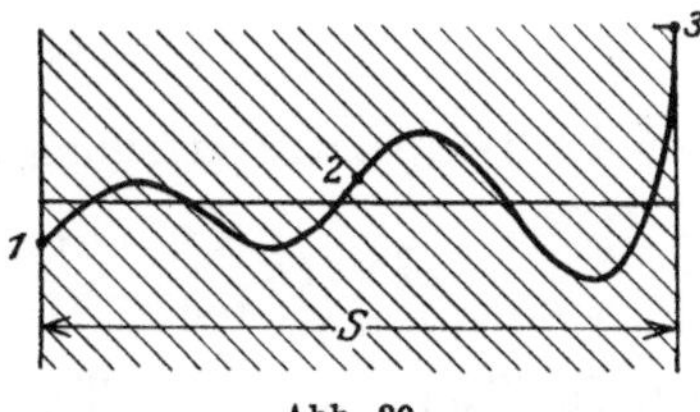

Abb. 39.

plizieren sind, verschwinden die Abweichungen mit der Zeit sehr rasch. Für $t = 8$ Stunden reichen die drei Glieder vollständig aus.

Spezialfall I: Symmetrische Platte. Ist die Temperaturverteilung von Anfang an symmetrisch in bezug auf die Mittelebene der Platte und sind die Grenzbedingungen so, daß sie auch immer symmetrisch bleiben muß, so ist es vorteilhaft den Nullpunkt in die Symmetrieebene zu verlegen. Der Kosinus behält beim Übergang von positivem zu gleich großem negativen Argument seinen Wert bei, während der Sinus das Vorzeichen ändert. Bei einer symmetrischen Temperaturverteilung können demnach in der allgemeinen Lösung (78) keine Sinusglieder auftreten. Außerdem muß $B = 0$ werden, weil für gleich große positive und negative Werte von x, ϑ den gleichen Wert erhalten muß.

Wird in einer der beiden Grenzebenen keine Wärme ausgetauscht, so kann die Platte immer als eine halbe symmetrische aufgefaßt werden, weil dort $d\vartheta/dx = 0$, d. h. die Tangente horizontal verläuft.

Für die symmetrische Platte ist also:

$$\vartheta_{t=\infty} = A = \text{const}$$

und die Übertemperatur:

$$\Theta = \vartheta - A = \sum_0^\infty C_k \cos n_k x \cdot e^{-n_k^2\,at}.$$

Gleichung (88) lautet nun, wenn s die halbe Plattendicke ist, mit $\alpha_2 = 0$ und $\alpha_1 = \pm\,\alpha$:

$$\operatorname{ctg} n_k s = \pm\,\frac{\lambda}{\alpha}\,n_k\,. \tag{98}$$

Die ursprüngliche, bekannte Temperaturverteilung (für $t = 0$)

$$\Theta_{t\,=\,0} = \sum_0^\infty C_k \cos n_k x = \Theta_0\,(x)$$

in eine Reihe mit Kosinusgliedern zu zerlegen, ist unter der Voraussetzung, daß einige besondere Bedingungen (die sog. Dirichletschen) erfüllt sind, durch die Theorie der Fourierschen Reihen gelöst, und zwar ist:

$$C_k = \frac{\int_0^s \Theta_0\,(x)\cos n_k x\,d x}{\int_0^s \cos^2 n_k x\,d x} = \frac{4\,n_k\int_0^s \Theta_0\,(x)\cos n_k x\,d x}{\sin 2\,n_k\,s + 2\,n_k\,s}\,. \tag{99}$$

Für die symmetrische Platte kommt praktisch nur eine konstante Anfangstemperatur in Frage. Die Integration gibt dann:

$$C_k = \Theta_0\,\frac{4\sin n_k\,s}{\sin 2\,n_k\,s + 2\,n_k\,s}\,,$$

womit die Temperaturverteilung in der Platte vollständig bestimmt ist

$$\Theta = \Theta_0 \sum_0^\infty \frac{4\sin n_k\,s}{\sin 2\,n_k\,s + 2\,n_k\,s}\,e^{-n_k^2\,at}\cos n_k\,x\,. \tag{100}$$

Da die Tangente an der Temperaturkurve in der Mitte (für $x = 0$) horizontal verläuft und die Tangente an der Oberfläche nach den Angaben auf S. 54 leicht konstruiert werden kann, genügt für viele Aufgaben der Technik die Kenntnis dieser beiden Temperaturen.

Ein Raumelement $dF \cdot dx$ der Platte hat innerhalb der Zeit von 0 bis t sich um den Betrag Θ erwärmt bzw. abgekühlt, und dadurch die Wärmemenge $c\,\gamma\,\Theta\,dF\,dx$ ausgetauscht. Die Gesamtwärme ist also:

$$Q = 2\,c\,\gamma\int_0^s \Theta\,dF\,dx = 2\,c\,\gamma\,F\,\Theta_0\int_0^s\left(\sum_0^\infty \frac{4\sin n_k\,s}{\sin 2\,n_k\,s + 2\,n_k\,s}\,e^{-n_k^2\,at}\cos n_k x\right)dx$$

$$= 2\,c\,\gamma\,F\,\Theta_0\,\psi\left(\frac{\alpha\,s}{\lambda},\,\frac{at}{s^2}\right)\,. \tag{101}[1]$$

Spezialfall II. Die in einer Grenzfläche (z. B. für $x = 0$) übergehende Wärme $q = Q/F$ kcal/m², h ist für alle Zeiten konstant.

Aus der allgemeinen Gleichung (78) folgt mit $q = -\,\lambda\dfrac{\partial\vartheta}{\partial x}$

$$\frac{\partial\vartheta}{\partial x} = B + \Sigma\,(-\,n_k\,C_k\sin n_k\,x + n_k\,D_k\cos n_k\,x)\cdot e^{-n_k^2\,at} = -\,\frac{q}{\lambda}$$

und für $x = 0$

$$-\,\frac{q}{\lambda} = B - \Sigma\,n_k\,D_k\,e^{-n_k^2\,at}\,.$$

---

[1] Graphische Darstellung der Gleichungen (100) und (101) in H. Gröber und S. Erk: Die Grundgesetze der Wärmeübertragung. 2. Aufl., S. 48. Berlin: Julius Springer 1933. Vgl. auch G. Pöschl: Forschung Bd. 3 (1932) S. 280.

Diese Gleichung ist nur dann für alle Zeiten erfüllt, wenn

$$B = -\frac{q}{\lambda} \tag{102}$$

und wenn

$$n_k\, D_k\, e^{-n_k^2\, at} = 0,$$

d. h. $D_k = 0$ ist. Die Gleichung für den Temperaturverlauf lautet also:

$$\vartheta = A - \frac{q\, x}{\lambda} + \varSigma\, C_k \cos n_k\, x \cdot e^{-n_k^2\, at}$$

Gleichung (88) vereinfacht sich wieder zu:

$$\operatorname{ctg} n_k\, s = + \frac{\lambda}{\alpha_2}\, n_k. \tag{88}$$

Die ursprüngliche Temperaturverteilung für $t = 0$ ist:

$$\vartheta_{t=0} = A + B x + \varSigma\, C_k \cos n_k\, x = \vartheta_0\,(x).$$

Für den Beharrungszustand ($t = \infty$) ist $\vartheta = A + B x$ eine aus den Randbedingungen bekannte Gerade, so daß A und B bekannt sind. In der Gleichung

$$\varSigma\, C_k \cos n_k\, x = \vartheta_0\,(x) - A - B\, x = F\,(x),$$

sind die Werte von C_k aus der allgemeinen Gleichung (99) zu berechnen. Für $F(x) = \alpha + \beta\, x$ folgt aus der Integration:

$$C_k = \frac{4\,(\alpha + \beta\, s) \sin n_k\, s + \dfrac{4\,\beta}{n_k}\,(\cos n_k\, s - 1)}{\sin 2\, n_k\, s + 2\, n_k}. \tag{103}$$

Zahlenbeispiel 13. Wie ist der Temperaturverlauf beim Anheizen in einer Backsteinmauer von 0,5 m Dicke, wenn mit einer unveränderlichen Wärmemenge $q = 40\ \text{kcal/m}^2$, h geheizt wird und anfänglich der Beharrungszustand bei 0^0 C Innentemperatur und -20^0 C Außentemperatur vorhanden war?

Angenommen sei $\alpha_1 = 7{,}5\ \text{kcal/m}^2$, h, ^{0}C, $\alpha_2 = 15\ \text{kcal/m}^2$, h, ^{0}C, $\lambda = 0{,}6\ \text{kcal/m}$, h, ^{0}C, $\gamma = 1500\ \text{kg/m}^3$ und $c = 0{,}2\ \text{kcal/kg}$, ^{0}C.

Der ursprüngliche Temperaturverlauf (für $t = 0$)

$$\vartheta_0\,(x) = A_0 + B_0 x$$

ist dadurch gegeben, daß im Beharrungszustand die Temperaturen der Umgebung $\vartheta_1 = 0$ und $\vartheta_2 = -20^0$ C sind. Aus Gleichung (16)

$$\frac{1}{k} = \frac{1}{7{,}5} + \frac{1}{15} + \frac{0{,}5}{0{,}6}$$

folgt $k = 0{,}968$. Die Wandtemperaturen (für $t = 0$) folgen aus Gleichung (17) zu:

$$\vartheta_{w_1} = 0 - \frac{0{,}968}{7{,}5} \cdot 20 = -2{,}58^0\ \text{C} = A_0$$

und

$$\vartheta_{w_2} = -20 + \frac{0{,}968}{15} \cdot 20 = -18{,}81^0\ \text{C},$$

so daß

$$B_0 = \frac{\vartheta_{w_1} - \vartheta_{w_2}}{^0/\text{m}} = -\frac{2{,}58 + 18{,}81}{0{,}5} = -32{,}46$$

ist. Aus Gleichung (87) folgt mit Gleichung (102) und $q = 40 \, \text{kcal/m}^2$, h

$$A = 40 \left(\frac{0,5}{0,6} + \frac{1}{15} \right) - 20 = 16^0 \, \text{C} \quad \text{und} \quad B = - \frac{q}{\lambda} = - \frac{40}{0,6} = - 66,67^0 \, \text{C/m},$$

so daß:

$$F(x) = A_0 + B_0 \, x - A - B \, x = - 18,58 - 34,2 \, x = \alpha + \beta \, x$$

also

$$\alpha = - 18,58 \quad \text{und} \quad \beta = - 34,2$$

ist. Die Werte n_k werden aus Gleichung (98)

$$\text{ctg} \, 0,5 \, n_k = 0,08 \, n_k$$

graphisch bestimmt, als Schnittpunkte der einzelnen Äste der ctg-Kurve mit der Geraden $0,08 \, n_k$. Die C_k-Werte sind [nach Gleichung (103)] in der Zahlentafel 4 berechnet.

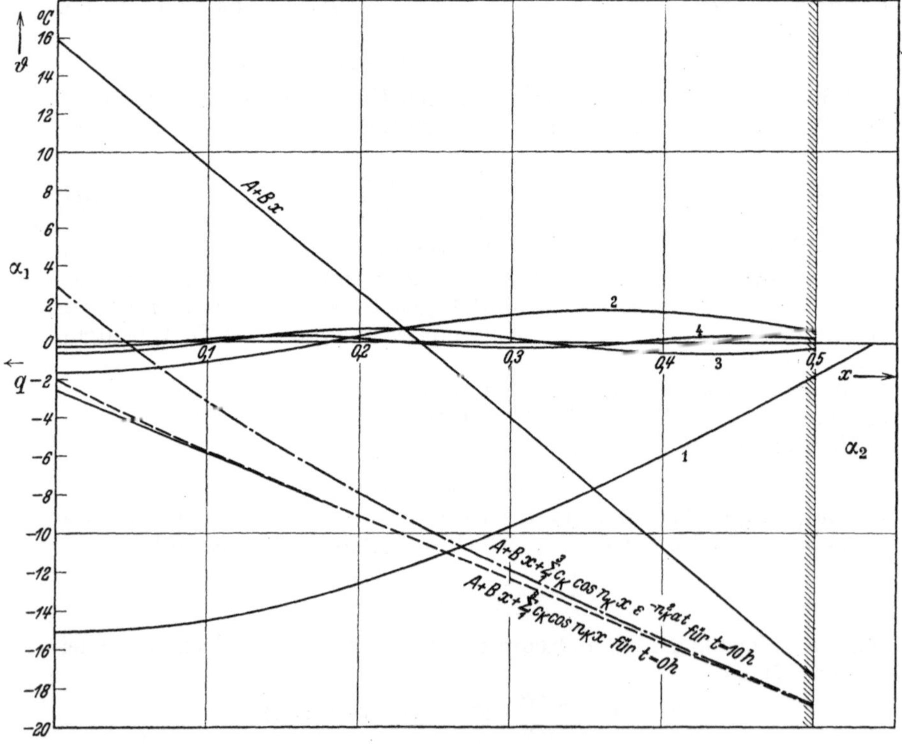

Abb. 40. Zum Zahlenbeispiel 13.

Für die Berechnung des Temperaturverlaufes nach 10 Stunden genügen drei Glieder der Gleichung, während für $t = 0$ die geradlinige Temperaturverteilung noch nicht durch acht Glieder der Reihe vollständig genau wiedergegeben wird (Abb. 40).

Zahlentafel 4.

$$\text{Berechnung der Koeffizenten } C_k = \dfrac{-5{,}92 \sin n_k s + \dfrac{136{,}8}{n_k} \cos n_k s - \dfrac{136{,}8}{n_k}}{\sin 2\, n_k\, s + 2\, n_k\, s}\,.$$

	I	II	III	IV
$n_k \cdot s$ in Graden	$83{,}4^0$	$70{,}75 + 180$	$59{,}7 + 360$	$50{,}5 + 540$
$n_k \cdot s$ (Bogenmaß)	1,4556	4,376	7,325	10,306
n_k	2,912	8,732	14,650	20,612
n_k^2	8,480	76,248	214,623	424,855
$\sin (n_k s)$	0,9933	—0,9441	0,8634	—0,7716
$\cos (n_k s)$	0,1149	—0,3297	0,5045	—0,6361
$\cos (n_k s) - 1$	—0,8851	—1,3297	—0,4955	—1,6361
$\dfrac{136{,}8}{n_k}$	46,978	15,667	9,338	6,637
Zähler	—47,460	—15,243	—9,738	—6,291
$\sin 2\, n_k\, s$	0,2276	0,6225	0,8712	0,9816
Nenner	3,1396	9,3545	15,5212	21,5936
C_k	—15,117	—1,629	—0,627	—0,291

Spezialfall III. Die beiden Grenzflächen werden auf unveränderliche Temperaturen ϑ_1 und ϑ_2 gehalten. Dann muß [nach Gleichungen (81) und (82)] für alle Zeiten

für $x = 0$:

$$\vartheta_{w_1} = \vartheta_1 = A + \sum_0^\infty C_k\, e^{-n_k^2\, at}, \qquad \text{d. h. } z\, C_k = 0$$

und für $x = s$:

$$\vartheta_{w_2} = \vartheta_2\, A + B \cdot s + \sum_0^\infty D_k \sin n_k\, s\, e^{-n_k^2\, at} \text{ sein.}$$

Diese Bedingung ist nur dann erfüllt, wenn $D_k \sin n_k\, s = 0$ ist. Da $D_k \neq 0$, muß $\sin n_k\, s = 0$ sein, oder

$$n_k\, s = 0,\ \pi,\ 2\,\pi,\ \text{usw.}$$

Die allgemeine Gleichung für den Temperaturverlauf lautet nun:

$$\vartheta = A + Bx + \sum_0^\infty D_k \sin n_k\, x \cdot e^{-n_k^2\, at}\,.$$

Die Konstanten D_k sind in ähnlicher Weise zu berechnen, wie vorher die C_k-Werte.

Für den Fall einer konstanten Anfangstemperatur für alle Werte von x ist

$$D_k = -\Theta_1 \frac{4 \cos n_k\, s}{2\, n_k\, s} = \left(-\frac{2\,\pi}{4},\ +\frac{4}{4\,\pi},\ -\frac{4}{6\,\pi},\ \cdots \frac{4}{2\,n\,\pi}\right)\Theta_a\,,$$

worin n alle positiven ganze Zahlen sind. Damit wird

$$\vartheta = A + Bx + \frac{4}{\pi} \sum_0^\infty \pm \frac{e^{-\frac{n^2\,\pi^2}{s^2}\,at}}{2\,n} \sin \frac{n\,\pi}{s}\,x\,. \tag{104}$$

Zahlenbeispiel 14. In welcher Zeit ist praktisch der stationäre Zustand erreicht in einer Luftschicht von 2 bzw. 1 cm Dicke, wenn die Grenzflächen auf konstanten Temperaturen gehalten werden?

Lösung: Der stationäre Zustand ist praktisch erreicht, wenn $e^{-n_k^2\,at}$ sehr klein, z. B. 0,01 wird, das ist für $n_k^2 at = 5$. Aus Zahlentafel 38, S. 257 folgt für Luft von 20^0 C, $a = {}^1/_{13,1}$ m²/h. Mit dem kleinsten Wert von $n_k\,s = \pi$, ist:

für $s = 0,02$ m, $n_k = 157$ und $t = 0,94$ sec t aus $n_k^2 at = 5 \cdot 3600$ und
für $\delta = 0,01$ m, $n_k = 314$ und $t = 0,235$ sec ist.

In der allgemeinen Lösung (104) ist auch die Vereinfachung eingeschlossen, daß $\vartheta_1 = \vartheta_2$, also die Temperaturänderung symmetrisch ist. In manchen Fällen genügt die Kenntnis der Temperatur in der Plattenmitte; der ganze Temperaturverlauf kann aus der Tangente an der Oberfläche zeichnerisch leicht ermittelt werden (vgl. S. 54). E. D. Williamson und L. H. Adams[1] haben für verschiedene Körper die Temperatur im Kern berechnet.

Graphische Lösung. Die analytische Lösung führt zu einer Reihe, die umständlich in der Rechnung und auch unübersichtlich ist. Darum

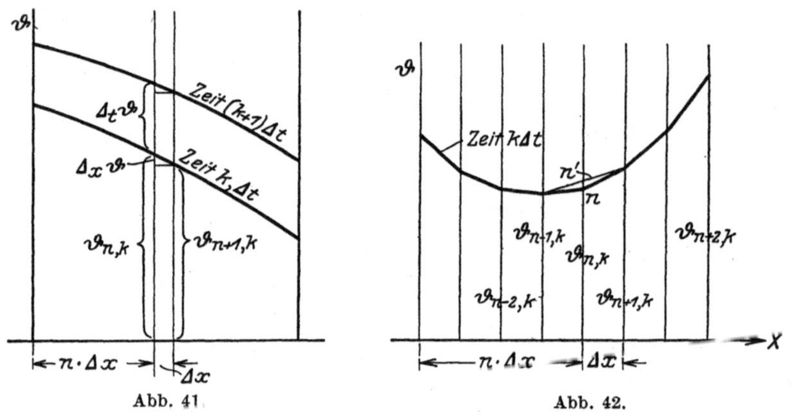

Abb. 41.   Abb. 42.

ist die Methode der Differenzenrechnung, als übersichtlich und rasch zum Ziel führend oft besonders zu empfehlen[2].

Die allgemeine Differentialgleichung für das ebene Problem (71) kann auch als Differenzengleichung geschrieben werden

$$\frac{\Delta_t\vartheta}{\Delta t} = a\,\frac{\Delta_x^2\vartheta}{\Delta x^2},\tag{105}$$

wobei dem Δ der betreffende Index zur Kennzeichnung des partiellen Charakters der Differenzenbildung beigefügt ist (Abb. 41). Wird mit $\vartheta_{n,k}$ die Temperatur an der Stelle $n \cdot \Delta x$ und zur Zeit $k \cdot \Delta t$ bezeichnet, so ist

$$\Delta_t\vartheta = \vartheta_{n,k+1} - \vartheta_{n,k}$$
$$\Delta_x\vartheta = \vartheta_{n+1,k} - \vartheta_{n,k},$$
$$\Delta_x^2\vartheta = (\vartheta_{n+1,k} - \vartheta_{n,k}) - (\vartheta_{n,k} - \vartheta_{n-1,k})$$
$$= \vartheta_{n+1,k} + \vartheta_{n-1,k} - 2\,\vartheta_{n,k}.$$

---

[1] Temperature Distribution in Solids during Heating or Cooling. Phys. Rev. Bd. 14 s. II (1919) S. 99/114. Eine Zahlentafel mit gerundeten Werten ist auch in Gröber, Einführung S. 44 zu finden.

[2] Schmidt, Dr.-Ing. E.: A. Föppls Festschrift. S. 179. Berlin: Julius Springer 1925.

Durch Einsetzen dieser Werte geht die Differenzengleichung (101) über in die Rekursionsformel:

$$\vartheta_{n,\,k+1} - \vartheta_{n,\,k} = a\,\frac{\Delta t}{\Delta x^1}\,(\vartheta_{n+1,\,k} + \vartheta_{n-1,\,k} - 2\,\vartheta_{n,\,k}). \qquad (106)$$

Ist nun die Temperaturverteilung zur Zeit $k \cdot \Delta t$ durch die Reihe der Werte

$$\vartheta_{1,\,k},\ \ \vartheta_{2,\,k},\ \ \cdots\ \vartheta_{n,\,k\,k} \cdots$$

für jeweils um Δx auseinanderliegende Punkte gegeben, so folgt die Temperaturverteilung

$$\vartheta_{1,\,k+1},\ \ \vartheta_{2,\,k+2} \cdots \vartheta_{n,\,k+1} \cdots$$

zu der um Δt späteren Zeit aus Gleichung (106). Diese Gleichung läßt sich. sehr anschaulich geometrisch deuten: Verbindet man die Punkte $n-1$ und $n+1$ durch eine Gerade (Abb. 42), welche die Senkrechte durch $n \cdot \Delta x$ in n' schneidet, so ist die Strecke

$$nn' = \frac{1}{2}(\vartheta_{n+1,\,k} + \atop + \vartheta_{n-1,\,k} - 2\,\vartheta_{n,\,k}). \Big\} \qquad (107)$$

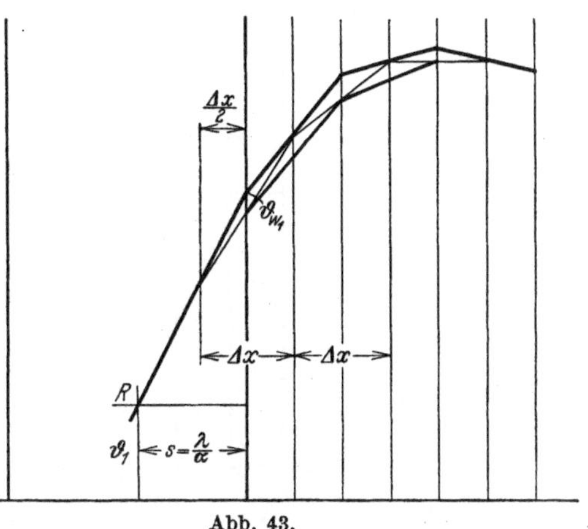

Abb. 43.

Den Zuwachs an der Stelle $n \cdot \Delta x$ in der Zeit Δt erhält man durch die Multiplikation dieser Strecke mit dem konstanten Faktor $a\,\dfrac{\Delta t}{\Delta x^2}$. So läßt sich der ganze Temperaturverlauf leicht konstruieren, und zwar am zweckmäßigsten, wenn man die beliebigen Werte Δt und Δx so wählt, daß $a\,\dfrac{\Delta t}{\Delta x^2} = \dfrac{1}{2}$ wird. Man kann dann mit Hilfe eines Lineals aus einer gegebenen Anfangstemperaturverteilung schrittweise den ganzen zeitlichen Verlauf der Temperaturkurven ermitteln. Wird mit fortschreitendem Ausgleich das Liniengewirr zu groß, so braucht man nur die Δx-Teilung zu vergrößern, also z. B. jeden zweiten Punkt wegzulassen; wenn $a\,\dfrac{\Delta t}{\Delta x^2} = \dfrac{1}{2}$ beibehalten wird, so muß Δt vervierfacht werden.

Für die Randbedingung an freien Oberflächen folgt aus

$$\lambda\left(\frac{\partial \vartheta}{\partial x}\right)_{x=0} = \alpha\,(\vartheta_1 - \vartheta_{w_1}),$$

daß die Tangente an die Temperaturkurve durch einen Punkt R gehen muß, dessen Abstand $s = \dfrac{\lambda}{\alpha}$ von der Oberfläche ist (Abb. 43).

Graphische Lösung von Zahlenbeispiel 13. Mit $s_1 = \dfrac{\lambda}{\alpha_1} = \dfrac{0,6}{7,5}$ $= 0,08$ m und $s_2 = \dfrac{\lambda}{\alpha_2} = 0,04$ m (S. 54) folgt sofort der geradlinige Verlauf der Wandtemperatur beim Anfang der Heizung, und aus $\dfrac{1}{k} = \dfrac{1}{\alpha_1} = \dfrac{1}{\alpha_2} + \dfrac{\delta}{\lambda} = 1{,}034$, mit $k = 0{,}965$ ein Wärmeverlust von $20 \cdot 0{,}965 = 19{,}3\ \text{kcal/m}^2\text{, h}$.

Wenn mit einer unveränderlichen Wärmemenge geheizt wird, dann ist für alle Zeiten und für $x = 0$, $q = -\lambda\,\dfrac{\partial\vartheta}{\partial x} = 40$. Da λ konstant, muß auch $\dfrac{\partial\vartheta}{\partial x}$ unveränderlich $= -\dfrac{q}{\lambda} = -\dfrac{40}{0{,}6} = 66{,}7^0/\text{m}$ sein; d. h. die Temperaturkurven haben dort diese unveränderliche Neigung.

Für $\varDelta\,x = 0{,}1$ m folgt aus $a\,\dfrac{\varDelta t}{\varDelta x^2} = \dfrac{1}{2}$, mit $a = \dfrac{\lambda}{c\,\gamma} = 0{,}002$ m²/h als Zeitintervall $\varDelta\,t = 2{,}5$ h.

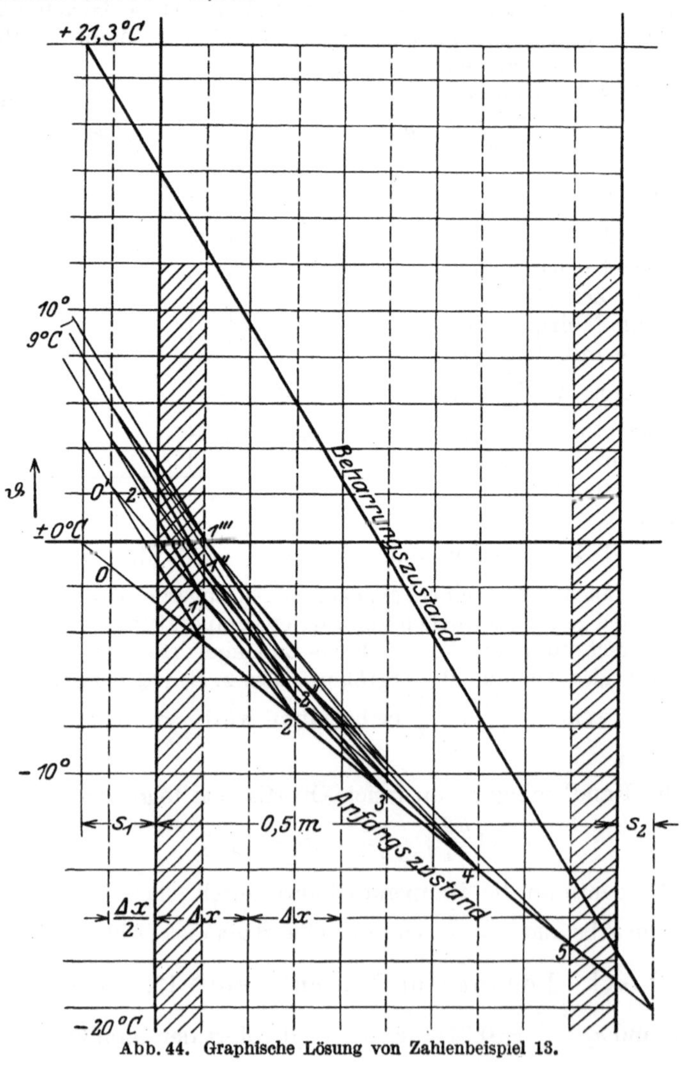

Abb. 44. Graphische Lösung von Zahlenbeispiel 13.

In Abb. 44 ist nun viermal für je 2,5 h Zeitintervall der Temperaturverlauf nach der Differenzenmethode eingezeichnet. Man sieht, daß auch nach 10 Stunden der Beharrungszustand noch lange nicht erreicht ist, und daß im Raum erst eine Temperatur von etwa 9^0 C herrscht. Soll der Raum in so kurzer Zeit genügend geheizt werden, dann muß mit etwa 3 bis 4mal größerer Wärmemenge angeheizt werden.

In ähnlicher Weise läßt sich auch leicht der Temperaturverlauf in Wärmespeichern (Lufterhitzer für Hochöfen) verfolgen. Da bei kurzen Heizperioden die Wärme nur wenig tief in die Steinmassen eindringt, so daß nur das Steinmaterial an der Oberfläche für die Speicherung nützlich ist, sollten dünnwandige Steine verwendet werden.

Mit Hilfe der Lösung für die unendlich dicke Platte. Wenn eine Plattenoberfläche unendlich weit entfernt ist, so wird dort weder Wärme aufgenommen noch abgegeben. Wegen dieser Grenzbedingung:

$$\left(\frac{\partial \vartheta}{\partial x}\right)_{x=\infty} = 0 = B \cdot \infty + \Sigma\, C_k \cos \infty$$

versagt die Lösung (78). Die Differentialgleichung hat jedoch noch eine andere Lösung, nämlich

$$\vartheta = A + Bx + \int_{n=1}^{n=\infty} (C_k \cos n x + D_k \sin n x)\, e^{-n^2 at}\, dn.$$

$$\vartheta = A + Bx + \frac{2C}{\sqrt{\pi}} \int_{0}^{\eta = \frac{x}{\sqrt{4at}}} e^{-\eta^2}\, d\eta. \qquad (108)^{1}$$

Die Funktion $G = \dfrac{2C}{\sqrt{n}} \displaystyle\int_{0}^{\eta} e^{-\eta^2} \eta\, d$ ist als das Gaußsche Fehlerintegral

bekannt, zu dessen Berechnung ausführliche Tabellen vorhanden sind[2].

Diese Lösung liefert für alle Zeiten und für $x = 0$ immer den gleichen Wert $\vartheta_{x=0} = A$. Sie versagt also sobald eine andere Grenzbedingung vorliegt als die, daß zu allen Zeiten die Oberflächentemperatur unverändert bleibt. Da für $t = 0$, $\eta = \infty$ und $G = 1$ ist, wird

$\vartheta_{t=0} = A + Bx + C$ (gültig für alle Werte von $x \neq 0$; für $x = 0$, $C = 0$).

Für $t = \infty$ ist $\eta = 0$ und $G = 0$, also

$$\vartheta_{t=\infty} = A + Bx.$$

Daraus folgt, daß die Lösung (108) nur dann anwendbar ist, wenn der Temperaturverlauf im Beharrungszustand parallel zur ursprünglichen ist. Das praktische Anwendungsgebiet dieser Lösung beschränkt sich also auf eine konstante Anfangs- und Endtemperatur (d. h. für $B = 0$).

Die Konstante C folgt aus der Bedingung, daß für alle Zeiten und für $x = \infty$, $\vartheta = 0$, also $A + C = 0$ wird. Die Lösung lautet dann:

$$\frac{A - \vartheta}{A} = G\left(\frac{x}{\sqrt{4at}}\right), \qquad (108\text{a})$$

[1] Ausführung der Integration in Frank-von Mises Bd. 2.
[2] Jahnke, E. und F. Emde: Funktionentafeln. 2. Auflage. B. G. Teubner 1933. Hütte, 26. Aufl., Bd. 1, 173.

Die zur Zeit t durch die Einheit der Oberfläche ins Innere eindringende Wärme ist

$$q_t = -\lambda \frac{\partial \vartheta}{\partial x} = \frac{A\,\lambda}{\sqrt{\pi\,at}}\, e^{-\frac{x^2}{4\,at}} \;\text{kcal/m}^2,\text{h}\,. \qquad (109)$$

Sie nimmt mit zunehmender Entfernung x sehr rasch ab. Die gesamte in der Zeit von 0 bis t eingedrungene Wärme

$$q = A\,\lambda \int_0^t \frac{dt}{\sqrt{\pi\,at}} = \frac{\lambda\,A}{\sqrt{a\,\pi}}\,\sqrt{t}\;\text{kcal/m}^2,\text{h}\,. \qquad (110)$$

Zahlenbeispiel 15. Wie tief muß ein Behälter für feuergefährliche Flüssigkeiten mit der Oberkante, unter der Erde gelagert werden, damit bei einem 24 Stunden dauernden Brande mit $\vartheta_0 = 1200^0$ C dort höchstens eine Temperaturerhöhung von 10^0 C erreicht wird?

Aus

$$\frac{\vartheta_0 - \vartheta}{\vartheta_0} = \frac{1200 - 10}{1200} = 0{,}9917 = G\left(\frac{x}{\sqrt{4\,at}}\right)$$

folgt mit der Zahlentafel (Jahnke und Emde, S. 98)

$$\frac{x}{\sqrt{4\,at}} = 1{,}87\,.$$

Für trockenes Erdreich ist $a = \dfrac{\lambda}{c\cdot\gamma} = \dfrac{0{,}12}{0{,}2\cdot 2000} = 0{,}003 \;\text{m}^2/\text{h}\,,$ so daß

$$x^2 = 1{,}87^2 \cdot 4 \cdot 0{,}003 \cdot 24$$

und

$$x = 1{,}08 \;\text{m}$$

ist.

Im allgemeinen wird die Erde feucht sein, dann ist λ und damit a größer. Das Wasser muß aber verdampft werden, so daß die Temperatur eine gewisse Zeit auf dem Siedepunkt stehen bleiben wird. Schon verhältnismäßig dünne und feuchte Erdschichten wirken also stark isolierend.

Wände von endlicher Stärke verhalten sich gegenüber kurzzeitigen Temperaturänderungen der Oberfläche ähnlich wie unendlich dicke Wände, solange die Störung der Wärmeströmung durch die zweite Begrenzungsfläche noch nicht merkbar wird. Der Temperaturanstieg in der Stelle $x = s$ ist so lange vernachlässigbar klein, wie $G\left(\dfrac{s}{\sqrt{4\,at}}\right)$ nahe 1 ist d. h. für

$$\frac{s}{\sqrt{4\,at}} > 1{,}8\,.$$

In solchen Fällen gibt Gleichung (108) in einfachster Weise den Temperaturverlauf auch für endliche Wandstärke und Gleichung (110) die darin aufgespeicherte Wärme. Die Lösung ist auf konstante Anfangstemperatur beschränkt; sie kann aber leicht für eine beliebige Anfangsverteilung der Temperatur erweitert werden (G. Kirchhoff: Vorlesungen über die Theorie der Wärme, Leipzig Bd. 4 [1894] S. 21/24).

C. Wärmequellen.

Wenn ein elektrischer Strom J (in Ampere) in einer Leitung die elektrische Spannungsdifferenz V (in Volt) verbraucht, so ist die in der Zeit t (in Stunden) entwickelte Wärme

$$Q = 0{,}86\,J\,V\,t \text{ kcal.} \tag{111}$$

Ist an Stelle von V der Widerstand R (in Ohm) gegeben, so ist mit $J = \dfrac{V}{R}$

$$Q = 0{,}86\,J^2 R\,t \text{ kcal.}$$

Der Widerstand der Leitung $R = \varrho\,\dfrac{l}{f}$,

worin $l = $ Länge in m,

$\quad f = $ Querschnitt in mm², und

$\quad \varrho = $ spezifischer Widerstand[1] in Ohm pro m und mm² ist, abhängig vom Stoff und von der Temperatur,

$\quad R = R_0\,(1 + \beta\Theta)$.

Die Wärmemenge q, welche in der Zeiteinheit (h) und Volumeneinheit (cm³) entwickelt wird, ist

$$q = \frac{Q}{f \cdot l \cdot t} = \frac{0{,}86\,J^2\,\varrho\,\dfrac{l}{f}\,t}{f l \cdot t} = \frac{0{,}86\,J^2\,\varrho}{f^2}\,[\text{kcal/cm}^3,\,\text{h}]. \tag{112}$$

Allgemein wird also die Umsetzung elektrischer Energie durch einen Widerstand vermittelt. Dieser Widerstand kann fest, flüssig oder gasförmig sein; im letzteren Fall bildet sich ein Lichtbogen. Wie aus der Gleichung (111) folgt, hat man es durch die Änderung des Stromes oder des Widerstandes vollständig in der Hand, in einem gegebenen Leiter in kürzester Zeit jede beliebige Wärmemenge zu konzentrieren. Aber das genügt praktisch noch nicht, weil fast immer eine bestimmte Temperatur erreicht werden muß (z. B. für Dampferzeugung) oder nicht überschritten werden darf (z. B. für Trockenapparate).

Haben wir nun irgendeinen Körper, dessen Anfangstemperatur ϑ_1 auch die Temperatur der Umgebung ist, so ist die in der Zeit dt darin erzeugte Wärme

$$dQ = 0{,}86\,J^2 R\,dt.$$

Diese Wärme wird teilweise zur Erwärmung des Körpers gebraucht, während ein anderer Teil an die Umgebung abgegeben wird. Sei nun

$\vartheta - \vartheta_1 = \Theta = $ Übertemperatur des Körpers zur Zeit t,

$\quad c = $ die als unveränderlich angenommene spezifische Wärme des Körpers [kcal/kg °C]

$\quad F = $ seine Oberfläche [m²]

$\quad G = $ Gewicht des Körpers [kg]

$\quad \alpha = $ Wärmeübergangszahl [kcal/m², h °C],

so ist

$$Gc\,d\vartheta = 0{,}86\,J^2 R\,dt - \alpha\,O\,(\Theta)\,dt$$

und mit Gleichung (112)

$$Gc\,d\vartheta = 0{,}86\,J^2 R_0\,dt - (\alpha\,O - 0{,}86 \cdot \beta\,J^2 R_0)\,\Theta\,dt.$$

---

[1] Zahlentafel für ϱ im Taschenbuch Hütte 26. Aufl. Bd. 2 S. 961.

Der Ausdruck $0{,}86 \cdot \beta\, J^2 R_0$ ist nun meist sehr klein und darf gegenüber $\alpha\, O$ vernachlässigt werden.

Wird zur Abkürzung

$$\frac{0{,}86\, J^2 R_a}{G c} = A \quad \text{und} \quad \frac{\alpha O}{G c} = B \tag{113}$$

gesetzt, so ist

$$d\vartheta = \{A - B\,(\Theta)\}\, dt$$

oder integriert

$$-\frac{1}{B} \ln \{A - B\,(\Theta)\} = t + C\,.$$

Für $t = 0$ ist $\vartheta = \vartheta_a$, also $C = -\dfrac{1}{B} \ln A$ und

$$\Theta = \frac{A}{B}\,(1 - e^{-Bt})\,. \tag{114}$$

Wird der stationäre Zustand abgewartet, dann ist

$$e^{-Bt} = 0 \quad \text{und} \quad \vartheta - \vartheta_a = \frac{A}{B}$$

oder

$$\vartheta - \vartheta_a = 0{,}86\, \frac{J^2 R}{\alpha O} = \Theta\,. \tag{115}$$

Durch entsprechende Wahl von J, R, O und α kann jede gewünschte Temperatur erzielt werden. Gerade in dem Umstand, daß die elektrische Erwärmung es ermöglicht, jede gewünschte Temperatur und Wärmemenge zu jeder Zeit und fast ohne Verluste an jeder beliebigen Stelle zu erzeugen, liegt der große Vorteil der elektrischen Heizung.

Führt man in Gleichung (115) den spezifischen Widerstand in Ohm/m, mm² ein, so wird

$$\Theta = 0{,}86 \cdot 10^{-6}\, \frac{J^2 \varrho\, l}{\alpha O f}\,.$$

Für runde Drähte ist $f = \dfrac{\pi}{4}\, d^2$, $O = \pi\, d l$, $O \cdot f = \dfrac{\pi}{4}\, d^3 l$, so daß

$$\Theta = 0{,}86 \cdot 10^{-6}\, \frac{J^2 \varrho}{\alpha} \cdot \frac{4}{\pi^2 d^3}\,,$$

worin d in m, oder

$$\Theta = 350\, \frac{J^2 \varrho}{\alpha\, d^3}\,, \tag{116}$$

mit d in mm.

Die Schwierigkeit der praktischen Verwendung dieser Gleichung liegt in der Vorausbestimmung der Wärmeübergangszahl α, die von einer Reihe von Faktoren abhängt und nicht einfach als unveränderlich angenommen werden darf. Der Konvektionsanteil kann z. B. für die freie Strömung aus Abb. 148 b, Nomogramm 5 entnommen werden. Der Strahlungsanteil (α_s) dagegen hängt so stark vom Material (dessen Legierungen nur ungenau bekannt sind), von der Oberflächenbeschaffenheit und von der eventuellen Oxydation ab, daß zuverlässige Angaben nicht gemacht werden können. Die Strahlungszahlen müssen von Fall zu Fall durch Versuche bestimmt werden.

Die Gleichung (115) ist unter der stillschweigenden Voraussetzung abgeleitet, daß die Temperatur der Umgebung unveränderlich ist; das trifft fast immer zu, wenn der Widerstand in der freien Luft aufgestellt ist, darf aber nicht mehr angenommen, wenn der Widerstand irgendwie isoliert ist, oder wenn es sich um die Erwärmung einer eingeschlossenen Flüssigkeit handelt. In solchen Fällen ist es wichtiger, die veränderliche Flüssigkeitstemperatur ϑ_1 zu berechnen.

Wenn angenommen wird, daß die im Widerstand erzeugte Wärme zur gleichmäßigen Erwärmung der Flüssigkeit dient, so folgt aus der Wärmebilanz für die Zeit dt:

$$G_1\, c_1\, d\,\vartheta_1 = \{\alpha\, O\, (\vartheta - \vartheta_1) - k\, F\, (\vartheta_1 - \vartheta_a)\}\, dt,$$

da die Flüssigkeit die Wärmemenge $k F\, (\vartheta_1 - \vartheta_a)\, dt$ wieder an die Umgebung abgibt.

Nach Gleichung (114) ist

$$\vartheta = \vartheta_1 \frac{0{,}86\, J^2\, R}{\alpha\, O}\, (1 - e^{-Bt}),$$

und

$$G_1\, c_1\, d\,\vartheta_1 = \{0{,}86\, J^2\, R\, (1 - e^{-Bt}) - k\, F\, (\vartheta_1 - \vartheta_a)\}\, dt.$$

Im Vergleich mit der Flüssigkeitsmenge, die erwärmt wird, hat der Widerstand meist geringes Gewicht und auch kleinere spezifische Wärme, und da $e^{-7} = 0{,}001$ ist, kann in vielen Fällen

$$e^{-Bt} = e^{-\frac{\alpha O}{G c}} < 0{,}001$$

vernachlässigt werden. Dadurch vereinfacht sich die Differentialgleichung zu

$$G_1\, c_1\, d\,\vartheta_1 = \{0{,}86\, J^2\, R - k\, F\, (\vartheta_1 - \vartheta_a)\}\, dt,$$

$$dt = \frac{G_1\, c_1\, d\,\vartheta_1}{0{,}86\, J^2\, R - k\, F\, (\vartheta_1 - \vartheta_a)\, t}\,,$$

woraus durch Integration folgt:

$$t = -\frac{G_1 c_1}{k F}\ln\{0{,}86\, J^2\, R - k\, F\, (\vartheta_1 - \vartheta_a)\} + C,$$

Die Konstante C folgt aus der Bedingung, daß für $t = 0$, $\vartheta_1 - \vartheta_a$ ist, so daß

$$t = \frac{G_1 c_1}{k F}\ln \frac{0{,}86\, J^2\, R}{0{,}86\, J^2\, R - k\, F\, (\vartheta_1 - \vartheta_a)}$$

oder

$$\vartheta_1 - \vartheta_a = \frac{0{,}86\, J^2\, R}{k F}\left(1 - e^{-\frac{k F}{G_1 c_1} t}\right) \tag{116}$$

wird. Für den stationären Zustand ($t = \infty$) ist:

$$(\vartheta_1 - \vartheta_a)_{\max} = \frac{0{,}86\, J^2\, R}{k F}. \tag{117}$$

Bei der Erwärmung isolierter Drähte darf keine gleichmäßige Erwärmung der Isolation mehr angenommen werden. Man interessiert sich dabei meistens nur für die höchste Temperatur im Beharrungszustand. Da die im Leiter erzeugte Wärme dann vollständig an die Umgebung abgegeben wird, kann aus der Wärmebilanz

$$2\,\pi\,r_a\,\alpha\,(\vartheta_2 - \vartheta_a) = \frac{Q}{e} = \frac{0{,}86\,J^2\,\beta}{\pi\,r^2} \tag{118}$$

die Temperatur der äußeren Oberfläche ϑ_2 berechnet werden. Die höchste Temperatur an der inneren Oberfläche der Isolierung folgt dann aus Gleichung (51).

Viel verwickelter ist die Berechnung der Erwärmung von Drahtspulen. Da die elektrische Isolierstoffe auch schlechte Wärmeleiter sind, können im Innern der Spule sehr hohe Temperaturen auftreten. Organischen, elektrischen Isolierstoffen verleiht man durch Zusatz von kristallinen Pulvern aus Quarz, Asbest usw. ein erhöhtes Wärmeleitvermögen und verbessert dadurch die Wärmeableitung bei elektrischen Apparaten [Elektrotechn. Z. Bd. 55 (1934) S. 1193 u. 1218 und Z. VDI Bd. 78 (1934) S. 1518].

Die Spulenoberflächen haben im allgemeinen verschiedene Wärmeübergangszahlen, denn die eine Seite kann mit ruhender oder bewegter Luft in Berührung sein, während die andere Seite satt an einem Eisenkern anliegt. Im ersten Fall ist die Wärmeübergangszahl von der Größenordnung 10, während sie im zweiten Fall fast unendlich groß wird, wenn der Eisenkern selbst seine Wärme an andere Eisenteile mit großer gekühlter Oberfläche abgeben kann. Allgemeine Regeln lassen sich kaum aufstellen. Die Wärmeströmungen sind räumlich und die Berechnung deshalb sehr umständlich[1].

Vernachlässigen wir für eine Überschlagsrechnung die Wärmeströmung in der Achsrichtung, so lautet die Differentialgleichung (48) für eine zylindrisch gewickelte Spule, wenn die je Volumeneinheit entwickelte Wärme q berücksichtigt wird:

$$\frac{d^2\vartheta}{dr^2} + \frac{1}{r}\frac{d\vartheta}{dr} = -\frac{q}{\lambda}. \tag{119}$$

Die zweimalige Integration gibt:

$$\vartheta = -\frac{q}{4\lambda} \cdot r^2 + C_1 \ln r + C_2.$$

Wenn die höchste Temperatur $\vartheta_{\max}$ an der Stelle $r = r_0$ vorhanden ist, wird:

$$\vartheta_{\max} = -\frac{q}{4\lambda} \cdot r_0^2 + C_1 \ln r_0 - C_2$$

und

$$\vartheta = \vartheta_{\max} - \frac{q}{4\lambda} \cdot (r^2 - r_0^2) + C_1 \ln \frac{r}{r_0}.$$

Die Integrationskonstante C_1 folgt aus der Bedingung, daß

für $r = r_0$, $\dfrac{d\vartheta}{dr} = -\dfrac{q}{4\lambda} \cdot r + \dfrac{C_1}{r}$ ist zu $C_1 = \dfrac{q\,r_0^2}{2\lambda}$, so daß

$$\vartheta = \vartheta_{\max} - \frac{q}{4\lambda} \cdot (r^2 - r_0^2) + \frac{q\,r_0^2}{2\lambda} \ln \frac{r}{r_0} \tag{120}$$

---

[1] Buchholz, H.: Besondere Probleme der Erwärmung elektrischer Leiter Z. M. M. Bd. 9 (1929) S. 280.

ist. Für $r = r_1$ bzw. r_2 folgen daraus die Wandtemperaturen ϑ_{w_1} und ϑ_{w_2}. Aus den an den Grenzflächen übergehenden Wärmen folgt weiter:

für $r = r_1$: $Q_1 = \pi\,(r_0 - r_1^2)\,q = \alpha_1\,,\, 2\,r\,(\vartheta_{w_1} - \vartheta_0)$ und

für $r = r_2$: $Q_1 = \pi\,(r^2 - r_0^2)\,q = \alpha_2\,,\, 2\,r\,(\vartheta_{w_2} - \vartheta_0)$, also

$$\vartheta_{w_1} - \vartheta_0 = \frac{(r_0^2 - r_0^2)\,q}{2\,\alpha_1\,r_1} \quad \text{und} \quad \vartheta_{w_2} - \vartheta_0 = \frac{(r_2^2 - r_0^2)\,q}{2\,\alpha_2\,r_2} \tag{121}$$

und mit den Wandtemperaturen aus Gleichung (120):

$$\vartheta_{\max} - \vartheta_0 = \frac{q\,r_2^2}{4\,\lambda}\left[\left(1 - \frac{r_0^2}{r_2^2}\right)\left(1 + \frac{2\,\lambda}{r_2\,\alpha_2}\right) - 2\,\frac{r_0^2}{r_2^2}\,\ln\frac{r_2}{r_0}\right] \tag{122a}$$

und

$$\vartheta_{\max} - \vartheta_0 = \frac{q\,r_1^2}{4\,\lambda}\left[\left(\frac{r_0^2}{r_1^2} - 1\right)\left(\frac{2\,\lambda}{\alpha_1\,r_1} - 1\right) - \frac{2\,r_0^2}{r_1^2}\,\ln\frac{r_1}{r_0}\right]. \tag{122b}$$

Aus diesen beiden Gleichungen folgt r_0 als einzige Unbekannte und aus Gleichung (120) dann die höchste Übertemperatur.

Wenn nur $\varphi\%$ vom Querschnitt durch die Drähte eingenommen wird ist

$$q = 0{,}86\,\varphi\,\frac{J^2}{f^2}\,\varrho\,. \tag{123}$$

Zahlenbeispiel 16. Welche Höchsttemperatur entsteht in einer zylindrischen Drahtspule, wenn die Stromdichte $r_a = 12$, $r_i = 8$ cm, $\frac{J}{f} = 2$ A/mm², $\varrho = 0{,}02\,\Omega$/mm², m und $\alpha_1 = \alpha_2 = 20$ kcal/m², h, °C und $\varphi \sim 0{,}6$ und $\lambda = 0{,}4$ kcal/m, h, °C ist?

Aus Gleichung (123) folgt $q = 0{,}0413$ kcal/cm² $= 41\,300$ kcal/m², und aus der Gleichsetzung von (122a) und (122b)

$$r_0 = 9{,}87 \text{ cm} \quad \text{und} \quad \vartheta_{\max} - \vartheta_0 = 62{,}2^0\text{ C}.$$

Die Wandtemperaturen nach Gleichung (121) sind

$$\vartheta_{w_1} - \vartheta_0 = 44{,}3^0\text{ C} \quad \text{und} \quad \vartheta_{w_2} - \vartheta_0 = 41{,}5^0\text{ C}.$$

III. Wärmeübergang.

Nach der Definition (S. 53) enthält die Wärmeübergangszahl die Gesamtheit der Wärme, die durch Strahlung, Leitung und Konvektion übertragen wird. Da diese drei Arten der Wärmeübertragung ganz verschiedenen Gesetzen folgen, muß eine einigermaßen extrapolationsfähige Formel für den Wärmeübergang die drei Summanden enthalten.

Der Wärmeübergang für die strahlende Wärme ist im Abschnitt I behandelt. Die Wärmeübertragung durch Leitung und Konvektion sind, wie schon in der Einleitung hervorgehoben, bei Flüssigkeiten im allgemeinen nicht zu trennen und müssen in einer Zahl α zusammengefaßt werden, die oft als Wärmeübergangszahl bezeichnet wird, während die Gesamt-Wärmeübergangszahl richtiger $\alpha_t = \alpha_s + \alpha$ ist.

Bringt man zwei verschieden temperierte Körper in innige Berührung, so findet beim Übergang der Wärme von einem Körper zum andern kein Temperatursprung statt (S. 52). Ersetzt man den einen Körper durch eine Flüssigkeit und sorgt dafür, daß keine Konvektionsströme auftreten können, so kann an der Trennungsfläche auch hier kein Temperatursprung entstehen. Strömt nun die Flüssigkeit längs der festen Wand, so wird grundsätzlich nichts geändert, denn infolge der Wirkung der molekularen Kräfte eines festen Körpers auf die Flüssigkeit in der unmittelbaren Nähe der Grenzfläche, ist ein Loslösen der Flüssigkeitsschicht von dem festen Körper nur bei hohem Vakuum möglich. Auch bei der Strömung haftet die Flüssigkeit an der Grenzfläche. Daraus folgt, daß

Wärmeübergang $=$ Wärmeleitung in Flüssigkeiten,

ein hydrodynamisches Problem ist.

Diese grundlegenden Überlegungen stammen von W. Nusselt (1910); sie bilden den Ausgangspunkt für die Entwicklung der Theorie des Wärmeüberganges. Vorher war man immer bestrebt gewesen Erfahrungswerte für die Wärmedurchgangszahlen zu sammeln. Aus einem einfachen Beispiel (S. 214) geht hervor, wie aussichtslos die Bemühungen sein müßten, Wärmedurchgangszahlen in eine Formel oder Zahlentafel zusammenzufassen. Eine Einsicht in die verwickelten Verhältnisse ist nur möglich, wenn die Wärmedurchgangszahlen in ihre, übrigens schon lange vorher bekannten Einzelteile [Gleichung (16), S. 54 zerlegt werden.

Erst die großen Fortschritte der Hydrodynamik in den letzten 20 Jahren legten die Grundlagen für eine praktisch brauchbare Theorie des Wärmeüberganges.

A. Kennzahlen des Wärmeüberganges.

Alle physikalischen Flüssigkeiten (tropfbare und elastische) besitzen die Eigenschaft der Zähigkeit. Diese äußert sich darin, daß in der strömenden Flüssigkeit Schubspannungen auftreten, die nach der Hypothese von Newton, dem Geschwindigkeitsgefälle proportional sind:

$$\tau = \eta \, \frac{dx}{dy} \quad [\text{kg/m}^2]. \tag{1}$$

Der Proportionalitätsfaktor η [kg $\cdot$ s/m²], Zähigkeitszahl genannt, ist je nach Art und Temperatur der Flüssigkeit stark verschieden. Seit den Versuchen von Hagen und von Poiseulle ist bekannt, daß die aus der Newtonschen Hypothese folgende Laminarströmung nach Überschreiten einer bestimmten Grenze in eine (turbulente) Wirbelströmung übergeht.

Die Untersuchungen haben weiter gezeigt, daß es durch besondere Sorgfalt in der Versuchsanordnung (z. B. durch gut abgerundete Mündungen beim Einströmen, durch Beruhigungsstrecken und bei Vermeidung jeglicher Erschütterung) möglich ist, die kritische Grenze bedeutend höher zu legen. Daraus geht hervor, daß die Hypothese von Newton wohl richtig zu sein scheint; die daraus folgende Strömung wird bei der kritischen Grenze labil und löst sich in eine Wirbelströmung auf, bei der die Geschwindigkeiten fortwährend Schwankungen nach Größe und Richtung unterworfen sind.

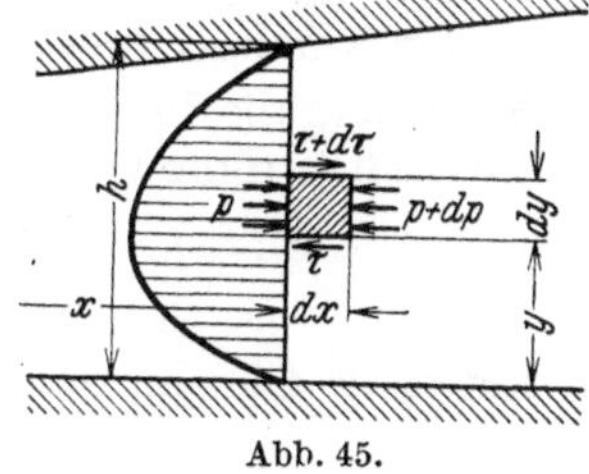

Abb. 45.

Bei der turbulenten Strömung versteht man unter der Geschwindigkeit in einem Punkt den zeitlichen Mittelwert der Geschwindigkeiten in diesem Punkt. Die tatsächliche Geschwindigkeit, die in jedem Punkt verschieden ist und um diesen Mittelwert schwankt, ergibt sich durch Überlagerung des zeitlichen Mittelwertes mit der für die Turbulenz charakteristischen Schwankung, die etwa von der Größenordnung $\pm 5\%$ der mittleren Geschwindigkeit ist.

In der Praxis interessiert man sich für diese Einzelgeschwindigkeiten und Bahnen meist weniger und betrachtet in erster Linie die Hauptbewegung der Flüssigkeit, für welche die Theorie nur bis zur kritischen Grenze gültig ist. Der Ingenieur war und ist auch heute noch vollständig auf Versuche angewiesen um, Grundlagen für ähnliche Verhältnisse zu gewinnen.

Das Prinzip der Ähnlichkeit gestattet nun aus dem theoretischen Ansatz Folgerungen von grundlegender Bedeutung abzuleiten.

Wenden wir die Grundgleichung der Mechanik (Kraft = Masse $\times$ Beschleunigung) auf ein Volumenelement $dx \cdot dy \cdot 1$ (Abb. 45) der eindimensionalen Flüssigkeitsströmung an, so ist bei Vernachlässigung der Schwerkraft und wenn $\varrho = \gamma/g$ gesetzt wird:

$$dp \cdot dy - d\tau \cdot dx = \varrho \, dx \cdot dy \cdot dw/dt$$

oder mit (1), wenn η unabhängig vom t ist (isothermische Strömung):

$$\frac{dp}{dx} - \eta \, \frac{d^2 w}{dy^2} = \varrho \, \frac{dw}{dt}.$$

Da die Geschwindigkeit w im allgemeinen sowohl von der Zeit t als auch vom Ort x abhängt, ist

$$\frac{dw}{dt} = \frac{\partial w}{\partial x} \cdot \frac{dx}{dt} + \frac{\partial w}{\partial t}.$$

Für stationäre Strömungen ist $\frac{\partial w}{\partial t} = 0$ und da $dx/dt = w$ ist, lautet die Bewegungsgleichung, wenn die kinematische Zähigkeit $\nu = \eta/\varrho$ eingeführt wird:

$$\frac{1}{\varrho} \cdot \frac{dp}{dx} - \nu \frac{d^2 w}{dy^2} = w \cdot \frac{dw}{dx}. \tag{2}$$

Zwei Strömungen nennt man in ihrer ganzen Ausdehnung ähnlich, wenn die entsprechenden Längen, Drücke, Geschwindigkeiten, Dichten und Zähigkeiten der zweiten Strömung durch Multiplikation mit konstanten Faktoren aus der ersten Strömung abgeleitet werden können, also wenn:

$$\frac{l}{l_1} = \frac{x}{x_1} = \frac{y}{y_1} = f_l, \ \frac{p}{p_1} = f_p, \ \frac{w}{w_1} = f_w, \ \frac{\varrho}{\varrho_1} = f_\varrho \text{ und } \frac{\nu}{\nu_1} = f_\nu \text{ ist.}$$

Das ist immer der Fall, wenn

1. die Differentialgleichungen für beide Strömungen identisch und
2. die Anfangs- und Grenzbedingungen ähnlich sind.

Setzt man die Proportionalitätsfaktoren f in die Differentialgleichung der zweiten Strömung ein:

$$\frac{1}{f_\varrho} \cdot \frac{f_p}{f_l} \cdot \frac{1}{\varrho} \frac{dp}{dx} - f_\nu \cdot \frac{f_w}{f_l^2} \cdot \nu \frac{d^2 w}{dy^2} = \frac{f_w^2}{f_l} \cdot w \cdot \frac{dw}{dx}, \tag{3}$$

so sind beide Gleichungen (2) und (3) identisch, wenn

$$\frac{f_p}{f_\varrho \cdot f_l} = \frac{f_\nu \cdot f_w}{f_l^2} = \frac{f_w^2}{f_l}$$

ist. Aus dieser Doppelgleichung folgt:

$$\frac{f_w \cdot f_l}{f_\nu} = 1 \quad \text{und} \quad \frac{f_p}{f_\varrho \cdot f_w^2} = 1$$

oder nach Eliminierung der Proportionalitätsfaktoren:

$$\frac{w \cdot l}{\nu} = \text{const} = Re \text{ (Reynoldssche Zahl)} \tag{4}$$

und

$$\frac{p}{\varrho w^2} = \text{const} = Eu \text{ (Eulersche Zahl).} \tag{4a}$$

Aus der Ableitung folgt, daß die beiden Kennzahlen Re und Eu nicht unabhängig voneinander sind, sondern daß $Eu = F(Re)$ ist.

Zwei Flüssigkeitsströmungen sind also ähnlich, wenn bei ähnlichen Anfangs- und Grenzbedingungen, die Reynoldsschen Zahlen in beiden Fällen gleich sind.

In Gleichung (4) ist l irgendeine als Ausgangsmaß gewählte Abmessung. Da „ähnliche" Begrenzungsflächen vorausgesetzt werden, kann eine beliebige Abmessung dafür gewählt werden. Für Kreisrohre wählt man am zweckmäßigsten den Rohrdurchmesser d.

Aus Gleichung (4a) folgt, daß die Drucke und somit z. B. auch der Druckverlust in einem geraden Kreisrohr

$$\varDelta p = \zeta \frac{l}{d} \cdot \frac{w^2}{2g} \gamma = Eu \frac{w^2}{2g} \gamma = f(Re) \frac{w^2}{2g} \gamma$$

ist, also $\zeta = f(Re)$ sein muß. Blasius fand durch die Auswertung der sorgfältig durchgeführten Versuche der amerikanischen Ingenieure Saph und Schoder für glatte Rohre, gültig bis $Re < 10^5$:

$$\zeta = 0{,}3164 \cdot Re^{-0{,}25}. \tag{5}$$

Beim Wärmeübergang, d. h. bei der Wärmeleitung in strömenden Flüssigkeiten tritt in der Bewegungsgleichung (2) als neue Veränderliche die Temperatur der Flüssigkeit hinzu, die sowohl vom Ort als auch von der Zeit abhängig ist. Aus dem Gesetz der Erhaltung der Energie folgt, daß für jedes Flüssigkeitselement die Änderung der kinetischen Energie + der Änderung der inneren Energie gleich der zugeführten Wärme + geleistete Arbeit sein muß. Beschränken wir uns auf solche Fälle, bei denen die Änderung der kinetischen Energie (Geschwindigkeitsänderung) und die geleistete Arbeit (Druckänderungen und Reibungsarbeit) gegenüber der zugeführten Wärme vernachlässigt werden können, so vereinfacht sich die Energiegleichung zu der einfachen Bedingung:

Zugeführte Wärme = Änderung der inneren Energie.

Diese Einschränkung ist für die meisten Probleme des Wärmeüberganges zulässig, doch scheiden dadurch z. B. die Vorgänge im Zylinder von Verbrennungskraftmaschinen und Kompressoren aus. Schalten wir weiter eine Änderung im Aggregatzustand und chemische Änderungen aus, so daß die gesamte zugeführte Wärme nur zur Temperaturerhöhung der Flüssigkeit verwendet wird, so kann das Fouriersche Grundgesetz der Wärmeleitung auf ein Volumenelement $dx \cdot dy \cdot 1$ der strömenden Flüssigkeit angewandt werden. Die Wärmeaufnahme in der X-Richtung ist:

$$\lambda\, dx \cdot dy\, \frac{\partial^2 \vartheta}{\partial x^2}$$

und im Beharrungszustand die Temperaturerhöhung in der gleichen Richtung:

$$u\, dy\, \gamma\, c_p\, \frac{\partial \vartheta}{\partial x}\, dx,$$

so daß die Differentialgleichung für die Wärmeleitung in strömenden Flüssigkeiten lautet, mit $a = \dfrac{\lambda}{c_p\, \gamma}$

$$a\, \frac{\partial^2 \vartheta}{\partial x^2} = u\, \frac{\partial \vartheta}{\partial x}. \tag{6]\,[1}$$

Nach Einführung der Proportionalitätsfaktoren erhält man, wie leicht ersichtlich, die neue Bedingungsgleichung für ähnliche Wärmeströmungen:

$$\frac{f_w \cdot f_\vartheta}{f_l} = \frac{f_a \cdot f_\vartheta}{f_l^2} \qquad \text{oder} \qquad \frac{f_l\, f_w}{f_a} = 1$$

---

[1] Für räumliche Strömungen erhält man ähnliche Gleichungen für die Y- und Z-Richtung, und damit die allgemeine Gleichung für die Wärmeleitung in strömenden Flüssigkeiten:

$$\frac{D\vartheta}{dt} = a\, \Delta\vartheta. \tag{6a}$$

Die Bedeutung des Symbols Δ ist auf S. 50 erklärt.

und

$$\frac{w \cdot l}{a} = \text{const} = Pe \ (\text{Pécletsche Kennzahl}). \tag{7}$$

Zwei Wärmeströmungen in Flüssigkeiten sind also ähnlich, wenn bei ähnlichen Anfangs- und Grenzbedingungen die Reynoldsschen und Pécletschen Kennzahlen in beiden Fällen gleich sind.

Nach dem Fourierschen Grundgesetz für stationäre Wärmeströmungen ist die durch Leitung an die Wand übergehende Wärme:

$$dQ = -\lambda \frac{\partial \vartheta}{\partial s} \cdot dF \,.$$

Nach der Definition der Wärmeübergangszahl ist auch:

$$dQ = \alpha \, (\vartheta_m - \vartheta_w) \, dF \,,$$

worin ϑ_m die (mittlere) Temperatur der Flüssigkeit ist. Durch Gleichsetzen beider Werte erhält man:

$$\frac{\alpha}{\lambda} = -\frac{\partial \vartheta}{\partial s} \cdot \frac{1}{\vartheta_m - \vartheta_w} \qquad \text{oder} \qquad \frac{\alpha \, l}{\lambda} = \frac{\partial \vartheta}{\partial s} \cdot \frac{l}{\vartheta_m - \vartheta_w} \,.$$

Da das Temperaturfeld nur von Re und Pe abhängt, muß auch $\alpha \dfrac{l}{\lambda}$ nur eine Funktion der beiden Kennzahlen sein.

$$\alpha \frac{l}{\lambda} = Nu = \Phi \ (Re, \ Pe) \tag{8}$$

$\alpha \dfrac{l}{\lambda}$ wird die Nusseltsche Kennzahl genannt.

Die Beziehung (8) gilt der Ableitung gemäß, bei Vernachlässigung der Schwerkraft, sowohl für elastische als für tropfbare Flüssigkeiten und für alle Körperformen.

Treten bei der Flüssigkeitsströmung große Temperaturunterschiede auf, so darf die Wirkung der Schwerkraft nicht mehr vernachlässigt werden. Die allgemeine Bewegungsgleichung von Navier-Stokes, die diesen Einfluß berücksichtigt, lautet für die X-Richtung[1]:

$$\varrho \frac{Du}{dt} = -\frac{\partial p}{\partial x} + \eta \Big(\frac{1}{3} \frac{\partial \Phi}{\partial x} + \Delta u \Big) + X \,. \tag{9}$$

$$\Phi = \frac{\partial u}{\partial x} + \frac{\partial v}{\partial y} + \frac{\partial w}{\partial z}$$

die räumliche Dehnung ist für inkompressible Flüssigkeiten gleich Null; u, v und w sind die Geschwindigkeitskomponenten in der X-, Y- und Z-Richtung.

$$\frac{Du}{dt} = \frac{\partial u}{\partial t} + u \frac{\partial u}{\partial x} + v \frac{\partial u}{\partial y} + w \frac{\partial u}{\partial z}$$

gibt die Geschwindigkeitsänderung eines festgehaltenen Flüssigkeitsteilchens und wird das substantielle Differentialquotient genannt (gesprochen u substantiell nach t).

---

[1] Für die Ableitung vgl. z. B. Prandtl-Tietjens Hydro- und Aeromechanik Bd. 2 S. 60. Bei Vernachlässigung der Schwerkraft und der Zähigkeit entstehen die Eulerschen Gleichungen der klassischen Hydrodynamik:

$$\frac{Du}{dt} = -\frac{1}{\varrho} \frac{\partial p}{\partial x} \,.$$

Die einzelnen Glieder der Gleichung (9) haben die Bedeutung von Kräfte auf die Raumeinheit.

$\varrho \dfrac{D u}{d t}$ ist die d'Alembertsche Trägheitskraft

$- \dfrac{\partial p}{\partial x}$ das Druckgefälle

$\eta \left(\dfrac{1}{3} \cdot \dfrac{\partial \Phi}{\partial x} + \Delta u \right)$ die Wirkung der Reibung (Zähigkeit).

Für die freie Strömung in der vertikalen X-Richtung ist der Auftrieb $X = \gamma - \gamma_\infty = (\varrho - \varrho_\infty)\, g$, wobei γ_∞ das spezifische Gewicht der Flüssigkeit bei der Raumtemperatur ϑ_∞ ist. Mit der räumlichen Ausdehnungszahl β und dem Temperaturunterschied $\Theta = \vartheta - \vartheta_0$, wird $\varrho = \dfrac{\varrho_\infty}{(1 + \beta \Theta)}$ und

$$\frac{X}{\varrho} = g \cdot \left(1 - \frac{\varrho_\infty}{\varrho} \right) = g\, \beta\, \Theta .$$

Für Gase ist $\beta = 1/273$, bezogen auf das Volumen bei 0^0 C oder allgemein $\beta = 1/T_\infty$, bezogen auf das Volumen bei der Temperatur der Umgebung. Aus Gleichung (9) kann nun in ähnlicher Weise wie bei der erzwungenen Strömung eine neue Kenngröße abgeleitet werden.

Man kann aber das Ähnlichkeitsprinzip auch auf eine ganz andere Weise formulieren, indem man von der selbstverständlichen Tatsache ausgeht, daß alle physikalischen Vorgänge unabhängig vom Maßsystem sein müssen, das wir Menschen (willkürlich) eingeführt haben (metrisches, englisches, technisches, physikalisches, elektrostatisches, elektrodynamisches Maßsystem)[1].

Sie müssen also durch Gleichungen formuliert werden können, deren Glieder dimensionslose Größen sind.

Jedes Maßsystem beruht auf wenigen, willkürlich gewählten Grundeinheiten (z. B. L, m, t, ...) aus denen die Einheiten der übrigen Größen abgeleitet werden. Die Funktionen, die diese Abhängigkeit von den Grundeinheiten darstellen, müssen so beschaffen sein, daß das Verhältnis zweier Größen (das vom Maßsystem unabhängig ist) unabhängig von der Größe der Grundeinheiten, immer unverändert bleibt. Es muß also

$$\frac{f_1 (L, m, t, \ldots)}{f_2 (L, m, t, \ldots)} = \frac{f_1 (k_1 L, k_2 m, k_3 t, \ldots)}{f_2 (k_1 L, k_2 m, k_2 t, \ldots)}$$

oder

$$f (k_1 L,\ k_2 m,\ k_3 t, \ldots) = f (k_1,\ k_2,\ k_3, \ldots) \cdot f (L, m, t, \ldots)$$

sein. Die einzige Funktion, die dieser Funktionalgleichung genügt, ist eine Potenzfunktion:

$$f (L, m, t, \ldots) = \text{const} \cdot L^a, m^b, t^c \ldots$$

Die Faktoren, welche die Wärmeleitung in Flüssigkeiten unter ausschließlicher Wirkung der Schwerkraft (freie Strömung) beeinflussen, sind mit den zum Teil willkürlich gewählten Grundeinheiten in der folgenden Zusammenstellung enthalten:

---

[1] Bridgmann, P. W.: Theorie der physikalischen Dimensionen. Deutsche Ausgabe von H. Holl. J. B. Teubner 1932.

Faktoren	Grundeinheiten				
	Länge l	Zeit t	Temperatur Θ	Wärme Q	Symbol
Länge	1	0	0	0	l
Temperaturunterschied	0	0	1	0	Θ
Wärmeleitzahl	-1	-1	-1	1	λ
Spezifische Wärme/Volumeneinheit	-3	0	0	1	c
Kinetische Zähigkeit	$+2$	-1	0	0	ν
Ausdehnungszahl	0	0	-1	0	β
Erdbeschleunigung	1	-2	0	0	g
Wärmeübergangszahl	-2	-1	-1	1	α

Die dimensionslose Gleichung für die freie Strömung muß also Glieder von der Form

$$l^x \cdot \Theta^y \cdot \lambda^z \cdot c^p \, \nu^q \, (\beta \cdot g)^r \cdot \alpha^s$$

haben. Führen wir darin die Grundeinheiten ein:

$$l^x \Theta^y \cdot \underbrace{Q^z \, l^{-z} \, t^{-z} \, \Theta^{-z}}_{\lambda} \cdot \underbrace{Q^p \, l^{-3p} \, \Theta^{-p}}_{c} \cdot \underbrace{l^{2q} \, {}^{-q}}_{\nu} \cdot \underbrace{\Theta^{-r} \, l^r \, t^{-2r}}_{\beta \cdot g} \cdot \underbrace{Q^s \, \Theta^{-s} \, l^{-2s} \, t^{-s}}_{\alpha}$$

so muß — wenn die Funktion unabhängig vom Maßsystem sein soll —

$$\begin{array}{lll} l & x-z-3\,p+2\,q+r+2\,s=0 & \text{(a)} \\ \Theta & y-z-p-r+s=0 & \text{(b)} \\ t & -z-q-2\,r+s=0 & \text{(c)} \\ Q & z+p-s=0 & \text{(d)} \end{array}$$

sein. Durch die 4 Gleichungen sind die 7 Exponenten nicht eindeutig bestimmt. Man kann daraus z. B. x, y, z, q und s in p und r ausdrücken.

Aus (d) folgt: $z = s - p$ und aus (b) $y = r$.

Aus (c): $z + q + 2\,r = s$ und aus (a): $x - 2\,p + 2\,q = -s$

$$q = s - z - 2\,r \qquad\qquad x = 2\,p - 2\,p + 4\,r - r - s$$

$$q = p - 2\,r \qquad \text{und} \qquad x = 3\,r - s.$$

Die Werte für x, y und z eingesetzt, gibt:

$$l^{3\,r-s} \cdot \Theta^r \cdot \lambda^{s-p} \cdot c^p \cdot \nu^{p-2\,r} \cdot (\beta\,g)^r \, \alpha^s.$$

Über die Werte r, p und s kann man frei verfügen. Setzt man abwechslungsweise je zwei davon gleich Null und den dritten gleich 1, so erhält man die folgende drei dimensionslose Glieder:

$$\alpha \frac{l}{\lambda} = Nu,$$

$$\frac{l^2 \, \Theta \beta \cdot g}{\nu^2} = Gr \quad \text{(Grashofsche Kennzahl)} \tag{10}$$

und

$$\frac{c \cdot \nu}{\lambda} = \frac{\nu}{a} = Pr \quad \text{(Prandtlsche Kennzahl)} \tag{11}$$

Die allgemeine Gleichung für den Wärmeübergang bei freier Strömung muß also die Form haben:

$$\Phi\,(Gr,\,Pr,\,Nu) = 0$$

oder nach Nu aufgelöst

$$Nu = F\,(Gr,\,Pr). \tag{12}$$

Die Bedeutung solcher Dimensionsbetrachtungen darf nicht über-
schätzt werden, denn ihre nützliche Verwertung setzt voraus, daß man
sich durch Überlegungen (Hypothesen) oder durch Versuche darüber
Klarheit geschaffen hat, welche Faktoren dabei überhaupt eine Rolle
spielen können. Man muß also im Grunde vorher ähnliche Betrachtungen
anstellen, wie sie zur Formulierung der Differentialgleichung führen.

Wenn die spez. Gewichte bzw. spez. Volumen aus Zahlentafeln entnommen werden können, ist es für die Berechnung der Grashofschen
Zahlen oft zweckmäßiger

$$Gr = \frac{l^3 g}{v^2} \left(1 - \frac{\gamma_\infty}{\gamma_w} \right) \tag{10a}$$

zu schreiben. Für Gase ist

$$Gr = \frac{l^3 g}{v^2} \left(\frac{T_w}{T_\infty} - 1 \right). \tag{10b}$$

Die freie Strömung verläuft nun meist mit so geringer Geschwindig-
keit, daß das Beschleunigungsglied $\varrho \dfrac{Du}{dt}$ gegenüber dem Auftrieb und der
Wirkung der Zähigkeit vernachlässigt werden kann. L. Prandtl nennt
solche Bewegungen „schleichend". Die vereinfachte Differentialgleichung
dafür lautet:

$$- \frac{1}{\varrho} \frac{\partial p}{\partial x} + v \left(\frac{1}{3} \frac{\partial \Phi}{\partial x} + \Delta u \right) + g \beta \Theta = 0. \tag{13}$$

Da die Symbole Φ und Δ für ähnliche Strömungen sich verhalten wie
f_w/f_1 bzw. f_w/f_1^2, erhält man als Ähnlichkeitsbedingung:

$$\frac{f_v f_w}{f_l^2} = f_g f_\beta f_\Theta.$$

Außerdem ist für ähnliche Wärmeströmungen $\dfrac{f_w f_l}{f_a} = 1$. Eliminiert man
f_w, so erhält man die Bedingung:

$$\frac{f_l^3 f_g f_\beta f_\Theta}{f_v \cdot f_a} = 1$$

und damit die Kenngröße für eine „schleichende" Bewegung:

$$\frac{l^3 g \beta \Theta}{v \cdot a} = \frac{l^3 g \beta \Theta}{v^2} \cdot \frac{v}{a} = Gr \cdot Pr. \tag{14}$$

Aus der Vereinfachung der Differentialgleichung folgt also, daß die Kennfunktion für den Wärmeübergang bei freier Strömung nur von einer
einzigen Veränderlichen ($Gr \cdot Pr$) abhängt.

$$Nu = F (Gr \cdot Pr). \tag{15}$$

Wird bei der erzwungenen Strömung auch der Einfluß der Schwerkraft berücksichtigt, so muß

$$Nu = F (Re, \ Pr, \ Gr) \tag{16}$$

sein. Über die Gestalt der Kennfunktionen (8), (15) und (16) kann das
Ähnlichkeitsprinzip nichts aussagen. Sie müßte durch Integration der
Differentialgleichungen oder durch Versuche bestimmt werden. Aus den
Ähnlichkeitsbetrachtungen folgt aber, daß die acht Faktoren (w, c_p, l,
Θ, γ, η, β, λ), die im allgemeinen Fall den Wärmeübergang beeinflussen,

auf **drei** Veränderlichen (Re, Pr, Gr) zurückgeführt werden können, was immerhin eine wesentliche Vereinfachung des Problems ist.

Die rein experimentelle Bestimmung der Form der allgemeinen Gleichung (16) als Funktion von drei unabhängigen Veränderlichen ist nicht möglich. Auch die Integration der Differentialgleichung für die Flüssigkeitsströmung liefert — soweit sie für einfache Begrenzungsflächen überhaupt durchführbar ist — bei turbulenter Strömung keine Lösung, die mit der Erfahrung übereinstimmt.

Die Lösungen der Differentialgleichungen für die Wärmeleitung sind oft das Produkt von Einzelfunktionen, die je nur von einer Veränderlichen abhängen (vgl. S. 77). Es hat deshalb sicher eine gewisse Berechtigung die allgemeine Funktion (16) versuchsweise in der Form

$$Nu = F_1\,(Re) \cdot F_2\,(Pr) \cdot F_3\,(Gr)$$

zu schreiben. Da jede Funktion durch Reihenentwicklung in **Gliedern** von der Potenzform zerlegt werden kann, schreibt man weiter:

$$Nu = C\,Re^n\,Pr^m\,Gr^r,$$

welche Gleichung als die **Nusselt**sche Gleichung für den Wärmeübergang bezeichnet wird. Sie bietet den großen Vorteil, daß es durch entsprechende Wahl der Exponenten und des Beiwertes immer gelingt ein begrenztes Versuchsgebiet durch die Potenzformel mit sehr guter Annäherung darzustellen. Wie wenig die Potenzformel **allgemein** befriedigt, ist auf S. 134 und 186 für die erzwungene Strömung in Rohren gezeigt. Die Exponenten und der Beiwert sind keinesfalls konstant, sondern hängen von der Art der Flüssigkeit ab und sind verwickelte Funktionen der Flüssigkeitstemperaturen, der Temperaturunterschiede, der Richtung der Wärmeströmung usw.

In vielen Fällen läßt sich das allgemeine Problem vereinfachen, indem der Wärmeübergang für solche Strömungen untersucht wird, bei welchen höchstens zwei unabhängige Veränderlichen vorkommen.

1. **Erzwungene Strömung**, unter Vernachlässigung der Schwerkraft

$$Nu = F\,(Re,\,Pr).$$

Diese Vereinfachung ist wohl immer bei **turbulenter** Strömung zulässig, da dann die Eigengeschwindigkeit groß im Verhältnis zu den Geschwindigkeiten der freien Strömung ist. Ist dagegen die Geschwindigkeit der erzwungenen Strömung sehr klein (wie oft bei Laminarströmung), so können bei großen Temperaturunterschieden zwischen Wand und Flüssigkeit die Geschwindigkeiten der freien Strömung mehrfach größer werden. In solchen Fällen darf die freie Strömung natürlich nicht mehr vernachlässigt werden. So ist es auch erklärlich, daß gerade der scheinbar einfachere Fall der Laminarströmung in Rohren, da abhängig von drei Veränderlichen, theoretisch die größten Schwierigkeiten bietet.

Nach der **kinetischen Gastheorie**, die sowohl die Wärmeleitung als auch die Zähigkeit aus Bewegungen der Moleküle ableitet, ist **für Gase** $Pr = v/a$ eine von der Temperatur und vom Druck unabhängige Zahl, die nur von der Atomzahl abhängt.

$$\begin{array}{lcccc}
\text{Atomzahl} & 1 & 2 & 3\,[1] & 4 \text{ und mehr} \\
Pr & 0{,}27 & 0{,}73 & 0{,}83 & \text{etwa } 1
\end{array}$$

Für Gase gilt demnach die einfache Beziehung:

$$Nu = F\,(Re). \tag{8a}$$

Die Flüssigkeitsströmung ist durch die Reynoldssche, die Wärmeströmung durch die Pécletsche Zahl gekennzeichnet. Für Gase unterscheiden sich beide Kenngrößen nur durch den konstanten Faktor Pr, so daß für Gase bei gleichen Randbedingungen, Temperatur- und Geschwindigkeitsfeld ähnlich sein müssen.

Für tropfbare Flüssigkeiten ist Pr mit der Temperatur stark veränderlich; Temperatur- und Geschwindigkeitsfeld können also niemals ähnlich sein, wie Versuche von Woolfenden mit Wasser bestätigen.

2. Freie Strömung, unter Vernachlässigung der Eigengeschwindigkeit

$$Nu = F\,(Gr \cdot Pr). \tag{14}$$

In den beiden Fällen (8a) und (14) hängt die Wärmeübergangszahl nur von einer einzigen Kenngröße ab (Re bzw. $Gr \cdot Pr$), so daß die experimentelle Bestimmung der Kennfunktion aus wenigen Versuchen möglich ist. Hierin liegt die große praktische Bedeutung der Ähnlichkeitsbetrachtungen für die experimentelle Forschung. Der so gefundene Zusammenhang hat natürlich rein experimentellen Charakter und darf ebensowenig wie irgendein anderes empirisches Resultat über die Versuchsgrenze hinaus ausgedehnt werden.

Eine wesentliche Einschränkung in der Gültigkeit dieser Ähnlichkeitsbetrachtungen liegt darin, daß bei ihrer Ableitung die Stoffwerte λ, v, β und a als unabhängig von der Temperatur vorausgesetzt sind [2], eine Annahme die nur bei kleinen Temperaturunterschieden genügend genau erfüllt ist. Nach einem Vorschlag von W. Nusselt sind bei großen Temperaturunterschieden „mittlere" Stoffwerte zu wählen:

$$\lambda_m = \frac{1}{\vartheta_1 - \vartheta_2} \int_{\vartheta_2}^{\vartheta_1} \lambda \, d\vartheta, \qquad v_m = \frac{1}{\vartheta_1 - \vartheta_2} \int_{\vartheta_2}^{\vartheta_1} v \, d\vartheta, \text{ usw.} \tag{17}$$

Für die meisten technischen Anwendungen genügt es, die Stoffwerte für die mittlere Temperatur

$$\vartheta_m = \frac{\vartheta_1 + \vartheta_2}{2}$$

einzusetzen. Nach dem Nusseltschen Vorschlag hätte die Vertauschung der Integrationsgrenzen, also der Wand- und der Flüssigkeitstemperatur, keinen Einfluß auf die „mittleren" Stoffwerte und demnach auch keinen Einfluß auf die Wärmeübergangszahl. Unter sonst gleichen Bedingungen müßte also die Wärmeübergangszahl unabhängig von der Richtung der Wärmeströmung sein. Für einzelne Fälle, die genauer untersucht worden sind, zeigen die Versuche, daß diese Schlußfolgerung nicht mit der Erfahrung übereinstimmt.

So fanden z. B. Morris und Whitman aus ihren Versuchen über den Wärmeübergang von in Rohren strömendem Öl, daß für die gleiche Reynoldssche Zahl Abweichungen bis 270% zwischen Kühlen und

---

[1] Wasserdampf mit $Pr = 1{,}08$ (vgl. S. 260) scheint eine Ausnahme zu machen.
[2] A. Busemann: Die Temperatur im Rahmen der Ähnlichkeitsbetrachtungen. Z. techn. Physik Bd. 14 (1933) S. 131.

Erwärmen vorhanden ist, wenn die mittlere Temperatur eingesetzt wird. Furnas fand für Gase ebenfalls eine Abhängigkeit der Wärmeübergangszahl von der Richtung der Wärmeströmung, aber in umgekehrter Richtung als bei tropfbaren Flüssigkeiten; die Wärmeübergangszahl war bei Kühlen größer als bei Erwärmen.

Die Versuche von Schmidt und Beckmann bei der freien Strömung längs einer vertikalen Platte, zeigten im Temperatur und Geschw. Feld bessere Übereinstimmung, wenn die Stoffwerte bei der Wandtemperatur eingesetzt wurden; ebenso die Versuche von H. Lorenz bei der freien Strömung von Öl.

Auch die sehr genauen Messungen von R. Hilpert über die Wärmeabgabe von geheizten Drähten und Rohren im Luftstrom zeigten, daß die Kurven für verschiedene Oberflächentemperaturen durch Einführung der mittleren Stoffwerte nach Gleichung (17) oder auch durch Einsetzen anders gebildeter Mittelwerte nicht zur Deckung zu bringen sind (S. 153). Die Einführung von „mittleren“ Stoffwerten ist als Näherungslösung nur solange zu verwenden, als die Veränderlichkeit der Stoffwerte mit der Temperatur nicht genauer berücksichtigt werden kann.

W. Nusselt hat für Gase die Ähnlichkeitsbetrachtungen erweitert, indem er für die Veränderlichkeit der Stoffwerte Potenzgesetze annimmt:

$$v = v_1 \left(\frac{T}{T_1} \right)^m, \quad a = a_1 \left(\frac{T}{T_1} \right)^n .$$

Für tropfbare Flüssigkeiten können die Stoffwerte a und v innerhalb den Versuchsgrenzen meistens mit guter Annäherung durch die Potenzgleichungen

$$v = v_1 \left(\frac{\vartheta_1}{\vartheta_1} \right)^m \quad \text{und} \quad a = a_1 \left(\frac{\vartheta}{\vartheta_1} \right)^n$$

dargestellt werden. Die Dimensionsbetrachtungen liefern dann die neue Kenngröße:

$$\frac{T_1}{T_2} \text{ für Gase bzw. } \frac{\vartheta_1}{\vartheta_2} \text{ für tropfbare Flüssigkeiten.} \tag{15}$$

Für die freie Strömung z. B. erhalten wir dann die Beziehung:

$$Nu = F \left(Gr \cdot Pr, \frac{T_w}{T_\infty} \text{ bzw. } \frac{\vartheta_w}{\vartheta_\infty} \right) . \tag{18}$$

Es ist dabei gleichgültig ob man den Wert von v bei T_w oder T_∞ einsetzt.

Eine weitere Einschränkung für die praktische Brauchbarkeit der Ähnlichkeitsformeln liegt in der Voraussetzung ähnlicher Randbedingungen, also z. B. ähnliche Wandbeschaffenheit (Rauheit), ähnliche Geschwindigkeits- und Temperaturverhältnisse beim Eintritt (Wirbelung) usw. Diese Bedingung ist in der Praxis sehr schwer genau zu erfüllen und hier muß die Erfahrung zeigen, welchen Einfluß Abweichungen von der „genauen“ Ähnlichkeit der Randbedingungen haben.

Da der Versuchsbereich meist sehr weit ausgedehnt wird, ist es gebräuchlich, die Resultate im logarithmischen Koordinatensystem darzustellen. A. Schack hat nun mit Recht darauf hingewiesen, daß diese Darstellungsweise über die Genauigkeit der empirischen Gleichung täuscht.

Beim Nachweis der Übereinstimmung zwischen Theorie und Versuch sollte deshalb immer die theoretischen Wärmeübergangszahlen mit den Versuchswerten direkt verglichen werden.

B. Erzwungene Strömung unter Vernachlässigung der Schwerkraft.

1. Zusammenhang zwischen Wärmeübergang und Strömungswiderstand bei turbulenter Strömung, ohne Grenzschichtablösung.

Ohne Integration der Differentialgleichungen und auch ohne Durchführung von Versuchen kann auf Grund des Zusammenhanges zwischen Druckverlust und Wärmeübergang bei turbulenter Strömung eine allgemeine Gleichung für die Wärmeübergangszahl abgeleitet werden.

Von der turbulenten Strömung einer Flüssigkeit kann man sich folgendes Bild machen: In ähnlicher Weise wie die Reibung zwischen festen Körpern durch kleine, fortgesetzte Erschütterungen unwirksam gemacht werden kann, werden durch die Pulsationen der turbulenten Strömung die Schubspannungen stark vermindert. Dabei ist zu beachten, daß die Erschütterungen erst recht mit großem Energieaufwand verbunden sind. Die Hauptbewegung einer turbulenten Strömung kann demnach annähernd als reibungslos betrachtet werden (Potentialströmung). Weil dabei aber die Randbedingung, daß die Flüssigkeit an der Wand haftet, nicht zu erfüllen ist, versagt diese klassische Theorie der Hydrodynamik vollständig in der Nähe der Begrenzungsflächen von Flüssigkeiten und festen Körpern, also gerade in dem für den Wärmeübergang interessanten Gebiet.

Die Prandtlsche Grenzschicht. L. Prandtl hat die klassische Theorie wesentlich erweitert durch die Annahme, daß die reibungsfreie Strömung nur bis auf eine an der Wandung grenzenden Schicht gültig bleibt, während in dieser Schicht die Geschwindigkeit sich ändert von Null an der Wand bis zum Wert der gleichmäßigen Geschwindigkeit der reibungsfreien Strömung.

Am gut abgerundeten Einlauf eines Rohres z. B. tritt die Flüssigkeit mit einer über dem Querschnitt nahezu konstanten Geschwindigkeit ein. Infolge des Haftens an der Rohrwandung wird dort die Strömung verzögert, so daß in einer dünnen Schicht ein fast plötzlicher Geschwindigkeitsabfall stattfindet. Mit wachsender Entfernung vom Einlauf werden unter dem Einfluß der Zähigkeit immer weitere Flüssigkeitsschichten gebremst. Da die Flüssigkeitsmenge dieselbe bleibt, muß wegen Verlangsamung der Randschichten die Strömung in der Rohrachse beschleunigt werden. So stellt sich allmählich und asymptotisch ein Gleichgewichtszustand ein, der bei Laminarströmung durch die parabolische Geschwindigkeitsverteilung gekennzeichnet ist (Abb. 46). Von dieser Stelle an ist die Strömung als hydrodynamisch ausgebildet zu betrachten und der Druckverlust konstant.

Nach Messungen von Nikuradse ist die hydrodynamische Anlaufstrecke für laminare Strömung:

$$l_0/d > 0{,}060\ Re.$$

Für ein Rohr von 2 cm Durchmesser ist bei einer Reynoldsschen Zahl von 2000 eine Anlaufstrecke von mindestens 2,4 m Länge erforderlich

bis das Geschwindigkeitsprofil den parabolischen Verlauf praktisch
erreicht hat. Ist die Zustromgeschwindigkeit größer als die „kritische",
so wird die anfänglich in der Grenzschicht vorhandene Laminarströmung
zum Teil in eine turbulente übergehen; in der wandnahen Schicht bleibt
die Strömung aber laminar. Das turbulente Gebiet dehnt sich in einem
Rohr bald über den ganzen Querschnitt aus und bildet den turbulenten
Kern, in dem sich allmählich ein unveränderliches Geschwindigkeitsprofil einstellt (Abb. 47 b). Die Anlaufstrecke ist bei turbulenter Strömung

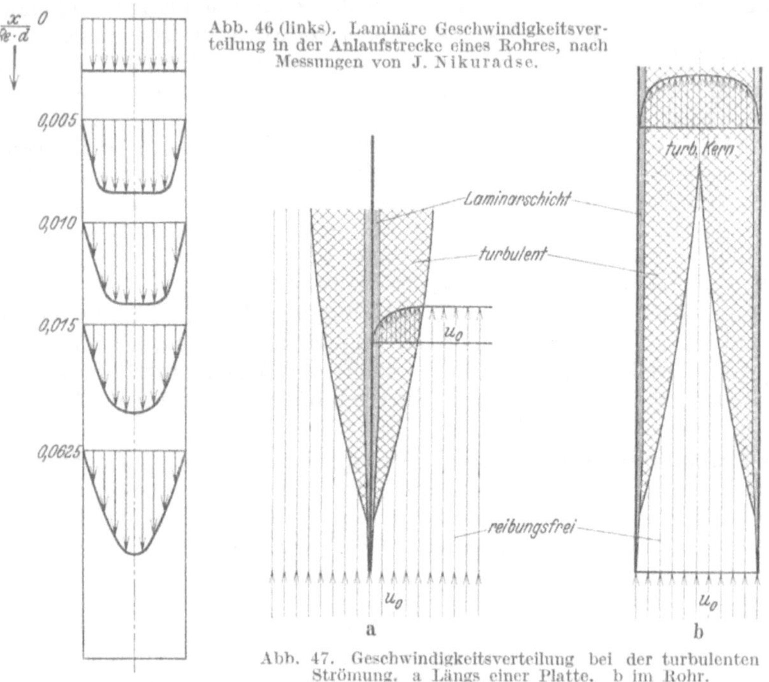

Abb. 46 (links). Laminäre Geschwindigkeitsverteilung in der Anlaufstrecke eines Rohres, nach
Messungen von J. Nikuradse.

Abb. 47. Geschwindigkeitsverteilung bei der turbulenten
Strömung. a Längs einer Platte. b im Rohr.

wesentlich kürzer und im Gegensatz zur Laminarströmung fast unabhängig von der Reynoldsschen Zahl. Die Messungen von Nikuradse
gaben ein praktisch konstantes Geschwindigkeitsprofil bei

$$l_0/d > 25\text{—}40.$$

Die Versuche von L. Schiller und von Herrman über den Druckverlust, die auch bei $l_0/d > 200$ noch einen Einfluß der Rohrlänge nachwiesen, zeigen, daß die Anlaufstrecke größer ist, als Nikuradse durch
Messung des Geschwindigkeitsprofils hat nachweisen können.

Bei der Strömung längs einer Platte grenzt das turbulente Gebiet
dauernd an die unbeeinflußte (reibungsfreie) Strömung (Abb. 47a). Man
spricht dann von einer „turbulenten" Grenzschicht. Die Prandtlsche
Grenzschicht setzt sich sowohl aus dem laminaren als auch aus dem
turbulenten Teil zusammen.

Überlegungen von Osborne-Reynolds. Ein Flüssigkeitsteilchen des turbulenten Gebietes mit der Temperatur ϑ und der Geschwindigkeit u kommt gelegentlich in die Laminarschicht und nimmt die dort herrschende Temperatur ϑ' und Geschwindigkeit u' an. Später bewegt sich das Teilchen wieder nach dem turbulenten Gebiet zurück und diese Bewegung wird immer wiederholt. Auf diese Weise wird sowohl die Wärme als auch die Bewegungsgröße, die den Strömungswiderstand verursacht, vom Innern der Flüssigkeit nach der Grenzschicht übertragen.

Von der Grenze der laminaren Schicht bis zur Wand wird die Geschwindigkeit durch Überwindung der Schubspannungen vernichtet. Die Flüssigkeitsteilchen, die in die Grenzschicht gelangen, erreichen die Wand nicht und können deshalb auch nicht die Geschwindigkeit Null annehmen, sondern nur die Geschwindigkeit u' an der Grenze der Laminarschicht. Der durch Reibung in der laminaren Schicht verursachte Strömungswiderstand kann aber gegenüber dem vielfach größeren Verlust an Bewegungsgröße des turbulenten Gebietes vernachlässigt werden.

Die Wärme muß durch Leitung durch die Laminarschicht hindurch an die Wand gelangen und dieser Widerstand für die Wärmeströmung darf n i c h t vernachlässigt werden.

Da nicht alle Flüssigkeitsteilchen, die ihre Bewegungsgröße und Wärme an die Grenzschicht abgeben, die gleiche Geschwindigkeit u und die gleiche Temperatur ϑ haben, müssen „Mittelwerte" eingeführt werden. Wenn G' die Flüssigkeitsmenge ist, die in der Zeiteinheit in die Grenzschicht gelangt, so ist der Strömungswiderstand nach dem Impulssatz:

$$W = \frac{G'}{g}\,(u_m - u')\ \text{kg} \tag{19}$$

und die an der Grenzschicht übertragene Wärme:

$$Q = G'c_{pm}\,(\vartheta_m - \vartheta')\ \text{kcal/Zeiteinheit,} \tag{20}$$

worin u_m, ϑ_m und c_{pm} die Mittelwerte derjenigen Teilchen sind, die in die Grenzschicht gelangen und wobei sofort zu bemerken ist, daß es keine Methode gibt, diese Mittelwerte zu messen.

Mit dem Wert von G' aus Gleichung (19) wird

$$Q = \frac{W\,c_{pm}\,g}{u_m - u'}\,(\vartheta_m - \vartheta')\,. \tag{20a}$$

Nennt man

$$\alpha' = \frac{Q}{(\vartheta_m - \vartheta')\,F} = \frac{W\,c_{pm}\,g}{F\,(u_m - u')} \tag{21}$$

die Wärmeübergangszahl an der Grenze der Laminarschicht, worin F die Größe der Berührungsfläche ist, so folgt die mittlere Wärmeübergangszahl an der Wand α_0^x aus der Kontinuitätsgleichung für die Wärmeströmung (vgl. S. 55)

$$\frac{1}{\alpha_0^x} = \frac{1}{\alpha'} + \frac{\delta'}{\lambda_g}\,, \tag{22}$$

worin δ' die mittlere Dicke der ruhend angenommenen Laminarschicht für die Strecke von 0 bis x, und λ_g die mittlere Wärmeleitzahl darin ist. Die Gleichungen (21) und (22) gelten allgemein für die turbulente Strömung von Flüssigkeiten und bleiben gültig, solange die Grenzschicht sich nicht vom Körper ablöst, also für alle Körper mit S t r o m l i n i e n f o r m.

Die Werte W, F, c_{pm}, λ_g, γ und δ sind aber je nach der Art der Flüssigkeit und je nach der Form des Körpers verschieden.

Diese Überlegungen gelten für Gase auch unterhalb der kritischen Geschwindigkeit. Die kinetische Gastheorie erklärt nämlich die Zähigkeit und die Wärmeleitung durch molekulare Bewegungen, die der bei der turbulenten Strömung angenommenen Bewegung der Flüssigkeitsteilchen vollkommen ähnlich sind. Der Unterschied liegt nur in der Größe der Teilchen, die Bewegungsgröße und Wärme transportieren. Unterhalb der kritischen Geschwindigkeit bleibt die molekulare Bewegung fast unverändert bis zur Wand gültig (genau für $Pr = 1$), so daß die Wärmeübergangszahl für Gase dann aus der Gleichung

$$\alpha_{Pr=1} = \frac{W\,c_p\,g}{F\,u_m} \tag{21a}$$

folgt.

2. Strömung in Kreisrohren.

Die Dicke δ' der Laminarschicht kann aus der Schubspannung τ_0 berechnet werden. Wenn man in der dünnen Schicht die Parabel durch die Anfangstangente ersetzt, folgt mit der bekannten Beziehung[1] $\tau_0 = \frac{\zeta}{8}\,w^2\,\varrho$

$$\tau_0 = \eta \left(\frac{du}{dy}\right)_{y=0} = \eta\,\frac{u'}{\delta'} = \zeta\,w^2\,\varrho/8\ , \tag{23}$$

worin u' die Geschwindigkeit an der Grenze der Laminarschicht ist, die nur einen Bruchteil φ der mittleren Geschwindigkeit w sein kann. Mit $w\,d\,\varrho/\eta = Re$ wird die relative Dicke der Laminarschicht:

$$\frac{\delta'}{d} = \frac{8\,\varphi}{\zeta\,Re} \quad \text{oder} \quad \delta' = \frac{8\,\varphi\,v}{\zeta \cdot w}. \tag{24}$$

L. Prandtl hat aus dem $^1/_7$-Potenzgesetz der Geschwindigkeitsverteilung

$$\varphi = \frac{u'}{w} = A \cdot Re^{-0,125}$$

abgeleitet. In einer neuen Fassung seiner Ideen geht Prandtl nicht mehr von einer Potenzformel, sondern ausschließlich davon aus, daß die Geschwindigkeitsverteilung nur von τ_0 und v abhängt. Nikuradse bildet mit der Schubspannungsgeschwindigkeit $v_* = \sqrt{\dfrac{\tau_0}{\varrho}}$ eine dimensionslose Geschwindigkeit u/v_*, die nach seinen Versuchen eine eindeutige Funktion von $Re_* = \dfrac{v_*\,y}{v}$ ist, nämlich:

$$\frac{u}{v_*} = 5{,}84 + 5{,}52\,\log Re_*. \tag{25}$$

Nimmt man an, daß der Übergang zwischen laminarer und turbulenter Strömung bei einem bestimmten Wert von Re_* erfolgt, dann ist

$$\frac{u'}{v_*} = \text{const.}$$

Für $y = r$ ist $u = u_0$ und mit τ_0 aus Gleichung (23)

---

[1] Vgl. z. B. ten Bosch: Vorlesungen Maschinenelemente Heft 5, S. 61.

$$\frac{v_* r}{\nu} = \frac{w\,r}{\nu}\,\sqrt{\frac{\zeta}{8}} = 0{,}1\;Re^{\,0{,}875},$$

also

$$\frac{u_0}{v_*} = 0{,}52 + 4{,}82 \log Re.$$

Mit den ebenfalls experimentell bestimmten Werten u_0/w kann $\varphi = F\,(Re)$ berechnet werden, welche Funktion in sehr guter Annäherung durch die einfache Gleichung

$$\varphi = A \cdot Re^{-0{,}1} \tag{26}$$

dargestellt werden kann.

Mit $A = 1{,}4$ (vgl. S. 119), $Re = 30000$ und ζ aus Gleichung (5), wird $\delta'/d = 0{,}003$. Für ein Rohr von 100 mm Durchmesser ist die Dicke der Laminarschicht nur 0,3 mm, also so klein, daß die Konvektionsströme vernachlässigt werden dürfen (vgl. S. 178). Die bei der Ableitung der Gleichung (22) gemachten Voraussetzung einer ruhenden Laminarschicht ist also durchaus zulässig.

Setzt man α' aus Gleichung (21), δ' aus Gleichung (25) und

$$W = \frac{\pi}{4}\,d^2\,\varDelta\,p = \frac{\pi}{8}\,\zeta\,l\,d\,w^2\,\varrho \tag{27}$$

in Gleichung (22) ein, so erhält man mit $F = \pi\,d\,l$:

$$\frac{1}{\alpha_0^x} = \frac{8}{\zeta\,w\,\gamma\,c_p}\left[\frac{u_m - u'}{w} + \varphi\,\frac{c_p\,\eta\,g}{\lambda_g}\right].$$

Nun besteht (wie schon erwähnt) keine Möglichkeit, den Mittelwert u_m zu bestimmen; er ist wahrscheinlich verschieden von der mittleren Strömungsgeschwindigkeit w im Rohrquerschnitt ($w = G\,\gamma/f$). Man sollte eigentlich $u_m = \psi\,w$ setzen, wobei $\psi \neq 1$ nicht konstant ist, sondern von vielen Faktoren abhängig sein kann, wie z. B. vom Temperaturunterschied im Rohrquerschnitt. Setzt man aber dennoch $u_m = w$, so ist

$$\frac{1}{\alpha_0^x} = \frac{8}{\zeta\,w\,\gamma\,c_p}\left(1 - \varphi + \varphi\,\frac{c_p\,\eta\,g}{\lambda_g}\right).$$

Vernachlässigt man die Abhängigkeit der Stoffwerte von der Temperatur und setzt nach Gleichung (11) $c_p\,\eta\,g/\lambda = \nu/a = Pr$, so erhält man

$$\alpha_0^x = \frac{\zeta\,w\cdot\gamma\,c_p}{8\,(1 - \varphi + \varphi\,Pr)} \tag{28}$$

oder mit $w\,d\,c_p\,\gamma/\lambda = Pe$:

$$Nu = \alpha_0^x\frac{d}{\lambda} = \frac{\zeta\,Pe/8}{1 - \varphi + \varphi\cdot Pr} \tag{29}$$

die **Prandtlsche Gleichung** für den Wärmeübergang von in Rohren strömenden Flüssigkeiten (1910).

Die Annahme, daß die Stoffwerte unabhängig von der Temperatur sind, ist nicht zulässig. Die physikalischen Überlegungen, auf welchen die Prandtlsche Gleichung beruht, führen zur Wahl von zwei mittleren Flüssigkeitstemperaturen, ϑ_m im turbulenten Gebiet und ϑ_g in der Laminarschicht. Die so erweiterte Prandtlsche Gleichung lautet dann mit $u_m = \psi\,w$

$$Nu/Pe = \frac{\zeta/8}{\psi + \varphi\,(Pr_g - 1)}. \tag{30}$$

Der Ausdruck Nu/Pe hat eine einfache physikalische Bedeutung. Aus der Definitionsgleichung

$$Q = \alpha_0^l \cdot \pi\, d\, (\vartheta_w - \vartheta_m) = \frac{\pi}{4}\, d^2\, w\, \gamma\, c_p\, (\vartheta_2 - \vartheta_1)$$

worin ϑ_m die mittlere Flüssigkeitstemperatur für die ganze Rohrstrecke ist, folgt nämlich:

$$\frac{\alpha_0^l}{w\, c_p\, \gamma} = \frac{Nu}{Pe} = \frac{\Delta\vartheta}{\Theta_m} \cdot \frac{d}{4\,l}, \tag{31}$$

welche Gleichung nur die unmittelbar durch den Versuch zu messenden Temperaturen $\Delta\vartheta = \vartheta_1 - \vartheta_2$ und $\Theta_m = \vartheta_w - \vartheta_m$ enthält und deshalb für die Darstellung der Versuchsergebnisse besonders geeignet ist[1].

Die Wärmeübergangszahl α ist also:

$$\alpha_0^l = \frac{\zeta\, w\, c_{pm}\, \gamma/8}{\psi + \varphi\,(Pr_g - 1)}. \tag{28a}$$

Die Temperatur ϑ' an der Grenze der Laminarschicht folgt aus der Kontinuitätsgleichung der Wärmeströmung:

$$(\vartheta_m - \vartheta_w)\, \alpha = \frac{\lambda_g}{\delta'}\, (\vartheta' - \vartheta_w)$$

durch Einsetzen der Werte von α und δ' aus den Gleichungen (28a) und (25):

$$\frac{\Theta_m\, \zeta\, w\, c_{pm}\, \gamma/8}{\psi + \varphi\,(Pr_g - 1)} = \frac{\lambda_g\,(\vartheta' - \vartheta_w)\, \zeta\, w}{8\, \varphi\, \nu_g}.$$

Mit der wohl immer zulässigen Vereinfachung $c_{pm} = c_{pg}$ wird:

$$\vartheta' - \vartheta_w = \frac{\Theta_m}{1 + \dfrac{\psi - \varphi}{\varphi\, Pr_g}} \tag{32}$$

und die mittlere Temperatur der Grenzschicht:

$$\vartheta_g = \frac{\vartheta_w + \vartheta'}{2} = \vartheta_w - \frac{\vartheta_w - \vartheta_m}{2\left(1 - \dfrac{1 - \varphi}{\varphi\, Pr_g}\right)}. \tag{33}$$

Aus diesen Gleichungen folgt mit $\varphi = 0{,}35$ und $\psi = 1$

für $Pr = 0{,}725$ (Luft): $\Theta' = 0{,}28\, \Theta_m$

$Pr = 5$ (Wasser): $\Theta' = 0{,}73\, \Theta_m$

und $Pr = 100$ (Öl): $\Theta' = 0{,}98\, \Theta_m$.

Für Gase und Flüssigkeiten ist also der Temperaturverlauf im Rohrquerschnitt sehr verschieden; je größer die Prandtlsche Kennzahl, um so flacher ist der Temperaturverlauf im Rohrkern (Abb. 48).

Aus Gleichung (22) folgt, daß der Widerstand der Wärmeströmung sich aus zwei Teilen zusammensetzt, nämlich aus dem Widerstand im turbulenten Gebiet (proportional mit $\psi - \varphi$) und aus dem Widerstand der Wärmeleitung durch die Laminarschicht (proportional mit $Pr \cdot \varphi$).

Für Luft mit $Pr = 0{,}725$ und mit $\varphi = 0{,}45$ ist der erste Faktor 0,55 und der zweite 0,33; beide Widerstände sind also von der gleichen Größenordnung. Für sehr zähe Flüssigkeiten dagegen ($Pr > 100$) überwiegt der zweite Teil so stark, daß der Wärmeübergang als Wärmeleitung durch die Laminarschicht aufgefaßt werden kann. Man kann hierin eine Bestätigung finden der alten Auffassung einer adhärierenden Schicht, die

---

[1] W. Stender hat schon 1924 diese Darstellung gewählt.

man durch Bürsten und andere mechanische Mittel zu beseitigen versuchte. In diesem Fall ist [vgl. Gleichung (22)] $Nu = d/\delta'$ eine anschauliche Kenngröße; sie gibt das Verhältnis des Rohrdurchmessers zur Dicke der ruhend gedachten Laminarschicht.

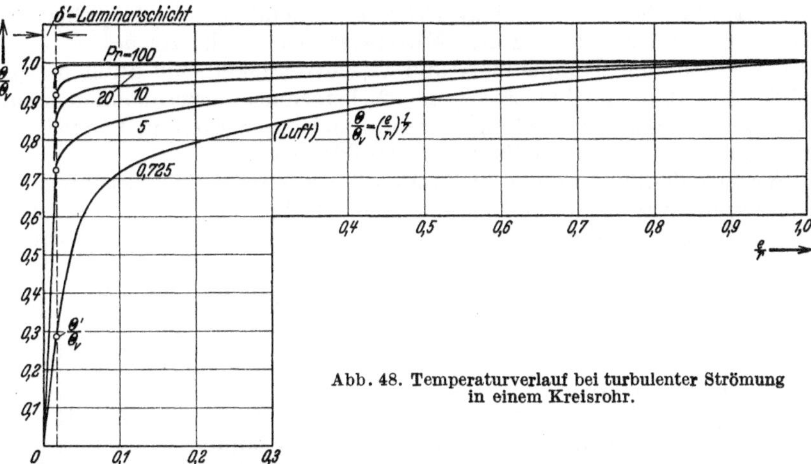

Abb. 48. Temperaturverlauf bei turbulenter Strömung in einem Kreisrohr.

Die Temperatur ϑ_m als Mittelwert der Temperaturen der Flüssigkeitsteilchen die ihre Wärme an der Grenzschicht abgeben, ist nicht zu bestimmen.

Eine „mittlere" Flüssigkeitstemperatur kann man messen:

a) Durch einen Widerstandsthermometer, dessen Draht gleichmäßig über den ganzen Querschnitt verteilt ist. Man mißt auf diese Weise, analog der mittleren Strömungsgeschwindigkeit w, die mittlere Temperatur im Querschnitt der Meßstelle:

$$\vartheta_q = \frac{1}{f} \int \vartheta \, df. \tag{34}$$

b) Durch Einbau einer Mischvorrichtung, bei der sämtliche Flüssigkeitsteilchen die gleiche Temperatur erhalten:

$$\vartheta_v = \frac{\int \vartheta \, w \, df}{\int w \, df} = \frac{1}{V} \int \vartheta \, w \, df, \tag{35}$$

worin V das Volumen der strömenden Flüssigkeit in der Zeiteinheit ist. Wenn große Temperaturunterschiede im Rohrquerschnitt vorhanden sind, müßten auch die Dichteunterschiede noch berücksichtigt werden. Mit dem konstanten Flüssigkeitsgewicht G, das in der Zeiteinheit strömt, ist dann die mittlere Flüssigkeitstemperatur, die bei der vollkommenen Mischung erreicht wird:

$$\vartheta_G = \frac{\int \vartheta \, w \, \gamma \, df}{\int w \, \gamma \, df} = \frac{1}{G} \int \vartheta \, w \, \gamma \, df. \tag{36}$$

Keine der Meßmethoden gibt den beim Wärmeaustausch wirksamen Mittelwert ϑ_m. Seit Gröber darauf hingewiesen hat, wie verschieden die Mittelwerte ϑ_q und ϑ_v sein können, ist es gebräuchlich ϑ_v als den

„richtigen" Mittelwert anzusehen. Er ist leicht zu messen und auch notwendig für die Berechnung der übertragenen Wärme aus den beobachteten Temperaturen nach der Gleichung

$$Q = G c_{pm} (\vartheta_{v_2} - \vartheta_{v_1}).$$

Als Ersatz für die nicht meßbare Größe ϑ_m scheint der Wert ϑ_q eher den Vorzug zu verdienen analog dem Mittelwert w an Stelle von u_m.

Für Gase sind Temperatur- und Geschwindigkeitsfeld ähnlich (vgl. S. 107), so daß die Mittelwerte ϑ_q und ϑ_v berechnet werden können, wenn die Geschwindigkeitsverteilung bekannt und die Strömung hydrodynamisch und thermisch vollständig ausgebildet ist.

Für turbulente Strömung in geraden Kreisrohren ist die Geschwindigkeitsverteilung durch das 1/7-Potenzgesetz festgelegt. Die Temperaturverteilung muß deshalb für Gase einem ähnlichen Gesetz folgen[1], nämlich:

$$(\vartheta - \vartheta_w) = (\vartheta_0 - \vartheta_w) \left(\frac{e}{r}\right)^{1/7} \quad \text{oder} \quad \Theta = \Theta_0 \cdot \left(\frac{e}{r}\right)^{1/7}. \tag{37}$$

In dieser Gleichung ist:

ϑ_w die Wandtemperatur,

ϑ die Temperatur in der Entfernung e von der Wand,

ϑ_0 die Flüssigkeitstemperatur in der Rohrachse,

Θ bzw. Θ_0 der Temperaturunterschied zwischen Wand und Flüssigkeit.

Für die Bestimmung der Wärmeübergangszahl als die je Zeit- und Flächeneinheit bei 1^0 Temperaturunterschied zwischen Wand und Flüssigkeit übergehende Wärme, kommt nicht die Temperatur der Flüssigkeit ϑ, sondern der mittlere Temperaturunterschied Θ_m zwischen Flüssigkeit und Wand in Betracht. Die Gleichung (37) gestattet nun den Einfluß beider Temperaturmessungen auf die Wärmeübergangszahl für Gase zu berechnen.

Mit $\varrho = r - e$ und $d\varrho = -de$ wird:

$$\int_0^r \Theta\, u\, 2\,\pi\, \varrho\, d\varrho = \Theta_0\, u_0\, 2\,\pi \int_0^r \left(\frac{e}{r}\right)^{2/7} (r-e)\, de = \frac{49}{144} \cdot 2\,\pi\, \Theta_0\, u_0\, r$$

und $\int_0^r u\, 2\,\pi\, \varrho\, d\varrho = 2\,\pi\, u_0 \int_0^r \left(\frac{e}{r}\right)^{1/7} (r-e)\, de = 2\,\pi\, u_0 \frac{49}{120}\, r^2,$

also nach Gleichung (35)

$$\Theta_v = \frac{120}{144} \Theta_0 = \frac{5}{6}\, \Theta_0 \tag{38}$$

und

$$\vartheta_v = \Theta_v + \vartheta_w = \frac{5\,\vartheta_0 + \vartheta_w}{6}. \tag{39}[2]$$

---

[1] Die von Pannel 1916 gemessene Temperatur- und Geschwindigkeitsverteilung in einem Luftstrom, der durch ein elektrisch geheiztes vertikales Rohr von 49 mm Durchmesser strömte, bestätigt diese Schlußfolgerung in vollem Umfang. Sowohl der Geschwindigkeits- als auch der Temperaturverlauf folgt trotz der Wärmeübertragung dem 1/7-Potenzgesetz.

[2] Schack setzt $u = u_0 \left\{1 - \left(\frac{f}{r}\right)^2\right\}^{1/7}$ und findet $\vartheta_v = \frac{8\,\vartheta_0 + \vartheta_w}{9}$.

Nach Gleichung (34) wird

$$\Theta_q = \frac{1}{\pi r^2} \int_0^r \Theta \, 2\pi \varrho \, d\varrho = \frac{2\pi \Theta_0}{\pi r^2} \cdot \frac{49}{120} \, r^2 = \frac{49}{60} \Theta_0 \tag{40}$$

und

$$\vartheta_q = \frac{49 \vartheta_0 + 11 \vartheta_w}{60} \tag{41}$$

und damit das Verhältnis

$$\frac{\Theta_v}{\Theta_q} = \frac{50}{49} = 1{,}02.$$

Für tropfbare Flüssigkeiten ist die Temperaturverteilung über den Rohrquerschnitt sowohl bei laminarer als auch bei turbulenter Strömung (vgl. Abb. 48) viel gleichmäßiger, und Θ_v/Θ_q nähert sich für sehr zähe Flüssigkeiten dem Wert 1, so daß allgemein bei turbulenter Strömung der Einfluß der beiden Meßmethoden für die mittlere Flüssigkeitstemperatur auf die Wärmeübergangszahl nicht größer als 2% sein kann, also vernachlässigt werden darf.

Unterhalb der kritischen Geschwindigkeit ist die Geschwindigkeitsverteilung:

$$u = u_0 \left(1 - \frac{\varrho^2}{r^2} \right)$$

und die für Gase ähnliche Temperaturverteilung:

$$\Theta = \Theta_0 \left(1 - \frac{\varrho^2}{r^2} \right).$$

Mit diesen Werten wird

$$\Theta_q = \frac{2\Theta_0}{r^2} \int_0^r \left(1 - \frac{\varrho^2}{r^2} \right) \varrho \, d\varrho = \frac{1}{2} \Theta_0 \tag{42}$$

und

$$\Theta_v = \frac{2\pi u_0 \Theta_0 \displaystyle\int_0^r \left(1 - \frac{\varrho^2}{r^2} \right)^2 \varrho^2 \, d\varrho}{2\pi u_0 \displaystyle\int_0^r \left(1 - \frac{\varrho^2}{r^2} \right) \varrho \, d\varrho} = \frac{2}{3} \Theta_0, \tag{43}$$

so daß $\dfrac{\Theta_v}{\Theta_q} = 1{,}33$ ist. Bei vollständig ausgebildetem Temperatur- und Geschwindigkeitsfeld ergeben bei Laminarströmung von Gasen beide Meßmethoden Unterschiede in der Wärmeübergangszahl von 33%.

Bei Laminarströmung ist die Wärmeübergangszahl in hohem Maße von der willkürlichen Definition der „mittleren" Flüssigkeitstemperatur abhängig. In diesem Falle ist es viel zweckmäßiger, da eindeutig, die Wärmeübergangszahl durch die Gleichung

$$\alpha = \frac{Q}{F \Theta_1} \tag{44}$$

zu definieren, worin Θ_1 der Temperaturunterschied am Rohranfang ist. Zur Berechnung der übertragenen Wärme muß am Ende des Rohres die mittlere Temperatur ϑ_{v_2} durch Einbau einer Mischvorrichtung gemessen werden.

Die Berechnung der Wärmeübergangszahl aus Gleichung (28a) ist nur möglich, wenn die Faktoren ζ, ψ und φ bekannt wären. Zur Zeit liegen keine Versuche im turbulenten Gebiet vor, bei denen der Strömungswiderstand bei verschiedener Wand- und Flüssigkeitstemperatur gemessen wurde. Man muß deshalb die bekannte Gleichung von Blasius für diese Verhältnisse (mehr oder weniger willkürlich) extrapolieren[1]. Da der Strömungswiderstand im turbulenten Gebiet überwiegt und weil Versuche gezeigt haben, daß der Übergang von laminarer zur turbulenten Strömung eindeutig durch die gleiche kritische Reynoldssche Zahl der isothermischen Strömung gekennzeichnet ist, wenn darin ν bei der mittleren Temperatur im turbulenten Gebiet eingesetzt wird[2], ist es sicher zweckmäßig,

$$\zeta = 0{,}3164\ \xi\ Re^{-0{,}25} \tag{45}$$

zu setzen. Der noch unbekannte Faktor ξ deutet auf eine Änderung der Turbulenz durch den Temperaturunterschied zwischen ϑ und der Temperatur an der Grenze der Laminarschicht ϑ' hin und hängt sicher auch von der kinematischen Zähigkeit der Flüssigkeit ab. Er ist noch wenig bekannt. In der systematischen experimentellen Untersuchung des Druckverlustes bei nichtisothermischer Strömung liegt noch ein weites und für den Wärmeübergang sehr wichtiges Forschungsgebiet. Er ist aber sicher für **Abkühlung** der Flüssigkeit **größer** und für die **Erwärmung kleiner** als 1. In Übereinstimmung mit der Erfahrung (vgl. S. 107/108) folgt daraus, daß — entgegen der früher üblichen Annahme — die Wärmeübergangszahl auch dann abhängig von der Richtung der Wärmeströmung ist, wenn Wand- und Flüssigkeitstemperatur vertauscht werden[3].

Der Faktor $\psi = u_m/w$ kann nach Gleichung (28a) am genauesten aus Versuchen mit kleinen Temperaturunterschieden bestimmt werden, wenn $Pr_g = 1$ ist, also für überhitzten Wasserdampf. Aus den Versuchen von R. Poensgen, die ziemlich streuen, scheint hervorzugehen, daß $\psi = 1$ ist und daß für $Pr = 1$ auch $\xi = 1$ wird. (Vgl. Zahlentafel 9, S. 131.)

Wiederholt ist versucht worden, den Faktor φ aus den vorliegenden umfangreichen Versuchen zu bestimmen[4]. Es geht daraus hervor, daß

$$\varphi = F\ (Re,\ Pr)$$

und nicht konstant ist. Für die Bestimmung von φ eignen sich in erster Linie genaue Versuche mit sehr kleinen Temperaturunterschieden zwischen Wand und Flüssigkeit. Die Veränderlichkeit der Stoffwerte mit der Temperatur kann dann vernachlässigt werden und die Wahl einer bestimmten Flüssigkeitstemperatur für die Stoffwerte fällt weg.

---

[1] W. Nusselt (*L. 31,45*) hat durch Einführung eines turbulenten Zähigkeitsbeiwertes den Druckverlust bei nichtisothermischer Strömung von Gasen zu berechnen versucht. Sein Ansatz liefert aber eine Geschwindigkeitsverteilung, die von der gemessenen stark abweicht und auf den Wärmeübergang angewandt gibt seine Gleichung für den Druckverlust keine mit den Versuchen übereinstimmenden Werte.

[2] *L. 31.29.*

[3] Die Beobachtung von W. G. Noack [Z. VDI 76 (1932) S. 1034], daß beim Veloxkessel viel größere Wärmeübergangszahlen auftreten als die Nusseltsche Formel ergibt, ist zum Teil dadurch zu erklären, daß die Nusseltsche Gleichung die Zunahme der Wärmeübergangszahl bei Abkühlung der Gase nicht berücksichtigt. Auch treten im Velox-Kessel noch Wirbelfaktoren X auf (vgl. S. 122).

[4] *L. 31.3, 6, 33.*

Eagle und **Ferguson** stellen ihre Versuchsergebnisse für die Erwärmung von Wasser bei sehr kleinen Temperaturunterschieden durch die empirische Gleichung:

$$Pe/Nu = A' + B' (Pr - 1) - C' (Pr - 1)^2$$

dar und geben die Abhängigkeit der Koeffizienten A', B' und C' von der Reynoldsschen Zahl in Tabellenform.

Aus den Gleichungen (30) und (45) folgt für sehr kleine Temperaturunterschiede ($\xi = 1$):

$$Pe/Nu = 25\,[Re^{0,25} + A \cdot Re^{0,15} (Pr_g - 1)].$$

Der einzige Unbekannte A in dieser Gleichung kann aus den Versuchen von **Eagle** und **Ferguson** für die Erwärmung von Wasser zu

$$A = 1,4\,Pr^{-\,0,185} \tag{46}$$

berechnet werden. Der gleiche Wert folgt auch aus den Versuchen von F. H. **Morris** und W. G. **Withman** für die Erwärmung von Öl.

Für die Abkühlung von Flüssigkeiten folgt aus den vorliegenden Versuchen

$$A = 1,12\,Pr^{-\,0,185}. \tag{46a}$$

so daß

$$\varphi = B \cdot Pr^{-\,0,185} \cdot Re^{-\,0,1} \tag{47}[1]$$

ist mit $B = 1,4$ für die Erwärmung und $B = 1,12$ für Abkühlung der Flüssigkeit.

Die allgemeine Gleichung (28a) ist mit den empirischen Werten φ, ψ und ξ im Grunde auch eine empirische Gleichung. Sie hat aber gegenüber den vielen anderen empirischen Formeln den großen Vorzug, auf einfache physikalische Anschauungen aufgebaut zu sein, die gestatten, den Einfluß von Abweichungen der Voraussetzungen richtig abzuschätzen.

Zu beachten ist noch, daß die Gleichung in der Nähe des Siedepunktes der Flüssigkeiten, infolge Ausscheidens von gelösten Gasen, unbrauchbar wird; sie liefert dann zu große Wärmeübergangszahlen.

Einfluß der Länge. Die allgemeine Gleichung (28a) für den Wärmeübergang von in Rohren strömenden Flüssigkeiten ist aus Versuchen über den Druckverlust abgeleitet, die mit vorgeschalteter Beruhigungsstrecke durchgeführt wurden. Sie gilt deshalb auch unter den gleichen Voraussetzungen. Aus diesen Versuchen ist auch bekannt, wie stark der Reibungsverlust durch die vorgeschaltete Strecke beeinflußt wird (vgl. S. 127). Die Theorie muß deshalb noch ergänzt werden durch Untersuchungen über den Wärmeübergang im Anfang des Rohres.

Wie wir gesehen haben, ist eine hydrodynamische Anlaufstrecke erforderlich bis in einem Rohr das stationäre Geschwindigkeitsprofil erreicht ist. Genau so braucht auch die ursprünglich gleichmäßige Temperaturverteilung im Anfang des Rohres eine bestimmte „thermodynamische" Anlaufstrecke bis das Temperaturfeld stationär geworden ist. Erst von der Stelle an, wo Geschwindigkeits- und Temperaturfeld sich vollständig ausgebildet haben, ist auch die Wärmeübergangszahl unabhängig von der Rohrlänge.

Aus dem Ähnlichkeitsprinzip folgt, daß nicht die absolute Anlaufstrecke l_0, sondern das Verhältnis l_0/d dafür maßgebend ist.

---

[1] Die φ-Werte können direkt aus Nomogramm 1 abgelesen werden.

Zur Integration der allgemeinen Gleichung (6a) für die stationäre Wärmeleitung in strömenden Flüssigkeiten muß die Geschwindigkeitsverteilung über den Rohrquerschnitt bekannt sein. Bei der Integration wird angenommen, daß a unabhängig von x, y und z ist, welche Annahme für tropfbare Flüssigkeiten mit genügender Annäherung zutrifft; für Gase dagegen nicht.

Für die Strömung in einem Kreisrohr ist es zweckmäßig Zylinderkoordinaten zu verwenden. Die Umformung der Gleichung (6a) gibt bei konstanter Wandtemperatur ϑ_w, wenn $\Theta = \vartheta_w - \vartheta$ gesetzt wird:

$$w_r \frac{\partial \Theta}{\partial r} + w_\varphi \frac{\partial \Theta}{\partial \varphi} + w_x \frac{\partial \Theta}{\partial x} = a \left[\frac{\partial^2 \Theta}{\partial r^2} + \frac{1}{r} \frac{\partial \Theta}{\partial r} + \frac{1}{r^2} \frac{\partial^2 \Theta}{\partial \varphi^2} + \frac{\partial^2 \Theta}{\partial x^2} \right]. \qquad (48)$$

Wenn der Einfluß der Schwerkraft vernachlässigt wird, ist aus Symmetriegründen Θ unabhängig von φ, also $\dfrac{\partial^2 \Theta}{\partial \varphi^2} = 0$.

Unter der nicht zutreffenden Voraussetzung, daß die turbulente Strömung bis zur Wand vorhanden ist, hat H. Latzko die Differentialgleichung (48) für zwei Fälle gelöst. Seine Lösungen gelten demnach nur bis zur Grenze der Laminarschicht (vgl. S. 111) und geben die Wärmeübergangszahlen α' statt α. Sie sind nur für $Pr = 1$ streng gültig und können mit einer Genauigkeit von rd. 10 % für Luft verwendet werden.

Unter Voraussetzung einer gleichförmigen Temperatur im Anfangsquerschnitt und konstanter Wandtemperatur lautet die Lösung von Latzko für hydrodynamisch ausgebildete Zuströmung nach der Gleichung:

$$u = u_0 \, (1 - y^2)^{1/7} \text{ mit } y = r/r_0$$

für die Wärmeübergangszahl

$$\alpha = \frac{0{,}0346 \, w \, c_p \, \gamma}{Re^{0,25}} \cdot \frac{1{,}078 \, e^{-k_1 x} + 0{,}134 \, e^{-k_2 x} + 0{,}980 \, e^{-k_3 x}}{0{,}97 \, e^{-k_1 x} + 0{,}024 \, e^{-k_2 x} + 0{,}006 \, e^{-k_3 x}} \, ,$$

worin
$$k_1 = \frac{0{,}151}{d \cdot Re^{0,25}} \, , \qquad k_2 = \frac{2{,}844}{d \cdot Re^{0,25}} \, , \qquad k_3 = \frac{29{,}42}{d \cdot Re^{0,25}} \, ,$$

$$e = \text{Basis der natürlichen Logarithmen,}$$

und $\qquad x = $ die Entfernung vom Rohranfang ist.

Nach Ausführung der Division erhält man:

$$\alpha = \frac{0{,}0384 \, w \, c_p \, \gamma}{Re^{0,25}} \left\{ 1 + 0{,}1 \, e^{-\frac{2,7 \, x}{d \cdot Re^{0,25}}} + \dots \right\} \qquad (49)$$

Die Wärmeübergangszahl ist also für $x = 0$ unendlich groß, nimmt dann rasch ab (Abb. 49) und nähert sich einem Minimalwert

$$\alpha_{\min} = 0{,}0384 \, \frac{w \, c_p \, \gamma}{Re^{0,25}} \, . \qquad (50)$$

Diese Lösung von Latzko stimmt mit $\varphi = 1$ (turbulente Strömung bis zur Wand) mit der auf ganz anderem Weg abgeleiteten Gleichung (28) überein[1]. Die Lage der Stelle l_0, wo die Wärmeübergangszahl für

---

[1] Der kleine Unterschied in dem Zahlenfaktor (0,0384 statt 0,0395) rührt daher, daß Latzko nicht vom 1/7-Potenzgesetz ausgegangen ist. Er nimmt zur Berechnung von α die mittlere Temperatur ϑ_q und nicht ϑ_v, was bei turbulenter Strömung das Rechnungsresultat nur unbedeutend beeinflußt (S. 117).

Gase unveränderlich ist, hängt von der gewünschten Genauigkeit ab. Bei einer Genauigkeit von 1% wird

$$e^{-\dfrac{2,7\,x}{d\cdot Re^{0,25}}} = 0,1 \quad \text{oder} \quad 2,7\,\frac{x}{d}\cdot\frac{1}{Re^{0,25}} = 2,3$$

und
$$l_0 = 0,85\,d\,\sqrt[4]{Re}\,. \tag{51}$$

Für Reynoldssche Zahlen von 10000 bis 500000 ist $\sqrt[4]{Re} = 10$ bis 26, und $l_0 = 8,5$ bis $22,5\,d$, im Mittel $15\,d$. In einem Rohr von 22 mm l. W. ist demnach schon bei etwa 330 mm die Stelle erreicht, wo für Gase die Wärmeübergangszahl von der Länge unabhängig wird.

Für tropfbare Flüssigkeiten überwiegt die Wärmeleitung in der Laminarschicht, und zwar um so mehr je größer Pr ist. Da die Laminarschicht schon nach wenigen Rohrdurchmessern voll ausgebildet ist, erreicht bei turbulenter Strömung die Wärmeübergangszahl von tropfbaren Flüssigkeiten viel rascher den Minimalwert als für Gase, und zwar um so rascher je größer Pr ist.

Versuche von H. Gröber, R. Poensgen und Rietschel zeigen bei relativ großen Rohrlängen und in Übereinstimmung mit Gleichung (49) eine kleine Abnahme der Wärmeübergangszahl mit zunehmender Länge. Die von Burbach bei Wasser beobachtete sehr starke Abhängigkeit der Wärmeübergangszahl von x/d steht in Widerspruch mit den

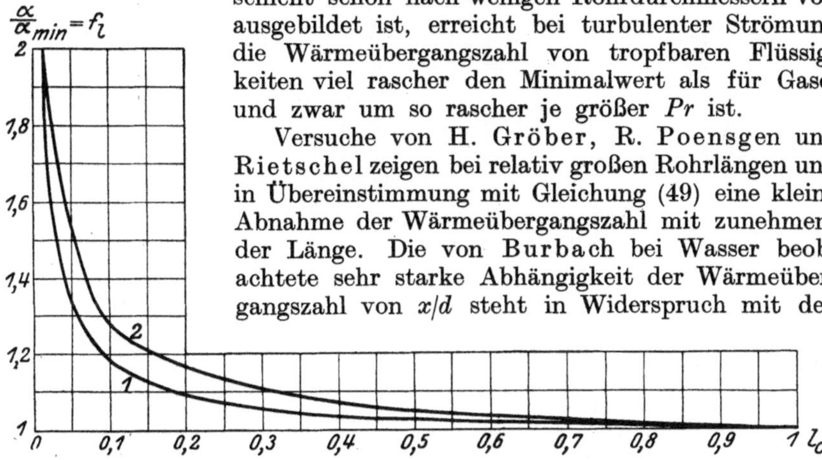

Abb. 49. Abhängigkeit der Wärmeübergangszahl von der Rohrlänge. (Nach Latzko.) *1* Bei hydrodynamisch ausgebildeter Strömung. *2* Zuströmung nicht hydrodynamisch ausgebildet.

physikalischen Anschauungen des Wärmeüberganges; sie wurde durch Versuche von Hahn nicht bestätigt.

Aus Gleichung (49) folgt, daß die Abhängigkeit der Wärmeübergangszahl von der Rohrlänge durch einen einfachen Potenz von x (nach dem Nusseltschen Vorschlag) nicht zu erfassen ist[1].

Einfluß der Wirbelung. Es ist allgemein bekannt, daß der Strömungswiderstand und damit auch der Wärmeübergang durch Erzeugung von Wirbeln bei der Strömung bedeutend gesteigert werden kann. Die allgemeine Gleichung (28a) gilt für beruhigte Strömung und gibt Mindestwerte für den Wärmeübergang.

Bei den Versuchen von W. Nusselt wurde durch Weglassung der Beruhigungsstrecke von 2 m Länge $= 90\,d$ die Wärmeübergangszahl um rd. 15% vergrößert (Abb. 53, S. 133). Ohne Anlaufstrecke erfolgte die erste Messung 15 cm $= 7\,d$ hinter dem Lufteintritt.

---

[1] Die Gleichung von McAdams und Frost (*L. 31.1*, S. 181): $Nu = C\,(1 + 50\,d/l)\,(\Phi\,Re,\,Pr)$ gibt für kleine Werte von l/d viel zu große Wärmübergangszahlen.

In Gleichung (28a) ist an Stelle des Mittelwertes u_m der Teilchen, die in die Laminarschicht gelangen, die mittlere **axiale** Geschwindigkeit der Flüssigkeit gesetzt. Bei der Wirbelung ist nun die totale Geschwindigkeit der Flüssigkeitsteilchen jedenfalls größer als die axiale, z. B. $x \cdot w$, wodurch auch die größere Wärmeübertragung zu erklären ist.

$$\alpha = A\,(xw)^n = A\,x^n\,w^n = A \cdot X\,w^n. \tag{52}$$

Aus dieser Ableitung würde folgen, daß der Einbau von Wirbelstreifen auf den Exponenten keinen Einfluß hat, sondern daß dieser durch einen Wirbelfaktor X berücksichtigt werden kann. Das wird auch durch die Versuche von Rietschel (Abb. 50) bestätigt.

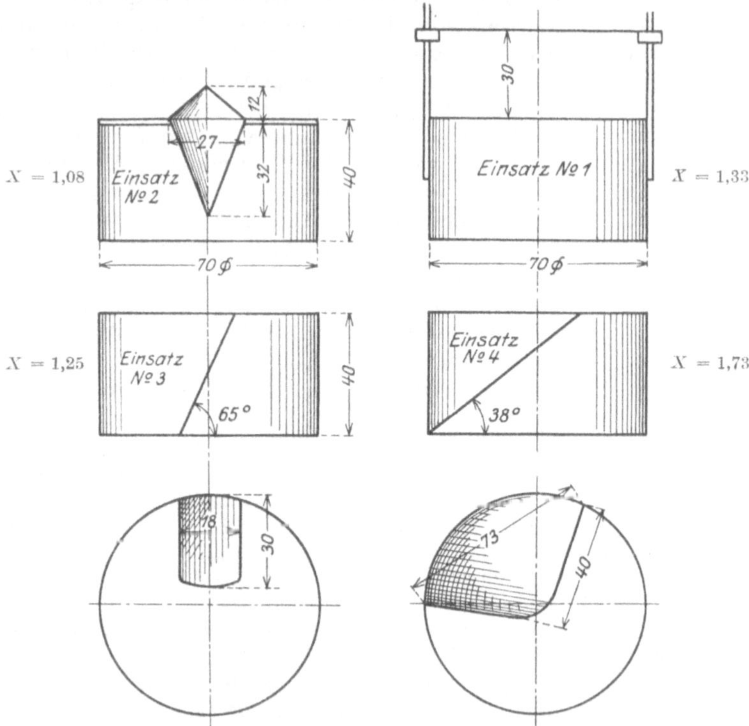

Abb. 50. Wirbelfaktoren X. (Versuche von Rietschel.)

Infolge der scharfen Umlenkung der Luft um 90° beim Eintritt traten beim Versuchsapparat von Jordan Wirbelfaktoren $X = 1,3$ bis $1,4$ auf.

Allgemein kann man sagen, daß eine künstlich erzeugte Wirbelung um so wirksamer ist, je intensiver der vorhandene Strömungszustand gestört wird, d. h. namentlich in kurzen und weiten Rohren kann diese einen großen Einfluß haben. Je zäher die Flüssigkeit ist, um so rascher gleicht sich die Wirbelung aus und um so weniger wirksam ist sie.

Insbesondere sind Längswirbel (Wirbelachse parallel zur Strömungsrichtung) geeignet, die Wirbelung mit besonderer Zähigkeit zu erhalten. B. Eck[1] hat systematische Untersuchungen über den zweckmäßigen Bau

[1] E. Eck: Einbau von Wirbelerzeugern zur Erhöhung des Wärmeüberganges. Arch. Wärmewirtsch. 1934 S. 105.

der Wirbelerzeuger durchgeführt und gefunden, daß sich der Strömungswiderstand gegenüber der wirbelfreien Strömung bis zu dem 2,5fachen Wert erhöhen kann[1].

Der Vergrößerung des Wärmeüberganges durch Wirbelbildung sind durch die Erhöhung des Strömungswiderstandes Grenzen gesetzt. Im Dampfkesselbau nimmt z. B. mit der Verbesserung des Wärmeüberganges die Temperatur der Rauchgase am Ende des Kessels ab und damit die Zugstärke des Schornsteins und die Geschwindigkeit der Rauchgase.

Einfluß der Rauheit der Oberfläche. Die allgemeine Gleichung für den Wärmeübergang (28) gilt — wegen der Verwendung der Gleichung von Blasius für den Druckverlust — nur für glatte Rohre und für nicht zu große Reynoldsschen Zahlen ($Re < 100000$). Eine Oberfläche gilt als glatt, solange die mittlere Höhe k der Unebenheiten kleiner als die Dicke δ' der Laminarschicht ist, also nach Gleichung (25) für

$$\frac{k}{r} < \frac{16\,\varphi}{\zeta\,Re}. \tag{53}$$

Aus dieser Gleichung folgt, daß ein Rohr mit zunehmender Geschwindigkeit immer rauher wird. In diesem Bereich der glatten Rohre, das die ganze Laminarströmung und ein Teil der turbulenten umfaßt, hat die Rauheit keinen Einfluß auf dem Druckverlust und auch nicht auf dem Wärmeübergang. Aus den Versuchen von Brabbée über den Druckverlust von kaltem und warmem Wasser in Gasrohren von 14,6 bis 50,1 mm Durchmesser und in nahtlosen Eisenrohren von 56,2 bis 130,7 mm Durchmesser leitete Bradtke[2] folgende Beziehung für ab:

$$\zeta = \zeta_{\text{glatt}} + b/d, \text{ mit } b = 0{,}29 \cdot 10^{-4} \cdot Re^{0{,}108}.$$

Die b-Werte sind für nicht sehr große Reynoldssche Zahlen so klein, daß für diese am meisten verwendeten technischen Rohre die Wärmeübergangszahl nur sehr wenig durch die Rauheit beeinflußt wird. Diese Schlußfolgerung steht auch in Übereinstimmung mit den Versuchsresultaten von Soennecken und von Stender.

Bei zunehmender Reynoldsscher Zahl werden die mittleren Rauheitserhebungen k von der gleichen Größenordnung ($\delta' \approx k$). Einzelne Erhebungen ragen aus der Laminarschicht hervor; an diesen findet eine Wirbelung statt, die mit einem zusätzlichen und mit der Reynoldsschen Zahl steigenden Energieverbrauch verbunden ist. Mit weiter wachsender Reynoldsscher Zahl ragen alle Rauhigkeitserhebungen aus der Laminarschicht heraus, der durch Wirbelung verursachte Energieverlust hat jetzt einen konstanten Wert erreicht, so daß bei Steigerung der Reynoldsschen Zahl keine Widerstandserhöhung mehr auftritt (ζ unabhängig von Re). In diesem letzten Gebiet ist

$$\zeta = 1 - (1{,}74 + 2 \log r/k)^2.$$

Aus den anschaulichen physikalischen Grundlagen der Prandtlschen Gleichung, die zur Aufstellung der Gleichung (21) führten, können auch allgemeine Schlußfolgerungen über den Einfluß größerer Rauheit auf die Wärmeübergangszahl gezogen werden.

---

[1] K. Aschof: Rauchgaswirbler. Wärme 1935 S. 270.
[2] Gesundh.-Ing. Sonderh. vom 4. Juni 1930 S. 1.

Infolge der größeren Wirbelung wird auch α', das ist die Wärmeübergangszahl am Rande der Laminarschicht mit der Rauheit zunehmen. Aber auch die Dicke δ' der Laminarschicht wird mit zunehmender Rauheit größer. Das erste Glied der Gleichung (21) wird also kleiner, das zweite dagegen größer als bei glatten Rohren. Da bei zähen Flüssigkeiten der Einfluß des zweiten Gliedes überwiegt (S. 114) ist dort eine Abnahme der Wärmeübergangszahl mit zunehmender Rauheit zu erwarten, welche Schlußfolgerung für Wasser durch die Versuche von W. Pohl mit verschieden rauhen Rohren bestätigt würde. Für Luft dagegen liegt der größere Widerstand für den Wärmeübergang im turbulenten Gebiet, also im ersten Glied der Gleichung (21). Für Luft ist also eine Zunahme der Wärmeübergangszahl mit der Rauheit zu erwarten, in Übereinstimmung mit den Versuchen von W. Jürges über die Kühlung einer ebenen Wand durch einen Luftstrom (vgl. auch *L. 31.2*).

Gekrümmte Rohre (Rohrschlangen). Strömt eine Flüssigkeit durch ein gekrümmtes Rohr, so werden die einzelnen Flüssigkeitsteilchen durch die Massenkräfte von ihren geradlinigen Bahnen nach außen abgelenkt. Im Querschnitt des Krümmers müssen also zusätzliche Strömungen entstehen, welche die Hauptgeschwindigkeit überlagern. Solange bei der Richtungsänderung keine Ablösung der Strömung von den Rohrwänden eintritt, kann der Wärmeübergang aus dem Druckverlust berechnet werden. Bei stärkerer Krümmung (etwa $D/d < 5$)[1] gilt die Analogie zwischen Wärmeübergang und Strömungswiderstand nicht mehr.

H. Jeschke[2] hat sowohl den Wärmeübergang als auch den Druckverlust von Luft in zwei Rohrschlangen aus $1^1/_4$zölligen nahtlosem Gasrohr bestimmt. Die eine Schlange hatte 2 Windungen von 630 mm Durchmesser ($d/D = 0{,}055$), die anderen 6 Windungen von 210 mm Durchmesser ($d/D = 0{,}165$). Aus diesen Versuchen folgte, daß der Wärmeübergang in den Rohrschlangen aus der Gleichung für gerade Rohre durch Multiplikation mit einem von der Reynoldsschen Zahl unabhängigen Faktor X berechnet werden kann, und zwar war

$$\text{für } d/D = 0{,}165,\ X = 1{,}58 \text{ und für } d/D = 0{,}055,\ X = 1{,}2,$$

also abhängig vom Krümmungsverhältnis d/D. Innerhalb der Versuchsgrenzen kann auch der Druckverlust in diesen Rohrschlangen durch Multiplikation mit den gleichen Faktoren X aus dem Druckverlust von geraden Rohren berechnet werden. Die Analogie zwischen Wärmeübergang und Strömungswiderstand wird also durch diese Versuche bestätigt.

Die Gesetze für den Druckverlust in gekrümmten Rohren erhalten somit auch für den Wärmeübergang erhöhte Bedeutung, denn die experimentell gefundenen X-Werte gelten nur für die Versuchsschlangen von Jeschke und können nicht auf andere Verhältnisse übertragen werden. Setzt man für den Druckverlust in einem Krümmer

$$\Delta p = \xi_k \frac{w^2}{2g} \gamma,$$

---

[1] $D/2 =$ Krümmungsradius der Mittellinie des Rohres.
[2] H. Jeschke: Wärmeübergang und Druckverlust in Rohrschlangen. Diss. München 1924. Auszug: Techn. Mech. Thermodyn., Sonderheft Z. VDI 1925.

so folgte aus den Versuchen von H. Richter[1] im turbulenten Gebiet, daß

$$\xi_k = 0{,}2075\, a \cdot a'\, Re^{\beta} \qquad (54)$$

ist, mit $\quad a = 0{,}241\, D/d$ für $D/d > 6$ (genauer aus Abb. 51)
und innerhalb den Versuchsgrenzen $\varphi = 0$ bis $\varphi = \pi$

$$a' = 2{,}9\, \varphi^{1{,}108} \ (\varphi \text{ in Bogenmaß})$$

ist. Vergleicht man den Druckverlust in dem Krümmer mit dem Verlust in einem geraden Rohr zwecks Berechnung des Faktors X und vernachlässigt dabei, daß die Exponenten β für Krümmer und Gerade nicht genau gleich sind, so ist

$\xi_k = X\,\zeta\,\dfrac{l}{d}$ oder mit $l = \varphi\,D/2 =$

$$X = \frac{\xi\, 2\, d}{\zeta\, \varphi\, D} \qquad (55)$$

Für $D/d > 6$ wird

$$X = 0{,}93\, \varphi_{0{,}108} \qquad (55\,\text{a})$$

unabhängig vom Krümmungsverhältnis D/d!

Bei den Versuchen von Jeschke war D/d gleich 6 bzw. 18. Setzt man dafür die a-Werte aus Abb. 51 ein (1,2 bzw. 4,3), so ist das Verhältnis der X-Werte für die beiden Rohrschlangen

$$\left.\begin{aligned}\frac{X_{0{,}165}}{X_{0{,}055}} &= \frac{4{,}3}{1{,}2} \cdot \frac{0{,}055}{0{,}165} \cdot 3^{0{,}108} = \\[4pt] &= 1{,}2 \cdot 1{,}12 = 1{,}34\end{aligned}\right\}$$

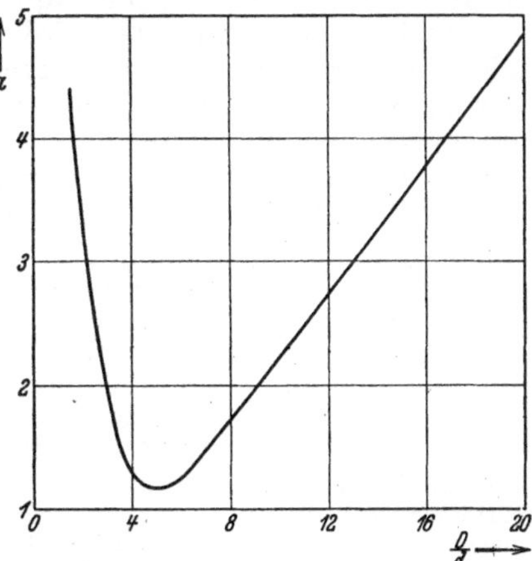

Abb. 51. Druckverlust in gekrümmten Rohren.

d. h. genau gleich groß, wie aus den Versuchen folgte. Etwa 12% des gemessenen Unterschiedes zwischen den beiden Schlangen wird durch die größere Windungszahl (6 gegen 2) und 20% durch die stärkere Krümmung verursacht.

Andere Querschnittsformen. Die Analogie zwischen Wärmeübergang und Druckverlust bei der turbulenten Strömung gestattet auch die in der Hydraulik gebräuchliche Einführung des „hydraulischen Radius" bei der Wärmeübertragung zu verwenden[2], indem für andere Querschnittsformen der gleichwertige (äquivalente) Rohrdurchmesser $d_{ae} = 4\,f/U$ eingeführt wird ($f =$ Querschnitt in m², $U =$ benetzten Umfang in m).

Unterhalb der kritischen Geschwindigkeit ist, wie Theorie und Erfahrung zeigt[3], die Umrechnung $d_{ae} = 4\,f/U$ zur Berechnung des Druckverlustes (und des Wärmeüberganges) nicht zulässig.

Aus den Versuchen von Becker folgt, daß in bezug auf die kritische Geschwindigkeit ein Ringspalt sich ungefähr so verhält, wie ein Rohr mit vollem Kreisquerschnitt vom Durchmesser der Spaltbreite s:

$$w_{\text{krit}} = 2000\, v/s\,.$$

---

[1] H. Richter: Der Druckabfall in gekrümmten glatten Rohrleitungen. Forschungsheft Bd. 320 (1929).

[2] A. Koenig: Untersuchungen über die Wärmeübertragung im Rohr runden und segmentförmigen Querschnittes. Diss. T. H. Darmstadt.

[3] Becker: Z. VDI Bd. 51 [1907] S. 1133 und Mitt. Forsch. H. 44. — R. Winkel: Z. MM. Bd. 3 (1923) S. 251.

Die Berechnung des gleichwertigen Durchmessers gilt zunächst unter der Voraussetzung, daß die Wand am Umfang überall die gleiche Temperatur hat. Ist ein Teil des Umfanges isoliert oder haben im allgemeinen verschiedene Teile verschiedene Temperaturen, wie es bei einem ringförmigen Querschnitt leicht vorkommen kann, so wird die Wärmeübergangszahl dadurch nicht beeinflußt, denn aus dem Zusammenhang zwischen Strömungswiderstand und Wärmeübergang folgt, daß Gleichung (28) auch für jedes Teilstück der Wand gültig bleibt. Nach diesen Überlegungen ist es demnach nicht richtig, wenn in solchen Fällen (nach Jordan) für den äquivalenten Durchmesser nur derjenige Teil des Umfanges eingesetzt wird, durch den die Wärme strömt[1]. In Rohren mit inneren Rippen (Serve-Rohre) tritt eine ganz andere Geschwindigkeitsverteilung auf; die Einführung eines gleichwertigen Durchmessers ist dabei unzulässig.

Die äquivalenten Durchmesser der gebräuchlichen Rauchrohrüberhitzer sind in Zahlentafel 5 berechnet.

Zahlentafel 5. Rauchrohrüberhitzer für Lokomotive.

Überhitzer	Kleinrohr	Großrohr			
Rauchrohrdurchmesser .	70/76	125/133			127/136,5
Überhitzerrohrdurchmesser	2 · 19/24	4 · 28/36	4 · 30/38	4 · 32/40	4 · 44,5/50,8
Freier Gasquerschnitt f m²	0,00293	0,00821	0,00774	0,00722	0,00456
Rauchrohroberfläche m²/m	0,2199	0,3927	0,3927	0,3927	0,3990
Überhitzerrohroberfläche m²/m	0,1508	0,4524	0,4775	0,5026	0,7984
Umfang U m	0,3707	0,8451	0,8702	0,8953	1,1974
Äquivalente Durchmesser $d_{ae} = \dfrac{4f}{u}$	0,0315	0,039	0,0355	0,032	0,0153
$U^{0,75}\, d_{ae}$	0,0150	0,0282	0,0319	0,0359	0,0174

Berechnung der Wärmeübergangszahlen. Die allgemeine Gleichung

$$\alpha_0^l = \frac{\frac{1}{8}\, \zeta\, w \cdot c_{pm}\, \gamma}{\psi + \varphi\,(Pr_g - 1)} = \frac{\zeta\, w\, c_{pm}\, \gamma}{8\, N}, \tag{28a}$$

mit

$$N = \psi + \varphi\,(Pr_g - 1) \tag{56}$$

$$\varphi = \frac{u'}{w} = B \cdot Pr^{-0,185}\, Re^{-0,1} \tag{48}$$

$$B = 1,4 \text{ für der Erwärmung der Flüssigkeit}$$
$$B = 1,12 \text{ ,, ,, Abkühlung ,, ,,}$$

$$\psi = \frac{u_m}{w} = 1 \text{ (vgl. S. 113) und}$$

$$\zeta = 0,3164\, \xi\, Re^{-0,25} \tag{45}$$

---

[1] Auch Nusselt (Z. VDI 1913 S. 199), Gröber (Grundgesetze der Wärmeleitung), Hirsch (Verdampfen), Merkel (Hütte, 25. Aufl.) haben diese Anschauung von Jordan übernommen.

kann durch Einsetzen dieser Werte in die dimensionslose Form

$$Nu/Pe = \frac{0,03955\,\xi}{N \cdot Re^{0,25}} = C \qquad (57)$$

geschrieben werden. Sie gilt für die turbulente Strömung von allen Flüssigkeiten in geraden glatten Rohren, bei vorgeschalteter Beruhigungsstrecke.

Die C-Werte können mit Hilfe von Nomogramm 1 leicht berechnet werden. Dann ist:

$$Nu = C \cdot \xi \cdot Pe = C \cdot \xi \cdot Re \cdot Pr\,, \qquad (58)$$

$$\alpha = 3600\,C\,\xi\,w\,c_p\,\gamma \ \text{kcal/m}^2, \text{h}, \,^0\text{C} \ (w \ \text{in m/s}) \qquad (59)$$

und

$$\frac{\Delta\vartheta}{\Theta_m} = C \cdot \xi \cdot \frac{4\,l}{d}\,. \qquad (60)$$

In der Praxis besteht der berechtigte Wunsch nach einfachen Gleichungen für die Berechnung der Wärmeübergangszahlen. Dieser Wunsch kann nur dann erfüllt werden, wenn auf die allgemeine Gültigkeit der Gleichungen verzichtet wird. Für ein bestimmtes Gas z. B. lassen sich sehr einfache Näherungsgleichungen ableiten, die für den praktischen Zweck vollauf genügen.

Für Luft trocken ist $Pr = 0,725$, mit Wasserdampf gesättigt bei 20^0 C ist $Pr = 0,73$ und bei 40^0 C $Pr = 0,75$. Für mittelfeuchte Luft kann $Pr = 0,733$ gewählt werden.

Zwischen den praktisch am häufigsten vorkommenden Reynoldsschen Zahlen von 10^4 bis 10^5 ist der Mittelwert von N aus Gleichung (56) für die Erwärmung der Luft, $N = 0,865$ und für die Abkühlung $N = 0,885$.

Mit einem Fehler von etwa 1% kann als Mittelwert $N = 0,875$ eingesetzt werden. Dann ist sowohl für Erwärmung als für Abkühlung der Luft

$$Nu/Pe = 0,0452\,\xi \ Re^{-0,25}$$

und

$$Nu = 0,042\,\xi \ Pe^{0,75}\,. \qquad (61)^1$$

W. Nusselt fand aus seinen Versuchen, ohne Beruhigungstrecke, für Erwärmung der Luft:

$$Nu = 0,0291\,Pe^{0,786}, \qquad (62)$$

welche um rd. 15% höher liegen als die Versuchswerte mit vorgeschalteter Anlaufstrecke (Abb. 52) und für welche die Gleichung gilt:

$$Nu = 0,0255\,Pe^{0,786}. \qquad (63)$$

---

[1] Merkel empfiehlt in der „Hütte" (26. Aufl.) für Erwärmung und Abkühlung: $Nu = 0,04\,Pe^{0,75}$ vernachlässigt also den Faktor ξ.

Aus der zahlenmäßigen Ausrechnung der Gleichung (45) folgt genauer:

für die Erwärmung der Luft: $Nu = 0,0396\,\xi\ Re^{0,735}$ (61a)

und für die Abkühlung: $Nu = 0,0365\,\xi\ Re^{0,738}$. (62b)

Streng genommen ist also der Exponent von Re nicht unabhängig von der Richtung der Wärmeströmung.

Gröber leitete aus seinen Versuchen für die Abkühlung der Luft in einem Rohr von 62 mm Durchmesser die empirische Gleichung ab:

$$\alpha = \left(3{,}81 + \frac{8{,}28}{\vartheta_L} - \frac{(273-\vartheta_w)^2}{29\,100}\right) \frac{(w\,\gamma)^{0,81}}{d^{0,19}}. \tag{64}$$

Innerhalb der Versuchsgrenzen $\vartheta_w = 75$ bis 200^0 C und $\vartheta_L = 100$ bis 325^0 C folgt daraus

$$\alpha = 3{,}3\,\frac{(w\,\gamma)^{0,81}}{d^{0,19}} \tag{65}$$

und

$$Nu = \frac{\alpha\,d}{\lambda} = \frac{3{,}3\left(\dfrac{3600\,w\,d\,\gamma\,c_p}{\lambda}\right)^{0,81}}{3600^{0,81}\,\lambda^{0,19}\,c_p^{0,81}} = 0{,}0254\,Pe^{0,81}. \tag{66}$$

Aus dem Vergleich der Versuchswerte von Nusselt und Gröber mit Gleichung (61) kann der Faktor ξ berechnet werden. Der Verlauf von ξ ist in Abb. 145 (auf Nomogramm 1) skizziert; die ξ-Werte streuen ziemlich stark.

Sowohl Nusselt als auch Gröber fanden einen höheren Exponenten für Pe, 0,786 bzw. 0,81 statt 0,75. Die kurzen Beruhigungsstrecken bei beiden Versuchseinrichtungen gaben wahrscheinlich bei großen Reynoldsschen Zahlen keine vollständig beruhigte Strömung mehr, so daß Wirbelfaktoren X hinzukommen, die bei Gröber ($d = 0{,}062$ m) größer waren als bei Nusselt ($d = 0{,}02$ m).

Gleichung (61) läßt sich durch Auflösen der dimensionslosen Kenngrößen für den praktischen Gebrauch noch weiter vereinfachen:

$$\alpha = 19{,}5\,\xi \cdot \frac{c_p^{0,75}\,\lambda^{0,25}}{d^{0,25}}\,(w\,\gamma)^{0,75}\ \text{kcal/m}^2,\ \text{h},\ {}^0\text{C}. \tag{67}$$

worin w in m/s, λ in kcal/m, h, ^{0}C, d in m und c_p in kcal/kg, ^{0}C einzusetzen ist. Für p kleiner als 50 ata ist $c_p^{0,75} \cdot \lambda^{0,25}$ fast unabhängig von Temperatur und Druck, so daß mit einem konstanten Mittelwert (0,135 bei 50^0 C) gerechnet werden darf. Für Luft erhalten wir dann die einfache Gleichung

$$\alpha = \frac{2{,}62}{d^{0,25}}\,\xi\,(w\,\gamma)^{0,75}\ \text{kcal/m}^2,\ \text{h},\ {}^0\text{C}. \tag{68}$$

Aus dieser Gleichung folgt, daß die Wärmeübergangszahl mit zunehmendem Durchmesser abnimmt, welche Schlußfolgerung mit fast allen Versuchen in Übereinstimmung steht. Nur Ser fand umgekehrt eine Zunahme der Wärmeübergangszahl mit dem Rohrdurchmesser. Er machte seine Versuche mit Rohren von 10—50 mm $\varnothing$ und nur 314 mm Länge. Bei dieser relativ kurzen Länge muß der Einfluß der Länge auf die Wärmeübergangszahl berücksichtigt werden, und dadurch (Abb. 52) läßt sich die Abweichung zwanglos erklären.

Aus Gleichung (68) folgt weiter, daß die Wärmeübergangszahl für Luft praktisch unabhängig von der Temperatur ist und nur vom Temperaturunterschied Θ zwischen Luft und Wand abhängt (Faktor ξ).

Während W. Nusselt aus theoretischen Überlegungen einen erheblichen Einfluß der Gastemperatur auf den Wärmeübergang vermutet, haben Versuche von E. Schulze gezeigt, daß die Wärmeübergangszahl fast unabhängig von der Gastemperatur und auch vom Temperatur-

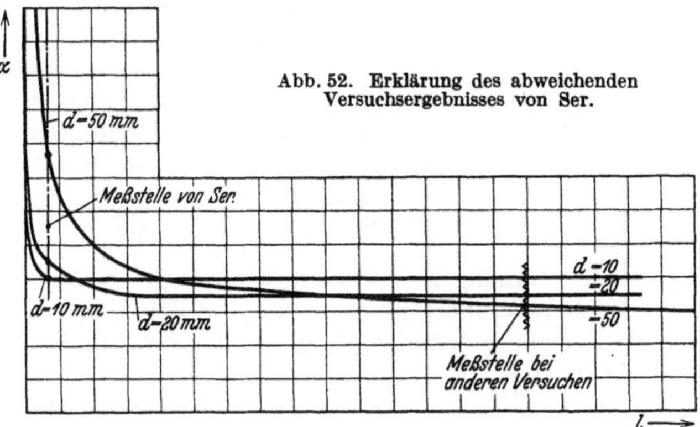

Abb. 52. Erklärung des abweichenden Versuchsergebnisses von Ser.

unterschied Θ war. Die Versuche von E. Schulze stehen aber wieder mit der Nusseltschen Theorie noch mit Gleichung (68) in Widerspruch. Die Formel von Schulze-Schack lautet:

$$\alpha = Y (w_0 \gamma_0)^{0,8}, \tag{69}$$

worin Y unabhängig von der Gastemperatur ist. Nach der Formel von W. Nusselt muß

$$Y = \text{prop } c_{pm}\, \eta_w^{0,25}\, (T_m/T_w)^{0,303} \tag{70}$$

sein. Wie aus Zahlentafel 6 folgt, ändert sich bei den Versuchen von Schulze sowohl die Wand- als auch die Gastemperatur. Infolge der gleichzeitigen Änderung beider Temperaturen ist innerhalb des Versuchsbereichs von Schulze die Wärmeübergangszahl auch nach der Nusseltschen Theorie praktisch unabhängig von Gas- und Wandtemperatur. Nach Abb. 145 (auf Nomogramm 1) ist für $\Theta = 60$ bis 120^0 C, $\xi = $ const, so daß bei den

Zahlentafel 6.

ϑ_m	ϑ_w	Y	Θ
383^0 C	320^0 C	0,0109	63
305	263	0,0106	42
340	268	0,0107	72
370	255	0,0110	115
238	176	0,0103	62

Versuchen von Schulze auch keine Abhängigkeit der Wärmeübergangszahl von Θ nachweisbar war.

Es ist oft zweckmäßig an Stelle der Geschwindigkeit das konstante Gasgewicht G in der Rechnung einzuführen. Für ein Kreisrohr mit

$$G = \frac{\pi}{4} d^2 w \gamma \text{ kg/s erhält man dann:}$$

$$\alpha = 3{,}28\, \xi\, \frac{G^{0,75}}{d^{1,75}} \text{ kcal/m}^2, \text{h, }^0\text{C}. \tag{71}$$

Für andere Querschnittsformen, mit $G = F w \gamma$ und $d_{ae} = 4 f/U$ ist in Gleichung (69) $d^{1,75}$ durch $d_{ae} U^{0,75}$ zu ersetzen und der Zahlenfaktor mit $\pi^{0,75} = 2{,}38$ zu multiplizieren.

$$\alpha = 7,8\,\xi\,\frac{G^{0,75}}{d_{ae}U^{0,75}}\ \text{kcal/m}^2,\ \text{h},\ {}^0\text{C}. \tag{72}$$

Rauchgase. Die Verbrennungsgase sind eine Mischung von Stickstoff, Sauerstoff, Kohlensäure und Wasserdampf. Sowohl das spezifische Gewicht als die spezifische Wärme hängen von der Zusammensetzung der Gase, namentlich vom Kohlensäuregehalt ab, und sind etwas größer als die entsprechenden Werte für Luft. Für die Berechnung der Wärmeübergangszahlen genügt es, Mittelwerte einzuführen, und zwar ist:

$$\frac{\gamma_{\text{Rauchgas}}}{\gamma_{\text{Luft}}} = 1,04 \quad \text{und} \quad \frac{c_{p\,\text{Rauchgas}}}{c_{p\,\text{Luft}}} = 1,13.$$

Die Zähigkeit der Rauchgase kann annähernd gleich der Zähigkeit der Luft bei der gleichen Temperatur genommen werden. Die Reynoldssche Kennzahl für Rauchgase ist also 4% größer als für Luft bei gleichem Druck und gleicher Temperatur. Der Einfluß der verschiedenen Wärmeleitzahlen ist zu vernachlässigen, weil die Wärmeübergangszahl für die turbulente Strömung in Rohren, proportional mit $\lambda^{0,25}$, dadurch nur unwesentlich beeinflußt wird.

Die Prandtlsche Kennzahl

$$Pr = \frac{\nu}{a} = \frac{\eta g}{\gamma} \cdot \frac{c_p \gamma}{\lambda} = \frac{\eta g}{\lambda} \cdot c_p$$

ist proportional mit c_p und kann also für Rauchgase gleich $1,13 \cdot 0,725 = 0,82$ gesetzt werden.

Da die Rauchgase immer stark abgekühlt werden, ist in der allgemeinen Gleichung (28a) $N = 0,92$ und $\xi = 1,15$ zu setzen, so daß aus Gleichung (56) folgt:

$$Nu = \frac{0,04 \cdot 1,15\,Pe}{0,92\,Re^{0,25}} = 0,048\,Pe^{0,75} \tag{73}$$

Führen wir das konstante Rauchgasgewicht und Mittelwerte für λ und c_p ein, so ist für Rauchgase:

$$\alpha = 4,15\,\frac{G^{0,75}}{d^{1,75}}\ \text{kcal/m}^2,\ \text{h},\ {}^0\text{C}. \tag{74}$$

Zahlentafel 7. Wärmeübergangszahlen für Rauchgase
nach Gleichung (74).

	Für Rohrdurchmesser				
$d =$	0,025 m	0,0445 m	0,070 m	0,125 m	
$d^{1,75}$	0,0016	0,0043	0,0097	0,0263	
$\alpha =$	$2640\,G^{0,75}$	$965\,G^{0,75}$	$436\,G^{0,75}$	$158\,G^{0,75}$	wenn G in kg/s
$\alpha =$	$5,7\,G^{0,75}$	$2,24\,G^{0,75}$	$0,94\,G^{0,75}$	$0,34\,G^{0,75}$	wenn G in kg/h

Für andere Querschnittsformen als Kreisrohr ist

$$\alpha = 9,9 \cdot \frac{G^{0,75}}{d_{ae}\,U^{0,75}}\ \text{kcal/m}^2,\ \text{h},\ {}^0\text{C} \tag{75}$$

mit G in kg/s, d_{ae} und U in m. Hierzu kommt noch ein Wirbelfaktor X, der für Lokomotivkessel ungefähr 1,2 bis 1,3 und für Lokomobilkessel gleich 1 bis 1,1 gesetzt werden kann.

Zahlentafel 8. Wärmeübergangszahlen für Rauchrohrüberhitzer.

Rauchrohr Dampfrohr	⊗ 70/76 $2 \cdot 19/24$	⊗⊗ 125/133 $4 \cdot 28/36$	125/133 $4 \cdot 30/38$	125/133 $4 \cdot 32/40$	127/136,5 $4 \cdot 44,5/50,8$
	Kleinrohr	Großrohrüberhitzer			
Äquival. Durchm. Umfang u m $d_{ae} \cdot u_{0,75}$	0,0315 0,3707 0,0150	0,039 0,8451 0,0282	0,0355 0,8702 0,0319	0,032 0,8953 1,0359	0,0153 1,1974 0,0174
G kg/h $\quad (G_{kg/s})^{0,75}$	$\alpha_g = 12{,}5\,G^{0,75}/d_{ae}\,u^{0,75}$ [aus Gleichung (75) mit $X = 1{,}26$]				
30 $\quad$ 0,0275	24	12	11	9,5	19,5
60 $\quad$ 0,046	38	20	18	16	33
100 $\quad$ 0,068	56,5	30	26,5	24	48,5
150 $\quad$ 0,0925	86	41	36,5	32	65,5
200 $\quad$ 0,115	95	51	45,5	40	82
250 $\quad$ 0,135	111	59	53	47,5	96,5
300 $\quad$ 0,160	132	70	63	55,5	115
D kg/h $\quad (D_{kg/s})^{0,75}$	$\alpha_d = 7{,}4\,D^{0,75}/d^{1,75}$ [Gl. (71) für 30 ata, 300° C und $X = 1$]				
60 $\quad$ 0,046	346	176	157	140	78
100 $\quad$ 0,068	510	260	241	206	126
200 $\quad$ 0,115	660	440	391	348	196
300 $\quad$ 0,160		610	545	486	270
400 $\quad$ 0,195		795	660	590	330
Dampfrohr $d^{1,75}$	0,000 972	0,00192	0,00216	0,00242	0,00431
Rauchrohr $d^{1,75}$	0,00953	—	0,0263	—	0,027

Für überhitzten Wasserdampf ist $N = 1 + 0{,}08\,\varphi$; für die Berechnung von Überhitzern, also für die Erwärmung des Dampfes ist $N_m = 1{,}035$ mit einem größten Fehler kleiner als 1 %. Dann ist

$$Nu = \frac{0{,}03\,955\,Re^{0,75} \cdot Pr}{1{,}035} = 0{,}041\,Re^{0,75}\,. \tag{76}$$

Führt man das Dampfgewicht D in kg/s ein, so wird

$$\alpha = 21{,}5\,\lambda^{0,25}\,c_p^{0,75}\,\frac{D^{0,75}}{d^{1,75}}\ \text{kcal/m}^2,\ \text{h},\ {}^\circ\text{C}$$

in welcher Gleichung λ in kcal/m, h, °C, c_p in kcal/kg, °C, und d in m einzusetzen ist. Die i-Werte der Gleichung

$$\alpha = i\,\frac{D^{0,75}}{d^{1,75}}\ \text{kcal/m}^2,\ \text{h},\ {}^\circ\text{C} \tag{77}$$

können aus Abb. 53 abgelesen werden.

Für Heißdampf von 30 ata und 300 °C ($i = 7{,}4$, Abb. 53) sind die Wärmeübergangszahlen für die Dampfseite der gebräuchlichen Lokomotiv-Rauchrohrüberhitzer in Zahlentafel 8 zusammengestellt.

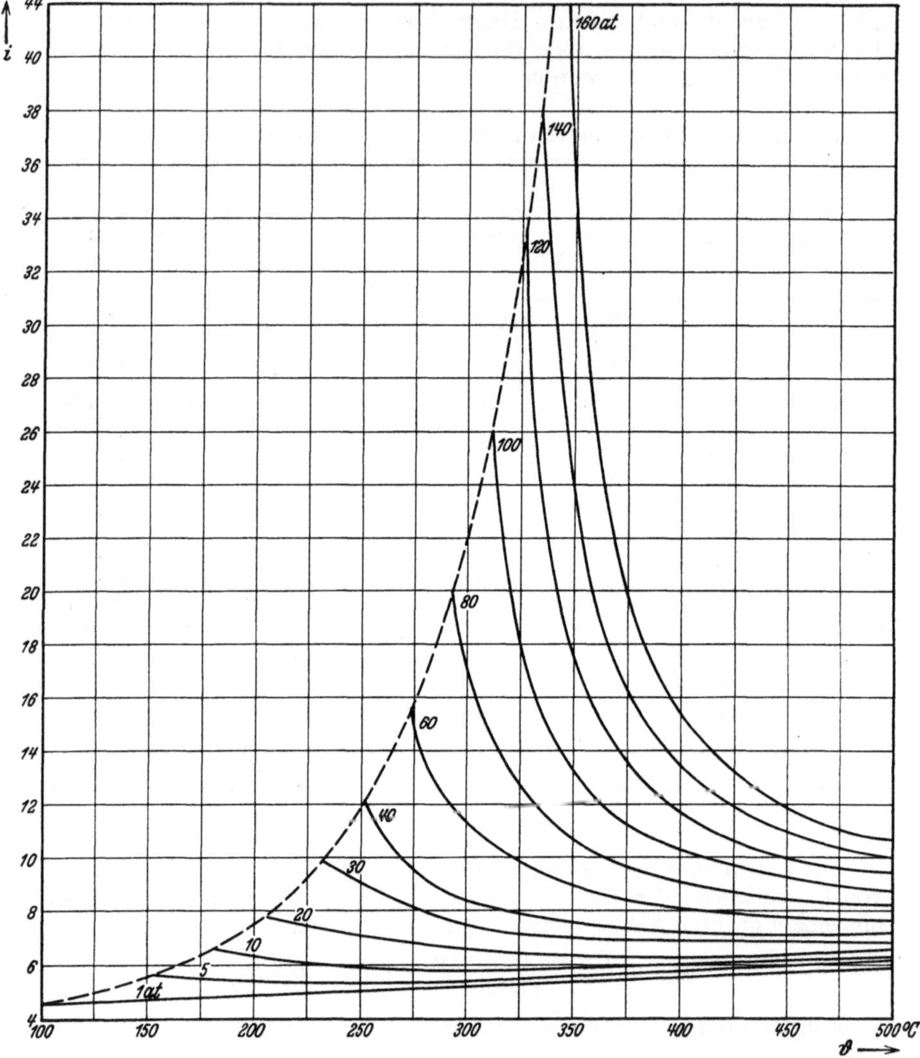

Abb. 53. Werte i zur Berechnung der Wärmeübergangszahl für Heißdampf nach Gleichung (77)[1].

Zahlenbeispiel 17. Wie groß ist die Wärmeübergangszahl in einem Rohr von 39,4 mm Durchmesser, wenn Dampf von 13 ata und 265° C dadurch mit einer Geschwindigkeit von 12,5 m/s strömt?

---

[1] Auch für Wasser über 150° C ist $Pr \sim 1$, so daß dieselbe Gleichung verwendet werden darf. Prof. Dr. F. K. Th. van Iterson hat zuerst diese für den Kesselbau wichtige einfache und einheitliche Gleichung für Wasser und Dampf aufgestellt und die i-Werte aus der Gleichung $\alpha = i \cdot \dfrac{G^{0,75}}{d^{0,25}}$ durch eine Kurvenschar dargestellt (*L. 31.21*).

Aus Abb. 132 folgt $\nu = 0{,}044$ cm/s², also $Re = 1250 \cdot 3{,}94/0{,}044 = 110000$; $Re^{0,75} = 6000$. Aus Abb. 133 $\lambda = 0{,}042$ kcal/m, h, °C

$$\alpha = \frac{0{,}041 \cdot 0{,}042}{0{,}0394} \cdot 6000 = 272 \text{ kcal/m}^2, \text{ h, °C.}$$

Die empirische Formel von Poensgen gibt $\alpha = 269{,}3$ (nach dem Zahlenbeispiel auf S. 75 in *L. 31.52*).

Zahlentafel 9. Vergleich der Theorie mit den Versuchen von Poensgen[1].

Versuch Nr.	p at	d cm	w m/s	ϑ_D °C	Wärmeübergangszahl		
					aus Nomogramm	Versuch	Poensgen empirisch
127	1	3,94	8,25	183,4	25,2	19,3	21,4
129	1	3,94	10,14	178,9	30,3	27,3	25,0
139	3	3,94	2,57	249,9	23,3	20,3	19,2
138	3	3,94	3,91	247,8	31,8	29,3	28,0
152	5	3,94	4,75	249,9	57,6	59,8	57,0
181	5	3,94	7,71	284,7	77,8	79,5	76,0
175	7	3,94	8,10	230,4	117,0	126,2	133,0
170	9	3,94	8,13	215,9	158,0	149,7	180,0
73	1	9,57	8,79	141,4	22,6	29,4	20,5
50	1	9,57	11,82	177,7	27,2	29,4	25,2
27	3	9,57	2,13	172,6	18,0	17,0	18,2
12	3	9,57	6,66	180,6	43,6	44,15	47,1
59	5	9,57	6,07	177,9	59,0	53,0	73,8
32	5	9,57	7,7	181,1	69,8	67,5	90,0

Auch für die **Kältemittel** (NH_3, CO_2, SO_2, CH_3Cl, usw.) können ähnlich vereinfachte Gleichungen aufgestellt werden, und zwar ist für alle Medien mit für die Praxis ausreichender Genauigkeit

$$\alpha = 22{,}0 \; \lambda^{0,25} \; c_p^{0,75} \frac{G^{0,75}}{d^{1,75}} = \iota \; \frac{G^{0,75}}{d^{1,75}} \text{ kcal/m}^2, \text{ h, °C.} \tag{78}$$

Mit den λ- und c_p-Werten auf S. 265/269 können die Faktoren i berechnet werden.

Für tropfbare Flüssigkeiten ist keine wesentliche Vereinfachung allgemeinen Gleichung möglich, ohne die Genauigkeit erheblich zu beeinflussen. Durch Verwendung der Nomogramme 1 und 2 ist die Berechnung der Wärmeübergangszahl auch so einfach geworden, daß kein Bedürfnis nach einer einfacheren Gleichung mehr vorliegt.

Man kann natürlich für eine bestimmte Flüssigkeit (Öl, Sole, Alkohol, usw.) Kurvenscharen oder Nomogramme für die Wärmeübergangszahlen aufzeichnen, die z. B. nur noch die Temperaturen und Temperaturunterschiede enthalten und deshalb für die praktische Verwendung bequemer sind.

Für sehr kleine Temperaturunterschiede Θ, wenn $Pr_g \approx Pr$ gesetzt werden darf, folgt durch Einsetzen von Zahlenwerten, daß Gleichung (57) wohl mit sehr guter Annäherung durch eine einfache Potenzgleichung

$$Nu = C \cdot Re^n \, Pr^m$$

---

[1] Die Versuche mit 7 und 9 at und 9,57 cm Rohrdurchmesser weichen stark von der Theorie und auch von der empirischen Formel von Poensgen ab.

ersetzt werden kann, da aber m und n nicht konstant sind, sondern von der Prandtlschen Kennzahl abhängen.

Für sehr zähe Flüssigkeiten kann in erster Annäherung der Faktor 1 in $N = 1 + \varphi\,(Pr_g - 1)$ vernachlässigt werden, so daß

$$Nu = \frac{0,04\,Pe}{\varphi \cdot Re^{0,25}\,(Pr_g - 1)} = \frac{0,04}{\varphi} \cdot Re^{0,75}\,\frac{Pr}{Pr_g - 1} \tag{79}$$

wird. Für Erwärmung der Flüssigkeit ist φ im Mittel $= 0,2$ und für Abkühlung gleich $0,16$ zu setzen. Da $Pr = Pr_1\left(\dfrac{\vartheta}{\vartheta_1}\right)^r$ geschrieben werden kann (vgl. S. 256), so ist es möglich, auch $Pr/(Pr_g - 1)$ annähernd durch eine Potenz von Pr darzustellen, deren Exponent aber für jede Flüssigkeit sich mit r ändert. Aus diesen Überlegungen folgt (in Übereinstimmung mit der Erfahrung), daß in der Potenzfunktion der Zahlenfaktor von der Richtung der Wärmeströmung und der Exponent von Pr von der Art der Flüssigkeit abhängen muß. Die Bemühungen, sämtliche Versuche durch eine einzige Potenzgleichung darzustellen, sind also aussichtslos. Wiederholt ist versucht worden Mittelwerte für einen großen Versuchsbereich zu bilden. So fand Rice[1]:

$$C = 1/60,\ n = 0,82,\ m = 0,5,$$

wenn die Stoffwerte bei der mittleren Temperatur $\vartheta_m = \dfrac{\vartheta + \vartheta_w}{2}$ eingesetzt werden. Dittus und Boelter[2] schlagen für

Erwärmung der Flüssigkeit $C = 0,024,\quad n = 0,8,\ m = 0,4$
und Abkühlung „ „ $C = 0,0265,\ n = 0,8,\ m = 0,3$

vor, wenn die Stoffwerte bei der mittleren Temperatur der Flüssigkeit eingesetzt werden.

Mc Adams[3] empfiehlt als genaueste Werte für Erwärmung und Abkühlung für $Re > 10^4$

$$C = 0,0225,\ n = 0,8,\ m = 0,4$$

und die Stoffwerte bei der mittleren Flüssigkeitstemperatur einzusetzten. Kraussold[4] empfiehlt wieder

für Erwärmung $C = 0,024,\ n = 0,8,\ m = 0,37$
für Abkühlung $C = 0,024,\ n = 0,8,\ m = 0,3$

und die Stoffwerte bei der mittleren Temperatur nach dem Nusseltschen Vorschlag.

Für Wasser hat W. Stender aus seinen umfangreichen Versuchen eine empirische Gleichung aufgestellt, die von Merkel vereinfacht, im Taschenbuch „Hütte" aufgenommen wurde:

$$\alpha = 1755\,(1 + 0,015\,\vartheta_m)\,w^{0,87}\ \text{kcal/m}^2,\ \text{h},\ ^\circ\text{C} \tag{80}$$

mit $\qquad\qquad\qquad \vartheta_m = 0,9\,\vartheta_f + 0,1\,\vartheta_w.$

---

[1] C. W., Rice: Int. Critical Tables Bd. 5 S. 234. Mc Graw-Hill Book Company Inc, New York 1929.　　[2] *L. 31.10.*　　[3] *L. 31.1*, S. 184.　　[4] *L. 31.31.*

In der dimensionslosen Form

$$Nu/Pe = \frac{1755}{3600^{0,87}} \cdot \frac{1 + 0,015\,\vartheta_m}{Pe^{0,13}} \cdot \frac{\lambda^{0,13}}{(c_p\,\gamma)^{0,87}}$$

geschrieben, zeigt es sich, daß $\dfrac{\lambda^{0,13}}{(c_p\,\gamma)^{0,87}}$ innerhalb den Temperaturgrenzen von 20 bis 70° C praktisch konstant $= 2,3$ gesetzt werden kann, so daß

$$Nu/Pe = 3,25\,(1 + 0,015\,\vartheta_m)/Pe^{0,13}$$

wird. Der Vergleich mit der allgemeinen, theoretischen Gleichung (56) zeigt, daß beide Gleichungen identisch werden, wenn

$$\frac{3,25\,(1 + 0,015\,\vartheta_m)}{Pr^{0,13}} = \frac{0,03955\,\xi}{[1 + \varphi\,(Pr_g - 1)]\,Re^{0,12}}$$

ist, welche Beziehung (mit $\xi \sim 1$, also bei kleinen Temperaturunterschieden) nur für $Re > 2 \cdot 10^5$ erfüllt ist. Für kleinere Reynoldssche Zahlen ist die von Merkel eingeführte Vereinfachung der Stenderschen Gleichung (Exponent von w const $= 0,87$) nicht mehr zulässig.

Für Temperaturen über 140° C ist Pr für Wasser annähernd gleich 1, so daß dann die für Heißdampf gefundene, einfache Gleichung mit recht guter Annäherung auch für Wasser verwendet werden kann, nämlich:

$$Nu = 0,04\,Re^{0,75}. \tag{76}$$

Zahlenbeispiel 18. Wie groß ist die Wärmeübergangszahl von Wasser, das bei einer mittleren Temperatur von 50° C mit einer Geschwindigkeit von 1 m/s durch ein Rohr von 30 mm l. W. fließt, wenn die Wandtemperatur 100° C ist?

Aus Zahlentafel 40, S. 260 folgt für $\vartheta = 50°$ C, $c_p = 0,998$, $\gamma = 988$ kg/m³, $\nu = 0,00562$ cm²/s, $Pr = 3,58$.

$$Re = 100 \cdot 3/0,00562 = 53\,400.$$

Aus Nomogramm 1, $\varphi_{\mathrm{Erw}} = 0,375$. Aus Nomogramm 2, $Pr_g = 2,2$ $N = 1 + \varphi\,(Pr_g - 1) = 1,45$; aus Nomogramm 1, $C = 0,00217$. Für Erwärmung und $\Theta - 50°$ C ist $\xi = 1 - 0,007 \cdot 50 = 0,65$. Die Wärmeübergangszahl, wenn $X = 1$ gesetzt wird, ist

$$\alpha = 3600\,\xi \cdot C \cdot w \cdot c_p$$
$$\alpha = 3600 \cdot 0,65 \cdot 0,00217 \cdot 1 \cdot 0,998 \cdot 988 = 5000 \text{ kcal/m}^2, \text{h, }^{\circ}\text{C}.$$

Zahlenbeispiel 19. Wie groß ist die Wärmeübergangszahl für Sole in einem Verdampfer mit Rohren von 50/58 mm Durchmesser, durch welche 30% $CaCl_2$-Sole bei — 20° C mit einer Geschwindigkeit von 1 m/s fließt, wenn die Wandtemperatur —25° C ist?

Die Wärmeleitzahl der Kältelösungen ist abhängig von der Konzentration (vgl. Abb. 126, S. 254); sie kann zu rd. 90% der Wärmeleitzahl von Wasser, also zu $0,9 \times 0,48 = 0,43$ kcal/kg °C und unabhängig von der Temperatur angenommen werden.

Die spez. Gewichte, die spez. Wärmen und die Zähigkeiten der Lösungen sind aus den auf S. 265 u. 268 angegebenen Quellen entnommen.

Die mittlere Temperatur der Laminarschicht ist

$$\vartheta_g = -\frac{20 + 25}{2} = -22{,}5^0$$

30% $CaCl_2$	Temp. °C	$\eta \cdot 10^4$ kg·s/m²	ν cm²/s	a cm²/s	Pr
$\gamma = 1{,}28$	-20	15	0,115	0,00145	80
$\lambda = 0{,}43$	$-22{,}5$	17,5	0,130		90

Für den kleinen Temperaturunterschied zwischen Wand und Flüssigkeit kann in Gleichung (57) $\xi = 1$ gesetzt werden.

Aus Nomogramm 1 folgt für $Re = 100 \cdot 5/0{,}115 = 4350$, $Pr = 80$ und Abkühlung der Sole folgt (Verbindung Pr und Re) $\varphi = 0{,}217$.

$$N = 1 + \varphi\,(Pr_g - 1) = 1 + 19{,}2 = 20{,}2.$$

Aus Nomogramm 1 (Verbindung N mit Re) folgt weiter $C = 0{,}0024$, so daß

$$Nu = 0{,}00024 \cdot 4350 \cdot 80 = 83{,}5,$$

und $\qquad \alpha = 83{,}5 \cdot 0{,}43/0{,}05 = 720 \text{ kcal/m}^2, \text{h, }^0\text{C}$ ist[1].

3. Strömung längs einer Platte.

Impulssatz. Unter Impuls oder Bewegungsgröße J versteht man das Produkt aus Masse m und Geschwindigkeit w $(J = m \cdot w)$. Die Newtonsche Gleichung für die Bewegung eines Massenpunktes (Kraft = Masse $\times$ Beschleunigung):

$$P = m\,\frac{dw}{dt}$$

kann auch geschrieben werden:

$$P = \frac{d}{dt}\,(m \cdot w) = \frac{dJ}{dt}. \tag{81}$$

Sie gilt sowohl für ein abgegrenztes System diskreter Massenpunkte

$$\Sigma\,P = \frac{d}{dt}\,\Sigma\,(m \cdot w) = \frac{dJ}{dt}$$

als auch für eine stetige Flüssigkeitsmenge

$$\Sigma\,P = \frac{d}{dt}\int_F w \cdot dm = \frac{dJ}{dt}, \tag{81a}$$

wenn dabei beachtet wird, daß die betrachtete Flüssigkeitsmenge dauernd aus den gleichen Teilchen besteht. Sie sollte also durch eine bewegliche (flüssige) Fläche begrenzt werden, so daß während der Untersuchung (zeitliche Differentiation) keine Flüssigkeit durch die einmal gezogene Grenze ein- oder austreten kann.

Die Änderung des Impulses in der Zeiteinheit eines von einer flüssigen Fläche eingeschlossenen Gebietes ist gleich der Resultierenden der äußeren Kräfte.

---

[1] Vgl. auch K. Linge: Wärmeübergangszahlen wäßriger Lösungen von NaCl, $CaCl_2$, $MgCl_2$ und Reinhartin bei turbulenter Strömung im Rohr. Z. ges. Kälteind. Bd. 37 (1930) S. 194/196.

Für die Berechnung der Impulsänderung ist es aber zweckmäßiger, eine **raumfeste Kontrollfläche** zu wählen. Der Impulssatz hat nämlich nur für **stationäre** Bewegungen praktische Bedeutung, bei denen jedes Flüssigkeitsteilchen an einem festgehaltenen Ort in der Zeit dt durch ein anderes Teilchen von gleicher Geschwindigkeit ersetzt wird. Die Impulsänderung ist dann gleich dem durch die Kontrollfläche strömenden Impuls (Impulsfluß), also **Impulsfluß = Resultierende der äußeren Kräfte.**

Der besondere Wert des Impulssatzes liegt darin, daß er — allein aus der Kenntnis des Zustandes an der Begrenzungsfläche — über physikalische Vorgänge aussagt, ohne diese im Innern im einzelnen zu kennen.

Die Dicke der Grenzschicht. Für die stationäre Strömung längs einer Platte sei die Kontrollfläche (Abb. 54) begrenzt durch die Wand, durch eine Stromlinie, die im Punkt x, von der vorderen Kante der Platte gerechnet, gerade die Entfernung δ von der Wand = Grenzschichtdicke besitzt und durch die beiden Geradenstücke senkrecht zur Wand.

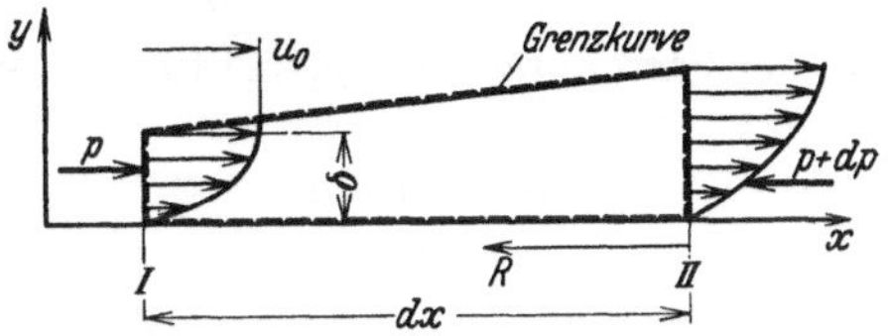

Weder durch die Stromlinie noch durch die Wand strömt Flüssigkeit in die Kontrollfläche, so

Abb. 54. Zur Berechnung der Grenzschichtdicke
Gestrichelte Linie = Kontrollinie,
austretender Impuls = positiv.

daß die durch die beiden senkrechten Teile der Kontrollfläche sekundlich hindurchströmende Flüssigkeitsmenge gleich ist, und zwar ist die Masse gleich $\int_0^\delta \varrho\, u\, dy$ für die Breite 1. Vor der Platte hat jedes Flüssigkeitsteilchen die Geschwindigkeit u_0, an der Stelle x ist sie auf u verkleinert, so daß die Impulsänderung

$$\int_0^\delta \varrho\, u\, (u_0 - u)\, dy$$

ist. Da bei der stationären Strömung längs der Platte $dp/dx = 0$ ist, wirkt als äußere Kraft nur die Reibung $\int_0^x \tau_0\, dx$, so daß die Impulsgleichung für ein unendlich kleines Stück dx lautet:

$$\frac{d}{dx} \int_0^\delta \varrho\, u\, (u_0 - u)\, dy = \tau_0 .$$

Nehmen wir bei **Laminarströmung** eine parabolische Geschwindigkeitsverteilung in der Grenzschicht an, also

$$u = u_0\, \frac{y^2}{\delta^2} ,$$

so ist
$$\tau_0 = \eta \left(\frac{du}{dy}\right)_{y=\delta} = \frac{2\,\eta\,u_0}{\delta^2}\,|y|_{y=\delta} = \frac{2\,\eta\,u_0}{\delta} \tag{82}$$

und

$$\varrho \int_0^\delta u\,(u_0 - u)\, dy = \varrho\, u_0^2 \left\{ \int_0^{\delta'} \left(1 - \frac{y^2}{\delta^2}\right) dy - \int \left(1 - \frac{y^2}{\delta^2}\right)^2 dy \right\} = \frac{2}{15}\, \varrho\, u_0^2\, \delta .$$

Wir erhalten also folgende Gleichung zur Berechnung der Grenzschichtdicke:

$$\frac{2}{15}\,\varrho\,u_0^2\,\frac{d\,\delta}{d\,x}=\frac{2\,u_0}{\delta}\,\eta$$

und durch Integration:

$$\frac{\delta^2}{2}=\frac{15\,\nu\,x}{u_0}$$

oder mit $u_0\,x/\nu = Re_1$

$$\delta=\sqrt{\frac{30\,\nu\,x}{u_0}}=\frac{5{,}477}{\sqrt{Re_1}}\cdot x. \tag{83}$$

Die Schubspannung an der Wand folgt aus der parabolischen Geschwindigkeitsverteilung zu

$$\tau_0=\frac{2\,u_0\,\eta}{\delta'}=0{,}365\,\sqrt{\frac{\eta\,\varrho\,u_0^3}{x}} \tag{84}$$

und der Strömungswiderstand für die Breiteneinheit der Platte einseitig

$$W_1=\int\limits_0^x \tau_0\,d\,x=0{,}730\,\sqrt{\eta\,\varrho\,w_0^3\,x}=C_f\,x\,\frac{u_0^2}{2\,g}\,\gamma.$$

oder

$$C_f=1{,}460\,\sqrt{\frac{\nu}{u_0\,x}}=1{,}460\cdot Re_1^{-0{,}5}. \tag{85}$$

Blasius fand durch die exakte Lösung der Differentialgleichung für die Grenzschicht

$$C_f=\frac{1{,}328}{Re_1^{0{,}5}}, \tag{85a}$$

also einen etwas kleineren Wert. Der Unterschied erklärt sich dadurch, daß die exakte Lösung keine parabolische Geschwindigkeitsverteilung in der laminaren Grenzschicht ergibt, sondern der Übergang der Geschwindigkeit vollzieht sich nach außen hin asymptotisch, nach einem Exponentialgesetz. Dadurch ändert sich auch die Tangente an der Wand.

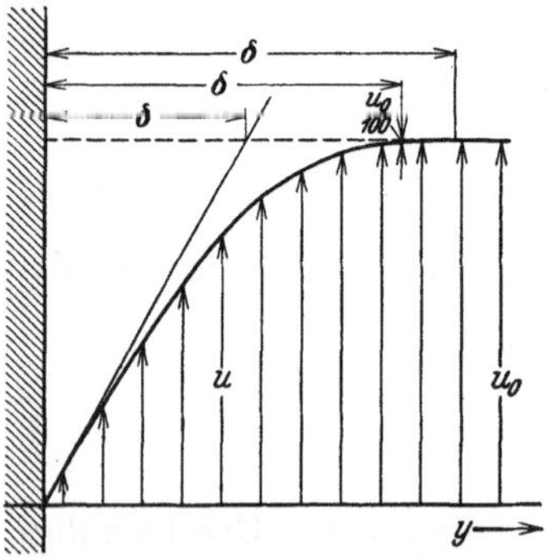

Infolge des asymptotischen Überganges der Geschwindigkeit läßt sich eine gewisse Willkür in der Definition der Grenzschichtdicke nicht vermeiden. So kann man die Grenzschichtdicke als diejenige Entfernung von der Wand definieren, wo die Geschwindigkeit sich um 1% von dem Wert u_0 unterscheidet. Eine kleinere Grenzschichtdicke ergibt sich,

Abb. 55. Grenzschichtdicke bei Laminarströmung längs einer Platte.

wenn man (wie Blasius) den Schnittpunkt der Asymptote mit der Tangente an der Wand als Grenze der Schichtdicke wählt (Abb. 55), nämlich:

$$\delta=\frac{3{,}4\,x}{\sqrt{Re_1}}. \tag{83a}$$

Zahlenbeispiel 20. Strömt Wasser von 20^0 C ($\nu = 0{,}01$ cm^2/s) mit einer Geschwindigkeit von 100 cm/s längs der Platte von 50 cm Länge, so ist $Re = \dfrac{w_0\,l}{v} = 100 \cdot 100 \cdot 50 = 5 \cdot 10^5$. Die Grenzschichtdicke nach der Definition von Blasius ist nach Gleichung (83a):

$$\delta = \frac{3{,}4\,x}{\sqrt{Re}} = 0{,}24 \text{ cm} = 2{,}4 \text{ mm}.$$

Strömt dagegen zähes Öl ($v = 0{,}4$ cm²/s) mit einer Geschwindigkeit von 12 cm/s längs der gleichen Platte, so ist $Re = 1500$ und die Dicke der Laminarschicht wird $\delta = \dfrac{3{,}4 \cdot 50}{\sqrt{1500}} \sim 4{,}5$ cm, also schon recht groß.

Nimmt man bei turbulenter Strömung längs der Platte an, daß innerhalb der ganzen Reibungsschicht das 1/7-Potenzgesetz der Geschwindigkeitsverteilung $u = u_0 \left(\dfrac{y}{\delta}\right)^{1/7}$ erfüllt ist, so wird:

$$\varrho \int\limits_0^\delta u\,(u_0 - u)\,dy = \varrho\,u_0^2 \left[\int\limits_0^\delta \left(\frac{y}{\delta}\right)^{1/7} dy - \int\limits_0^\delta \left(\frac{y}{\delta}\right)^{2/7} dy\right] = \frac{7}{72}\,\varrho\,u_0^2\,\gamma\,.$$

Der Impulssatz liefert dann mit

$$\tau_0 = 0{,}0225\,u_0^2\,\varrho \left(\frac{v}{u_0\,\delta}\right)^{0{,}26} \tag{86}[1]$$

die Gleichung:

$$\frac{7}{72} \cdot \frac{d\delta}{dx} = 0{,}0225 \left(\frac{v}{u_0\,\delta}\right)^{0{,}25},$$

woraus durch Integration

$$\delta_x = 0{,}37\,(x - x_0)^{4/5} \left(\frac{v}{u_0}\right)^{1/5} = \frac{0{,}37\,x\left(\dfrac{1 - x_0}{x}\right)}{Re_1^{0{,}2}}$$

folgt mit x_0 als Integrationskonstante. Für wirbeligen Zustrom oder Wirbelbildung an der Vorderkante der Platte ist die Grenzschicht von Anfang an turbulent, also $x_0 = 0$. Wir erhalten dann die von Kármánsche Gleichung:

$$\delta_x = 0{,}37\,\frac{x}{Re_1^{2{,}0}}\,. \tag{87a}$$

Bei zugeschärfter Kante und störungsfreier Zuströmung tritt der turbulente Zustand immer erst nach einer gewissen Anlauflänge x_0 ein, die aus der Gleichung $\dfrac{x_0\,u_0}{v} = Re_k$ berechnet werden kann. Die kritische Reynoldssche Zahl ist von der Anfangsstörung abhängig und nimmt mit zunehmender Störung ab. Unter Voraussetzung großer Störungsfreiheit ist $Re_{1k} = 5 \cdot 10^5$. Mit dem Wert

$$\frac{x_0}{x} = Re_k\,\frac{v}{u_0 \cdot x} = \frac{Re_k}{Re}$$

wird

$$\delta_x = 0{,}37\,x\left(1 - \frac{Re_k}{Re}\right)^{4/5} Re^{-1/5}\,. \tag{87b}$$

Bei turbulenter Strömung ist (wie im Rohr) auch bei der Platte ein Übergangsgebiet zwischen Laminarströmung und der turbulenten

---

[1] Vgl. z. B. v. Kármán (Z. ang. Math. Mech. Bd. 1, S. 242).

Geschwindigkeitsverteilung nach dem 1/7-Potenzgesetz vorhanden. Die Prandtlsche Reibungsschicht besteht also aus drei Teile (Abb. 56/57):

$$\delta' = \text{Laminarschicht,}$$
$$\delta'' = \text{turbulentes Übergangsgebiet und}$$
$$\delta''' = \text{turbulente Reibungsschicht mit } u = u_0 \left(\frac{y}{\delta}\right)^{1/7}.$$

Der Strömungswiderstand für die Breiteneinheit

$$W_1 = \int_0^x \tau_0\, dx = 0{,}0225\ \varrho\ u_0^2 \int_0^x \left(\frac{\nu\,\delta_x}{u_0}\right)^{0{,}25} dx$$

wird mit δ_x aus Gleichung (87a):

$$W_1 = \frac{0{,}036}{Re_1^{0{,}2}}\ \varrho\ u_0^2\ x.$$

Setzt man allgemein $W = C_f\,F\,u_0^2/2\,g$, so ist:

$$C_f = 0{,}072\ Re_1^{-0{,}2}. \tag{88}$$

Wie gut die Übereinstimmung dieser Rechnung mit den gemessenen Werten ist für $Re > 5 \cdot 10^5$ zeigen die Göttinger Versuche mit Wirbelbildung an der Vorderkante der Platte[1]. Bei einer glatten und vorn zugeschärften Platte wird die Strömung erst nach einer gewissen Anlauflänge turbulent, für $u_0\,x/\nu > Re_{1\,k}$.

L. Prandtl hat durch Abschätzen des Verhältnisses der laminaren Anlaufstrecke zur Plattenlänge gefunden, daß das Übergangsgebiet der turbulenten Reibungsströmung mit laminarem Anlauf ($Re_1 = 5 \cdot 10^5$ bis $2 \cdot 10^7$) gut wiedergegeben wird durch den Ausdruck

$$C_f = 0{,}074\ Re_1^{-0{,}2} - 1700\ Re_1^{-1}. \tag{88a}$$

Dabei ist der Wert 1700 noch abhängig von der größeren oder kleineren Turbulenz der anströmenden Flüssigkeit, die eine kleinere oder größere „kritische" Reynoldssche Zahl bedingt.

Für die praktischen Anwendungen des Maschinenbaues ist gerade das Übergangsgebiet das wichtigste. Man wird, da im allgemeinen keine beruhigte Strömung vorhanden ist, dann für $Re_1 > 10^5$ immer mit Gleichung (88) für turbulente Strömung rechnen können. Bei zugeschärfter Kante und beruhigter Zuströmung (z. B. in Saugleitungen) kann für das Übergangsgebiet ($Re_1 = 10^5$ bis $2 \cdot 10^7$) mit hinreichender Genauigkeit

$$C_f = \text{const} = 0{,}003 \tag{88b}$$

gesetzt werden[1].

Die Dicke der Laminarschicht auf der Stelle x folgt aus der Beziehung $\dfrac{\tau_0}{\eta} = \dfrac{u'}{\delta'}$ [Gleichung (23)] mit τ_0 aus Gleichung (86) zu:

$$\delta'_x = \frac{\nu\,u'}{0{,}0225\ u_0^2 \left(\dfrac{\nu}{u_0\,\delta}\right)^{1/4}}.$$

Setzt man $\dfrac{u'}{u_0} = \varphi$, so wird mit δ aus Gleichung (87b):

$$\delta'_x = \varphi\ \frac{34{,}2\ x \left(1 - \dfrac{Re_{1\,k}}{Re_1}\right)^{1/5}}{Re_1^{0{,}8}}. \tag{89}$$

---

[1] Vgl. *L. 31.59*, Bd. 2, S. 155, Abb. 86.

Berechnet man $\varphi = \dfrac{u'}{u_0}$ wieder aus der Annahme, daß an der Grenze der Laminarschicht $Re_* = \dfrac{v_* \, \delta'}{v} = \text{const}$ ist (vgl. S. 112), und setzt bei der Platte die gleiche allgemeine Geschwindigkeitsverteilung nach Gleichung (25), wie im Rohr an, so ist:

$$\frac{u'}{v_*} = \text{const.}$$

Mit τ_0 aus Gleichung (86) und δ aus Gleichung (87a) wird

$$v_* = \sqrt{\frac{\tau_0}{\varrho}} = 0{,}15 \, u_0 \left(\frac{u_0 \, \delta}{v}\right)^{-0,125} = 0{,}17 \, u_0 \, Re_1^{-0,1}.$$

Die ungestörte Geschwindigkeit u_0 an der Grenze der turbulenten Reibungsschicht ist nach Gleichung (25) für $y = \delta$:

$$\frac{u_0}{v_*} = 5{,}84 + 5{,}32 \log \frac{v_* \, \delta}{v}.$$

Mit dem Wert von δ aus Gleichung (87a) wird

$$\frac{v_* \, \delta}{v} = \frac{0{,}17 \, u_0}{v \, Re_1^{0,1}} \cdot \frac{0{,}37 \, x}{Re_1^{0,8}} = 0{,}0629 \, Re_1^{0,7}$$

und

$$\frac{u_0}{v_*} = 3{,}724 \log Re_1 - 0{,}55.$$

Aus der Zahlenrechnung folgt, daß mit sehr guter Annäherung

$$\varphi = \frac{u'}{u_0} = \frac{K}{3{,}724 \log Re_1 - 0{,}55} = A \cdot Re_1^{-0,075} \tag{90}$$

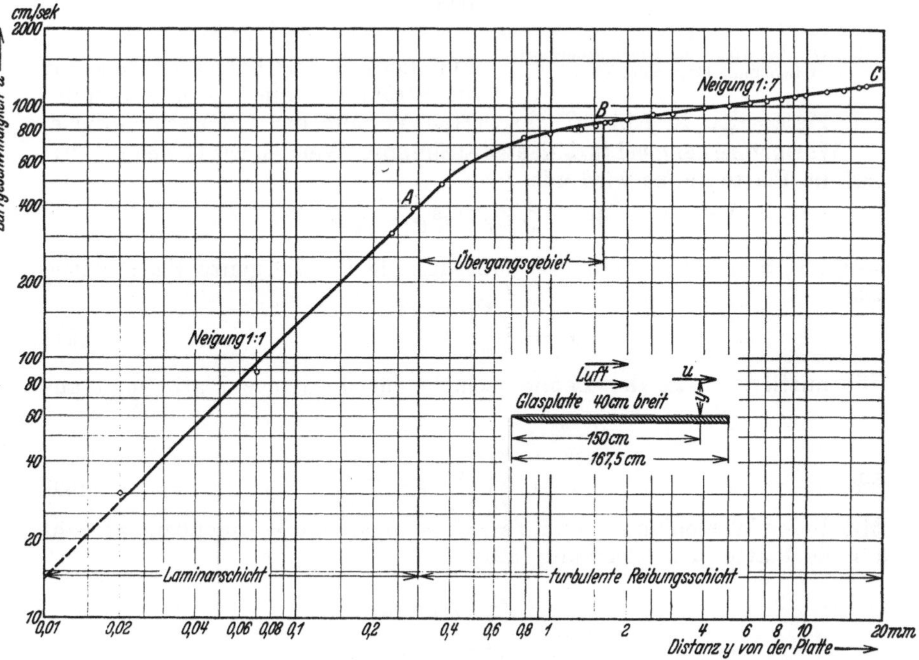

Abb. 56. Isothermische Strömung längs einer Platte. Versuche von van der Hegge Zynen.

gesetzt werden kann, so daß in Gleichung (89)

$$\delta'_x = 34{,}2\,A_x \left(1 - \frac{Re_{1k}}{Re_1}\right)^{0,2} Re_1^{-0,875} \tag{89a}$$

wird. Van der Hegge Zynen hat die Geschwindigkeitsverteilung in einem Luftstrom längs einer horizontalen Glasplatte mit zugeschärfter Anströmkante mit einem geeichten Hitzdrahtanemometer (mit 0,05 mm Drahtdurchmesser) bis zu 0,02 mm Entfernung von der Wand gemessen. Das Resultat ist in Abb. 56 dargestellt und zeigt sehr deutlich die drei Teile der Prandtlschen Reibungsschicht.

Die Dicke der turbulenten Grenzschicht folgt aus Gleichung (87 b) mit $x = 150$ cm, $u_0 = 1200$ cm/s und $\nu = 0{,}15$ cm²/s, also $Re_1 = 1{,}2 \cdot 10^6$ mit $Re_{1k} = 5 \cdot 10^5$ zu

$$\delta = \frac{0{,}37 \cdot 150 \left(1 - \frac{5}{12}\right)^{4/5}}{10\,\sqrt[5]{12}} = 2{,}2 \text{ cm}.$$

Mit der beobachteten Dicke der Laminarschicht von 0,03 cm wird nach Gleichung (89 a):

$$\delta' = \frac{34{,}2\,A \cdot 150 \left(\frac{7}{12}\right)^{1/5}}{(12 \cdot 10^6)^{0,875}} = 0{,}031\,A,$$

also

$$A = 1{,}03.$$

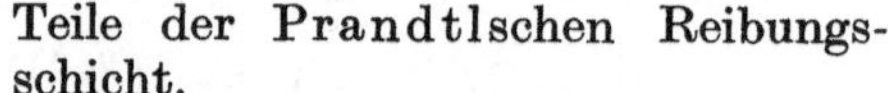

Abb. 57. Prandtlsche Grenzschicht bei der Strömung längs einer Platte.

Für $Re_1 > 5 \cdot 10^5$ haben wir also für die Strömung längs einer zugespitzten Platte den in Abb. 57 skizzierten Verlauf der Grenzschichtdicke.

Wärmeübergang bei turbulenter Strömung. Wenden wir Gleichung (21) auf die Platte an, so wird mit

$$W = \frac{1}{2}\,C_f\,F u_0^2\,\varrho = \tau_0\,F,$$

worin τ_0 nun die mittlere Schubspannung für die ganze Plattenlänge ist:

$$\alpha' = \frac{\frac{1}{2}\,C_f\,c_{pm}\,\gamma\,u_0^2}{u_m - u'}. \tag{91}$$

Die mittlere Dicke der Laminarschicht für die ganze Platte folgt aus

$$\frac{\tau_0}{\eta_g} = \frac{u'}{\delta'}$$

zu

$$\delta' = \frac{2\,v_g\,u'}{C_f\,u_0^2} = \varphi\,\frac{2\,v_g}{C_f\,u_0}. \tag{92}$$

Mit diesen Werten von α' und δ' wird die mittlere Wärmeübergangszahl für die Platte [aus Gleichung (22)]:

$$\alpha_m = \frac{\frac{1}{2}\,C_f\,c_{pm}\,u_0\,\gamma}{\dfrac{u_m - u'}{u_0} + \dfrac{u'}{u_0}\,Pr_g}.$$

Diese Gleichung gilt wieder allgemein sowohl für elastische als auch für tropfbare Flüssigkeiten. Bei ihrer Anwendung ist zu beachten, daß der Mittelwert u_m der Flüssigkeitsteilchen, die den Impulstransport besorgen, nicht zu bestimmen ist. Setzt man u_m gleich einen Bruchteil ψ der ungestörten, maximalen Geschwindigkeit u_0, so ist:

$$\alpha_m = \frac{\frac{1}{2} C_f\, c_{pm}\, u_0\, \gamma}{\psi - \varphi\,(1 - Pr_g)}. \tag{93}$$

Wird der Einfluß der Laminarschicht vernachlässigt ($Pr = 1$) und außerdem $\psi = 1$ gesetzt, so erhält man die Gleichung von Latzko-v. Karman:

$$\alpha_m = \frac{1}{2} C_f\, c_{pm}\, u_0\, \gamma. \tag{93a}$$

Der Faktor $\varphi = \dfrac{u'}{u_0}$ ist aus Gleichung (70), mit $A = 1{,}03$ für isothermische Strömung von Luft bekannt; er wird sicher auch (wie bei der Strömung im Rohr) von Pr abhängen. Nehmen wir, bis genauere Versuche vorliegen, die gleiche Abhängigkeit an, so ist (vgl. S. 119):

$$\varphi = 1{,}1\, Pr^{-\,0{,}185}\, Re_1^{-\,0{,}075}\,, \tag{94}$$

worin der Zahlenfaktor für Erwärmung und Abkühlung verschieden sein sollte.

In dem Widerstandsbeiwert C_f muß auch die Änderung der Turbulenz durch Temperaturunterschiede bei der nicht-isothermischen Strömung berücksichtigt also nach Gleichung (88), wenn turbulente Strömung längs der ganzen Platte vorhanden ist:

$$C_f = 0{,}072\, \xi\, Re_1^{-\,0{,}2} \tag{88c}$$

gesetzt werden. Der noch unbekannte Faktor ψ in Gleichung (93) kann aus den Versuchen für die **Erwärmung von Luft** mit $Pr = 0{,}725$ und $A = 1{,}03$ also aus:

$$\alpha_m = \frac{0{,}036\, \xi\, c_{pm}\, u_0\, \gamma \cdot Re_1^{-0{,}2}}{\psi - 0{,}284\, Re_1^{-0{,}075}}\ \text{kcal/m}^2,\ \text{s},\ {}^{\circ}\text{C}$$

zu $\psi = 0{,}89$ berechnet werden.

Für $Re_1 = 5 \cdot 10^5$ ist $\varphi = 0{,}385$, so daß $N = \psi - \varphi + \varphi\, Pr = 0{,}78$ wird. Die Gleichung von Latzko (93a) gibt also für Luft rd. 22% zu große Werte; für tropfbare Flüssigkeiten ist sie überhaupt nicht zu verwenden.

Aus Gleichung (93) folgt mit φ aus Gleichung (94), C_f aus Gleichung (88c) und mit dem empirischen Wert $\psi = 0{,}89$ allgemein für die turbulente Strömung längs der ganzen Platte:

$$Nu_1/Pe_1 = \frac{0{,}036\, \xi}{Re_1^{0{,}2}\, [0{,}89 - \varphi\,(1 - Pr_g)]} = \frac{\alpha}{c_p\, u_0\, \gamma}. \tag{95}$$

Die Wärmeübergangszahlen können aus dieser Gleichung mit Hilfe der Angaben auf Nomogramm 3 leicht berechnet werden. Gleichung (95) gilt nicht bei zugeschärfter Kante, da die Strömung dann erst nach einer gewissen Anlaufslänge turbulent wird.

Wärmeübergang bei Laminarströmung. Der Zusammenhang zwischen Strömungswiderstand gilt für $Pr = 1$ auch unterhalb der kritischen

Geschwindigkeit. Setzt man in Gleichung (21a) $u_m = \psi u_0$ und für C_f den Wert für Laminarströmung [Gleichung (85a)], so wird:

$$\alpha_0^x = \frac{1{,}327\,\xi_L}{2\,\psi\,\sqrt{Ke_1}}\,u_0\,c_{pm}\,\gamma = \frac{0{,}664}{\psi}\,\xi_L\,\frac{Pr}{x}\,\sqrt{Re_1}\,. \tag{96}$$

Diese Überlegungen dürfen mit guter Annäherung für Gase aber keinesfalls für tropfbare Flüssigkeiten verwendet werden.

Theoretische Lösung von E. Pohlhausen[1]. Für die zweidimensionale Strömung längs einer sehr breiten Platte lautet die Kontinuitätsgleichung für volumenbeständige Flüssigkeiten (vgl. S. 102):

$$\frac{\partial u}{\partial x} + \frac{\partial v}{\partial y} = 0\,, \tag{97}$$

woraus durch Einführung der Stromfunktionen Φ folgt:

$$u = \frac{\partial \Phi}{\partial y} \quad \text{und} \quad v = -\frac{\partial \Phi}{\partial x}\,. \tag{98}$$

Bei der stationären Strömung längs der Platte ist kein Druckgefälle vorhanden $(dp = 0)$; auch die Schwerkraft wird vernachlässigt. Die Bewegungsgleichungen (9) lauten mit diesen Vereinfachungen:

$$u\,\frac{\partial u}{\partial x} + v\,\frac{\partial u}{\partial y} = \nu\left(\frac{\partial^2 u}{\partial x^2} + \frac{\partial^2 u}{\partial y^2}\right) \tag{99}$$

und

$$u\,\frac{\partial v}{\partial x} + v\,\frac{\partial v}{\partial y} = \nu\left(\frac{\partial^2 v}{\partial x^2} + \frac{\partial^2 v}{\partial y_2}\right) \tag{100}$$

und die Gleichung für die Wärmeleitung (6a) mit $\Theta = \vartheta_w - \vartheta_\infty$:

$$u\,\frac{\partial \Theta}{\partial x} + v\,\frac{\partial \Theta}{\partial y} = a\left(\frac{\partial^2 \Theta}{\partial x^2} + \frac{\partial^2 \Theta}{\partial y^2}\right)\,. \tag{101}$$

Unter der Voraussetzung einer dünnen, laminaren Reibungsschicht (innerhalb welcher der Temperaturunterschied Θ und die Geschwindigkeitsabnahme merkliche Werte annehmen), die klein gegenüber der Plattenhöhe x ist, kann $\frac{\partial^2 u}{\partial x^2}$ gegenüber $\frac{\partial^2 u}{\partial y^2}$ und $\frac{\partial^2 \Theta}{\partial x^2}$ gegen $\frac{\partial^2 \Theta}{\partial y^2}$, sowie v gegen u vernachlässigt werden. Dies entspricht einer Strömung, die in der Y-Richtung reibungsfrei ist, d. h. Gleichung (100) fällt fort und es bleiben die vereinfachten Gleichungen:

$$u\left(\frac{\partial u}{\partial x}\right) + v\left(\frac{\partial u}{\partial y}\right) = \nu\,\frac{\partial^2 u}{\partial y^2} \tag{99a}$$

und

$$u\,\frac{\partial \Theta}{\partial x} + v\,\frac{\partial \Theta}{\partial y} = a\,\frac{\partial^2 \Theta}{\partial y^2}\,. \tag{101a}$$

Durch Einführung neuer Veränderlichen (ξ und ζ) können die partiellen Differentialgleichungen in totalen übergeführt werden:

$$\xi = \frac{g}{2}\,\sqrt{\frac{u_0}{\nu \cdot x}} \quad \text{und} \quad \zeta = \Phi\,\sqrt{\nu\,u_0\,x}\,. \tag{102}$$

---

[1] Die Lösung von Pohlhausen ist genauer als die in der Literatur oft verwendete Näherungslösung von M. A. Lévêque (*L. 31.37*), der eine geradlinige Geschwindigkeitsverteilung in der Randzone voraussetzt.

Dann folgt mit $d\zeta/d\xi = \zeta'$ aus Gleichung (98):

$$u = u_0\,\zeta'/2 \quad \text{und} \quad v = \frac{1}{2}\sqrt{\frac{v\,u_0}{x}}\,(\xi\,\zeta' - \zeta). \tag{103}$$

Führt man weiter eine dimensionslose Übertemperatur

$$\frac{\vartheta_w - \vartheta}{\vartheta_w - \vartheta_1} = \frac{\Theta}{\Theta_1} = T(\xi) \tag{104}$$

ein, so lauten die Differentialgleichungen nun mit $Pr = v/a$

$$\left.\begin{array}{l} \zeta''' + \zeta\,\zeta'' \qquad = 0 \\[4pt] T'' + \zeta\,Pr\cdot T' = 0 \end{array}\right\} \tag{105}$$

Die Randbedingungen lauten:

1. Da die Flüssigkeit an der Plattenoberfläche haftet: für $y = 0$, $u = 0$ und $v = 0$.
2. Für $y = \infty$, $u = u_0 =$ ungestörte Zuströmgeschwindigkeit.
3. Für $x = 0$, $\vartheta = \vartheta_1$ bzw. $T = 1$.
4. Für $y = 0$, $\vartheta = \vartheta_w$ unabhängig von x.

Oder mit den neuen Veränderlichen ξ und ζ

   a) für $\xi = 0$, $T = 0$, $\zeta' = 0$ und $\zeta = 0$,
   b) für $\xi = \infty$, $T = 1$ und $\zeta' = 2$.

Mit der Funktion $\zeta(\xi)$, die von H. Blasius berechnet worden ist (Abb. 58), ergibt sich als Lösung der Differentialgleichung für die Temperatur:

$$T = p\,(Pr)\int_0^\xi e^{-Pr\int_0^\xi \zeta(\xi)\,d\xi}\,d\xi. \tag{106}$$

Aus der Grenzbedingung (b) folgt

$$p\,(Pr) = \frac{1}{\displaystyle\int_0^\infty e^{-Pr\int_0^\xi \zeta(\xi)\,d\xi}\,d\xi}.$$

Blasius hat auch die Werte der Funktion $T(\xi)$ berechnet (Abb. 59). Da

$$\frac{dT}{d\xi} = p\,(Pr)\,e^{-Pr\int_0^\xi \zeta(\xi)\,d\xi}$$

ist, folgt weiter

$$p\,(Pr) = \left(\frac{dT}{d\xi}\right)_{\xi = y = 0}.$$

Nach den von E. Pohlhausen berechneten Werten kann (gültig bei $Pr = 1000$),

$$p\,(Pr) \approx 0{,}664\sqrt[3]{Pr} \tag{107}$$

gesetzt werden. Die in der Zeiteinheit von der Breiteneinheit der Platte einseitig übertragene Wärme an der Stelle x ist

$$q_x = -\lambda\left(\frac{\partial\Theta}{\partial y}\right)_{y=0} = -\lambda\left(\frac{\partial\Theta}{\partial\xi}\right)_{y=0}\cdot\frac{d\xi}{dy} = \frac{\Theta_1\,\lambda\,p\,(Pr)}{2}\sqrt{\frac{u_0}{v\,x}} \tag{108}$$

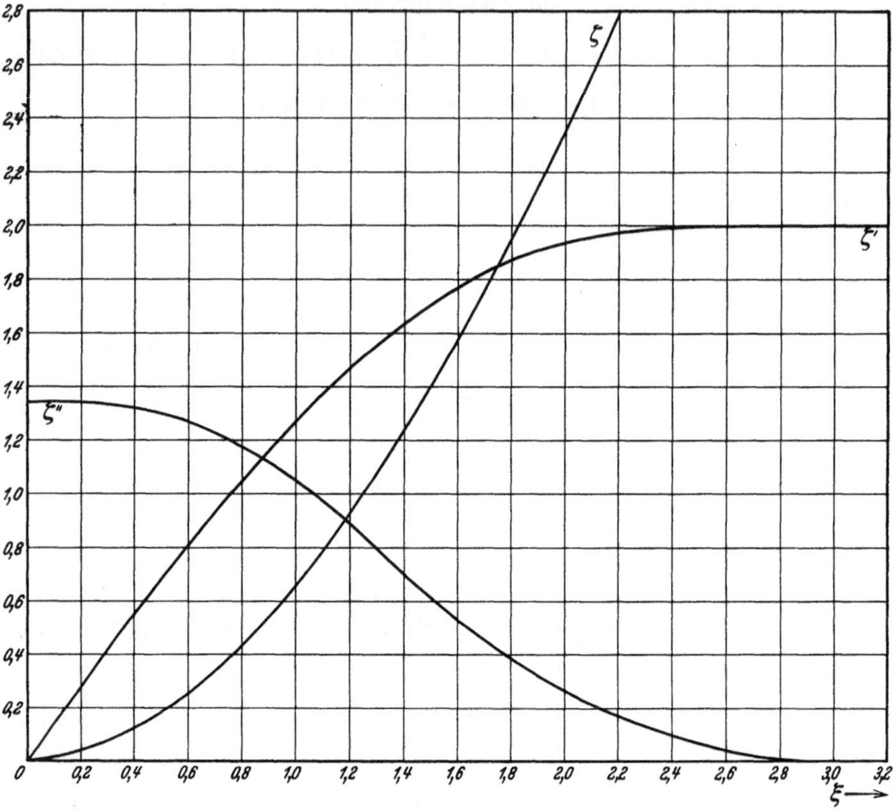

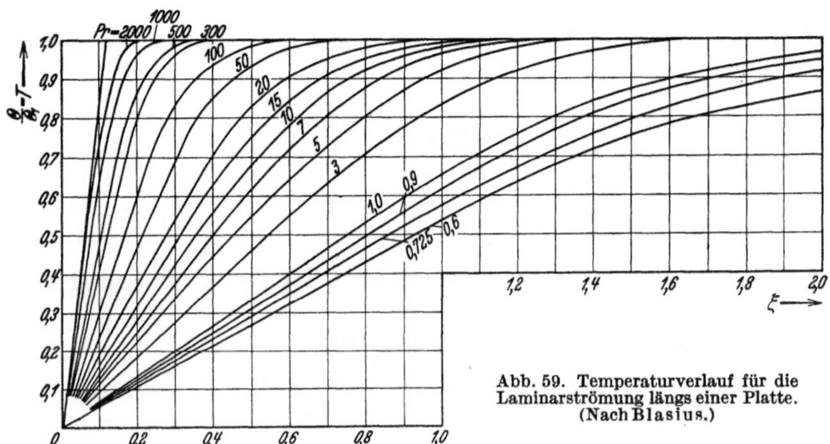

Abb. 58. Funktion ζ zur Berechnung der Laminarströmung längs einer Platte. (Berechnet von H. Blasius.)

Abb. 59. Temperaturverlauf für die Laminarströmung längs einer Platte. (Nach Blasius.)

und die totale Wärmemenge für die Breiteneinheit, einseitig:

$$Q_1 = \int\limits_0^x q_x \, dx = \Theta_1 \, p \, (Pr) \, \lambda \, \sqrt{\frac{u_0 \, x}{\nu}}$$

oder mit Gleichung (107) und $Re_1 = u_0 x/\nu$

$$Q_1 = 0{,}664 \, \Theta_1 \, \lambda \, \sqrt[3]{Pr} \, \sqrt{Re_1} \ \text{kcal/m}^2, \text{h}, {}^0\text{C}. \qquad (109)$$

Die mittlere Wärmeübergangszahl ist $\alpha_m = Q_1/\Theta_m$, also:

$$\alpha_0^x = \frac{0{,}664 \, \lambda}{x} \cdot \frac{\Theta_1}{\Theta_m} \sqrt[3]{Pr} \, \sqrt{Re_1}. \qquad (110)$$

Für die Strömung längs einer vollständig freistehenden Platte kann $\Theta_1 = \Theta_m$ gesetzt werden. Für Gase ($Pr \sim 1$) ist diese Gleichung identisch mit der viel einfacher abgeleiteten Gleichung (96), wenn $\psi = 1$ gesetzt wird.

Die Theorie setzt von der Temperatur unabhängige Stoffwerte voraus. Versuche, aus welchen der Einfluß dieser Abhängigkeit abgeleitet werden könnte, liegen für die erzwungene Laminarströmung längs der Platte zur Zeit nicht vor. Bei der freien Strömung (vgl. S. 162) gibt die Einführung der Stoffwerte bei der Wandtemperatur die beste Übereinstimmung zwischen Theorie und Versuch. Es ist zu erwarten, daß dies auch bei der erzwungenen Strömung der Fall sein wird.

Die Wärmeübergangszahlen für Laminarströmung nach Gleichung (110) können ebenfalls mit Hilfe von Nomogramm 3 leicht berechnet werden.

Bei zugeschärfter Anströmkante und beruhigter Zuströmung wird die Strömung nach einer gewissen Anlaufstrecke turbulent. Die kritische Übergangsstelle hängt von den Anfangsstörungen ab und muß von Fall zu Fall geschätzt werden. Nehmen wir $Re_{1k} = 10^5$ an, so kann die Wärmeübergangszahl in solchen Fällen durch eine Teilung der Platte berechnet werden, nämlich

von $x = 0$ bis $x = x_1 = \dfrac{10^5 \, \nu}{u_0}$ Laminarströmung nach Gleichung (110),

von $x = x_1$ bis $x = l$, turbulente Strömung nach Gleichung (95).

Für Gase darf mit guter Annäherung (genau für $Pr = 1$) die Wärmeübergangszahl auch bei Laminarströmung aus dem Strömungswiderstand berechnet werden. Im Übergangsgebiet von $Re_1 = 10^5$ bis $2 \cdot 10^7$ kann dann nach Gleichung (88b) $C_f = 0{,}003$ gesetzt werden. Aus Gleichung (93) folgt dann mit $\psi = 0{,}89$ für Luft ($Pr = 0{,}725$):

$$\frac{\alpha \, x}{\lambda} = Nu_1 = \frac{\frac{1}{2} \, C_f \, Pe_1}{\psi - \varphi \, (1 - Pr_g)}$$

und

$$Nu_1/Pe_1 = \frac{0{,}0015}{0{,}89 - 0{,}275 \, \varphi} = \frac{\alpha}{Cp \, u_0 \, \gamma}.$$

Innerhalb den Grenzen $Re_1 = 10^5$ bis 10^7 ändert sich $0{,}89$ bis $0{,}275 \, \varphi$ nur von $0{,}770$ bis $0{,}805$. Führen wir zur Vereinfachung der Rechnung den Mittelwert $0{,}788$ ein, so wird mit einem größten Fehler von etwa 2 % :

$$Nu_1/Pe_1 = \frac{0{,}0015}{0{,}787} = 0{,}0019 = \frac{\alpha}{cp \, u_0 \, \gamma} \qquad (111)$$

und

$$\alpha = 0{,}0019\, c_p u_0\, \gamma_0 \quad (u \text{ in m/h})$$

oder

$$\alpha = 6{,}84\, c_p\, u_0\, \gamma \quad (\text{kcal/m}^2,\ \text{h},\ {}^0\text{C}) \quad (u_0 \text{ in m/s}). \tag{111a}$$

In dem Übergangsgebiet zwischen $Re_1 = 10^5$ bis 10^7 ist also die Wärmeübergangszahl für Gase unabhängig von der Plattenlänge.

Wärmeaustauschflächen mit Stromlinienform müssen nach den Messungen der Ärodynamischen Versuchsanstalt in Göttingen sehr schlanke Formen erhalten. Erst bei der in Abb. 60 skizzierten weicht der gesamte Strömungswiderstand nur wenig von dem reinen Reibungswiderstand ab. Solche schlanke Formen werden im Apparatebau bis jetzt nicht verwendet. Sie sind z. B. für die Kühlung von Flugmotoren zu empfehlen, da der Strömungswiderstand dabei einen Kleinstwert erreicht. Die Wärmeübergangszahlen können wie für ebene Platten berechnet werden.

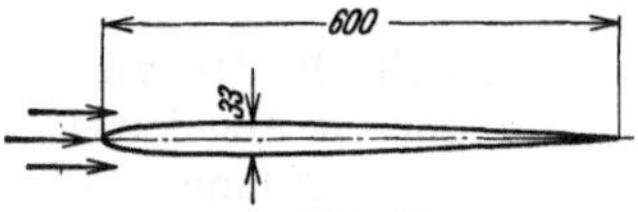

Abb. 60.

Zahlenbeispiel 21. Die alten Rohrschlangenverdampfer der Eiserzeugungsanlagen lagen in verschiedene Winnungsarten in einem rechteckigen Behälter. Die Sole strömte in der Längsrichtung um die Rohre herum. Wie groß sind die Wärmeübergangszahlen bei einer Rohrlänge von 5 m?

Die verschiedenen Kühlsolen werden je nach ihren physikalischen Eigenschaften verschiedene Wärmeübergangszahlen geben. Nehmen wir z. B. $CaCl_2$-Lösung, so folgt aus den Stoffwerten im Anhang:

Zahlentafel 10.

	Temp. ^{0}C	$\eta \cdot 10^4$ kg $\cdot$ s/m^2	ν cm^2/s	a cm^2/s	Pr	Re_1 für $w = 0{,}15$ m/s
24% CaCl$_2$	0	4,1	0,032	0,00140	22,8	
	— 5	4,8	0,0385		28	
$\gamma = 1{,}22$	—10	6	0,048	0,00141	32	$1{,}55 \cdot 10^5$
	—15	7,5	0,060		42,5	
$\lambda = 0{,}43$	—20	9,5	0,076	0,00142	54	$1 \cdot 10^5$
30% CaCl$_2$ $\gamma = 1{,}28$	—20	15	0,115	0,00145	80	$6{,}5 \cdot 10{,}4$
$\lambda = 0{,}43$	—25	19	0,145	0,00146	100	$5{,}4 \cdot 10^4$

Für die Strömung um die Längsachse der Rohre kann die Gleichung für die Strömung längs einer Platte verwendet werden. Es ist also zunächst zu entscheiden, ob die Strömung laminar oder turbulent ist. Die Strömungsgeschwindigkeit der Sole ist etwa 0,15 m/s, nur selten größer. Für eine Rohrlänge von 5 m ist $Re_1 = 500\, w/\nu$.

Die Strömung ist turbulent, wie aus der letzten Spalte der Zahlentafel 10 hervorgeht. Da das Rührwerk die Sole durch den Verdampfer hindurchdrückt (nicht saugt), entsteht eine Wirbelung, die durch den Wirbelfaktor $X = 1{,}2$ berücksichtigt ist. Der unbekannte Faktor ξ wird gleich 1 angenommen.

Zuerst werden aus Nomogramm 3 die Nu-Werte für Luft abgelesen: diese Werte sind für Sole mit dem Faktor y nach Gleichung (a),

Nomogramm 3 zu multiplizieren. Die mittlere Grenzschichttemperatur $\vartheta_g = 0{,}5\ (\vartheta_w + \vartheta_m)$ wird jeweilen $2{,}5^0$ C niedriger als die Soletemperatur gewählt. Die Wärmeübergangszahlen für Sole

$$\alpha = \frac{\lambda}{d}\, y\, (Nu_1)_{\text{Luft}}$$

sind in Zahlentafel 11 zusammengestellt.

Zahlentafel 11.

	24 % CaCl₂		30 % CaCl₂	
	$- 10^0$ C	$- 20^0$ C	$- 20^0$ C	$- 25^0$ C
$(Nu_1)_{\text{Luft}}$	500	370	270	230
α kcal/m², h, ^{0}C . .	185	155	120	100

4. Körper ohne Stromlinienform.
Strömung senkrecht zur Achse eines Kreiszylinders.

Die gesamte Strömung um den Körper kann wieder zerlegt werden in eine Strömung innerhalb der Grenzschicht, in der die Reibung zur Wirkung kommt und in eine äußere (reibungsfreie) Potentialströmung.

Die Druckverteilung der Potentialströmung um einen senkrecht zur Strömung gestellten Zylinder ist bekanntlich so, daß vom vorderen Staupunkt aus (bei 0^0, Abb. 61) entlang der kreisförmigen Querschnittskontur ein Druckabfall stattfindet, entsprechend der zunehmenden Geschwindigkeit der Flüssigkeitsteilchen bis auf dem doppelten Wert der Anströmgeschwindigkeit. Von da ab tritt eine Verzögerung ein, verbunden mit einer entsprechenden Drucksteigerung.

Innerhalb der Grenzschicht werden die einzelnen Flüssigkeitsteilchen verzögert. Im Gebiet des Druckanstieges kann es nun vorkommen, daß die kinetische Energie dieser Teilchen nicht mehr ausreicht gegen den Druckanstieg vorzudringen. Sie kommen zur Ruhe, beginnen unter der Wirkung der Drucksteigerung sich nach rückwärts zu bewegen[1] und lösen sich in Wirbel auf. Bis zur Ablösestelle verläuft die Strömung genau wie bei einem Stromlinienkörper. Blasius hat diese Stelle aus der Integration der Grenzschichtgleichung bestimmt. Als Kennzeichen für die Grenze zwischen dem Gebiet ohne und mit Rückströmung gilt, daß dort $d\,u/d\,y = 0$ für $y = 0$ ist. Die Berechnung der Strömung und damit auch des Wärmeüberganges im Wirbelgebiet ist trotz den großen Fortschritten in der Strömungslehre zur Zeit noch nicht möglich.

Da die Strömung sich hier vom Körper loslöst, gelten auch die Betrachtungen über den Zusammenhang zwischen Strömungswiderstand

---

[1] Ein sehr anschauliches Bild der Strömung längs solchen Körpern liefern uns die photographischen Aufnahmen von O. Tietjens im Kaiser Wilhelm-Institut für Strömungsforschung. Göttingen, (*L. 31.59*, Bd. 2). Sie zeigen, daß bei allen Reynoldsschen Zahlen, die Strömung vorn gleichmäßig (ohne Wirbel) ist. Die Wirbelbildung beginnt bei der Ablösestelle der Grenzschicht und ist um so kräftiger, je größer die Reynoldssche Zahl ist.

und Wärmeübergang nicht mehr. Ein Teil des Widerstandes wird durch Druckunterschiede vorn und hinter dem Körper verursacht und hat auf dem Wärmeübergang keinen direkten Einfluß.

Die einzige theoretische Grundlage bildet hier das Ähnlichkeitsprinzip.

Aus den Untersuchungen über den Wärmeübergang bei Stromlinienkörper (Platten) können wir uns doch ein Bild über den Verlauf des Wärmeüberganges machen, die bis zur Ablösestelle, ähnlich wie bei einer Platte verlaufen muß. Im Staupunkt bei 0^0 (Abb. 61) wird deshalb die Wärmeübergangszahl recht groß (theoretisch unendlich groß)

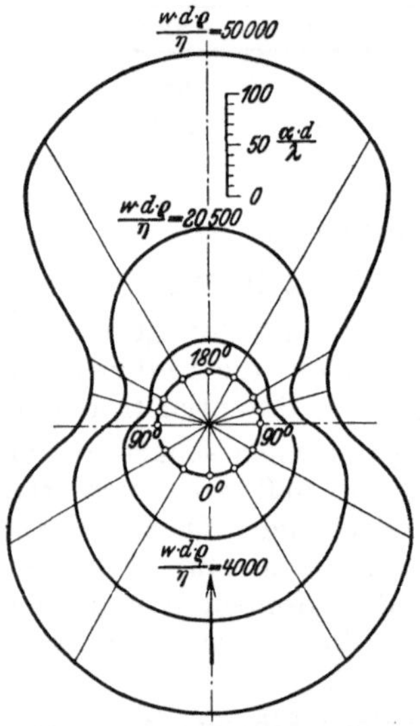

Abb. 61. Veränderlichkeit der Wärmeübergangszahl am Umfang eines Kreisrohres. (Messungen von Lorisch.)

werden und bis zur Ablösestelle stetig abnehmen. Von dieser Stelle an hängt der Wärmeübergang hauptsächlich von der Wirbelbildung ab und steigt also mit zunehmender Reynoldsscher Zahl [1].

Die bei konstanter Wandtemperatur gemessenen Wärmeübergangszahlen zeigen den oben skizzierten Verlauf über den Umfang des Rohres (Abb. 61). Bei diesen Versuchen war der Rohrumfang in 12 gleiche Teile geteilt und die für jedes Teilstück gemessene mittlere Wärmeübergangszahl ist in der Abbildung eingetragen. Bei einer feineren Einteilung wäre die Wärmeübergangszahl im Staupunkt sicher wesentlich größer ausgefallen. Alle Kurven zeigen vier ausgezeichnete Punkte: zwei Maxima bei 0^0 und 180^0 und zwei Minima bei der Ablösestelle (bei etwa 105^0). Bei kleinen Reynoldsschen Zahlen [2] ist die Vorderhälfte des Rohres für den Wärmeübergang wesentlich wirksamer als die Rückseite. Bei zunehmender Geschwindigkeit wird der Wärmeaustausch auf der hinteren Rohrhälfte immer größer und kann sogar wirksamer wie die Vorderseite des Kreisrohres werden [2].

Für praktische Anwendungen ist es zweckmäßiger mit einer „mittleren" Wärmeübergangszahl für den ganzen Umfang zu rechnen, die bei den Versuchen auch einfacher zu bestimmen ist.

Beim Vergleich der Versuchsresultate ist zu beachten, daß das Ähnlichkeitsprinzip nur für ähnliche Versuchsbedingungen gilt.

Die Versuche von H. Reiher haben z. B. gezeigt, daß die Voraussetzung einer konstanten Wandtemperatur nicht immer erfüllt ist. In einem Rohr, durch welches Wasser strömte, während heiße Luft senkrecht zur Rohrachse geblasen wurde, zeigten sich Temperaturunterschiede an der Rohroberfläche bis zu 40^0 C, während das im Rohr strömende

---

[1] Siehe Fußnote S. 149.

[2] Nach der Potentialtheorie müßten die Maxima des Wärmeübergangs bei 90^0 und 270^0, die Minima bei 0^0 und 180^0 liegen (*L. 33*, 5); sie gibt also ein etwa um 90^0 verdrehtes, absolut falsches Bild des Wärmeübergangs.

Wasser höchstens 3⁰ C Temperaturunterschied aufwies (Abb. 62). Bei vertikalen Rohren ist die Temperaturverteilung symmetrisch zur Strömungsrichtung der Luft, bei horizontalen Rohren dagegen sind Maximum und Minimum der Oberflächentemperatur um fast 90⁰ gegen der Strömungsrichtung verschoben. Diese Erscheinung kann durch den Auftrieb des ungleichmäßig erwärmten Wassers im horizontalen Rohr erklärt werden. Bei Röhren, durch die kondensierender Dampf strömt, war auch bei den größten Luftgeschwindigkeiten die Temperatur am Umfang des Rohres überall gleich.

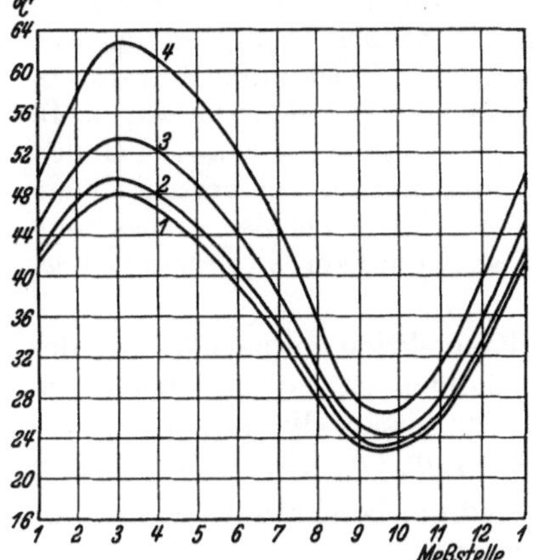

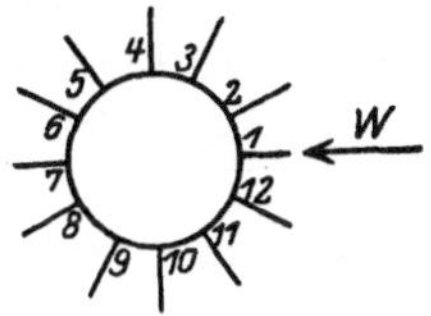

Abb. 62. Temperaturverteilung am Umfang eines Rohres, durch welches Wasser strömt, während heiße Luft dagegen geblasen wird. (Nach Messungen von Reiher.) Luftgeschwindigkeit 3 bis 6 m/s, Wassergeschwindigkeit 0,065 m/s, Lufttemperatur etwa 200⁰ C.

Da nach diesen Beobachtungen die Temperatur am Rohrumfang von vielen Umständen abhängt, so ist eine strenge Erfüllung des Ähnlichkeitsprinzips hier nicht zu erwarten. Wie groß die Abweichungen sind, kann nur durch die Versuche festgestellt werden.

Besonders wichtig ist auch, daß bei allen Versuchen eine möglichst gleichmäßige Geschwindigkeit

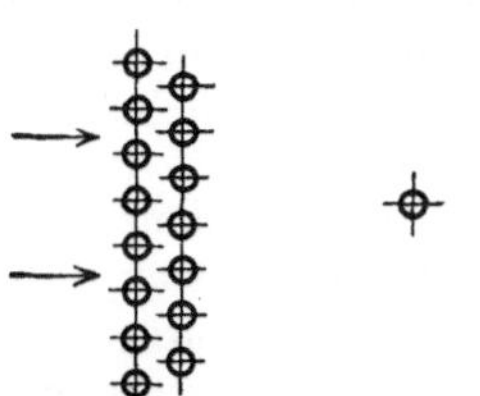

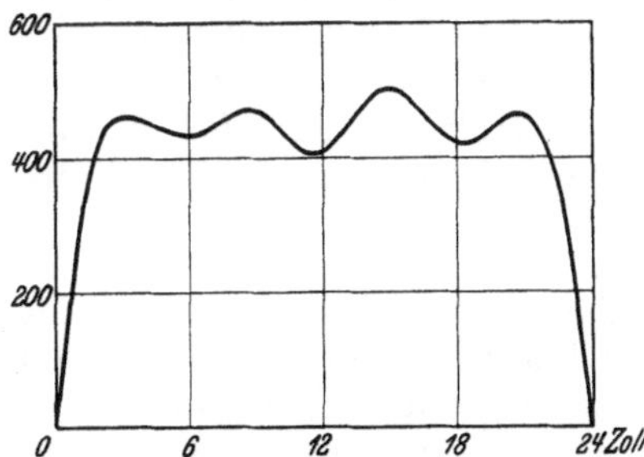

Abb. 63. Vorgeschaltetes Rohrbündel ergab 50% höhere Wärmeübergangszahlen. (Versuche von H. Reiher.)

Abb. 64. Geschwindigkeitsverteilung im Luftkanal bei den Versuchen von Griffiths und Awbery.

vorhanden war. Wie bedeutend der Einfluß der Wirbelung ist, zeigen z. B. die Versuche von H. Reiher, bei welchen dem Versuchsrohr ein Bündel aus zwei Rohrreihen vorgeschaltet wurde (Abb. 63); sie ergaben eine Erhöhung der Wärmeübergangszahl um 50%, also einen Wirbelfaktor $X = 1,5$. Auch in einem Windkanal wird nicht immer die erwünschte beruhigte Strömung erreicht. Die Messungen von E. Griffiths und J. H. Awbery zeigen, daß trotz Einbau von Führungsschaufeln immer noch eine gewisse Turbulenz vorhanden war (Abb. 64), die das Versuchsresultat beeinflußt.

Die Festlegung der Geschwindigkeit w in der Reynoldsschen Kennzahl ist bei den verschiedenen Untersuchungen auch nicht immer einheitlich durchgeführt worden, indem die Versuche zum Teil im freien Luftstrahl einer Düse, zum Teil im geschlossenen Windkanal durchgeführt wurden. Im letzteren Fall ändert sich die Zustromgeschwindigkeit w_0 allmählich bis zum Höchstwert w_{max} im engsten Querschnitt. Das Verhältnis $w_{max}/w_0 = b/(b-d)$ ist vom Rohrdurchmesser abhängig (Abb. 65). Bei den Versuchen von Reiher war z. B. $b = 16$ cm, $d_{max} = 2,8$ und $d_{min} = 0,46$ cm, so daß w_{max}/w_0 zwischen den Grenzen 1,03 und 1,22 liegt. Die Strömungen sind bei verschiedenen Durchmessern nicht mehr ähnlich. Reiher führte bei der Auswertung seiner Versuche deshalb eine mittlere Geschwindigkeit w_m zwischen w_0 und w_{max} ein.

Wenn man den Einfluß der freien Konvektion vernachlässigt, der bei kleinen Geschwindigkeiten sicher vorhanden ist, so muß nach dem Ähnlichkeitsprinzip für glatte Oberfächen:

$$Nu = F\,(Re,\,Pr,\,l/d,\,T_w/T_0 \text{ bzw. } \vartheta_w/\vartheta_0) \qquad (112)$$

sein. Auf Luft als Medium beschränkt, vereinfacht sich diese Gleichung zu:

$$Nu = F\,(Re,\,l/d,\,T_w/T_0). \qquad (113)$$

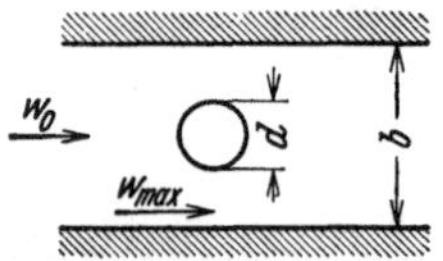

Abb. 65. Änderung der Geschwindigkeit im geschlossenen Windkanal.

Versuche mit Luft haben verschiedene Forscher in großer Zahl durchgeführt. Die Versuchsbedingungen waren aber hinsichtlich der Temperaturen des Körpers und der Luft sowie des Turbulenzgrades oft sehr verschieden. Die Zusammenstellungen der Versuchsergebnisse durch J. Ulsamer und durch M. Fishenden und O. A. Saunders[1], die Nu in Abhängigkeit einer einzelnen Veränderlichen (Re bzw. Pe) darstellten, weisen aus diesen Gründen noch verschiedene Streuungen auf.

R. Hilpert hat die Wärmeabgabe von geheizten Drähten und glatten Rohren im freien Luftstrahl einer Düse und in einem weiten Gebiet (vgl. Zahlentafel 12), unter genau gleichen Versuchsbedingungen ($T_w/T_\infty =$ const, vollständig beruhigter Zuströmung) mit der größtmöglichen Genauigkeit nochmals untersucht (die Ungenauigkeit wird kleiner als 1% geschätzt), wobei allerdings l/d nicht konstant war. Die Rohre erhielten aber als Schutzheizung auf beide Enden kurze Rohrstücke von gleichem Durchmesser, die mit Dampf beheizt wurden, so daß die Strömung in der eigentlichen Versuchsstrecke nicht stark von der Strömung um einen sehr langen Zylinder abweichen kann.

Die kleinste Luftgeschwindigkeit, etwa 2 m/s bei 100^0 C und etwa 10 m/s bei 1000^0 C Wandtemperatur ist noch so groß, daß vom Einfluß der freien Strömung abgesehen werden kann.

Das Resultat ist in Abb. 66 mit den Mittelwerten von λ und ν nach Gleichung (17) dargestellt und zeigt, daß die Kurve aus einzelnen geraden Stücken besteht, für welche ein einfaches Potenzgesetz gilt, solange T_w/T_∞ konstant bleibt, nämlich:

$$Nu = C \cdot Re^m. \qquad (114)$$

---

[1] *L. 31.13.*

Zahlentafel 12. Versuchsbereich von R. Hilpert.

	d mm	$\frac{l}{d}$	Re von	bis		d mm	$\frac{l}{d}$	Re von	bis
Drähte	0,0198	5100	2 —	23	Rohre	2,99	167	500 —	3750
	0,0245	6500	4 —	7		25	20	2400 —	36500
	0,050	3170	7 —	67		44	11,3	6000 —	56000
	0,099	1610	17 —	150		90	5,5	15000 —	132000
	0,298	715	55 —	190		150[1]	0,95	31000 —	231000
	0,50	1080	68 —	740					
	1,00	539	190 —	1550					

[1] vertikal

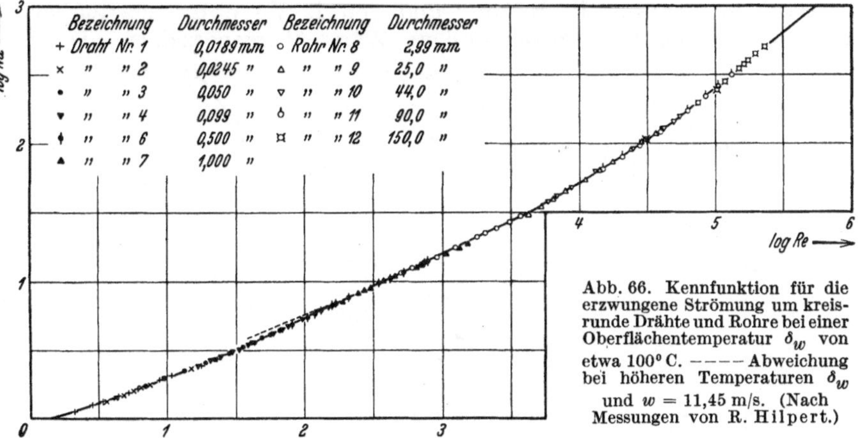

Abb. 66. Kennfunktion für die erzwungene Strömung um kreisrunde Drähte und Rohre bei einer Oberflächentemperatur δ_w von etwa 100° C. ———— Abweichung bei höheren Temperaturen δ_w und $w = 11,45$ m/s. (Nach Messungen von R. Hilpert.)

Die Einführung von „mittleren" Stoffwerten für Körper mit Grenzschichtablösung ist dadurch begründet, daß die Rückseite (das Wirbelgebiet) hauptsächlich von den losgelösten Grenzschichtteilchen herrührt, so daß der mittlere Temperaturunterschied dort kleiner als auf der Vorderseite ist.

Das Auftreten der Knicke läßt auf eine Änderung der Strömung bei den betreffenden Reynoldsschen Zahlen schließen.

Versuche mit anderen Oberflächentemperaturen als 100° C zeigten, daß die Wär-

Zahlentafel 13. Werte C, C_1 und m in den Gl. (114/15).

Re von	bis	C für $\vartheta_w = 100°$ C	m	C_1
0,4	4	0,891	0,330	0,872
4	40	0,821	0,385	0,802
40	4000	0,615	0,466	0,600
4000	40000	0,174	0,618	0,1675
40000	400000	0,0239	0,805	

meübergangszahl mit steigender Oberflächentemperatur etwas zunimmt und daß die Kurven für verschiedene Oberflächentemperaturen durch Einführung der mittleren Stoffwerte nach S. 107 oder auch durch Einsetzen anders gebildeter Mittel nicht zur Deckung zu bringen sind. Aus seinen bis zu 1050° C Oberflächentemperatur durchgeführten Versuchen leitet Hilpert für die Erwärmung von Luft bei sehr großen Geschwindigkeiten die allgemeinere Gleichung ab:

$$Nu = C_1\, Re^m \left(\frac{T_w}{T_0}\right)^{m/4} \tag{115}$$

ab, gültig für T_w/T_0 von 1 bis 4,5 und für $Re < 4000$. Es ist zur Zeit
noch nicht erwiesen, ob sie auch für größere Werte von Re gültig bleibt,
da Versuche in diesem Gebiet auf große Schwierigkeiten stoßen, weil
man die bei großen Geschwindigkeiten erforderlichen Heizleistungen in
einem Rohr kaum unterbringen kann.

Der Einfluß der Wandtemperatur auf die Wärmeübergangszahl für
Luft ist also nicht sehr groß; sie nimmt mit steigendem Temperaturunterschied etwas zu und ist bei 1000^0 C Drahttemperatur etwa 6%
größer als bei 100^0 C.

Die Versuche von H. Reiher und von L. Vornehm zeigten bei
Abkühlung der Luft etwas größere Wärmeübergangszahlen als bei

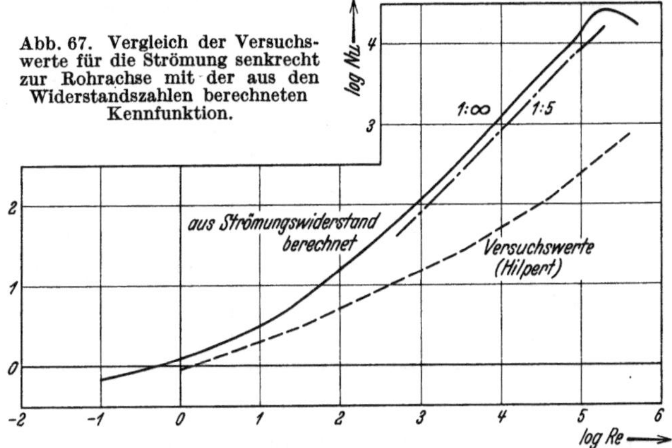

Abb. 67. Vergleich der Versuchswerte für die Strömung senkrecht zur Rohrachse mit der aus den Widerstandszahlen berechneten Kennfunktion.

Erwärmung, also ähnlich wie bei Körper mit Stromlinienform gefunden
(vgl. S. 126). Bis genauere Versuche vorliegen, kann Gleichung (115)
auch für Abkühlung verwendet werden, wenn statt $\dfrac{T_w}{T_0}$ der umge-
kehrte Wert $\dfrac{T_0}{T_w}$ eingesetzt wird, so daß bei Vertauschung von Wand-
und Lufttemperatur die Wärmeübergangszahl gleich bleibt.

Wenn die Strömung sich nicht vom Zylinder ablöste, könnte die
Wärmeübergangszahl aus dem Strömungswiderstand

$$W = C_f\, F u_0^2 \frac{\gamma}{2\,g}$$

mit den für Kreiszylinder aus den Göttinger Versuchen genau bekannten
C-Werten berechnet werden. Dabei ist zu beachten, daß die Oberfläche
des Rohres $\pi\, F$ ist. Aus Gleichung (21a) folgt mit $u_0\, d\, c_p\, \dfrac{\gamma}{\lambda} = Re \cdot Pr$
und $Pr = 0{,}725$:

$$Nu = \alpha\, \frac{d}{\lambda} = \frac{C_f}{2\,\pi}\, Pr \cdot Re = 0{,}115\, C_f\, Re. \tag{116}$$

Diese Werte von Nu sind in Abb. 67 mit den Versuchswerten verglichen. Die Abbildung zeigt, welcher Bruchteil des Gesamtwiderstandes

bei der Strömung um runde Röhren für den Wärmeübergang nützlich verwertet wird. Dieser Bruchteil ist aber nicht konstant, sondern nimmt mit zunehmender Reynoldsschen Zahl[1] ab.

Diese Werte gelten für unendlich lange Zylinder. Die Messungen der Aerodynamischen Versuchsanstalt zu Göttingen haben gezeigt, daß für Zylinder von endlicher Länge, bei welchen auch die beiden Stirnflächen von der Strömung umflossen werden, die Widerstandszahl C_f wohl einen ähnlichen Verlauf hat, aber kleiner ist. Die Versuche von Hughes mit kurzen Zylindern zeigen dagegen höhere Wärmeübergangszahlen. Man kann dies dadurch erklären, daß bei der nunmehr räumlichen Strömung die Druckverteilung um den Zylinder sich mehr ausgleicht.

A. H. Davis hat Versuche mit tropfbaren Flüssigkeiten, Wasser $(Pr_g = 5{,}7)$, Paraffinöl $(Pr_g = 25$ bis $40)$ und drei verschiedene Transformeröle $(Pr_g = 210$ bis $1250)$ durchgeführt, und zwar mit 5^0 C und 50 bis 60^0 C Temperaturunterschied zwischen Wand und Flüssigkeit. Die Geschwindigkeiten lagen zwischen 0,1 und 0,7 m/s also nicht immer sicher oberhalb der Grenze, bei welcher die freie Strömung vernachlässigt werden darf. Die Auswertung dieser Versuche durch J. Ulsamer ergab, daß sie recht gut durch die Gleichung

Zahlentafel 14.

Querschnitt	Re von	Re bis	C bei $\vartheta_w = 100^0$ C	m
→ □	5000	100000	0,0921	0,675
→ ◇	5000	100000	0,222	0,588
→ ⬡	5000	100000	0,138	0,638
→ ⬡	5000	19500	0,144	0,638
	19500	100000	0,0347	0,782

$$Nu = K \cdot Pr^n \, Re^m \qquad (117)$$

dargestellt werden können, wobei der Exponent $n = 0{,}31$ unabhängig von der Reynoldsschen Kennzahl ist.

Andere Querschnittsformen (Profilrohre). R. Hilpert nimmt als Bezugslänge in den Kenngrößen Nu und Re den Durchmesser eines Kreisrohres von gleichem Umfang und findet, daß auch für Profilrohre die Potenzgleichung gilt mit den Werten von C und m aus Zahlentafel 14.

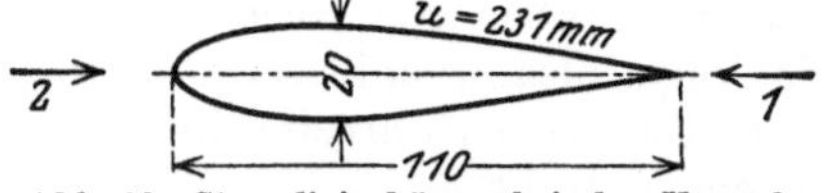

Abb. 68. Stromlinienkörper bei den Versuchen von Hughes.

Die Versuche zeigen, daß bei dieser Wahl der Kenngrößen die Wärmeübergangszahlen von Profilrohren nur wenig von denen der kreisrunden Rohren abweichen.

Man darf dieses Resultat allerdings nicht auf „beliebige" Querschnittsformen erweitern. So zeigen z. B. die Versuche von Hughes mit einer dem Stromlinienkörper nachgebildeten Querschnittsform (Abb. 68), daß der Wärmeübergang nicht unabhängig von der Strömungsrichtung ist.

---

[1] van Iterson, Prof. Ing. F. K. Th.: (De Ingenieur 1926, Nr. 17) setzt diesen Bruchteil gleich $0{,}785 \, Re^{-0{,}24}$, doch ist diese Beziehung nur in engen Grenzen gültig.

Stromrichtung (1) bestätigt recht gut die von Hilpert gefundene Regel, während Stromrichtung (2) fast 50% höhere Wärmeübergangszahlen gibt.

Mit dieser Regel können auch die Wärmeübergangszahlen für beliebig zur Zylinderachse gerichtete Strömung geschätzt werden, indem die Schnittfläche der Strömungsebene mit dem Zylinder als Rohrprofil angenommen wird. Strömt die Luft dem Rohr unter dem Winkel φ mit der Rohrachse zu, so ist die Schnittfläche eine Ellipse mit den Achsen $2a$ und d. Der Umfang der Ellipse

$$U = 4\,aE\left(\frac{\pi}{2}, \varepsilon\right), \tag{118}$$

worin E das vollständige elliptische Integral zweiter Ordnung und $\varepsilon = \frac{1}{a}\sqrt{a^2 - \frac{d^2}{4}} = \sin\alpha = \sin(90 - \varphi)$ ist, kann aus der Zahlentafel Hütte Bd. 1, S. 50 entnommen werden. Der Durchmesser d_{ae} eines Kreisrohres mit gleichem Umfang kann aus Abb. 146 (auf Nomogramm 4) abgelesen werden.

Rohrbündel. Die vielen Versuche, die über den Wärmeübergang in Rohrbündeln vorliegen, sind unter sich nicht direkt vergleichbar. Erstens sind die verschiedenen Versuchsapparate nicht genau geometrisch ähnlich, da die relativen Rohrabstände s_1/d und s_2/d nicht gleich sind [s_2 = Rohrabstand in der Richtung der Strömung (Abb. 69), s_1 = Rohrabstand senkrecht zur Stromrichtung]. Dann ist die Festlegung der kennzeichnenden Luftgeschwindigkeit bei den verschiedenen Untersuchungen nicht einheitlich durchgeführt worden, indem einzelne Forscher dafür die ungestörte Zustromgeschwindigkeit wählen, während andere die größte Geschwindigkeit im engsten Querschnitt dafür einsetzen. Auch der Temperaturunterschied wird nicht einheitlich gewählt; so nimmt z. B. Rietschel an Stelle der „mittleren" Lufttemperatur die einfacher zu messenden Temperaturen der zuströmenden Luft zur Berechnung der Wärmeübergangszahl. Schließlich war auch der Wirbelzustand der zuströmenden Luft, der einen erheblichen Einfluß auf die Größe der Wärmeübergangszahl hat, nicht bei allen Versuchsanordnungen gleich. Aus allen diesen Gründen streuen die Versuchsergebnisse zum Teil bedeutend. Man kann aber das Resultat der verschiedenen Untersuchungen kurz wie folgt zusammenfassen:

1. Die erste Rohrreihe im Bündel überträgt etwas mehr als ein freistehendes Rohr.

2. Die Versuche von Reiher, der den Wärmeübergang von jeder Rohrreihe einzeln untersucht hat, zeigen, daß für jede Reihe der Exponent m in der allgemeinen Gleichung

$$Nu = C \cdot Re^m \tag{114}$$

gleich bleibt und sich nur der Faktor C ändert. Die Änderung von C ist eine Folge der veränderten Wirbelzustände der Luft in den folgenden Reihen und kann durch Einführung eines Wirbelfaktors X berücksichtigt werden.

3. Bei Rohrenapparaten mit geradlinig hintereinander angeordneten Rohren überträgt die zweite Rohrreihe weniger, jede folgende Reihe fast gleich viel wie die erste (Abb. 69).

4. **Rohrbündel mit versetzten Rohren** übertragen mehr Wärme als die geradlinig angeordneten Rohre, da die zweite und jede folgende Rohrreihe, infolge der erhöhten Wirbelbildung wirksamer als die erste Reihe ist (Abb. 69).

5. Innerhalb den Versuchsgrenzen $s_1/d = 1,5$ bis 3 und $s_2/d = 1,5$ bis 5 für geradlinig und $s_1/d = 1,5$ bis 5, $s_2/d = 1,15$ bis 2,5 für versetzt angeordnete Rohre ist die Kennfunktion

$$Nu = F\,(Re)$$

praktisch unabhängig von den relativen Rohrabständen.

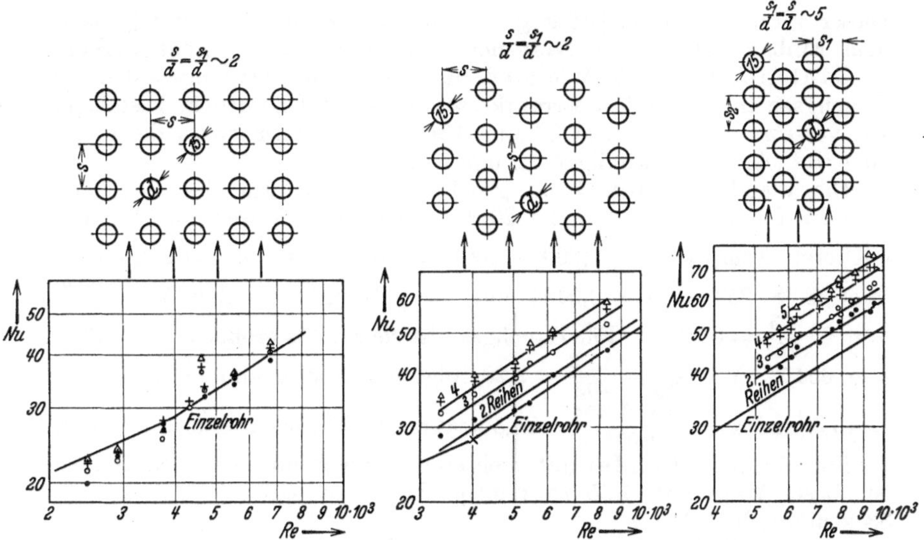

Abb. 69. Versuche von H. Reiher mit Rohrbündeln.

6. Bis genauere Versuche vorliegen, können die Wärmeübergangszahlen von Rohrbündeln mit **geradlinig** hintereinander angeordneten Rohren aus der allgemeinen Gleichung (116) für ein Einzelrohr berechnet werden. Für Rohrbündel mit **versetzten** Rohren kommen Wirbelfaktoren X dazu.

Für   2   3   4   5 und mehr Rohrreihen
ist X 1,1   1,2   1,3   1,35.

7. Apparate mit anderen Querschnittsformen als Kreisrohre können durch Einführung eines gleichwertigen Durchmessers mit gleichem Umfang wie ein Kreisrohrbündel berechnet werden.

Die Wärmeübergangszahlen können aus Nomogramm 4 abgelesen werden.

Zahlenbeispiel 22. Wie groß ist die Wärmeübergangszahl in dem Zwischenkühler eines Luftkompressors, bestehend aus mehreren Rohrreihen von 25 mm Außendurchmesser, durch welche Luft (von 80° C) mit einer Geschwindigkeit von 6 m/s geführt wird, wenn die Rohrtemperatur 20° C beträgt und der Druck in dem Kühler 5 at abs. ist?

Bei einer mittleren Temperatur von $\frac{1}{2}(80+20)=50^0\,$C ist die kinematische Zähigkeit der Luft bei 1 ata nach Zahlentafel 38, S. 257 $\nu=$ 0,185 cm²/s. Bei 5 ata ist $\nu=\dfrac{0,185}{5}$ und $Re=\dfrac{w\cdot d}{\nu}=\dfrac{600\cdot 2,5\cdot 5}{0,185}=4,05\cdot 10^4$.

Mit $\dfrac{T_L}{T_w}=\dfrac{333}{293}=1,12$ folgt aus Nomogramm 4 für ein einzelnes Rohr: $Nu=130$. Für mehrreihige versetzte Rohrbündel ist der Wirbelfaktor $X=1,35$, und

$$\alpha = 130\cdot 1,35\cdot\frac{0,0234}{0,025}=167\,\text{kcal/m}^2,\,\text{h},\,{}^0\text{C}.$$

Dieser Wert gilt für vollständig beruhigten Zustrom der Luft; je nach dem Einbau kann dieser Wert noch um 10 bis 20% erhöht werden.

Zahlenbeispiel 23. Wie groß sind die Wärmeübergangszahlen für Rauchgase in einem Wasserrohrkessel für 15 at Überdruck, bestehend aus versetzten Röhren von 83 mm Außendurchmesser, wenn die maximale Rauchgasgeschwindigkeit 6 m/s ist?

Die Wandtemperatur kann gleich der Temperatur des siedenden Wassers für 15 atü = 16 at zu 200⁰ C angenommen werden. Bei der mittleren Temperatur $\frac{1}{2}(800-200)=500^0\,$C ist für Luft (Zahlentafel 38, S. 257) ist $\lambda=0,0464$ und $\nu=0,81$ cm²/s, so daß $Re=\dfrac{w\cdot d}{\nu}$ $=600\cdot\dfrac{8,3}{0,81}=6100$ ist. Für Rauchgase ist Re rd. 4% größer (vgl. S. 130), also 6345. Mit $\dfrac{T_L}{T_w}=\dfrac{1073}{473}=2,28$ folgt aus Nomogramm 4 $Nu=\alpha\,\dfrac{d}{\lambda}$ $=43,5$ und $\alpha=\dfrac{43,5\cdot 0,0464}{0,083}=24,5$ kcal/m², h, ⁰C für ein einzelnes Rohr.

Für ein Rohrbündel mit mehreren versetzt angeordneten Reihen ist dieser Wert mit 1,35 zu multiplizieren, so daß $\alpha=1,35\cdot 24,5=$ 33 kcal/m², h, ⁰C ist.

Strömen die Rauchgase unter einem anderen Winkel als 90⁰ zur Rohrachse, so sind diese Werte durch $\left(\dfrac{d_{ae}}{d}\right)^{1-0,618}$ zu dividieren, welche Faktoren aus Abb. 146 auf Nomogramm 4 abgelesen werden können.

Für $\varphi=80^0$ 60⁰   45⁰   30⁰   20⁰
ist der Faktor   1   1,03   1,07   1,18   1,32

Zu diesem konvektiven Wärmeübergang kommt noch die durch Strahlung übertragene Wärme hinzu.

Für den „mittleren" Strahlungsweg s eines Gases zwischen versetzten Rohren sind (nach Zahlentafel 1, Pos. 2, S. 31) zwei Werte bekannt, nämlich für $e/d=1$, $s/e=2,8$ und für $e/d=2$, $s/e=3,8$. Durch diese Werte ist in Abb. 147 auf Nomogramm 4 eine Kurve gezogen; mit $d=83$ mm $=0,083$ m ist der mittlere Strahlungsweg für alle Werte von e/d bekannt. Die in der Abbildung eingezeichneten Strahlungszahlen α_s sind in gleicher Weise berechnet, wie in Zahlenbeispiel 2, S. 40.

Sie zeigen, daß z. B. in einem Steilrohrkessel mit weitem Rohrabstand und bei hohen Temperaturen der Rauchgase die durch Strahlung und durch Konvektion übertragenen Wärmen von der gleichen Größenordnung werden können. Die so berechneten Wärmeübergangszahlen

$\alpha_t = \alpha_s + \alpha$ können nur bei **reiner** Oberfläche erreicht werden. Bei dem in praktischen Betrieben unvermeidlichen Ansatz von Ruß und Schlacken, wird die durch Strahlung übertragene Wärme stark vermindert (vgl. S. 217/218).

Zahlenbeispiel 24. Wie groß ist die Wärmeübergangszahl in einem Solekühler, bestehend aus einem Rohrbündel mit vielen versetzt liegenden Rohrreihen von 40 mm Außendurchmesser, wenn die Sole mit 1 bzw. 0,5 m/s senkrecht zur Rohrachse strömt?

Die Wärmeübergangszahlen sind aus folgender Gleichung zu berechnen:

$$\alpha = \frac{\lambda}{d} K \cdot X \cdot Pr^{0,31} Re^m \text{ kcal/m}^2, \text{ h, } {}^0\text{C}.$$

Für mehrreihig versetzte Rohre ist $X = 1,35$; K und m sind von der **Reynolds**schen Zahl abhängig. Man berechnet also zuerst Re und Pr, liest aus Nomogramm 4 für $\dfrac{Tw}{T\infty} = 1$ die Nu-Werte für Luft ab. Dabei ist zu beachten, daß für $Re > 4000$ andere Werte von K und m gelten als für $Re < 4000$. Für andere Flüssigkeiten sind diese Nu-Werte mit $1,105 \, Pr^{0,31}$ zu multiplizieren, welche Werte auch aus Nomogramm 4 zu entnehmen sind und findet

$$\alpha = \frac{0,43}{0,04} \cdot 1,35 \, (1,105 \, Pr^{0,31}) \, (Nu_{\text{Luft}}) \text{ kcal/m}^2, \text{ h, } {}^0\text{C}.$$

Zahlentafel 15. Wärmeübergangszahlen in Solekühler.

Lösung	Temperatur ^{0}C	$\eta \cdot 10^4$ kg$\cdot$s/m²	v cm²/s	a cm²/s	Pr	Re		Nu_{Luft}		W.Ü.Z. kcal/m², h, ^{0}C	
						1 m/s	0,5 m/s	1 m/s	0,5 m/s	$w=1$ m/s	$w=0,5$ m/s
24% CaCl$_2$	0	4,1	0,032	0,00140	22,8	12 500	6250	57,5	37,5	2560	1600
$\gamma = 1,22$	—10	6	0,048	0,00141	32	8 300	4150	44,5	29	2100	1360
$\lambda = 0,43$	—20	9,5	0,076	0,00142	54	5 300	2650	34	23,5	1870	1390
30% CaCl$_2$	—20	15	0,115	0,00145	80	3480	1740	27	19,3	1680	1200
$\gamma = 1,28$	—25	19	0,145	0,00146	100	2750	1375	24	17,4	1600	1160
$\lambda = 0,43$	—27,5										

Diese Wärmeübergangszahlen weichen zum Teil stark von den von E. Hofmann[1] berechneten Werte ab, da dort die Gleichung von Reiher weit außerhalb dem Geltungsbereich erweitert wird.

C. Freie Strömung.

Bei der freien Strömung wird die Bewegung durch den Auftrieb der erwärmten Flüssigkeit hervorgerufen; Temperatur- und Geschwindigkeitsfeld sind also miteinander gekuppelt.

1. Vertikale Platte.

Theoretische Lösung von Schmidt, Pohlhausen, und Beckmann. Mit den gleichen Vereinfachungen wie bei der erzwungenen Strömung längs einer Platte, bleibt Gleichung (101 a) für die Wärmeleitung auch bei

---

[1] E. Hofmann: Wärmedurchgangszahlen von Steilrohrverdampfern. Z. ges. Kälteind. Bd. 41 (1934) S. 190.

freier Strömung unverändert; in der Strömungsgleichung (99a) kommt das Auftriebsglied $X/\varrho = g\,\beta\,\Theta$ (vgl. S. 103) hinzu.

Die Voraussetzung einer raumbeständigen Flüssigkeit ($\varrho = \mathrm{const}$) mag zunächst befremdlich erscheinen, weil damit Ausdehnung und Auftrieb und somit die gesamte Konvektion in Frage gestellt wird. Dies ist jedoch nicht der Fall, weil diese Vereinfachung nur in den Trägheitsgliedern und bei der Wirkung der Reibung, aber nicht im Auftriebsglied gemacht wird.

Durch Einführung der Stromfunktion an Stelle der Geschwindigkeiten u und v [Gleichung (98)], gehen die Gleichungen (99a) und (101) über in:

$$\frac{\partial\,\Phi}{\partial\,y}\cdot\frac{\partial^2\,\Phi}{\partial x\cdot\partial y} - \frac{\partial\,\Phi}{\partial\,x}\cdot\frac{\partial^2\,\Phi}{\partial\,y^2} = v\,\frac{\partial^3\,\Phi}{\partial\,y^3} + g\,\beta\,\Theta \tag{119}[1]$$

$$\frac{\partial\,\Phi}{\partial\,y}\cdot\frac{\partial\,T}{\partial\,x} - \frac{\partial\,\Phi}{\partial\,x}\cdot\frac{\partial\,T}{\partial\,y} = a\,\frac{\partial^2\,T}{\partial\,x^2} \tag{120}$$

mit der dimensionslosen Übertemperatur $T = \Theta/\Theta_\infty$.

E. Pohlhausen hat nachgewiesen, daß diese partiellen Differentialgleichungen sich in gewöhnliche umformen lassen, wenn

$$\xi = \sqrt[4]{\frac{g\,\beta\,\Theta_\infty}{4\,v^2}}\cdot\frac{y}{\sqrt[4]{x}} = C\,\frac{y}{\sqrt[4]{x}} = \frac{y}{x}\sqrt[4]{\frac{Gr}{4}} \tag{121}$$

als neue Veränderliche eingeführt wird und an Stelle der gesuchten Funktionen Φ und T

$$\Phi\,(x,\,y) = 4\,v\,C\sqrt[4]{x^3}\,\zeta\,(\xi) \tag{122}$$

und

$$T\,(x,\,y) = \vartheta\,(\xi) \tag{123}$$

zwei neue Funktionen ζ und ϑ der einen Unbekannten ξ setzt. Die Einführung einer neuen Veränderlichen ξ (prop. mit $Gr^{0,25}$) ist nicht auf die vertikale Platte beschränkt und kann mit gleichem Erfolg auch bei anderen Körperformen ohne Grenzschichtablösung verwendet werden. Sie hat zur Folge, daß auch die Wärmeübergangszahl prop. mit $Gr^{0,25}$ sein muß, welche Schlußfolgerung also allgemein für die freie Strömung um Stromlinienkörper gilt, wenn sich die Randbedingungen auch als Funktion von ξ darstellen lassen. Die Gleichungen (119) und (120) gehen dann in die beiden gewöhnlichen Differentialgleichungen über:

$$\zeta''' + 3\,\zeta\,\zeta'' - 2\,\zeta'^2 + \vartheta = 0 \tag{124}$$

und mit $Pr = v/a$:

$$\vartheta'' + 3\,Pr\,\zeta\,\vartheta' = 0. \tag{125}$$

Die Randbedingungen lauten:

für $y = 0$, $u = 0$, $v = 0$ und $\Theta = \Theta_0$, bzw. $T = 1$

und   für $y = \infty$, $u = 0$, $v = 0$ und $\Theta = 0$, bzw. $T = 0$

und müssen auch durch die neue Veränderliche ξ eindeutig bestimmt sein.

---

[1] L. Lorenz und ebenso W. Nusselt und W. Jürges machten zur weiteren Vereinfachung die Annahme, daß Temperatur und Geschwindigkeit im ganzen Feld nur von y abhängen, d. h. sie lassen noch die Glieder $u\,\dfrac{\partial u}{\partial x}$ und $u\,\dfrac{\partial\Theta}{\partial x}$ fort. Die Versuche von Nusselt und Jürges sowie von Schmidt und Beckmann zeigten aber, daß diese Annahme nicht im entferntesten zutrifft. Nusselt und Jürges nahmen deshalb an, daß Θ nicht die wahre Übertemperatur, sondern der Mittelwert für die ganze Platte sei.

Die Werte $\Phi = $ const bilden die Stromlinien; sie müssen auch für die Wand gelten; dort ist $\Phi = 0$. Die Stromfunktion Φ wird auch zu Null, für alle Werte von y, wenn $x = 0$ ist. Die X- und Y-Achsen bilden demnach die Berandung des Strömungsgebietes (Abb. 70). Für die Abkühlung der Platte erhält man das Spiegelbild in bezug auf die Y-Achse. Die Flüssigkeit fließt also in breiter Front waagerecht auf die Platte zu, wird ziemlich plötzlich umgelenkt und strömt in dünner Schicht nach oben ab.

An der Unterkante der Platte wird das Strömungsfeld von der Wirklichkeit abweichen, weil der Platte auch aus dem unteren Halbraum Flüssigkeit zuströmen kann; dort ist auch die Voraussetzung der Theorie (Laminarschicht klein gegenüber Plattenhöhe x) nicht mehr erfüllt.

Für die Geschwindigkeitskomponenten erhält man die Gleichungen:

$$u = \frac{\partial \Phi}{\partial y} = 4\,\nu\,C^2\,\sqrt{x}\,\zeta' \qquad (126)$$

und

$$v = -\frac{\partial \Phi}{\partial x} = \\ = -\nu\,C\left\{\frac{\zeta}{\sqrt[4]{x}} - \frac{C\,y}{\sqrt{x}}\,\zeta'\right\}. \qquad (127)$$

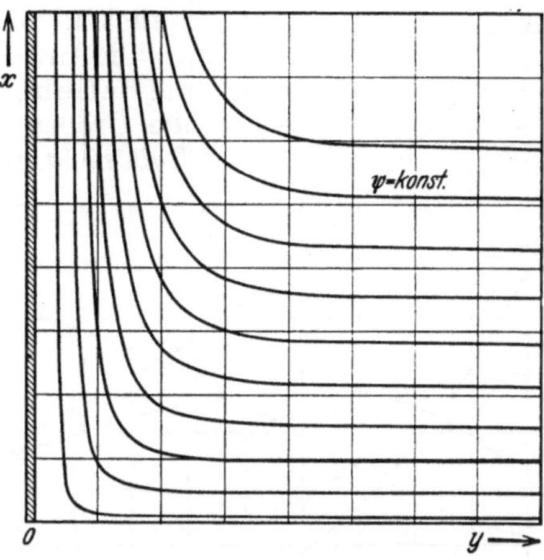

Abb. 70. Das Strömungsfeld vor einer wärmeabgebenden senkrechten Platte.

Die Bedingung, daß an der Wand für alle Werte von x die vertikale Geschwindigkeit u zu Null wird, ist erfüllt, wenn für $y = 0$, ζ und $\zeta' = 0$ ist. Weit von der Platte entfernt, für $y = \infty$ hat die Geschwindigkeit v eine horizontale Tangente, die bedingt, daß dort ζ' und ζ'' gleich Null werden.

Die Randbedingungen lauten also nun:

$$\text{für } \xi = 0, \quad \zeta = 0,\ \zeta' = 0 \text{ und } \vartheta = 1$$

und $\qquad\qquad\quad$ für $\xi = \infty$, $\zeta' = 0$, $\zeta'' = 0$ und $\vartheta = 0$.

Die Differentialgleichungen (124) und (125) lassen sich durch Reihen für ζ und ϑ lösen, die nach Potenzen von ξ fortschreiten und worin das Geschwindigkeits- und Temperaturgefälle an der Wand (ζ_0'' und ϑ_0') noch als Unbekannten vorkommen. Diese beiden Größen sollten aus der zweiten Randbedingung, Gleichung (129), berechnet werden. Die von Pohlhausen angegebenen Reihen für ζ und ϑ konvergieren jedoch nicht für große Werte von ξ, so daß die Lösung nur gelingt, indem die Größen ζ_0'' und ϑ_0' aus dem von Schmidt und Beckmann für Luft experimentell bestimmten Temperatur- und Geschwindigkeitsfeld zu

$$\zeta_0'' = 0{,}675 \text{ und } \vartheta_0' = -0{,}508$$

als bekannt vorausgesetzt werden. Die mit diesen Versuchswerten berechnete Temperaturfunktion ϑ (Abb. 71) stimmt mit den Versuchen sehr gut überein, wenn bei der Berechnung von ξ aus Gleichung (121) die kinematische Zähigkeit ν bei der Wandtemperatur eingesetzt wird und nicht (nach dem Nusseltschen Vorschlag, S. 107) bei einer mittleren Temperatur. Die Wahl der Wandtemperatur scheint auch physikalisch berechtigt, weil die Zähigkeitswirkungen unmittelbar an der Platte am stärksten sind. Etwas größer sind die Abweichungen zwischen der gemessenen und berechneten Geschwindigkeit nach Gleichung (126) (ζ in Abb. 71), die zum großen Teil auf die großen Schwierigkeiten der genauen Messung zurückzuführen sind.

Die Anwendung der Lösung von Pohlhausen auf beliebige Flüssigkeiten scheitert daran, daß die Größen ϑ'_0 und ζ''_0 für andere Medien als Luft nicht aus Versuchen bekannt sind.

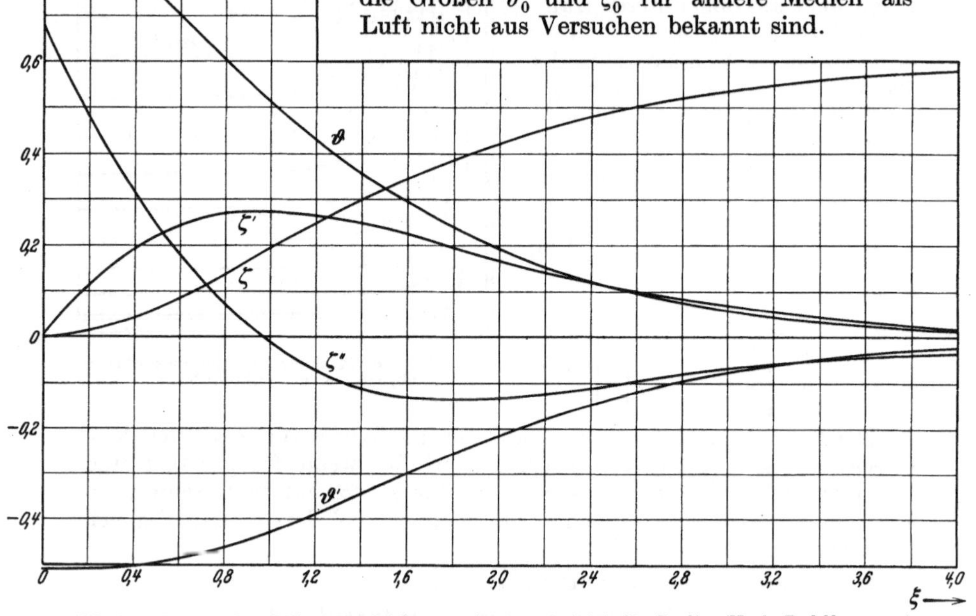

Abb. 71. Lösung der Differentialgleichungen (124) und (125) für Luft. (Nach Pohlhausen.)

Weil in den Differentialgleichungen (124) und (125) ξ nicht explizit vorkommt, kann man ϑ', das ist die Tangente an der Temperaturkurve, statt ϑ als neue Veränderliche einführen[1]. Setzt man $\vartheta' = \dfrac{d\vartheta}{d\xi} = p\,(T)$, so wird mit $\dfrac{dp}{d\vartheta} = p'$:

$$\vartheta'' = \frac{d\vartheta'}{d\xi} = \frac{d\vartheta'}{d\vartheta} \cdot \frac{d\vartheta}{d\xi} = \frac{dp}{d\vartheta} \cdot p = p' \cdot p$$

Die Werte von ϑ' und ϑ'' in Gleichung (125) eingesetzt, geben mit $\dfrac{1}{3\,Pr} = \varepsilon$:

$$\zeta = -\,\varepsilon\,p'.$$

Durch Differentiation erhält man:

---

[1] Semesterarbeit (Elektrische Maschinen) von M. ten Bosch, Jr. S. S. 1931.

$$\zeta' = \frac{d\zeta}{d\xi} = -\varepsilon\,\frac{dp'}{d\vartheta}\cdot\frac{d\vartheta}{d\xi} = -\varepsilon\,p''\,p,$$

$$\zeta'' = -\varepsilon\,(p''\,p' + p\,p''')\,p,$$

$$\zeta''' = -\varepsilon\,(p^3\,p^{IV} + 3\,p^2\,p'\,p''' + p^2\,p''^2 + p\,p'^2\,p'').$$

Diese Werte in Gleichung (124) einsetzen und ordnen, dann erhält man die neue Differentialgleichung

$$p^3\,p^{IV} + 3\,(1 - \varepsilon)\,p^2\,p'\,p''' + (1 + 2\,\varepsilon)\,p^2\,p''^2 + (1 - 3\,\varepsilon)\,p\,p'^2\,p'' - \frac{\vartheta}{\varepsilon} = 0, \quad (128)$$

deren Lösung als eine Taylorsche Reihe angesetzt werden kann. Die Reihe konvergiert leider sehr schlecht, so daß eine große Anzahlglieder berechnet werden muß.

Wenn wir voraussetzen, daß bei der freien Strömung eine „schleichende" Bewegung vorhanden[1] ist (vgl. S. 105), können die für Luft geltenden Gleichungen auch auf jede beliebige Flüssigkeit übertragen werden, da dann

$$Nu = F\,(Gr \cdot Pr) \qquad (14)$$

sein muß und die Funktion F für Luft ($Pr = 0{,}733$) bekannt ist.

Aus Gleichung (123) erhält man die Wärmeübergangszahl an der Stelle x:

$$\alpha_x = -\frac{\Theta}{\lambda}\left(\frac{\partial\Theta}{\partial y}\right)_{y=0} = -\lambda\left(\frac{\partial\vartheta}{\partial\xi}\right)_{\zeta=0}\cdot\frac{\partial\xi}{\partial y} = -\frac{\lambda}{x}\,\vartheta_0'\,\sqrt[4]{\frac{Gr}{4}}. \quad (129)$$

Der Wert ϑ_0' hängt nur von einem einzigen in der Differentialgleichung (125) vorkommenden Parameter Pr ab.

Die Form der aus den Ähnlichkeitsbetrachtungen folgenden Kennfunktion für die freie Strömung

$$Nu = F\,(Pr, Gr) \qquad (12)$$

ist durch diese theoretische Untersuchung festgelegt, nämlich:

$$\frac{\alpha_x\,x}{\lambda} = Nu_x = \frac{1}{\sqrt{2}}\,\vartheta_0'\,(Pr)\cdot Gr^{0,25}. \qquad (130)$$

Da Gr proportional mit x^3 ist, folgt daraus

$$\alpha_x\ \text{prop.}\ x^{-0,25}.$$

Die mittlere Wärmeübergangszahl für die Plattenhöhe x

$$\alpha_m = \frac{1}{x}\int\limits_0^x \alpha_x\,dx = \frac{4}{3}\,\alpha_x. \qquad (131)$$

Mit dem Versuchswert ϑ_0' für Luft $= 0{,}508$ folgt daraus

$$Nu_m = \frac{4\cdot 0{,}508}{3\,\sqrt{2}}\,\sqrt[4]{Gr_w} = 0{,}48\,Gr_w^{0,25}. \qquad (132)$$

Für beliebige Flüssigkeiten ist, wenn eine „schleichende" Bewegung vorausgesetzt werden darf:

$$Nu\ \text{prop.}\ (Gr \cdot Pr)^{0,25}$$

sein. Der Proportionalitätsfaktor folgt nun daraus, daß für Luft mit $Pr = 0{,}733$:

$$A \cdot Pr^{0,25} = 0{,}508$$

---

[1] Für die schleichende Bewegung vereinfacht sich die Differentialgleichung (124) zu: $\zeta''' + \vartheta = 0$.

ist, also $A = 0{,}555$. Mit diesem Wert von A wird für die freie Strömung von allen Flüssigkeiten

$$Nu_m = 0{,}525 \, (Gr \cdot Pr)_w^{0,25} . \tag{133}$$

Am genauesten mit der Theorie stimmen die Versuche von Schmidt und Beckmann überein (Abb. 72), bei welchen auch die größte Sorgfalt darauf verwendet wurde, jede andere Luftströmung längs der Platte zu vermeiden. So wurden z. B. die Platten in ungefähr 30 cm Entfernung von senkrechten Schirmen aus Wellpappe versehen, die unten und oben genügend freien Raum ließen um den ungestörten Zustrom der Raumluft zu gestatten. Schon schwache Bewegungen der Raumluft, wie sie durch Atmen und Herumgehen von Menschen, durch Türen usw. entstehen, erhöhen den Wärmeübergang um mehrere Prozente. Auch jede mögliche Fehlerquelle wurde bei den Messungen sorgfältig untersucht und berücksichtigt.

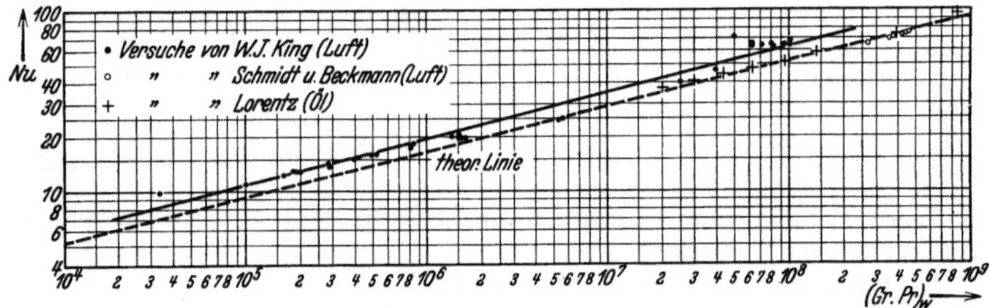

Abb. 72. Freie Strömung längs einer vertikalen Platte. Vergleich der Versuchswerte mit Gleichung (135).

Sehr gut stimmen auch die Messungen von H. H. Lorenz mit Öl mit der Theorie überein, was als eine gute Bestätigung der vorausgesetzten „schleichenden" Bewegung aufzufassen ist.

Alle anderen (älteren) Versuche liegen höher als die theoretische Linie in Abb. 72. Sie können durch Abweichungen von den theoretischen Voraussetzungen erklärt werden (zusätzliche Strömungen) zum Teil auch durch weniger sorgfältige Berücksichtigung der bei den Messungen möglichen Fehlerquellen[1].

Die theoretische Gleichung (132) gibt Mindestwerte für den Wärmeübergang, die in der Praxis, z. B. durch zusätzliche Flüssigkeitsbewegungen, fast immer um 10% und mehr überschritten werden.

---

[1] So vernachlässigt z. B. W. Koch die Wärmeabgabe der Stirnflächen und findet dadurch zu große Wärmeübergangszahlen. Bei seinen Versuchen war die Wandtemperatur über die Rohrlänge sehr stark veränderlich.

Die Messungen von Nusselt und Jürges gaben etwa 40% größere Wärmeübergangszahlen als Gleichung (134), welche Abweichungen nach Schmidt und Beckmann auf Meßfehler in unmittelbarer Plattennähe zurückzuführen sind.

Die Versuchswerte von L. Austin über den Wärmeübergang einer vertikalen Wand an nicht siedendes Wasser sind bei stillstehendem Rührwerk viel größer als Gleichung (134) für die freie Strömung ergibt. Austin mußte aber, um den Beharrungszustand zu erhalten, das Wasser durch eine Rohrschlange künstlich kühlen (Abb. 94), so daß die Bewegung der Flüssigkeitsteilchen jedenfalls viel lebhafter und nicht allein durch den Temperaturunterschied zwischen Wand und Wasser verursacht war, sondern auch noch zwischen Wasser und Kühlflüssigkeit.

Die neuesten Versuche von R. Weise zeigten bei der vertikalen Platte höhere Nu-Werte als Gleichung (135) und außerdem eine Abhängigkeit vom Temperaturunterschied Θ auch dann, wenn die Stoffwerte bei der Wandtemperatur eingesetzt werden. Bei diesen Versuchen war die Zuströmkante der Platte nicht zugeschärft bzw. nicht durch eine gleich dicke Leiste begrenzt, wie bei den Versuchen von Schmidt und Beckmann. Durch die Plattendicke von 10 bzw. 15 mm entstehen Anfangsstörungen (Wirbelungen), die zu einer Erhöhung der Wärmeübergangszahl führen. Aus den Versuchen von R. Weise können Wirbelfaktoren X abgeleitet werden, die vom Temperaturunterschied Θ abhängig sind, z. B.:

$$X = 1{,}13 \text{ bei } \Theta = 350^0 \text{ C und } X = 1{,}06 \text{ bei } \Theta = 50^0 \text{ C.}$$

Solange man von der Krümmung der Rohroberfläche absehen darf, d. h. wenn die Grenzschicht klein im Verhältnis zum Zylinderdurchmesser ist, gilt diese für die vertikale Platte gefundene Beziehung auch für vertikale Rohre (Versuche von W. Koch), aber nicht für vertikale Drähte.

Die wärmeabgebende Platte muß auch einen Auftrieb erfahren, der aus der Schubspannung τ_0 an der Plattenoberfläche berechnet werden kann:

$$\tau_0 = \eta \left(\frac{\partial u}{\partial y}\right)_{y=0} = \eta \left(\frac{\partial^2 4}{\partial y^2}\right)_{y=0} 4\,\eta\nu\,C^3 \sqrt[4]{u}\,\zeta_0'' .$$

Mit $\zeta_0'' = 0{,}675$ wird der Auftrieb für die Breiteneinheit der Platte in Luft:

$$\int\limits_0^x \tau_0\,dx = \frac{4}{5} \cdot 4 \cdot 0{,}675 \frac{\alpha}{\sqrt{\nu}} \cdot \sqrt[4]{\frac{g^3\,\Theta^3\,x^3}{4^3 \cdot T_\infty^3}}$$

Für eine Platte von $0{,}5 \cdot 0{,}5$ m^2 Größe, auf 100^0 C erwärmt, ergibt die Rechnung bei beidseitiger Wärmeabgabe an Luft von 20^0 C einen Auftrieb von 157 g, welche Kraft bei geeigneter Versuchsanordnung nachweisbar sein sollte.

Die Geschwindigkeit u wird am größten für $\zeta = 1$ (Abb. 71); dann ist $\zeta' = 0{,}275$ und nach Gleichung (126)

$$u_{\max} = 1{,}1\,C^2\,\nu\sqrt{x}$$

oder mit $C = \sqrt[4]{\dfrac{g\,\beta\,\Theta_\infty}{4}}$ aus Gleichung (121):

$$u_{\max} = 0{,}55\,\sqrt{g\,\beta\Theta_\infty\,x}. \tag{134}$$

Mit diesem Wert von $u_{\max}$ wird die Reynoldssche Zahl:

$$Re_1 = \frac{u_{\max}\,x}{\nu} = 0{,}55\,\sqrt{Gr}\,, \tag{135}$$

R. Hermann hat an einer senkrechten Platte ($100 \cdot 100$ cm^2) und einem waagerechten Zylinder (58,5 cm Durchmesser, 100 cm Länge) die kritischen Stellen des Umschlages von laminarer zu turbulenter Strömung in Luft mittels der Schlierenmethode nach E. Schmidt beobachtet. Er fand als kritische Reynoldssche Zahl ($u\,y/\nu$) für die senkrechte Platte 303 und für den waagerechten Zylinder 285, also praktisch gleich.

Die obere Grenze der Anwendbarkeit der Gleichung (130a) für Luft folgt daraus zu $Gr_k = 10^9$ für die Platte und $Gr_k = 3{,}5 \cdot 10^8$ für das Rohr.

Mit dem kritischen Wert $Gr_k = 10^9$ folgt aus Gleichung (133) für die freie Strömung:

$$Re_{1k} = 0{,}2 \cdot 10^5,$$

also kleiner als der bei erzwungener, isothermischer Strömung experimentell bestimmten Grenzwert $5 \cdot 10^5$ (vgl. S. 142).

Die ersten Spuren der Turbulenzbildung haben aber keinen wesentlichen Einfluß auf den Wärmeübergang. Die Versuche von W. Koch an vertikalen Rohren zeigten laminaren Wärmeübergang bis Grashofschen Kennzahlen von $3 \cdot 10^{10}$.

Für erzwungene Laminarströmung von Luft längs der Platte ist nach Gleichung (110) mit $Re_1 = 0{,}55 \sqrt{Gr}$ [Gleichung (132)] und $\sqrt[3]{Pr} = 0{,}89$

$$\alpha_m = \frac{0{,}664\,\lambda}{x} \cdot 0{,}89 \sqrt{0{,}55} \sqrt[4]{Gr} = 0{,}437 \frac{\lambda}{x} \sqrt[4]{Gr}. \tag{136}$$

Aus dem Vergleich mit Gleichung (134) folgt:

Bei gleicher Reynoldsscher Zahl ($u_{\max}\, x/\nu$) und bei Laminarströmung ist die mittlere Wärmeübergangszahl für die freie Strömung von Luft längs der Platte 10% größer als bei erzwungener Strömung.

Gleichung (134) ist nur für Laminarströmung gültig, also für $Pr \cdot Gr < 10^9$. Es gibt zur Zeit keine für die turbulente Strömung geeignete Theorie der freien Strömung. Einen guten Anhaltspunkt im turbulenten Gebiet kann die bei Laminarströmung gefundene Feststellung geben, daß bei gleicher Reynoldsscher Zahl die mittlere Wärmeübergangszahl für die freie Strömung etwa 10% größer als bei der erzwungenen Strömung ist. Wenden wir diese Beziehung auch auf die turbulente Strömung an, so folgt aus Gleichung (111):

$$Nu_{1m} = 1{,}1 \cdot \frac{0{,}036\,\xi\,Pe_1}{[\psi + \varphi\,(Pr_g - 1)]\,Re_1^{0,2}}, \tag{137}$$

$Re = 0{,}55\,Gr^{0,5}$ und für die turbulente Strömung von Luft mit:

$$Nu_{1m} = 0{,}0325\,\xi\,Gr^{0,4}. \tag{138}$$

Soweit Versuche mit Luft in diesem Gebiet vorliegen, stimmen die Resultate mit dieser Gleichung befriedigend überein.

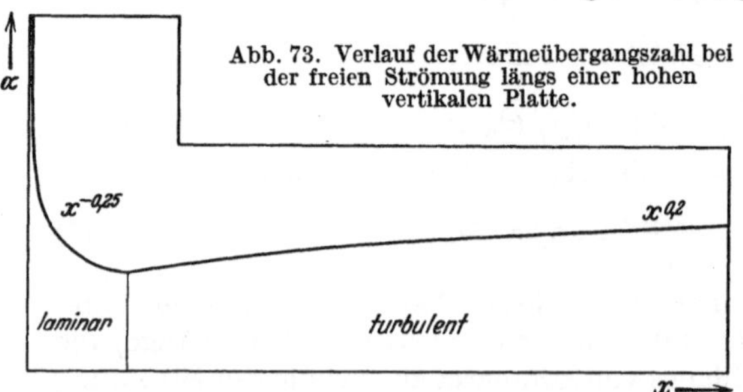

Abb. 73. Verlauf der Wärmeübergangszahl bei der freien Strömung längs einer hohen vertikalen Platte.

Aus den Gleichungen (134) und (138) folgt, daß bei der freien Strömung längs einer vertikalen Platte die Wärmeübergangszahl im laminaren Gebiet proportional mit $x^{-0,25}$ und im turbulenten Gebiet proportional $x^{0,2}$ ist. Zu beachten ist, daß dem turbulenten Gebiet bei ungestörtem Zustrom immer ein laminares Gebiet vorangeht. Die Wärmeübergangszahl für die freie Strömung wird also bei genügender Länge der Platte (oder des vertikalen Rohres) den in Abb. 73 skizzierten Verlauf zeigen, genau wie Griffiths und Davis bei ihren Versuchen beobachtet haben. Ähnlich wie bei der erzwungenen Strömung ist ein Gebiet vorhanden, innerhalb welchem die Wärmeübergangszahl praktisch unabhängig von der Länge ist (vgl. S. 147).

Mit dem kritischen Wert $(Gr \cdot Pr)_k = 1,4 \cdot 10^9$ folgt aus den Stoffwerten für Transformeröl bei 70^0 C (Abb. 143, S. 270), wenn Θ zu 5^0 C angenommen wird, die Plattenhöhe x für die Grenze der Laminarströmung $x = 25$ cm; mit den Stoffwerten für Luft (Zahlentafel 38, S. 257) und mit $\Theta = 40^0$ C wird $x = $ rd. 1 m.

Bei den Öltransformatoren wird also sowohl die Luft- als auch die Ölströmung turbulent. Vernachlässigt man bei großen Transformatoren ($x = 2$ m) die anfänglich vorhandene Laminarströmung, so folgt aus Gleichung (138) mit einem Zuschlag von 10%, da praktisch nie vollständig beruhigte Luft vorhanden ist

$$\alpha = 6,6 \text{ kcal/m}^2, \text{ h, } ^0\text{C}.$$

Richter[1] gibt auf Grund der Erfahrung $\alpha = 7$ bis 8 Watt/m^2, h $= 6$ bis $6,8$ kcal/m^2, h, ^{0}C, also den gleichen Wert.

Für die Berechnung der Wärmeübergangszahl an der Ölseite vgl. Zahlenbeispiel 25, S. 168.

2. Die horizontale Platte.

Für die horizontale Platte liegt z. Z. noch keine mathematische Lösung vor. Sie ist auch wesentlich schwieriger als für die vertikale, weil die Strömung im allgemeinen räumlich und nur für die zylindrische Platte zweidimensional ist (Abb. 74). Aus diesem Strömungsbild kann man die Schlußfolgerung ziehen, daß eine horizontale Kreisplatte sich bei freier Strömung ungefähr so verhält, wie eine vertikale von der Höhe $h = r$. Aus der Überlegung, daß auch für die horizontale Platte die allgemeine Beziehung

$$Nu = \text{prop } Gr^{0,25}$$

gelten muß, folgt dann, daß für eine gleich große Platte bei horizontaler bzw. vertikaler Lage

$$\alpha_h = \alpha_v \sqrt[4]{2} = 1,2 \, \alpha_v$$

sein muß, d. h. die Wärmeabgabe einer horizontalen Platte ist etwa 20% größer als die einer gleich großen vertikalen unter sonst gleichen Verhältnissen.

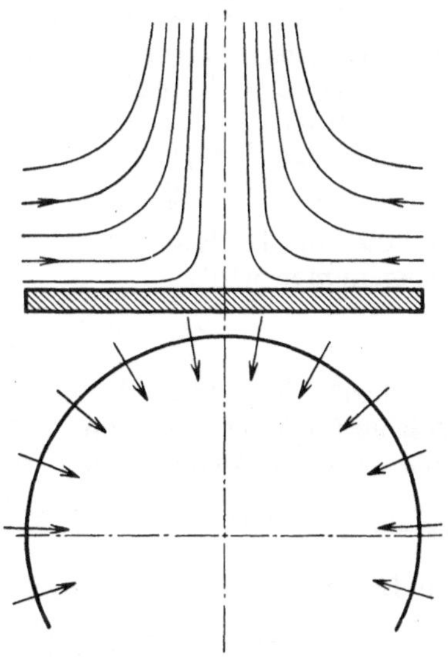

Abb. 74. Freie Strömung längs einer (unendlich großen) horizontalen Platte.

Die Versuche von K. Hencky zeigten in Übereinstimmung mit dieser Schlußfolgerung, daß bei gleicher Grashofscher Zahl die Wärmeübergangszahl für eine horizontale Platte

---

[1] Elektrische Maschinen, Bd. 3 S. 222. Berlin: Julius Springer 1932.

von $60 \cdot 60$ cm² an Luft rd. 25% größer ist als für die gleich große vertikale Platte.

Man könnte also eine horizontale Platte nach Gleichung (135) berechnen, wenn als Bezugslänge x in der Grashofschen Kennzahl

> bei der Kreisplatte   der Plattenradius
> „   „   quadratischen   die halbe Kantenlänge, und
> „   „   Rechteckplatte die halbe große Achse

eingesetzt wird. Diese Überlegung gilt natürlich nur für Laminarströmung. Die freie Strömung verläuft bei der horizontalen Platte senkrecht dazu, was natürlich viel leichter (also bei viel kleineren Werten von $Gr \cdot Pr$) zur Turbulenz führen muß.

In schroffem Gegensatz zu den Versuchen von Hencky und auch zu den Schlußfolgerungen aus dem Strömungsverlauf, zeigten die neuesten Versuche von R. Weise, daß umgekehrt die vertikale Lage zweier Platten (von $160 \cdot 160 \cdot 10$ bzw. $240 \cdot 240 \cdot 15$ mm) 20% größere Wärmeübergangszahlen aufweist als die horizontale Lage. Der Unterschied ist auch hier wieder durch die große Plattendicke zu erklären. Am Rande der horizontalen Platte entstehen dadurch vertikale Strömungen, welche die freie Strömung in horizontaler Richtung stören (abschirmen) und deshalb eine Verminderung des Wärmeüberganges zur Folge haben.

Die Randbedingungen der Platte beeinflussen die freie Strömung erheblich und deshalb auch den Wärmeübergang; sie müssen bei der Schätzung der Wärmeübergangszahlen berücksichtigt werden[1].

Zahlenbeispiel 25. Wie hoch ist die Temperatur, die das Dach eines Wagens, über Mittag in der Sonne stehend, höchstens erreichen kann, bei 27° C Temperatur der Umgebung?

Wenn 65% der Sonnenenergie das Dach erreicht, ist die zugestrahlte Energie (vgl. S. 23):

$$Q_1 = 0{,}65 \cdot 1150 = 805 \text{ kcal/m}^2, \text{ h,}$$

und die vom Dach ausgestrahlte Energie, wenn die Strahlungszahl zu 4,5 angenommen wird:

$$Q_2 = 4{,}5 \left[\left(\frac{T_1}{100} \right)^4 - \left(\frac{T_2}{100} \right)^4 \right] \text{ kcal/m}^2, \text{ h.}$$

Die durch Konvektion des horizontal angenommenen Daches abgegebene Wärme folgt aus Gleichung (134) mit $x = 6$ m und einen Zuschlag von 15%, weil die Außenluft nie vollständig ruhig ist:

$$Q_3 = \alpha \, \Theta = 1{,}15 \cdot 1{,}2 \cdot 0{,}48 \cdot \frac{0{,}027}{6} \cdot \Theta^{5/4} \cdot \sqrt[4]{\frac{981 \cdot 216 \cdot 10^6 \cdot 16{,}4}{300}} = 0{,}88 \, \Theta^{5/4}.$$

Im Beharrungszustand muß also:

$$805 - 4{,}5 \left[\left(\frac{T_1}{100} \right)^4 - 3^4 \right] - 0{,}88 \, (\vartheta_1 - 27)^{5/4} = 0$$

sein. Die graphische Lösung dieser Gleichung gibt $\vartheta_1 = 107°$ C. Die höchste beobachtete Dachtemperatur ist 77° C, also wesentlich kleiner,

---

[1] R. Weise schlägt vor, den umströmten Umfang als maßgebende Bezugslänge einzuführen und die Platte, wie ein Körper ohne Stromlinienform, z. B. als Kreisrohr mit gleichem Umfang, zu berechnen.

weil auch die untere Dachseite Wärme ausstrahlt und durch Luft-
strömungen gekühlt wird. Verdoppeln wir aus diesem Grunde die abgegebene Wärme, so wird $\vartheta_1 = 81^0$ C.

Wird das Dach weiß gestrichen, so wird bis zu 75% der Sonnenenergie
reflektiert, also

$$Q_1 = 0{,}25 \cdot 805 \text{ kcal/m}^2, \text{ h}$$

und die Temperatur des Daches bedeutend niedriger.

3. Horizontales Rohr.

Theoretische Lösung von R. Hermann. Für die Strömung von Luft um
ein horizontales Rohr zeigten die Schlierenaufnahmen von E. Schmidt,
daß bei Grashofschen Zahlen von etwa 10^4 an aufwärts, die Erwärmung
der Luft sich (wie bei der Strömung längs einer vertikalen Platte) nur auf
eine verhältnismäßig dünne Schicht rings um den Zylinder erstreckt.
Abgesehen von der Stauung oben ist also die Hauptströmungsrichtung
parallel zur Wand. Die Differentialgleichungen für die freie Strömung
längs der Platte bleiben demnach mit den gleichen Vereinfachungen auch
für das horizontale Rohr gültig, mit Ausnahme des Auftriebgliedes, das
nun $g\,\beta\Theta \sin (s/r)$ wird.

$s =$ Bogenlänge auf dem Zylinderumfang vom unteren Staupunkt an
gerechnet,

$n =$ Normalabstand von der Wand,

$r =$ Zylinderhalbmesser.

R. Hermann weist nach, daß die Differentialgleichungen für den
Zylinder durch Einführung einer neuen Veränderlichen

$$q = \frac{n}{r}\left(\frac{Gr}{8}\right)^{1/4} g\left(\frac{s}{r}\right) \tag{139}$$

sich in gewöhnliche Differentialgleichungen umformen lassen, mit den
Lösungen:

$$t(s, n) = \vartheta(q) \tag{140}$$

für das Temperaturfeld und

$$\psi(s, n) = v\left(\frac{Gr}{8}\right)^{1/4} \zeta(q) f\left(\frac{s}{r}\right) \tag{141}$$

für das Geschwindigkeitsfeld. In diesen Lösungen sind die Funktionen
$\vartheta(q)$ und $\zeta(q)$ identisch mit Pohlhausens Funktionen $\vartheta(\xi)$ und $\zeta(\xi)$
(Abb. 71), während die Werte von $f(s/r)$ und $g(s/r)$ aus Zahlentafel 16 zu
entnehmen sind.

Zahlentafel 16.

$\varphi = \dfrac{s}{r}$	0^0	30^0	60^0	90^0	120^0	150^0	165^0	180^0
$f(\varphi)$	0	1,18	2,34	3,43	4,41	5,24	5,55	5,84
$g(\varphi)$	1,760	0,752	0,718	0,664	0,581	0,458	0,360	0

Der Vergleich mit der einzigen bisher veröffentlichten Messung des
Temperaturfeldes um einen Zylinder von Jodlbauer bei $Gr = 6{,}55 \cdot 10^5$
ergab eine sehr gute Übereinstimmung zwischen Theorie und Erfahrung.
Aus dieser Übereinstimmung folgt, daß die übergehende Wärmemenge

und die Wärmeübergangszahl sich auch richtig aus der Theorie ergeben muß, mit:

$$\alpha_\varphi = -\frac{\lambda}{\Theta}\left(\frac{\partial\Theta}{\partial n}\right)_{n=0} = -\lambda\left(\frac{\partial\vartheta}{\partial q}\right)_{q=0}\cdot\frac{\partial q}{\partial n}$$

$$\alpha_\varphi = -\frac{\lambda}{r}\vartheta_0'\left(\frac{Gr}{8}\right)^{1/4}g\,(\varphi) = 0{,}605\,\frac{\lambda}{d}\,Gr^{0,25}\,g\,(\varphi)\,. \tag{142}$$

mit $\alpha_m = \dfrac{1}{\pi}\displaystyle\int_0^{\pi}\alpha_\varphi\,d\varphi$ wird:

$$Nu_m = \alpha_m\,\frac{d}{\lambda} = 0{,}605\,Gr^{0,25}\,\bar{g}\,(\varphi) = 0{,}372\,Gr^{0,25}\,. \tag{143}$$

Aus Gleichung (142) folgt, daß die Funktion $g\,(s/r)$ die Verteilung der Wärmeübergangszahl über den Rohrumfang angibt für eine bestimmte Grashofsche Kennzahl[1]. Die vordere Rohrhälfte überträgt rd. 60% der gesamten Wärme (Abb. 75).

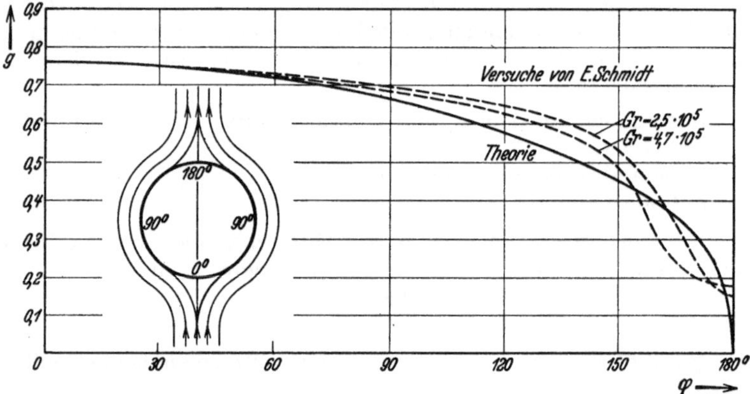

Abb. 75. Verteilung der Wärmeübergangszahl am Umfang eines Rohres bei freier Strömung. Vergleich der Messungen von E. Schmidt mit der Theorie von Hermann.

Aus dem Vergleich der Gleichungen (143) und (132) folgt, daß bei gleicher Grashofscher Zahl (mit d als Bezugslänge) die mittlere Wärmeübergangszahl für den ganzen Umfang des horizontalen Rohres 78% der Wärmeübergangszahl einer vertikaler Platte von der Höhe $= d$ ist.

In Abb. 76 ist die Theorie mit den Versuchswerten von W. Koch verglichen, und zwar

a) wenn ν bei der Wandtemperatur,

b) ,, ν ,, ,, mittleren Temperatur $\dfrac{\vartheta_w+\vartheta_\infty}{2}$,

eingesetzt wird. In beiden Fällen liegen die Versuchspunkte auf einer Geraden, die rd. 20% höher liegt als die theoretische Linie von Hermann,

---

[1] Der Vergleich mit den Schlierenaufnahmen von E. Schmidt zeigt bei φ größer als 90°-Abweichungen, die auf Störungen durch Grenzschichtablösung hinweisen. Die Wärmeübergangszahlen sind etwa 15% größer als die theoretischen Werte, was zum Teil durch Zunahme der Wärmeübergangszahl an den Rohrenden zu erklären ist.

sie lassen sich in beiden Fällen annähernd durch die Gleichung $Nu = 0,48\,Gr^{0,25}$ darstellen. Während für die vertikale Platte die Einführung von ν bei der Wandtemperatur gesichert erscheint, bleibt die Frage der richtigen Temperatur beim horizontalen Rohr noch ungeklärt. Aus Abb. 76 folgt, daß die Wahl zwischen Wand und mittlerer Temperatur praktisch ohne Bedeutung ist.

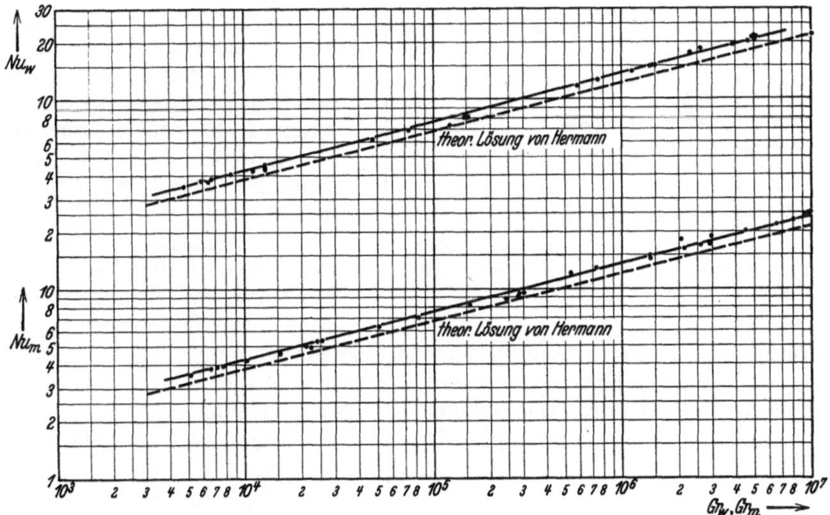

Abb. 76. Mittlere Wärmeübergangszahlen bei freier Strömung um horizontale Rohre. Vergleich der Versuche von W. Koch mit der Theorie von Hermann.

Bei der Auswertung der Versuchsergebnisse wird für die Berechnung der Grashofschen Kennzahl für Gase oft $\beta = \dfrac{1}{T_m}$ statt $\beta = \dfrac{1}{T_\infty}$ gesetzt. Diese Mittelwertbildung, die bei kleinen Temperaturunterschieden ohne Bedeutung ist, hat bei der Auswertung den praktischen Vorteil, daß $\dfrac{\beta}{\nu^2}$ nur noch von der mittleren Temperatur allein abhängt. Bei Verwendung des Nomogramms 5 macht die richtige Einsetzung von $\beta = 1/T_\infty$ keine Schwierigkeiten.

Auch die Versuchswerte von Ackermann mit Wasser liegen höher, wenn für Θ der Temperaturunterschied Rohrsand-Wasser eingesetzt wird. Durch die Kühlung der Behälterwand um etwa 10° C unter der Wassertemperatur, entstehen hier zusätzliche Wasserströmungen, die bei der Theorie nicht vorausgesetzt sind. Die Übereinstimmung zwischen Theorie und Versuch wird erreicht, wenn für Θ der Temperaturunterschied Rohrsand-Gefäßwand angenommen wird (vgl. S. 175, Strömung in geschlossenen Räumen). Bei höherer Wandtemperatur als etwa 70° C nimmt die Wärmeübergangszahl stärker zu als nach der Theorie zu erwarten ist, besonders stark bei Temperaturen über 90° C (Abb. 77). Bei diesen Versuchen wurde gut entlüftetes Wasser verwendet und keinerlei Blasenbildung beobachtet. Erst wenn die Wandtemperatur den Siedepunkt erreichte, waren ganz kleine Bläschen bemerkbar, die mit großer Geschwindigkeit nach oben abströmen und dadurch den Wärmeübergang erhöhten.

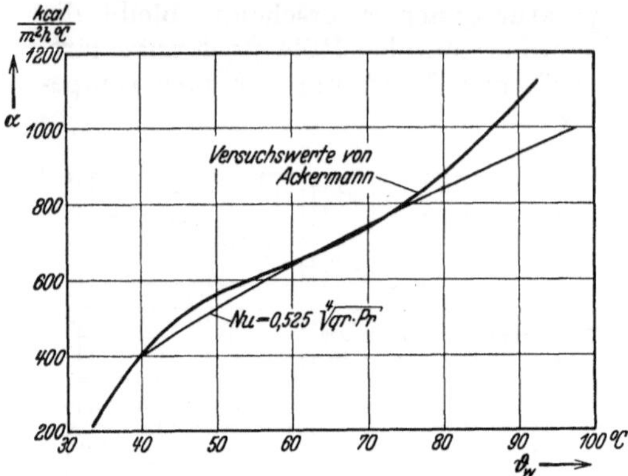

Abb. 77. Wärmeübergangszahl eines geheizten Rohres an Wasser. Vergleich der Theorie mit Versuchen von G. Ackermann.

Da die α-Kurve aber keinerlei Unstetigkeiten aufweist (Abb. 78), so ist zu vermuten, daß auch die Bläschenbildung nicht plötzlich einsetzt, sondern sich stetig entwickelt hat. Wenn auch für das Auge nicht erkennbar, müssen auch bei niedrigeren Temperaturen kleine Luftbläschen vorhanden gewesen sein. Bei der freien Strömung erhöht das Ausscheiden von Luft den Wärmeübergang, da die aufsteigenden Luftteilchen die Bewegung der Flüssigkeit erhöht. Bei der erzwungenen Strömung in Rohren dagegen hat der gleiche Vorgang eine Verminderung der Wärmeübergangszahl zur Folge, weil die in der Laminarschicht ausscheidenden Luftteilchen die Wärmeleitung erschweren.

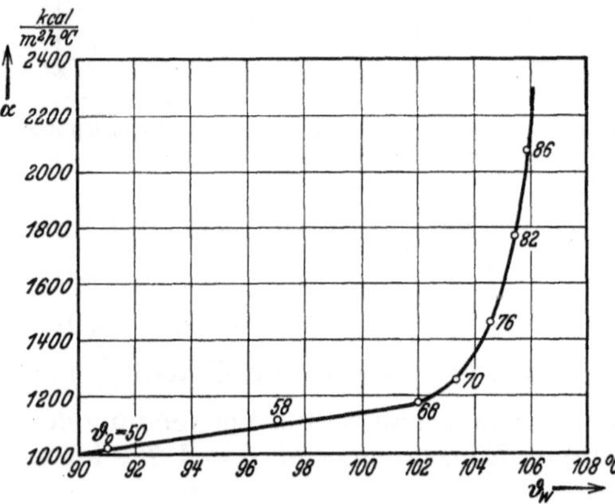

Abb. 78. Wärmeübergangszahl in Abhängigkeit der Wandtemperatur. δ_0 = Wassertemperatur. (Versuche von G. Ackermann.)

Wegen den Vereinfachungen der Differentialgleichungen gilt die Theorie nur solange die Grenzschicht klein zur Länge der Fläche in der Richtung der Hauptströmung ist, also etwa bis $Gr > 10^4$. Sie gilt sicher nicht mehr für dünne Drähte; eine theoretische Berechnung hierfür müßte die Differentialgleichungen der Bewegung und der Wärmeleitungen für beide Richtungen (s und n) in ungekürzter Form lösen, was mit den Mitteln der heutigen Mathematik wenig aussichtsreich erscheint. Als Randbedingung müßte auch der Stau beim Zusammenfließen der beiden Strömungen an der Zylinderoberseite berücksichtigt werden.

R. Hermann hat den zur Zeit wahrscheinlichsten Verlauf des Wärmeübergangsgesetzes für horizontale Drähte und Zylinder bei kleinen Temperaturunterschieden $\Theta = \vartheta_w - \vartheta_\infty$ durch eine systematische Verarbeitung aller vorliegenden Versuche bestimmt. Er fand für:

Gr . . .	10^{-4}	10^{-3}	10^{-2}	10^{-1}	1	10	10^2	10^3	10^4
Nu . . .	0,484	0,520	0,612	0,809	1,10	1,50	2,18	2,99	4,47

Bis genauere Versuche vorliegen, können diese Werte auch für große Temperaturunterschiede Θ verwendet werden, wenn die Stoffwerte λ und ν bei der mittleren Temperatur $\frac{1}{2}\,(\vartheta_w + \vartheta_\infty)$ eingesetzt werden.

Bei sehr kleinen Grashofschen Kennzahlen kann die freie Strömung gegenüber der direkten Wärmeleitung vernachlässigt werden. Aus Gleichung (52), S. 65, folgt für die Wärmeleitung in einem Kreiszylinder:

$$\frac{Q}{2\,\pi\,l\,\Theta} = \frac{\lambda}{\ln\dfrac{r_a}{r_i}}$$

und aus der Definition für die Wärmeübergangszahl:

$$\frac{Q}{2\,\pi\,l\,\Theta} = \alpha\,r\,.$$

Durch Gleichsetzen erhält man die Beziehung:

$$Nu = \alpha\,\frac{d}{\lambda} = \frac{2}{\ln\dfrac{r_a}{r_i}}\,.$$

Mit den empirischen Nu-Werten kann daraus die relative Dicke der Randzone berechnet werden, in der bei dünnen Drähten das ganze Temperaturgefälle ausgeglichen wird.

Für $Gr = 10^{-4}$ 10^{-3} 10^{-2} 10^{-1}

wird $\dfrac{r_a}{r_i} = 63,5$ $48,5$ $26,3$ 12

Nimmt man **für geneigte Rohre** als Bezugslänge für die Berechnung der Grashofschen Kennzahl

$$D = d/\cos\alpha,$$

worin α die Neigung der Rohrachse gegen die Horizontale ist, so hat diese Bezugslänge den Vorzug alle Lagen zu umfassen. Sie bleibt gültig, solange $d/\cos\alpha$ kleiner als die Rohrlänge ist. Die Versuchswerte von Koch sind mit den so gebildeten Grashofschen und Nusseltschen Kennzahlen in Abb. 79 für 45⁰ und 80⁰ Neigung dargestellt. Sie liegen bei 45⁰ Neigung genau auf der für horizontale Rohre gefundene Linie und bei 80⁰ Neigung rd. 20% höher.

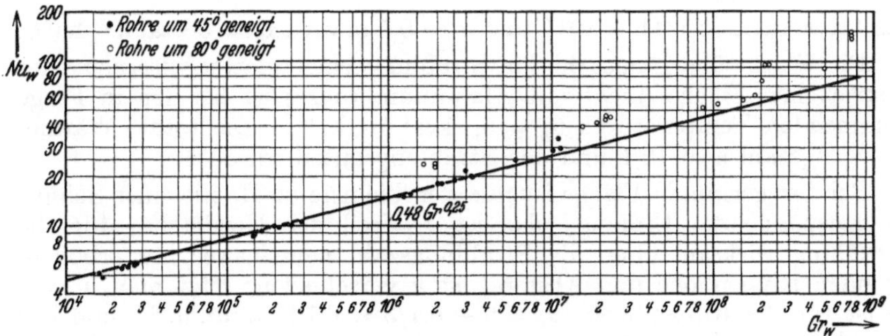

Abb. 79. Wärmeabgabe von geneigten Rohren bei freier Strömung. (Versuche von W. Koch.)

Da $\alpha = 0{,}48 \dfrac{\lambda}{D} \sqrt{\dfrac{D^3 \beta g \Theta}{v^2}}$, also bei sonst gleichen Verhältnissen proportional $D^{-0{,}25}$ ist, gibt ein um 45^0 geneigtes Rohr (mit $D = 1{,}41\ d$) nur $1{,}41^{-0{,}25}$, das sind rd 92% der Wärme eines horizontal gelagerten Rohres ab.

Bei den sog. **Radiatoren** der Heiztechnik wird die Wärme sowohl durch Strahlung als auch durch die freie Luftströmung übertragen. Die üblichen Ausführungsformen sind so verwickelt, daß sie eine Berechnung der übertragenen Wärme ausschließen. Sie sind zum Teil auch unzweckmäßig, da sowohl bei der Strahlung als auch bei der Konvektion oft nur ein Bruchteil der Heizfläche wirksam ist.

Nehmen wir als eine der Rechnung leicht zugängliche Grundform eine vertikale, gerippte Platte (Abb. 80), so folgt aus Gleichung (132):

$$\alpha_k = 0{,}48\,\lambda_w \sqrt[4]{\dfrac{\beta \cdot g}{v_w^2}} \sqrt[4]{\dfrac{\Theta}{x}}.$$

Innerhalb der praktisch gebräuchlichen Grenzen der Heizkörper kann $\lambda_w \sqrt[4]{\dfrac{\beta g}{v^2}} = \mathrm{const} = 2{,}35$ gesetzt werden, gültig für 1 ata. Für andere Drücke sind die α-Werte für 1 ata mit $\sqrt{p_\mathrm{at}}$ zu multiplizieren.

Die Verminderung der Wärmeabgabe mit dem Barometerstand ist z. B. bei der Aufstellung von Heizkörper, von Maschinen und Apparaten im Hochgebirge zu beachten. Elektrische Leitungen, Maschinen und Transformatoren dürfen im Hochgebirge nicht so hoch belastet werden wie in der Tiefebene!

In praktischen Fällen wird dieser theoretische Kleinstwert der Wärmeübergangszahlen immer überschritten. Je nach dem Aufstellungsort des Heizkörpers, z. B. in

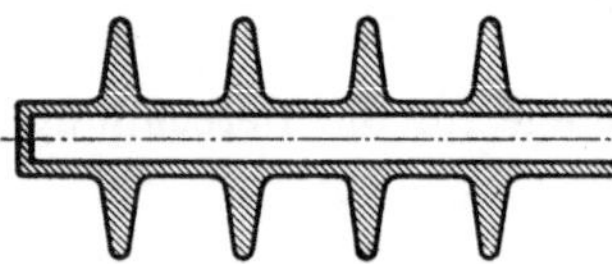

Abb. 80. Gerippte Heizfläche.

der Nähe der kalten Fensterflächen (aber nicht in oben zugedeckten Nischen!) kann der theoretische Wert um 25% und mehr erhöht werden. Im Mittel kann für die Heiztechnik (aber nicht im Hochgebirge)

$$\alpha_k = 1{,}4 \sqrt[4]{\dfrac{\Theta}{x_m}} \tag{144}$$

gesetzt werden. Für $\Theta = 80^0$ C und $x = 0{,}5$ m wird $\alpha_k = 5$ kcal/m², h, °C.

Die Wärmeübergangszahl für Strahlung einer glatten eisernen oder gestrichenen Fläche (nicht mit Aluminiumbronze) ist bei den in Frage kommenden Temperaturen $\alpha_s = 5{,}1$ kcal/m², h, °C. Die totale Wärmeübergangszahl also 10,1 und der Strahlungsanteil rd. 50%.

Bei der gerippten Fläche ist nur der kleinste (z. B. mit einer Schnur zu umspannende) Umfang, das ist $1/n$-Teil der Heizfläche, für die Strahlung wirksam ohne die Strahlungszahl nennenswert zu erhöhen. Je nach Rippenhöhe und Abstand ist n verschieden; setzt man $n = 3$, so ist für die Rippenfläche $\alpha_t = 5 - 5{,}1/3 = 6{,}7$ kcal/m², h, °C und der Strahlungsanteil nur 25%.

Zur Berechnung der Wärmeübergangszahlen für die freie Strömung von Luft dient Nomogramm 5. Für andere Drücke sind diese Werte mit p_{at} zu multiplizieren. Das Nomogramm gibt die theoretischen Minimalwerte für vollständig beruhigte, ausschließlich durch den Temperaturunterschied hervorgerufene Strömung. In praktischen Fällen können diese Werte leicht um 20 bis 25% erhöht werden.

Das Nomogramm kann auch für horizontale Rohre verwendet werden und gilt dann für leicht beunruhigte Raumluft.

Für den praktischen Gebrauch sind auf die Rückseite des Nomogramms in Abb. 148a die Wärmeübergangszahlen für eiserne horizontale Rohre und in Abb. 148b für dünne horizontale Drähte direkt in Abhängigkeit von Temperatur und Durchmesser eingetragen.

Zahlenbeispiel 26. Durch die nicht isolierte Saugleitung einer Ammoniakkältemaschine zwischen Verdampfer und Kompressor (Länge 60 m, 70/76 $\varnothing$ mit zwölf Flanschenpaaren und zwei Ventilen) strömen gesättigte NH_3-Dämpfe von -15^0 C. Wie groß ist der Wärmeverlust bei 20^0 C Temperatur der Umgebung?

Der Wärmeverlust eines nackten Ventiles kann nach den Versuchen von Eberlen gleich dem Verlust von 1 m Leitung angenommen werden. Die gesamte Oberfläche der Leitung ist also:

$$\pi \cdot 0{,}076 \, (60 + 2) = 14{,}8 \, \text{m}^2$$

$$+ \, 2 \cdot 12 \, \pi \left[\frac{0{,}15^2 - 0{,}076^2}{4} + 0{,}15 \cdot 0{,}04 \right] = 5{,}5 \, , \text{ also } 20{,}3 \, \text{m}^2 \, .$$

$\Theta = 20 + 15 + 35^0$ C; $k = 9{,}4$ kcal/m², h, ^{0}C (Abb. 148a auf Nomogramm 5).

Der Wärmeverlust $Q = 9{,}4 \cdot 20{,}3 \cdot 35 = 6700$ kcal/h.

Nehmen wir eine mittlere Dampfgeschwindigkeit in der Rohrleitung von 12 m/s an; das spez. Gewicht (lt. Dampftabelle) $\lambda = 1{,}905$ kg/m³. Der Rohrquerschnitt = 0,00385 m².

Das durchströmende Ammoniakgewicht ist dann:

$$G = 0{,}00385 \cdot 1{,}905 \cdot 12 = 0{,}088 \, \text{kg/s} = 316 \, \text{kg/h.}$$

Der Wärmeverlust beträgt also $\dfrac{6700}{316} = 21{,}5$ kcal pro Kilogramm durchströmendes Ammoniak, was bei einer Kälteleistung von rund 280 kcal/kg etwa 7,6% ausmacht.

4. Freie Strömung in geschlossenen Räumen.

Die vorstehenden Gleichungen gelten nur für Strömungen in einem sehr großen Raum, dessen Wände überall die unveränderliche Temperatur der Flüssigkeit in großer Entfernung des wärmeaustauschenden Körpers haben. Die freie Strömung wird also ausschließlich durch den Temperaturunterschied dieses Körpers hervorgerufen.

In begrenzten (geschlossenen) Räumen, deren Wände nicht die Temperatur der eingeschlossenen Flüssigkeit haben, entstehen immer zusätzliche Strömungen, die in sehr engen Spalten auch stark gedrosselt werden können. Diese Abweichungen von den theoretischen Voraussetzungen beeinflussen natürlich auch den Wärmeübergang.

Luftspalt. Über die Zweckmäßigkeit, Luftschichten zur Isolierung in Baukonstruktionen, bei Kühlhäusern oder für die Kesseleinmauerung zu verwenden, sind die Ansichten vielfach geteilt. Da hierbei die Wärme sowohl durch Strahlung als durch Konvektion und Leitung übertragen wird, sind die Verhältnisse auch nicht so einfach zu überblicken.

Die gesamte in den Spalt übertragene Wärme ist:

$$Q_t = (k_k + \alpha_s)\, F\, \Theta = k_{sp}\, F\, \Theta, \qquad (145)$$

worin α_s die Wärmeübergangszahl der durch Strahlung übertragenen Wärme nach Gleichung (83) S. 36 berechnet werden kann, und k_k die durch Leitung und Konvektion übertragene Wärme berücksichtigt. Aus dieser Gleichung geht hervor, daß bei hohen Temperaturen die durch den Spalt übertragene Wärme bedeutend größer wird, so daß z. B. Luftschichten für Kesselummauerungen **nicht** zu empfehlen sind. Zwischen k_k und k_{sp} besteht die Beziehung:

$$k_{sp} = \frac{Q_t}{Q_t - Q_s}\, k_k. \qquad (146)$$

In sehr engen Spalten wird die Strömung der Luft fast vollständig gehemmt. Nach dem Fourierschen Grundgesetz ist die durch Leitung übertragene Wärme

$$Q = \frac{\lambda}{\delta}\, F \cdot \Theta = k_k\, F \cdot \Theta$$

also

$$k_k = \frac{\lambda}{\delta}\ [\text{kcal/m}^2,\ \text{h},\ {}^0\text{C}]. \qquad (147)$$

Mit zunehmender Spaltweite nimmt die Luftbewegung zu. Für große Spaltweiten setzt man zweckmäßiger:

$$\frac{1}{k_k} = \frac{1}{\alpha'} + \frac{1}{\alpha''}. \qquad (148)$$

Die Wärmeübergangszahlen α' und α'' der beiden Begrenzungsflächen müssen Funktionen der Grashofschen Kennzahl sein. W. Nusselt hat zuerst den Einfluß der Dicke der Luftschicht durch Versuche festgestellt und die in der Spalt übertragene Wärme durch Einführung einer „scheinbaren" Wärmeleitzahl mit der durch Leitung in einer **ruhenden** Luftschicht verglichen. Dieser Vergleich ist für enge Spalten sicher zweckmäßig. Für große Spaltweiten folgt aus Gleichung (148)

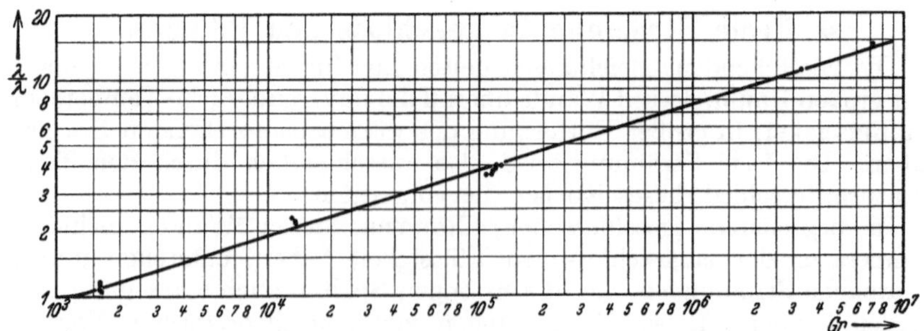

Abb. 81. Wärmeübergang in horizontalen Luftschichten. (Versuche von Mull und Reiher.)

$$\lambda' = \frac{\alpha'\,\alpha''}{\alpha' + \alpha''}\,\delta,\tag{149}$$

so daß die „scheinbare" Wärmeleitzahl durch alle Faktoren der Grashofschen Kennzahl beeinflußt wird.

Nach Versuchen von W. Mull und H. Reiher wird sowohl in horizontalen als in vertikalen Luftschichten kleiner als 1 cm Dicke $\dfrac{\lambda'}{\lambda} = 1$ so daß die Wärme ausschließlich durch Leitung übertragen wird.

Für größere Spaltweiten und horizontale Luftschichten führt die Einführung der „scheinbaren" Wärmeleitzahl zu einer sehr einfachen Darstellung der Versuchsergebnisse. Wenn die Schichtdicke δ als Bezugslänge, $\Theta = \vartheta_1 - \vartheta_2$ (ϑ_1 und ϑ_2 sind die Wandtemperaturen) und die Werte β und ν bei der mittleren Temperatur $\dfrac{\vartheta_1 + \vartheta_2}{2}$ in der Grashofschen Kennzahl

$$Gr = \frac{\beta\,g\,\Theta\,\delta^3}{\nu^2}$$

eingesetzt werden, so ist $\dfrac{\lambda}{\lambda'}$ eine eindeutige Funktion von Gr, unabhängig von den Abmessungen der Platte (Abb. 81). Innerhalb der Versuchsgrenzen, $\delta = 1{,}2$ bis 20 cm, ist:

$$\frac{\lambda'}{\lambda} = 0{,}12\,Gr^{0,3} = \frac{k_k\,\delta}{\lambda}.\tag{150}$$

Da bei den Versuchen von Mull und Reiher Θ nur 4 bis 30⁰ C, also sehr klein war, ist die Mittelwertbildung der Temperatur zur Berechnung von β und ν nur von geringer Bedeutung. Nach den allgemeinen theoretischen Überlegungen ist $\beta = 1/T_\infty$, so daß hier $\beta = 1/T_2$ zu setzen

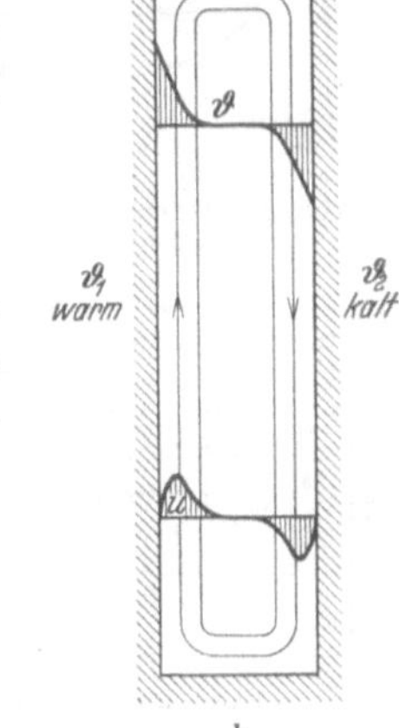

Abb. 82. Vergleich der Strömungen in offenen und geschlossenen Räumen.

wäre, während die Mittelwertbildung für die Berechnung von ν (bis genauere Versuche mit großen Temperaturunterschieden vorliegen) beibehalten werden kann. Aus den Versuchen von E. Reutlinger mit $\Theta = 200$ bis 500⁰ C scheint hervorzugehen, daß auch die Kenngröße $\dfrac{T_1}{T_2}$ einen Einfluß hat und daß bei großen Werten von Θ, k_k zunimmt.

Für eine vertikale Luftschicht ist die Abhängigkeit der „scheinbaren" Wärmeleitzahl bei größeren Schichtdicken viel verwickelter. Für ebene Begrenzungsflächen und bei nicht zu großen Temperaturunterschieden sind hier beide Wärmeübergangszahlen praktisch gleich groß, also

$$k_k = \frac{\alpha}{2}.\tag{148a}$$

Aus der Betrachtung der freien Strömung in einer vertikalen Spalt (Abb. 82b) folgt, daß die Wärme durch die Strömungen direkt zur kalten Wand geführt wird. Der Wärmeübergang erfolgt sicher nach einem ähnlichen Gesetz wie bei der freistehenden Platte. Er wird in einem ebenen Spalt größer sein als längs der freistehenden Platte, da die Luft schon mit einer gewissen Geschwindigkeit zuströmt, und zwar fast unabhängig von der Spaltweite. Der Übergang zwischen Wärmeleitung in engen Spalten und Konvektion in sehr weiten Spalten erfolgt natürlich allmählich (Abb. 83). Aus den Versuchen von Mull und Reiher folgt, daß für Spaltweiten größer als etwa 2 cm die Wärmeübergangszahlen α und α'' rd. 25% größer sind als für die freistehende Platte nach Gleichung (135), wenn in der Grashofschen Kennzahl der Temperaturunterschied $\Theta = \vartheta_1 - \vartheta_2$ eingesetzt wird (Abb. 84). Es ist möglich, daß durch genauere Versuche eine schwache Abhängigkeit des Korrekturfaktors 1,25 von der Grashofschen Kennzahl nachweisbar ist. Da $\alpha' = \alpha''$ gesetzt ist, können auch die Stoffwerte β und v dieser Gleichung bei der mittleren Spalttemperatur $\vartheta_m = \dfrac{\vartheta_1 + \vartheta_2}{2}$ eingesetzt werden.

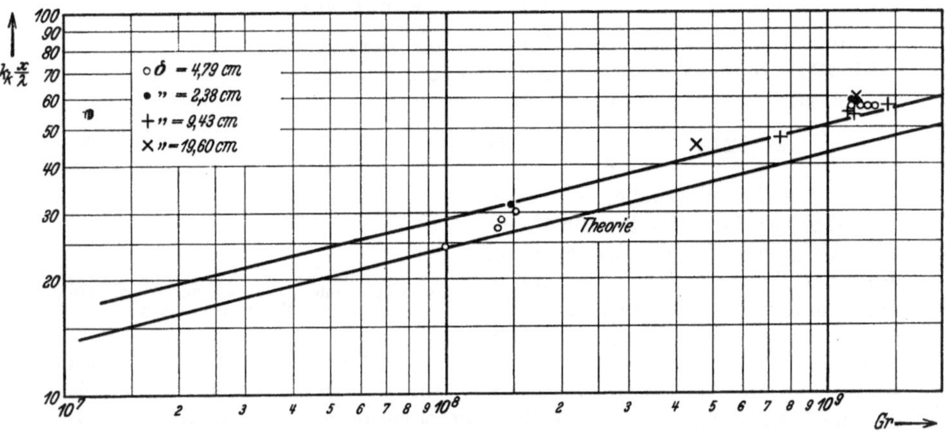

Abb. 83. Wärmeübertragung durch Konvektion und Leitung in einer Luftschicht.

Abb. 84. Vertikale Luftschicht. (Versuche von Mull und Reiher.)

Man erhält die größte Spaltweite, für welche die Wärme noch ausschließlich durch Leitung übertragen wird aus der Gleichsetzung von (147) und (148a), also

$$k_k = \frac{\alpha}{2} = \frac{\lambda}{\delta} \quad \text{oder} \quad \delta_{\max} = 2\,\frac{\lambda}{\alpha}. \tag{151}$$

Unter Berücksichtigung, daß der Wärmeübergang durch die freie Strömung im Spalt rd. 25% größer als für die freistehende Platte ist, folgt mit Gleichung (144):

$$\frac{\lambda}{\delta} = 1{,}25 \cdot 0{,}7 \sqrt[4]{\frac{\Theta}{x}} \quad \text{und} \quad \delta_{\max} = 1{,}13\,\lambda \sqrt[4]{\frac{x'}{\Theta}}.$$

Für Vorfenster mit $x = 0{,}5$ m, $\Theta = 20^0$ C, $\lambda = 0{,}024$ wird $\delta_{\max} = $ rd. 1,1 cm. Bei Doppelfenstern muß also die Entfernung der beiden Glasscheiben mindestens 1 cm sein.

Bei den Versuchen von Mull und Reiher war bei einer Spaltweite von 1,2 cm die scheinbare Wärmeleitzahl der Luftschicht etwa 10% größer als die wirkliche Wärmeleitzahl der Luft, also $\frac{\lambda'}{\lambda} = 1,1$.

Für zylindrische Luftschichten, ist zu beachten, daß die beiden Begrenzungsflächen der Luftspalt verschieden groß sind. Aus den Definitionsgleichungen für die übergehende Wärme folgt dann:

$$Q = \alpha' F_i \Theta' = \alpha'' F_a \Theta'' = k_k F_i \Theta$$

oder

$$\frac{1}{\alpha' F_i} + \frac{1}{\alpha' F_a} = \frac{1}{k_k F_i}$$

und

$$\frac{1}{k_k} = \frac{1}{\alpha'} + \frac{d_\iota}{\alpha'' d_a}, \tag{152}$$

mit

$$\alpha' = 0{,}48 \frac{\lambda_i}{x} \sqrt[4]{\frac{g\,\Theta\,x^3}{T_a\,v_i^2}} \quad \text{und} \quad \alpha'' = 0{,}48 \frac{\lambda_a}{x} \sqrt[4]{\frac{g\,\Theta\,x^3}{T_i\,v_a^3}} \tag{153}$$

und wobei der Zuschlag von 25% für die größere Wärmeübertragung im Spalt in den Zahlenfaktor 0,48 schon berücksichtigt ist. Für die freie Strömung längs einem Hohlzylinder liegen allerdings keine Versuche vor. Man kann aber erwarten, daß die Strömung ähnlich ist wie bei einem Vollzylinder (Abb. 85). Für horizontale Anordnung der Rohre sind Innen- bzw. Außendurchmesser als Bezugsgröße x in den Grashofschen Kennzahlen einzusetzen; bei vertikaler Anordnung die Höhe. In beiden Fällen sind λ und v bei den Wandtemperaturen zu nehmen.

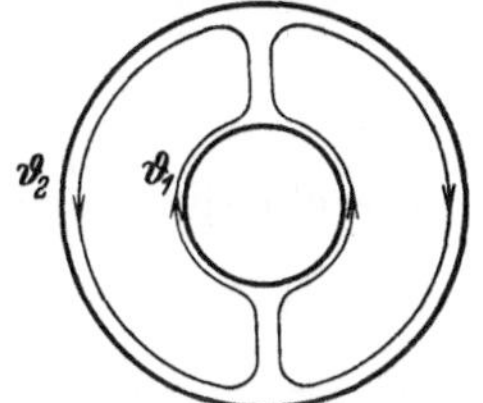

Abb. 85. Freie Strömung in einem horizontalen Hohlzylinder.

Aus dem in Zahlentafel 17 durchgeführten Vergleich geht hervor, daß die so berechneten k_k-Zahlen mit den Versuchswerten von W. Beckmann gut übereinstimmen. Die Abweichungen liegen innerhalb der Streuung der Beckmannschen Versuche.

Zahlentafel 17. Vergleich der Rechnung mit den Versuchen von W. Beckmann. $d_\iota = 0{,}08$ m. Zylindrische Luftschicht, horizontal.

Nr.	ϑ_i °C	Θ °C	p at	Gr_i	α'	ϑ_a °C	d_a m	Gr_a w	α''	k_k theor.	k_k Vers.
41	65	40,2	0,443	$3{,}36 \cdot 10^5$	3,50	24,8	0,115	$1{,}274 \cdot 10^6$	3,07	1,953	1,895
53	48,1	20,6	1,675	$2{,}89 \cdot 10^6$	5,75	27,5	0,115	$9{,}53 \cdot 10^6$	5,10	3,235	3,519
78	46,6	19,6	1,64	$2{,}69 \cdot 10^6$	5,78	27,0	0,135	$1{,}45 \cdot 10^7$	4,82	3,381	3,524
79	63,7	35,2	0,44	$2{,}92 \cdot 10^5$	3,37	28,5	0,135	$1{,}83 \cdot 10^6$	2,88	1,991	2,028
105	71,3	47,5	0,62	$7{,}32 \cdot 10^5$	4,33	23,8	0,165	$9{,}11 \cdot 10^6$	3,48	2,700	2,688
109	51,2	23,6	1,03	$1{,}245 \cdot 10^6$	4,70	27,6	0,165	$1{,}31 \cdot 10^7$	3,86	2,954	2,773

Die Gleichung (153) gilt natürlich nur für Laminarströmung, also etwa für Gr kleiner als 10^9. Die Versuchswerte von Beckmann mit vertikalen Luftschichten von 2 m Höhe ($Gr = 10^9$ bis $5 \cdot 10^{10}$) liegen 10 bis 20% niedriger als die nach Gleichung (149) mit den geschätzten

Wärmeübergangszahlen für turbulente Strömung nach Gleichung (138) berechneten, da die Strömung zum Teil laminar ist.

Für eine Wandung mit einer Luftschicht (Abb. 86) folgt aus der Kontinuitätsgleichung der Wärmeströmung für die Flächeneinheit:

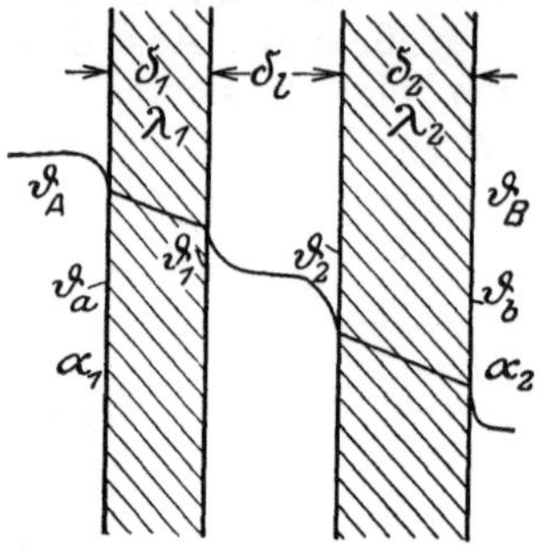

$$q = \alpha_1 (\vartheta_A - \vartheta_a) \quad \text{oder} \quad \vartheta_A - \vartheta_a = \frac{1}{\alpha_1}\, q,$$

$$q = \frac{\lambda_1}{\delta_1} (\vartheta_a - \vartheta_1) \qquad \vartheta_a - \vartheta_1 = \frac{\delta_1}{\lambda_1}\, q,$$

$$q = k_{sp} (\vartheta_1 - \vartheta_2) \qquad \vartheta_1 - \vartheta_2 = \frac{1}{k_s}\, q,$$

$$q = \frac{\lambda_2}{\delta_2} (\vartheta_2 - \vartheta_b) \qquad \vartheta_2 - \vartheta_b = \frac{\delta_2}{\lambda_2}\, q,$$

$$q = \alpha_2 (\vartheta_b - \vartheta_B) \quad \text{oder} \quad \vartheta_b - \vartheta_B = \frac{\delta_2}{\lambda_2}\, q$$

und durch Addition

$$\left.\begin{aligned}
\vartheta_A - \vartheta_B = \Theta = \\
= \left\{ \frac{1}{\alpha_1} + \frac{1}{\alpha_2} + \frac{\delta_1}{\lambda_1} + \frac{\delta_2}{\lambda_2} + \frac{1}{k_{sp}} \right\} q = \frac{1}{k}\, q.
\end{aligned}\right\} \quad (154)$$

Abb. 86. Temperaturverlauf in einer Wandung mit Luftschicht.

Wenn mit k_0 die Wärmedurchgangszahl für die Wand ohne Luftschicht, und mit k die gesamte Wärmedurchgangszahl bezeichnet wird, ist

$$\frac{1}{k} = \frac{1}{k_0} + \frac{1}{k_{sp}} = \frac{1}{k_0} + \frac{1}{k_k + \alpha_s}. \qquad (155)$$

Besteht die Isolierung aus mehreren Luftschichten, so ist

$$\frac{1}{k} = \frac{1}{k_0} + \sum \frac{1}{k_{sp}}. \qquad (155\,\text{a})$$

Da die Wärmeübergangszahlen von den Temperaturen abhängig sind, ist der Temperaturverlauf zunächst schätzungsweise anzunehmen und durch Nachrechnung zu kontrollieren.

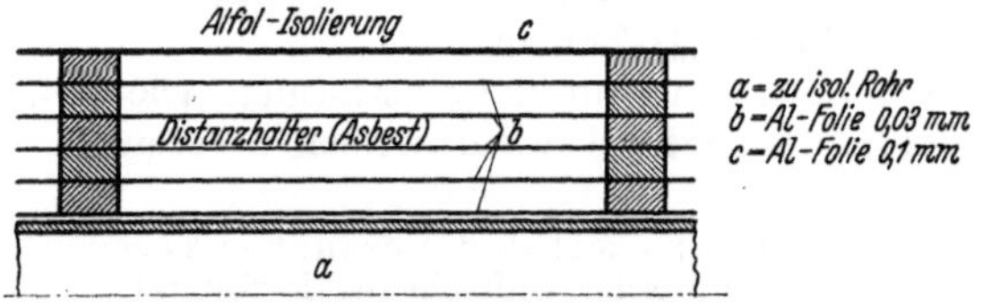

Abb. 87. „Alfol"-Isolierung.

Zahlenbeispiel 27. Ein Rohr von 60 mm $\varnothing$ mit einer Wandtemperatur von 450° C wird isoliert durch 5 Aluminiumfolien in je 8,5 mm Entfernung (Abb. 87). Wie groß ist die scheinbare Wärmeleitzahl der Isolierung[1]?

In Luftschichten unter 1 cm Dicke wird die Wärme ausschließlich durch Strahlung und Leitung übertragen; die Wärmeübertragung durch Konvektion kann also vernachlässigt werden. Die durch Leitung übertragene Wärme ist nach Gleichung (53), S. 65:

$$Q_L = \lambda \cdot 2\,\pi\,l\, \frac{\Theta}{\ln \dfrac{r_a}{r_i}}\ \text{kcal/h.}$$

---

[1] Siehe auch J. T. Nichols: Metallic heat insulation. Trans. Amer. Soc. mech. Engr. Bd. 57 (1935) S. 621.

Die Oberflächentemperatur der Isolierung ist zunächst zu schätzen, z. B. zu 70⁰ C. Die Wärmeleitzahl der Luft ist von der Temperatur abhängig; rechnen wir zunächst mit einer unveränderlichen Wärmeleitzahl bei der mittleren Temperatur $\frac{1}{2}$ (450 + 70) = 260⁰ C, so ist nach Zahlentafel 38 S. 257 λ = 0,035 kcal/m, h, ⁰C.

Die durch die 5 Luftspalten mit $n = 4$ Aluminiumfolien durch Strahlung übertragene Wärme ist nach Gleichung (72), S. 25:

$$Q_s = \frac{C}{4+1} f_\vartheta \, \Theta \cdot 2 \, \pi \, r \, l \, \text{kcal/h}.$$

Der mittlere Schwärzegrad von Aluminiumfolie bei der mittleren Temperatur von 260⁰ C (Abb. 121, S. 242) = 0,076

$$f_\vartheta \, (\vartheta_1 = 470^0, \, \vartheta_2 = 70^0 \, C, \, \text{Abb. 17, S. 37}) = 6,5.$$

Die scheinbare Wärmeleitzahl der Isolierung folgt aus

$$Q_t = Q_L + Q_s = 2 \, \pi \, l \, \Theta \left\{ \frac{\lambda}{\ln \frac{r_a}{r_i}} + \frac{r_i C f_\vartheta}{5} \right\} \quad \text{mit} \quad \ln \frac{r_a}{r_i} = 0,8755$$

zu

$$\lambda' = \lambda + \frac{r_a C f_\vartheta}{5} \ln \frac{r_a}{r_i} = 0,0349 + \frac{0,076 \cdot 4,96 \cdot 6,5 \cdot 0,03}{5} \cdot 0,8755 \ = 0,0478$$

gemessen von E. Schmidt ($L. \ 35.36$) $\lambda' = 0,0476$.

Zur Kontrolle der angenommenen Oberflächentemperatur von 70⁰ C berechnen wir noch die durch die Isolierung hindurchgehende Wärme für 1 m Rohrlänge:

$$Q_1 = 2 \, \pi \lambda' \, \frac{\Theta}{\ln \frac{r_a}{r_i}} = 2 \, \pi \cdot 0,0478 \cdot \frac{380}{0,8755} = 130 \, \text{kcal/m, h.}$$

Zur Berechnung der an der Oberfläche der Isolierung abgegebenen Wärme entnehmen wir aus Abb. 148a auf Nomogramm 5 für $\vartheta_w = 70^0$ C und $d = 147$ mm: $\alpha_k = 5,0$ kcal/m², h, ⁰C. Für die Strahlung ist $\alpha_s = 0,06 \cdot 4,96 \cdot 1,42 = 0,4$ kcal/m², h, ⁰C, zusammen also 5,4 kcal/m², h, ⁰C.

Im Beharrungszustand ist

$$Q = 5,4 \cdot \pi \cdot 0,174 \, \Theta = 130 \, \text{kcal/m}.$$

Aus dieser Gleichung folgt $\Theta = 52^0$ C. Bei einer Temperatur der Umgebung von 18⁰ C ist also die Oberflächentemperatur von 70⁰ C richtig geschätzt.

Zahlenbeispiel 28. Wie groß ist die durch Konvektion in einer Luftschicht von 126 cm Höhe und 2,54 cm Weite bei einem mittleren Temperaturunterschied $\Theta = 32,1^0$ C übertragene Wärme, wenn die mittlere Temperatur im Luftspalt 11⁰ C beträgt?

Zuerst muß die Grashofsche Kennzahl $Gr = \frac{\beta \, g \, \Theta \, x^3}{\nu^2}$ aus Nomogramm 5 zu $1,015 \cdot 10^{10}$ berechnet werden. Aus der Größe dieser Zahl folgt, daß die Strömung turbulent ist ($Gr > 10^9$). Die Wärmeübergangszahl für die turbulente Strömung [nach Gleichung (138)] ist mit $\xi = 1$

$$\alpha = 0,0325 \, \frac{\lambda}{x} \, Gr^{0,4} = 5,34 \qquad \text{und} \qquad k_k = \frac{\alpha}{2} = 2,67.$$

Gemessen von Griffith und Davis $k_k = 2{,}58$, einen etwas kleineren
Wert, weil die Strömung zum Teil laminar ist.

Einen besonderen Fall für die Wärmeübertragung in einer Luftschicht
bildet die nicht vollkommene Berührung zweier Platten, da bei der
rauhen Oberfläche Luft zwischen den Berührungsstellen eingeschlossen
ist. Man kann dabei annehmen, daß beide Platten sich nur auf $1/n$ Teil
der Fläche berühren, so daß die durchgehende Wärme sich in zwei
Ströme teilt:

$$Q_1 = k_0 \frac{F}{n} \Theta \quad \text{und} \quad Q_2 = k_1 \frac{n-1}{n} F \Theta, \quad \text{worin} \quad \frac{1}{k_1} = \frac{1}{k_0} + \frac{k_{sp}}{1}.$$

Mit

$$Q_1 + Q_2 = Q = \left(\frac{k_0}{n} + \frac{n-1}{n} k_1 \right) F \Theta = k F \cdot \Theta,$$

wird

$$k = \frac{k_0}{n} + \frac{n+1}{n} k_1 = k = \frac{k_0}{n} \cdot \frac{k_0 + n\,k_{sp}}{k_0 + k_{sp}}. \tag{156}$$

Der Ausdruck läßt sich nicht in die Form $\dfrac{1}{k} = \dfrac{1}{k_0} + \dfrac{1}{\alpha_x}$ bringen, so
daß die nicht satte Berührung zweier Flächen sich nicht durch die Ein-
führung eines Übergangswiderstandes $\dfrac{1}{\alpha_x}$ erklären läßt, wie dies hier und
da versucht wurde.

Kann k_{sp} gegenüber $n k_0$ vernachlässigt werden, wie es meist bei der
Berührung zweier guten Wärmeleiter der Fall ist, dann ist $k = \dfrac{k_0}{n}$, d. h.
die Wärmedurchgangszahl wird nur $1/n$ Teil von der bei satter Berührung
(Aussparungen zwischen Büchse und Lagerkörper).

Sind k_s und k_0 von der gleichen Größe, dann ist $k = \dfrac{u+1}{2\,n} k_0$. Ist
k_{sp} groß gegenüber k_0 (Isolierstoffe), dann wird $k = k_0$, d. h. die rauhe
Oberfläche hat dann gar keinen Einfluß.

Für tropfbare Flüssigkeiten gelten die gleichen Überlegungen wie beim
Luftspalt. Die Schichtdicke δ, bei welcher die Konvektionsströme vernachlässigt werden dürfen, folgt aus der Bedingung:

$$\frac{\lambda}{\delta} = 1{,}25 \cdot 0{,}24 \sqrt[4]{Gr \cdot Pr}. \tag{157}$$

Bei der freien Strömung von Flüssigkeiten in einem Gefäß, das nicht
sehr groß im Verhältnis zur Größe der Wärmeaustauschfläche ist, müssen
die Gleichungen für die Strömung in Spalten verwendet werden. In der
Grashofschen Zahl ist dann für Θ der ganze Temperaturunterschied
zwischen Gefäßwand und Wärmeaustauschfläche einzusetzen.

Zahlenbeispiel 29. Wie groß ist die Wärmeübergangszahl an der
Ölseite des Blechmantels in einem großen Transformator mit der Höhe
$x = 2$ m?
In dem geschlossenen Ölbehälter ist in der Grashofschen Kennzahl
für Θ der volle Temperaturunterschied zwischen Spulenoberfläche und
Behälterwand (also etwa 20° C) und die Stoffwerte bei der mittleren
Öltemperatur einzusetzen.

Die für einen engen Spalt gefundene Erhöhung der Wärmeübergangszahl von 25% gegenüber der freistehenden Platte wird im Transformator
nicht erreicht, weil die Spulenhöhe viel niedriger als die Behälterwand
ist. Die Erhöhung sei hier auf nur 15% geschätzt. Da die Ölströmung
sicher turbulent ist (vgl. S. 167), wird mit $\xi = 1$:

$$Nu = 1{,}15 \cdot 1{,}1 \frac{0{,}036\, Re^{0{,}8} \cdot Pr}{\varphi\,(Pr_g - 1)} \,. \tag{137}$$

Nach Gleichung (122) ist die Stromfunktion nur von Gr und nicht von Pr
abhängig, so daß die für Luft gefundene Beziehung

$$Re = 0{,}55 \sqrt{Gr} \tag{133}$$

auch für Öl gültig bleibt. Dann ist

$$Nu = 0{,}0282 \frac{Gr^{0{,}4} \cdot Pr}{\varphi\,(Pr_g - 1)} \,.$$

Nach Abb. 143 (S. 270) ist für Transformeröl von 68^0 C, $Pr = 120$ und
für die zu 66^0 C geschätzte Grenzschichttemperatur, $Pr_g = 127$. Aus
Nomogramm 3 folgt für $Re = 10^6$ und $Pr = 120$, $v = 0{,}16$, so daß

$$\frac{Pr}{\varphi\,(Pr_g - 1)} = 5{,}95$$

und

$$Nu = 0{,}168\, Gr^{0{,}4}$$

wird. Nimmt man die mittlere Ausdehnungszahl des Öls zu 0,00065 an,
dann wird mit $v = 0{,}07$ cm²/s (Abb. 143)

$$\alpha = 35\, \Theta^{0{,}4} \text{ kcal/m}^2, \text{ h, } ^0\text{C},$$

also für

$$\Theta = 20^0 \text{ C}, \ \alpha = 112 \text{ kcal/m}^2, \text{ h, } ^0\text{C} = 131 \text{ Watt/m}^2, \, ^0\text{C}.$$

D. Erzwungene Laminarströmung in einem Kreisrohr.

Dieses Problem ist (wie schon auf S. 106 erwähnt) deshalb so
besonders schwierig, weil neben den kleinen Geschwindigkeiten der
erzwungenen Strömung, die Geschwindigkeiten der „freien" Strömung
bei großen Temperaturunterschieden im Rohrquerschnitt nicht mehr
vernachlässigt werden dürfen. Nach dem Ähnlichkeitsprinzip ist also

$$Nu = F\,(Gr,\, Pr,\, Re,\, x/d)$$

eine Funktion von mehreren unabhängigen Veränderlichen, die auch
experimentell nicht ermittelt werden kann.

Für die Laminarströmung von Gasen gibt die Gleichung:

$$\alpha = \frac{W \cdot c_{pk}\, g}{F\, u_m} \tag{21a}$$

auf Kreisrohren angewandt, sicher einen guten Anhaltspunkt für die
Größe der Wärmeübergangszahlen. Mit W aus Gleichung (27), $F = \pi d \cdot 1$,
$u_m = w$ und $\zeta_{\text{lam}} = \dfrac{64\,\xi}{Re}$, worin der unbekannte Faktor ξ wieder die
Änderung des Strömungswiderstandes bei nichtisothermischer Strömung
berücksichtigen soll, wird

$$\alpha = \frac{\dfrac{\pi}{8} \cdot \dfrac{64}{Re}\, \xi\, l \cdot d \cdot w^2 \cdot \varrho\, c_{pk}\, g}{\pi \cdot d \cdot l \cdot w} = \frac{8\, \xi\, w \cdot c_{pk}\, \gamma}{Re}$$

oder
$$Nu = \alpha \frac{d}{\lambda} = \frac{8\,Pe\,\xi}{Re} = 8\,\xi \cdot Pr.\tag{157}$$

Diese Überlegungen gelten streng nur für $Pr = 1$, sie gelten auch nur für den hydrodynamisch ausgebildeten Zustand und berücksichtigen nicht die Zunahme der Wärmeübergangszahl im Anfang des Rohres; sie versagen auch vollständig bei tropfbaren Flüssigkeiten.

Von den mathematischen Lösungen für dieses Problem muß die Lösung unter Annahme einer konstanten Geschwindigkeit über Rohrquerschnitt und Länge (Potentialströmung) von vornherein als praktisch unbrauchbar abgelehnt werden.

Graetz und später W. Nusselt vernachlässigen die freien Strömungen und nehmen zur Integration der Gleichung (48) S. 120, eine parabolische Geschwindigkeitsverteilung über den Rohrquerschnitt an jeder Stelle an. Sie setzen also $v = w = 0$ und

$$u = u_0\,(1 - r^2/r_0^2).$$

Das wichtigste Resultat dieser Untersuchung ist, daß die Wärmeübergangszahl für $x = 0$ unendlich groß ist und sich mit zunehmender Länge rasch einem Grenzwert nähert. Nusselt fand für den Grenzwert $5,15\ \lambda/d$ [mit $\vartheta_m = \vartheta_q$, Gleichung (34)], Gröber den viel kleineren Wert $3,65\ \lambda/d$ [mit $\vartheta_m = \vartheta_v$, Gleichung (35)]. Keine der beiden Berechnungen stimmt mit dem tatsächlichen Mittelwert der Temperaturen der Teilchen, die den Impulstransport besorgen, überein.

Den Grenzwert wird mit einer Genauigkeit von 1% erreicht, wenn $Pe \cdot d/x$ kleiner als 17,3 ist.

Zahlentafel 18.

	$Re = 1000$	$Re = 100$
Für Luft ($Pr = 0,725$) . . . . x/d größer als	40	4
Wasser von 20° C ($Pr = 7$) . „ „ „	400	40
zähes Öl ($Pr = 700$) . . . . . „ „ „	40000	4000

Aus diesen Zahlen folgt der überragende Einfluß der Rohrlänge und der Reynoldsschen Zahl bei der Laminarströmung von zähen Flüssigkeiten.

Die bei der Integration der Differentialgleichung vorausgesetzte parabolische Geschwindigkeitsverteilung kann aber nicht bestehen bleiben, sobald Temperaturunterschiede im Rohrquerschnitt auftreten. Die allgemeine Schlußfolgerung, daß die Wärmeübergangszahl mit zunehmender Rohrlänge sich rasch einem Grenzwert nähert, bleibt aber für jede Temperaturverteilung bestehen, nur mit etwas geänderten Zahlenwerten für den Grenzwert.

Ähnlich wie bei der turbulenten Strömung, wird auch bei Laminarströmung zäher Flüssigkeiten fast das ganze Temperaturgefälle in einer schmalen Randzone erfolgen. Die Versuche von H. Kraussold mit $Pr = 300$—3000 bestätigen die Richtigkeit dieser Voraussetzung. Auch A. P. Colburn und O. A. Hougen fanden bei der Laminarströmung von Wasser ($Pr = 3$—8), daß das Temperaturgefälle in einer schmalen

Randzone erfolgt und über dem weiteren Rohrquerschnitt sehr klein war. Man darf diese Beobachtung innerhalb sehr weiten Grenzen als Grundlage für die theoretische Untersuchung verwenden, so daß die mit der Temperatur veränderliche Zähigkeit nur in dieser Randzone zu berücksichtigt werden braucht.

Bei **Erwärmung** der Flüssigkeit wird die Randzone dünnflüssiger. Da die durch das Rohr strömende Flüssigkeitsmenge unverändert bleibt, muß Flüssigkeit aus dem Rohrinnern nach der Randzone fließen um die erhöhte Geschwindigkeit dort aufrecht zu erhalten. Es sind also **radiale Komponenten** der Geschwindigkeit vorhanden. Bei Abkühlung der Flüssigkeit werden die wandnahen Schichten verzögert und die radiale Komponente der Geschwindigkeit ist nach dem Rohrinnern gerichtet. Die Laminarströmung im Rohr wird also bei großen Temperaturunterschieden räumlich und ähnlich der turbulenten Strömung; die parabolische Geschwindigkeitsverteilung wird jedenfalls zerstört, wie in Abb. 88 schematisch dargestellt. Jede Theorie die die freie Strömung vernachlässigt (und das ist auch die Theorie von Graetz-Nusselt) muß als nicht mit der Wirklichkeit übereinstimmend abgelehnt werden.

Solange die Randzone schmal im Verhältnis zum Radius des Rohres ist, kann von der Krümmung der Rohrwand abgesehen werden. Wir haben dann im Rohr das gleiche Problem wie bei dem Wärmeübergang einer ebenen Platte. Für die Tangente der Temperaturkurve an der Wand fand Pohlhausen:

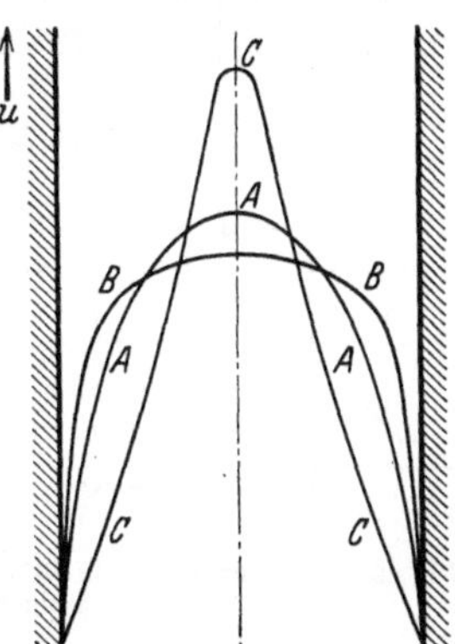

Abb. 88. Einfluß des Wärmeüberganges auf die Geschwindigkeitsverteilung bei Laminarströmung. *A* Isothermische Strömung, *B* Erwärmung, *C* Abkühlung.

$$\left(\frac{\partial \vartheta}{\partial y}\right)_{y=0} = 0{,}332\,\Theta \sqrt[3]{Pr}\,\sqrt{\frac{u_0}{v \cdot x}} \qquad \text{aus Gleichung (108/9).}$$

Bei parabolischer Geschwindigkeitsverteilung im Rohr (isothermische Strömung) ist die Geschwindigkeit in der Rohrachse u_0 doppelt so groß wie die mittlere Geschwindigkeit w. Bei nichtisothermischer Strömung ist das Verhältnis u_0/w für Abkühlung und für Erwärmung der Flüssigkeit verschieden und abhängig von dem Temperaturunterschied zwischen Wand und Flüssigkeit. Setzt man aber auch hier $u_0/w = 2$, so wird mit $Re = wd/v$

$$\left(\frac{\partial \vartheta}{\partial y}\right)_{y=0} = 0{,}47\,\Theta \sqrt[3]{Pr_g}\,\sqrt{Re \cdot \frac{d}{x}}, \qquad (158)$$

worin der Zahlenfaktor unsicher ist, da das Verhältnis u_0/w nicht genau bekannt ist. Bei der Strömung in einem Rohr muß noch berücksichtigt werden, daß der Temperaturunterschied Θ nicht mehr konstant ist, wie bei der Platte, sondern auch bei konstanter Wandtemperatur sich mit der Temperatur der Flüssigkeit ändert. Deshalb ist in Gleichung (158) an Stelle von Θ_1 der veränderliche Temperaturunterschied Θ gesetzt.

Aus dieser Gleichung folgt die wichtige Feststellung, daß der Temperaturverlauf in der Randzone und damit auch die Wärmeübergangszahl nicht mehr von $Pe \cdot d/x$ allein abhängt (wie aus der Theorie

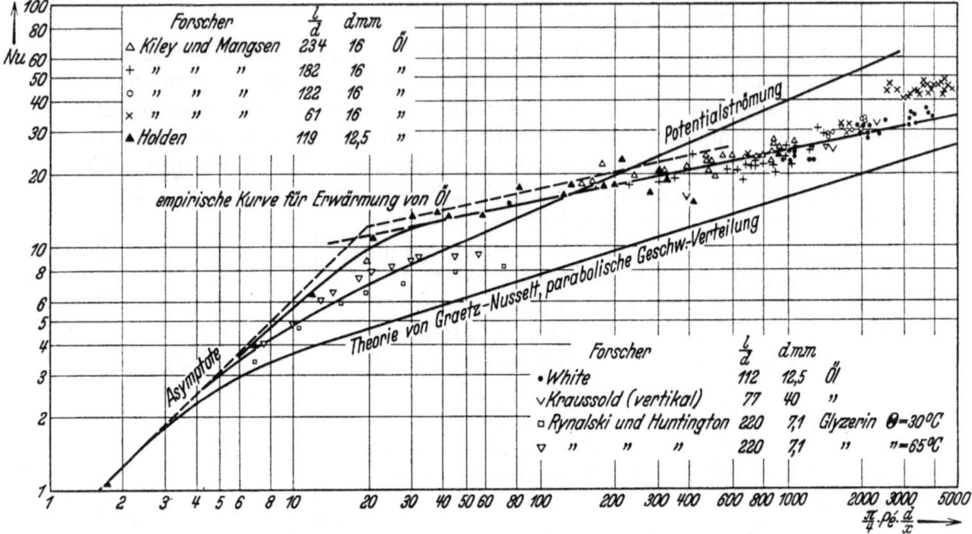

Abb. 89. **Erwärmung von Flüssigkeiten bei Laminarströmung in Kreisrohren.** Zusammenstellung einiger Versuchsergebnisse durch Mc Adams.

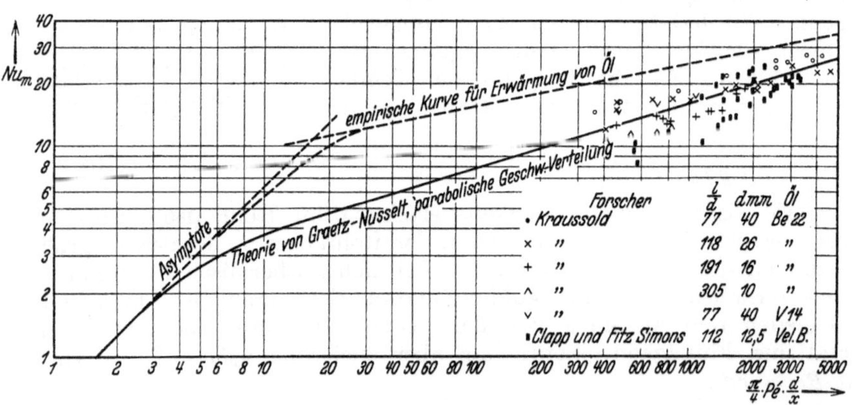

Abb. 90. **Abkühlung von Flüssigkeiten bei Laminarströmung in Kreisrohren.** Zusammenstellung einiger Versuchsergebnisse durch Mc Adams.

von Graetz-Nusselt folgt), sondern auch noch von Pr. Die aus dieser Gleichung folgende Temperaturverteilung stimmt mit den Messungen von H. Kraussold noch nicht genügend überein. Auch die daraus folgende Wärmeübergangszahl

$$Nu_x = \alpha \frac{d}{\lambda} = \frac{d}{\Theta} \cdot \left(\frac{\partial \vartheta}{\partial y} \right)_{y=0} \tag{159}$$

und
$$Nu_m = \int\limits_0^x Nu_x \, dx = 0,94 \sqrt[3]{Pr_g} \sqrt{Re \frac{d}{x}} \qquad (160)$$

entspricht nicht den verschiedenen Versuchsresultaten. Die freie Strömung wird im Rohr bald turbulent, so daß der Wärmeübergang zum Teil mit der Gleichung für laminare, zum Teil für turbulente, freie Strömung [Gleichung (137)] zu berechnen ist.

Der Wärmeübergang bei Laminarströmung in Rohren ist also jedenfalls ein sehr verwickeltes Problem. Es würde schon einen erheblichen Fortschritt bedeuten, wenn es gelingt, den Druckverlust bei nichtisothermischer Laminarströmung zu berechnen.

Wir sind also hier fast ausschließlich auf Versuche angewiesen, die auch in großer Zahl vorliegen. Die Versuche von Holden und White zeigten z. B., daß die nach Graetz-Nusselt berechnete Temperaturänderung für Öl bis zu 90% von der beobachteten abweicht.

Das Bestreben die Versuchsresultate durch eine Potenzfunktion darzustellen, führten zu den verschiedensten Gleichungen. Scheiden wir die Gleichungen aus, die den Faktor d/x nicht enthalten, so fand:

$$\text{Kraussold: } Nu = C \cdot Pe^{0,25} \, (d/x)^{0,5}$$
$$\text{McAdams: } Nu = C \, (Pe \cdot d/x)^{0,2}$$

also sehr verschiedenen Einfluß der Rohrlänge.

Wie unbedriedigend die verschiedenen Versuchsresultate unter sich und mit der Theorie von Graetz-Nusselt übereinstimmen, zeigen Abb. 89/90 nach der Zusammenstellung von McAdams.

E. Wärmeübergang bei Änderung des Aggregatzustandes.

1. Diffusion und Verdunstung.

Diffusion nennt man das langsame, ohne Einwirkung äußerer Kräfte erfolgende Eindringen zweier Gase ineinander, das erst sein Ende erreicht, wenn in allen Raumteilen des Gemisches jeder der beiden Gase in gleicher Weise verteilt ist.

Unter Konzentration z versteht man die Menge des Gases (z. B. in kg oder kmol[1]) in 1 kg bzw. 1 kmol des Gemisches; sie ist also eine dimensionslose Zahl[2].

Nach dem Daltonschen Gesetz ist der Gesamtdruck p des Gemisches, wenn p_1 und p_2 die Teildrucke sind:

$$p = p_1 + p_2.$$

Die in 1 kg des reinen ersten Gases beigemischte Menge x kg des zweiten Gases ist, wenn m_1 und m_2 die Molekulargewichte der beiden Gase sind:

$$x = \frac{m_1 \, p_1}{m_2 \, p_2}.$$

---

[1] 1 kmol (mol) eines Stoffes ist eine Menge von soviel Kilogramm (Gramm) als die Maßzahl des Molekulargewichtes beträgt, z. B. 1 kmol O_2 = 32 kg O_2.

[2] In der Literatur wird die Konzentration auch oft als die Menge des Gases in der Volumeneinheit des Gemisches bezeichnet; sie hat dann die Dimension kg/m³ oder kmol/m³.

Das Gesamtgewicht der Mischung ist dann $(1 + x)$ kg und die Konzentration beträgt:

$$z = \frac{x}{1 + x} \; \frac{\text{kg Gas}}{\text{kg Gasgemisch}} \, .$$

Das Gas wandert von Punkten höherer Konzentration zu Punkten niedriger, ähnlich wie die Wärme sich von Stellen höherer zu solchen niedriger Temperatur bewegt. Der Vorgang ist dem der Wärmeleitung vollkommen analog und seine Theorie ganz der Fourierschen Theorie der Wärmeleitung nachgebildet. Die in der Zeiteinheit diffundierte Gasmenge dG wird proportional der Trennungsfläche df der beiden Gase und dem Konzentrationsgefälle in der Stromrichtung sein (Grundgesetz der Diffusion von Fick):

$$dG = - k \cdot df \frac{\partial z}{\partial n} \text{ kg/h} \, . \tag{161}$$

Der Proportionalitätsfaktor k heißt Diffusionszahl (cm^2/s bzw. m^2/h), ist abhängig von Temperatur und Druck und scheint nach den Versuchen von Wintergerst innerhalb weiter Grenzen unabhängig von der Konzentration zu sein:

$$k = \frac{k_0}{p} \left(\frac{T}{273} \right)^n , \tag{162}$$

worin k_0 die Diffusionszahl bei 0^0 C und 1 ata und p der Druck in ata ist. Der Exponent n liegt etwa zwischen 1,9 und 2^1.

Betrachtet man ein Raumelement in einer strömenden Flüssigkeit, so erhält man in ähnlicher Weise wie bei der Wärmeleitung (vgl. S. 101) die Differentialgleichung:

$$\frac{Dz}{dt} = k \Delta z . \tag{163}$$

Für $k = a$ sind die Differentialgleichungen für Wärmeleitung und für Diffusion identisch und müssen bei gleichen Randbedingungen auch zu der gleichen Lösung führen.

Wie die Zähigkeit und die Wärmeleitung, so läßt sich auch die Diffusion aus der molekularen Bewegung erklären. In allen drei Fällen handelt es sich um den molekularen Transport einer bestimmten Größe. Bei der Zähigkeit wird Bewegungsgröße, bei der Wärmeleitung Energie und bei der Diffusion Masse transportiert. Aus diesen Überlegungen folgt, daß die Diffusionszahl zweier Gase proportional der Temperaturleitzahl des Gemisches ist.

$$a = Le \cdot k . \tag{164}$$

Der Proportionalitätsfaktor wird als Lewissche Kennzahl bezeichnet. Aus Zahlentafel 19 folgt, daß diese Kenngröße im allgemeinen von 1 verschieden ist; sie hängt von beiden an der Diffusion beteiligten Stoffen ab. Bei der Diffusion in das gleiche Gas nimmt Le mit dem Molekulargewicht des diffundierenden Stoffes zu. Beim gleichen diffundierenden Stoff ist Le um so kleiner, je höher das Molekulargewicht des Mediums ist, in das hinein die Diffusion erfolgt.

---

[1] Unter Berücksichtigung einer Konzentrationserniedrigung an der Wasseroberfläche (vgl. S. 189, Fußnote 3) fand G. Ackermann für Wasserdampf $n = 2,78$.

Zahlentafel 19. Diffusionszahl k [m²/h][1] und Lewissche Kenngröße $Le = \dfrac{a}{k}$ bei 0° C und 760 mm Hg.

Diffusion von	Mole-kular-gewicht m	in H₂ $a = 0,465$ m²/h		in Luft $a = 0,0653$ m²/h		in CO₂ $a = 0,0312$ m²/h	
		k m²/h	$Le = \dfrac{a}{k}$	k m²/h	Le	k m²/h	Le
Isobutylvalverat	158	0,0620	7,5	0,0153	4,78	0,0110	2,84
Äthylvalverat	118	0,0756	6,15	0,0182	3,59	0,0132	2,36
Amylalkohol	104	0,0845	5,50	0,0212	3,09	0,0152	2,05
Isobuttersäure	88	0,0976	4,77	0,0254	2,58	0,0170	1,83
Buttersäure	88	0,0724	6,42	0,0190	3,44	0,0134	2,33
Äthylacetat	88	0,0982	4,73	0,0255	2,57	0,0175	1,78
Benzol	78	0,106	4,39	0,0270	2,42	0,0190	1,64
Butylalkohol	74	0,0982	4,74	0,0245	2,67	0,0171	1,82
Äthylalkohol	46	0,136	3,42	0,0366	1,79	0,0247	1,26
Kohlensäure	44	0,196	2,37	0,0511	1,28	—	—
Sauerstoff	32	0,244	1,90	0,0640	1,02	0,0647	0,482
Methylalkohol	32	0,180	2,58	0,0476	1,37	0,0317	0,984
Wasser	18	0,247	1,88	0,0754	0,866	0,0475	0,657
Wasserstoff	2	—	—	—	—	0,194	0,161
Ammoniak	20	—	—	0,0716	0,915	—	—

Da die a-Werte für reine Luft, reinen Wasserstoff und reine Kohlensäure genommen sind, gelten die Le-Werte nur für den Fall, daß der Teildruck des diffundierenden Stoffes klein ist im Vergleich zum Gesamtdruck.

Die **Verdunstung** einer Flüssigkeit ist ein Problem der Diffusion, so wie der Wärmeübergang ein Problem der Wärmeleitung ist. Eine ruhende Wasserfläche mit der gleichen Temperatur der umgebenden Luft verdunstet, wenn die relative Feuchtigkeit der Luft kleiner als 1 ist. Von der Wasseroberfläche diffundiert überhitzter Wasserdampf in die Luft hinein. Da der Wasserdampf leichter als die Luft ist, entsteht eine Luftströmung, ähnlich der freien Strömung bei Temperaturunterschieden. Dadurch und auch durch Temperaturunterschiede zwischen Wasser und Luft, sowie bei erzwungener Strömung der Luft wird die Verdunstung vergrößert.

Ist umgekehrt die Konzentration im Medium größer als an der Körper-oberfläche, so spricht man von Kondensation oder von Kristallisation, je nachdem das Medium ein Gas oder eine tropfbare Flüssigkeit ist.

Analog dem Wärmeübergang schreibt man für die verdunstete Menge

$$dG = \beta \, dF \, (z_w - z_m) \; [\text{kg/h}]. \tag{165}$$

Die Verdunstungszahl β [kg/m², h][2] ist eine ebenso verwickelte Größe wie die Wärmeübergangszahl. Die Konzentration an der Flüssigkeits-oberfläche z_w entspricht dem Sättigungsdruck[3].

---

[1] 1 m²/h $= 2,78$ cm²/s.

[2] Wenn die Konzentration in kg/m³ gemessen wird, erhält β die Dimension [m/h].

[3] Die Ansichten über diesen Punkt sind noch geteilt und haben in der Physik mehrfach gewechselt. So erklärt G. Ackermann die Abweichungen zwischen Theorie und Versuch bei Verdunstungskühlern dadurch, daß er eine Konzentrationserniedrigung an der Flüssigkeitsoberfläche annimmt, die mit der je Flächeneinheit verdunsteten Menge zuerst rasch zunimmt und sich asymptotisch einem Grenzwert nähert.

Aus der Ähnlichkeit zwischen Wärmeleitung und Diffusion folgt auch die Ähnlichkeit zwischen Wärmeübergang und Verdunstung, von welcher H. Thoma zuerst Gebrauch gemacht hat um Wärmeübergangszahlen aus Verdunstungsversuchen zu bestimmen.

Für Wärmeübergang bei **erzwungener** Strömung gilt die allgemeine Gleichung

$$\alpha \frac{L}{\lambda} = \Phi\left(Re, \frac{w \cdot d}{a}\right). \tag{8}$$

Für Verdunstung muß also eine ähnliche Beziehung bestehen:

$$\beta \frac{L}{k\gamma} = \Phi\left(Re, \frac{wd}{k}\right). \tag{166}$$

Beide Funktionen Φ werden identisch, wenn bei ähnlichen Randbedingungen, $k = a$, also $Le = 1$ ist. Dann ist

$$\frac{\alpha}{\beta} = \frac{k\gamma}{\lambda} = \frac{a\gamma}{\lambda} = c_p, \tag{167}$$

das ist das Gesetz von Lewis. Für $a \neq k$ ist

$$\frac{\alpha}{\beta} = c_p \cdot f(Pr, Le), \tag{168}$$

worin $f(Le)$ abhängig von der Art der Strömung und von der Form des Körpers ist[1].

Erzwungene turbulente Strömung ohne Grenzschichtablösung. Wenden wir die physikalischen Betrachtungen des Wärmeüberganges auf die Verdunstung an, so wird aus dem turbulenten Gebiet an der Grenzschicht die Stoffmenge

$$G = G'\,(p_m - p') \tag{169}$$

übertragen, worin p_m der mittlere Partialdruck im turbulenten Gebiet und p' der Partialdruck am Rande der Laminarschicht ist. Mit den Wert von G' aus Gleichung (19) wird

$$G = W \cdot g\,\frac{p_m - p'}{u_m - u'} \quad \text{oder} \quad p_m - p' = G\,\frac{u_m - u'}{W \cdot g}. \tag{170}$$

Diese Stoffmenge gelangt durch Diffusion durch die Laminarschicht von der Dicke δ' hindurch an die Wand. Nach dem Grundgesetz der Diffusion ist:

$$G = k\gamma F\,\frac{p' - p_w}{\delta'} \quad \text{oder} \quad p' - p_w = \frac{G\delta'}{k \cdot \gamma \cdot F}. \tag{171}$$

Aus der Definitionsgleichung für die Verdunstungszahl

$$G = \beta F\,(p_m - p_w)$$

folgt durch Addition der Gleichungen (170) und (171):

$$\frac{1}{\beta} = \frac{F\,(u_m - u')}{W \cdot g} + \frac{\delta'}{k_g\gamma}. \tag{172}$$

Für die Strömung in einem Kreisrohr wird mit den Werten von δ' und W aus den Gleichungen (28) und (30):

$$\beta = \frac{\zeta w \gamma}{8\left(1 - \varphi + \varphi\,\dfrac{v}{k_g}\right)}. \tag{173}$$

---

[1] H. Thoma und W. Lorisch setzen bei der Berechnung der Wärmeübergangszahlen aus den Verdunstungsversuchen die Gültigkeit des Lewisschen Gesetzes voraus, was für NH_3 und H_2O annähernd zutrifft (Zahlentafel 19).

Da die Wärmeübergangszahl aus Gleichung (31 b) bekannt ist, folgt

$$\frac{\alpha}{\beta} = c_{pm} \frac{1 - \varphi + \varphi \left(\dfrac{v}{k} \right)_g}{1 - \varphi + \varphi\, Pr_g} . \tag{174}$$

E. R. Gilliland und T. K. Sherwood haben ausführliche Verdunstungsversuche von verschiedenen Flüssigkeiten in strömende Luft durchgeführt. Die Übereinstimmung zwischen Theorie und Versuch ist befriedigend. Ein genauer Vergleich ist nicht möglich, weil die Werte $(v/k)_g$ und Pr_g, die in Gleichung (174) einen entscheidenden Einfluß haben, nicht zuverlässig bekannt sind. Man kann im allgemeinen sagen, daß durch die Diffusion von mehratomigen, schweren Gasen in Luft, Pr_g (wegen der höheren Atomzahl der Mischung) größer und v_g kleiner wird (da das spez. Gewicht der Mischung größer ist) als für reine Luft. Gleichung (174) gibt also mit der Diffusionszahl für reines Gas sicher zu kleine Werte.

Bei **freier Verdunstung** wird der Auftrieb durch Konzentrationsunterschiede hervorgerufen. Bei Temperaturgleichheit zwischen Gas und Flüssigkeit bildet sich die neue Kenngröße

$$\frac{g L^3}{v^2} \left(\frac{m_\infty}{m_w} - 1 \right),$$

worin m_∞ das mittlere Molekulargewicht des Gemisches in großer Entfernung von der Wand und m_w das Molekulargewicht an der Wand ist. Treten gleichzeitig Temperaturunterschiede zwischen Gas und Flüssigkeiten auf, so folgt aus den Ähnlichkeitsbetrachtungen, daß an Stelle der Grashofschen Kennzahl eine neue Kenngröße

$$Gr' = \frac{g L^3}{v^2} \left(\frac{m_\infty\, T_w}{m_w\, T_\infty} - 1 \right) \tag{175}$$

gebildet werden kann, die entweder positiv, Null oder negativ ist, je nachdem $\dfrac{m_\infty\, T_w}{m_t\, T_w} \gtreqless 1$ ist. Für den Wert 1 ist gar keine Bewegung des Gases vorhanden und sowohl die Wärmeübergangszahl als auch die Verdunstungszahl wird ein Minimum, was durch Versuche von Hilpert bestätigt wird.

Für die freie Verdunstung längs einer vertikalen Fläche muß also in den Grundgleichungen für den Wärmeübergang a durch k ersetzt werden, also $Pr = v/a$ durch v/k. Die für den Wärmeübergang gefundene Lösung gilt dann auch für die Verdunstung, wenn die Kenngröße Gr durch Gr' ersetzt wird.

Für die laminare Verdunstung längs der vertikalen Fläche folgt also aus Gleichung (135):

$$\beta \frac{x}{k\gamma} = 0{,}525 \left(Gr' \cdot \frac{v}{k} \right)_w^{0,25}, \tag{176}$$

so daß mit dem Wert der Wärmeübergangszahl aus Gleichung (135)

$$\frac{\alpha}{\beta} = \frac{\lambda}{k\gamma} \cdot \left(\frac{k}{a} \right)_w^{0,25} = c_p \cdot Le_w^{0,75} \tag{177}$$

ist. Der Vergleich mit den Versuchswerten von R. Hilpert ist deshalb schwierig, weil die Diffusionszahlen der verwendeten Stoffe zum Teil nicht bekannt sind und weil es nicht mehr zulässig ist, die a-Werte für reine Luft einzusetzen. Bei den Versuchen mit Benzol machte der Dampfgehalt etwa 10% und bei Tetrachlorkohlenstoff sogar 25% des Gemischgewichtes aus. Soweit der Vergleich möglich ist (Zahlentafel 20) folgt daraus eine befriedigende Übereinstimmung zwischen Theorie und Versuch.

Zahlentafel 20.

	α/β	
	Versuch Hilpert	aus Gleichung (177) berechnet
Benzol . . .	0,51	0,475
Wasser . . .	0,22	0,224

2. Siedende Flüssigkeiten.

Während die Verdunstung von der ebenen Flüssigkeitsoberfläche ausgeht, entstehen beim Sieden an irgendwelchen Stellen der Heizfläche Dampfblasen und somit neue Oberflächen. Die Vorstellung, daß der Hauptwiderstand beim Wärmeübergang in der Flüssigkeitsschicht liegt, die an der Wand haftet, gab auch hier zuerst die Grundlage für die Theorie. Da die Wandtemperatur höher als die Siedetemperatur der Flüssigkeit ist, müßte diese durch eine dünne Dampfschicht von der Wand getrennt sein. Wenn eine zusammenhängende Dampfschicht angenommen wird, so kann deren Dicke aus den beobachteten Wärmedurchgangszahlen geschätzt werden.

Bei ganz sauberer, glatter Oberfläche sind in einem Verdampfer mit Kupferrohren ($\delta = 1{,}6$ mm, $\lambda = 325$ kcal/m, h, °C) Wärmedurchgangszahlen von 15000 kcal/m², h, °C beobachtet worden (Abb. 96). Mit einer Wärmeübergangszahl von 10000 für den kondensierenden Dampf (vgl. S. 121) kann aus Gleichung (17) die Wärmeübergangszahl für die siedende Flüssigkeit zu rd. 34000 kcal/m², h, °C berechnet werden. Die Dicke einer zusammenhängenden Dampfschicht folgt dann (mit $\lambda_{Dampf} = 0{,}02$) aus der Gleichung $\delta_d = \lambda/\alpha$ zu 0,0006 mm $= 0{,}6\,\mu$ und ist also noch kleiner als die Unebenheiten einer hochfein geschliffenen und polierten Metallfläche (1 bis $4\,\mu$). Daraus muß folgen, daß keine zusammenhängende Dampfschicht vorhanden sein kann.

Die Versuche von M. Jakob und seinen Mitarbeitern gaben eine genauere Vorstellung des Siedevorganges. Sie beobachteten bei einer horizontalen Heizplatte zuerst, daß die Verdampfung tatsächlich nur an wenigen Stellen erfolgt. In Abb. 91 sind die einzelnen Stadien der Dampfbildung nach diesen Versuchen an einer hochglanzverchromten horizontalen Heizplatte angedeutet; die dort angegebenen Punkte entsprechen ungefähr nach Zahl und Lage beobachteten Fällen. Das Wasser verdampft zunächst an einigen wenigen äußerlich durch nichts ausgezeichneten Stellen, deren Zahl mit der Heizflächenbelastung zunimmt. An diesen vereinzelten Verdampfungsstellen ist die übertragene Wärme größer als dort wo keine Dampfbildung eintritt. Das hat zur Folge, daß bei elektrischer Heizung die Oberflächentemperatur der Heizfläche von Stelle zu Stelle verschieden ist, wodurch die Schwierigkeiten zur Bestimmung der Wärmeübergangszahl erhöht werden. Laboratoriumsversuche mit einer horizontalen Heizplatte zeigten Temperatur-unterschiede bis zu 5^0 C. Bei kleiner Belastung liegen diese Stellen nur am Rand, obschon dieser stets kälter war als die Mitte der Heizfläche; bei großer Belastung vor allem im mittleren Gebiet der Platte. Von den einzelnen nur selten wandernden Verdampfungsstellen steigen Dampf-säulen auf, die aus einzelnen rasch aufeinander folgenden Blasen von Linsenform bestehen.

Bei rauher Oberfläche geht die Verdampfung schon bei viel kleineren Belastungen vom Rand zur übrigen Fläche über; die Zahl der Ver-dampfungsstellen ist dabei viel größer; bei den größten Belastungen ver-dampft am Rande praktisch nichts mehr.

Die Gesetze für das Verhalten einer kleinen Dampfblase in einer aus-gedehnten Flüssigkeit sind schon von W. Thomson (Lord Kelvin, 1871) entwickelt worden. Bei einer gegebenen Temperatur ist der Dampfdruck p_d an der ge-krümmten Oberfläche einer Flüssigkeit

$$p_d = p_s + \frac{\sigma \gamma_d}{\gamma_f - \gamma_d}\left(\frac{1}{r_1} + \frac{1}{r_2}\right) \quad \text{(a)}$$

$p_s =$ Dampfspannung bei ebe-ner Oberfläche. Die Haupt-krümmungsradien r_1 und r_2,

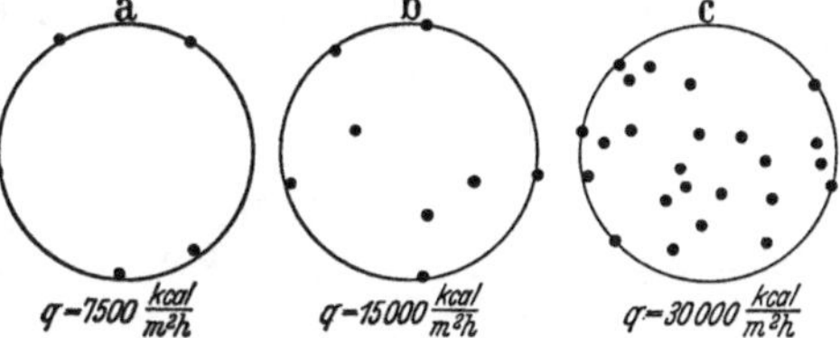

Abb. 91. Stellen der Dampfbildung an einer glatten Heizfläche bei verschiedenen Heizflächenbelastungen. (Versuche von Jakob und Fritz.)

der freien Oberfläche sind negativ für konkave (Dampfblase im Wasser, $p_d < p_s$) und positiv für konvexe Oberflächen (Flüssigkeitstropfen im Dampf, $p_d > p_s$) einzusetzen.

Die Kraft, die in der gemeinsamen Grenzfläche wirkt, nennt man Oberflächenspannung σ_1 [kg/m]. Wenn man den Einfluß anderer Kräfte, besonders der Schwerkraft ausschließt, nimmt die Grenzfläche zweier Flüssigkeiten Kugelgestalt an.

Ferner besteht zwischen dem Dampfdruck p_d auf der einen und dem Flüssigkeitsdruck p_f auf der andern Seite der kugelförmigen Trennungs-fläche die Beziehung:

$$p_f - p_d = 2\,\sigma/R. \quad \text{(b)}$$

Aus (a) und (b) folgt, daß eine kleine Dampfblase vom Druck p_d mit einer ausgedehnten Flüssigkeit nur dann im Gleichgewicht sein kann, wenn die gemeinsame Temperatur höher als die Sättigungstemperatur beim Flüssigkeitsdruck p_f für eine ebene Oberfläche ist. In einem ausgedehnten Flüssigkeitsraum kann sich also spontan keine Dampf-blase bilden; dazu müssen gekrümmte Oberflächen vorhanden sein (z. B. Fremdgasbläschen oder Wandrauhigkeiten). Es wird dadurch auch ver-ständlich, daß die Dampfbildung nur an einigen bevorzugten Stellen erfolgt, wo Temperatur und Oberflächenspannung besonders günstig sind. Die Überhitzung ist also von der Rauheit der Oberfläche abhängig, aber (nach den Versuchen von Jakob und seinen Mitarbeitern) bei gleicher Oberflächenrauheit fast unabhängig von der Heizflächenbelastung ($q = 100$ bis $14\,000$ kcal/m², h).

Ein Beispiel für den im Wasser senkrecht zur horizontalen Heizfläche gemessenen Temperaturverlauf zeigt Abb. 92. Man erkennt einen sehr steilen Temperaturabfall in einer dünnen Randzone an der Heizfläche, dann (bis zur Wasseroberfläche) eine fast konstante Temperatur und an der Oberfläche einen kleinen Sprung bis zur Sättigungstemperatur des Dampfes.

Die höchste Überhitzungstemperatur (an der Heizfläche) ist von der Heizflächenbelastung q abhängig; für eine hochglanzpolierte, horizontale Heizfläche bei

$$q = 210\,000 \qquad 37\,000 \qquad 17\,000 \qquad 240 \text{ kcal/m}^2, \text{ h,}$$

war die Überhitzung

$$\varDelta\vartheta = \quad 16,5 \qquad\quad 10 \qquad\quad 8 \qquad\quad 0,4^0 \text{ C.}$$

Da nur an den Heizflächen sich Dampfblasen bilden können, muß die Oberflächenbeschaffenheit und die Benetzbarkeit einen erheblichen Einfluß auf den Wärmeübergang haben; sie bedingen Form und Größe der Dampfblasen in dem Augenblick, wo sie die Heizfläche verlassen. Abb. 93a, b und c zeigen die bekannten Formen von Flüssigkeitstropfen auf einer horizontalen Platte. Abb. 93a entspricht etwa der Form eines Quecksilbertropfens auf Glas oder Stahl (nicht benetzend), Abb. 93b der eines Wassertropfens auf reinen polierten Metallflächen (halb benetzend) und Abb. 93c die Flüssigkeitshaut zu der sich z. B. Alkohol auf Glas ausbreitet (ganz benetzend). Die Abb. 93d, e und f zeigen die entsprechenden Formen der Dampfblasen. Im Fall d muß die Blase infolge der Oberflächenspannungen an ihrem freien Rand recht groß werden, ehe sie abreißt. Im Gegensatz hierzu sucht der Auftrieb der Flüssigkeit die Blase im Fall e abzuscheren; diese wird sich, auch wenn sie noch ganz klein ist, von der Oberfläche ablösen. Dieser Fall ist beim Verdampfen von Wasser fast immer zu erwarten und namentlich bei rauher Oberfläche, weil die Rauheit die Wirkung der Oberflächenspannungen aufhebt, so daß das Wasser die Fläche voll benetzen kann.

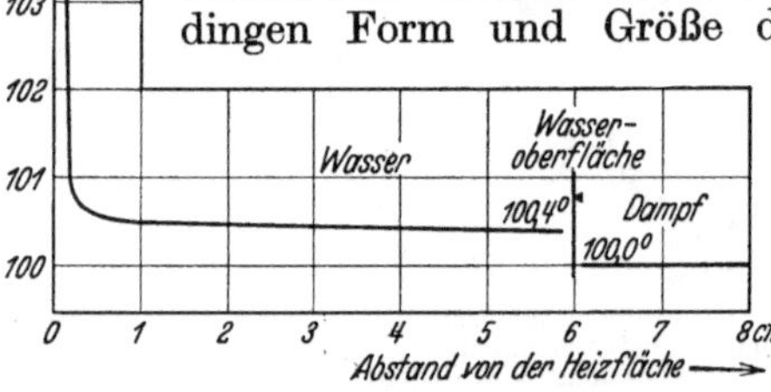

Abb. 92. Temperaturverteilung in Wasser und Dampf an einer glatten, horizontalen Heizfläche. Heizflächenbelastung $q = 19\,300$ kcal/m², h.

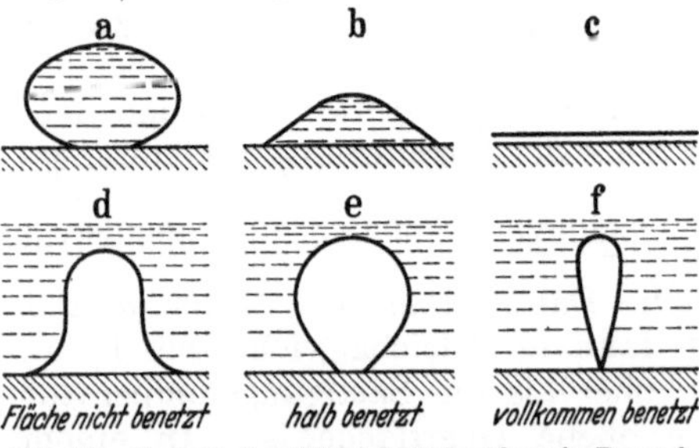

Abb. 93. Gestalt eine Flüssigkeitstropfens in Dampf (a, b, c) und einer Dampfblase in Flüssigkeit (d, e, f) an verschieden benetzten Oberflächen.

Die Beobachtungen von Jakob und Fritz zeigten, daß bei benetzter Oberfläche die ganz kleinen Bläschen beim Aufsteigen bis zum Wasserspiegel einen Durchmesser von höchstens 3 bis 5 mm erreichen. Bei nicht benetzter Oberfläche (Heizfläche aufgerauht und mit einer dünnen

Ölschicht bedeckt) haben die Blasen von der Form d (Abb. 93) schon an der Heizfläche einen Durchmesser bis zu 8 mm; sie schnüren sich vor dem Ablösen stark ein.

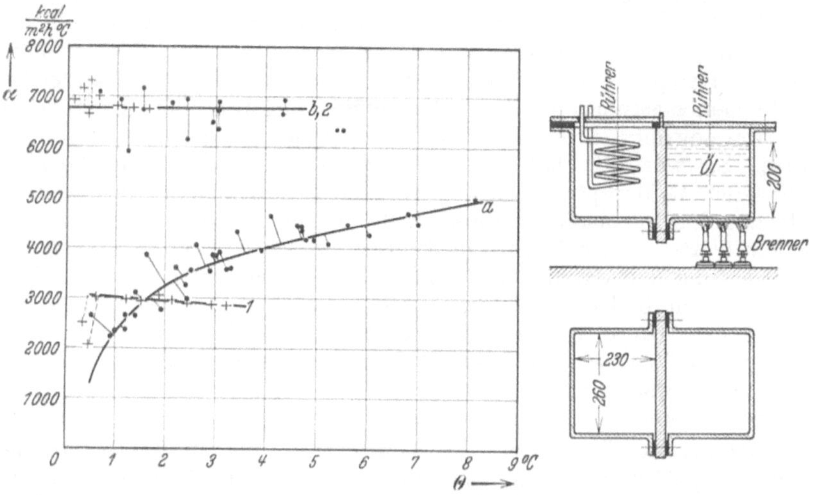

Abb. 94. Versuche von Austin über den Wärmeübergang von siedendem Wasser. a Wärmeübergang Wand — Wasser, nicht gerührt, b Wärmeübergang Wand — Wasser wohl gerührt, 1 Wärmeübergang siedendes Wasser — Wand, nicht gerührt, 2 Wärmeübergang siedendes Wasser — Wand, gerührt.

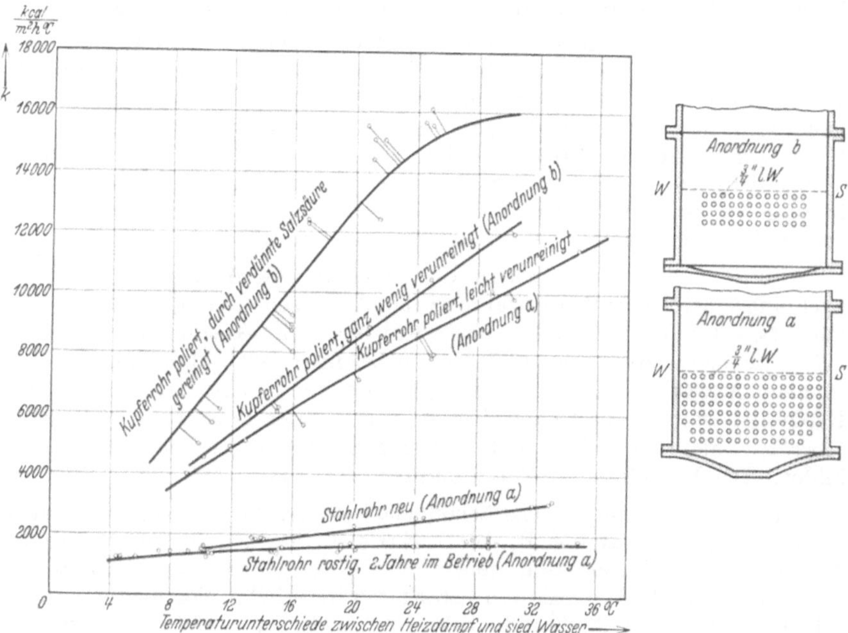

Abb. 95. Abhängigkeit der Wärmedurchgangszahl in Verdampfern. (Versuche Pridgeon und Badger.) Beachte auch den Einfluß der Anordnung der Rohre.

Holborn und Dittenberger fanden bei einem vertikalen Heizzylinder bei glatter Oberfläche die größeren Wärmeübergangszahlen. Wie bedeutend aber die Oberflächenbeschaffenheit den Wärmeübergang bei siedenden Flüssigkeiten beeinflußt, haben wohl zuerst die Versuche von Pridgeon und Badger gezeigt (Abb. 95). Die Versuche von Jakob und Fritz ergaben, daß die Wärmeübergangszahl einer horizontalen Heizplatte mit zunehmender Rauheit zunimmt. Bei gleicher Heizflächenbelastung nimmt die Wärmeübergangszahl mit der Zeit ab, und zwar sowohl für die rauhe als auch für die verchromte und polierte Platte. Sie war z. B. bei einer geritzten horizontalen Heizfläche nach 12 Stunden Verdampfung nur noch 40% des anfänglichen Höchstwertes. Kalt zugeführte gasreiche Flüssigkeit, geringe Verunreinigungen und Niederschläge an der Heizfläche führten wieder zu neuen Stellen der Verdampfung und damit zur Erhöhung der Wärmeübergangszahl. Man brauchte auch die Heizplatte nur einige Zeit an der Luft liegen zu lassen, um wieder größere Wärmeübergangszahlen zu erhalten; der Plattenzustand und damit die Zahl der Verdampfungsstellen änderte sich dann durch adhärierende Gase.

Die kleineren Wärmeübergangszahlen erwiesen sich als sehr stabil.

F. Bosnjacovic erklärt den Siedevorgang wie folgt: Die an der Heizfläche gebildete Dampfblase wächst, indem die Flüssigkeitsschicht an der Blasenoberfläche in die Blase hinein verdampft. Sie wächst jedoch nicht nur an der Heizfläche, sondern auch beim Aufsteigen, wobei die erforderliche Verdampfungswärme r aus dem mitgerissenen heißen Wasser in der unmittelbaren Umgebung der Blase zugeführt wird.

Die Wärme geht also von der Heizfläche zuerst an das Wasser und von dort an die Oberfläche der Bläschen, wo das Wasser verdampft. Wenn das Wasser nicht besonders bewegt wird (z. B. durch Rührwerk oder auch bei heftigem Sieden), gelten für den Wärmeübergang die Gesetze der „freien" Strömung. Der Wärmeübergang an der (frei oder erzwungen) strömenden Flüssigkeit ist der primäre Vorgang. Die Dampfbildung ist eine sekundäre Erscheinung bis die Rührwirkung der aufsteigenden Dampfblasen die Strömung vollständig beeinflußt.

Abb. 97 zeigt nach Jakob die kinematische Aufnahme der Entwicklung einer Dampfblase während das Aufsitzen (unten) in Abständen von etwa 1/500" und (oben) beim Aufsteigen in Abständen von etwa 1/70" (wobei also nur jedes 7. Bild gezeichnet ist). Man erkennt das schnelle Anwachsen bis zur Loslösung von der Heizfläche, etwa 1/40". Bemerkenswert ist, daß nach dem Abreißen einer Blase eine Pause von etwa der halben Periode eintritt, bis sich eine weitere Verdampfungszelle bildet. Die Periode einer Blasenbildung war 1/20".

Auch bei konstanter Heizflächenbelastung ist die Dampfbildung also periodisch. So fand z. B. W. J. King beim Sieden von Schwefeldioxyd in einem elektrisch geheizten Kupferzylinder in regelmäßigen Perioden von etwa 5 Minuten stark veränderliche Wärmeübergangszahlen, die zwischen 3500 und 850 kcal/m², h, °C schwankten. Cleve hat bei der Verdampfung von Wasser in engen vertikalen Rohren Pulsationen in einem zeitlichen Abstand von etwa 2 s beobachtet. Durch Einsetzen eines Zirkulationsrohres (Haag-Rohr, Versuche von Campagne) wird das Sieden stetig, und zwar um so gleichmäßiger, je höher die Heizflächenbelastung ist.

Berechnet man für das Gebiet des schwachen Siedens ($q \leq 2000$ bis 4000 kcal/m², h bei vertikaler bzw. 5 bis 10000 kcal/m², h bei horizontaler Heizfläche) aus den Versuchen von Jakob und seinen Mitarbeitern mit

$x = 0{,}15$ m = Höhe der vertikalen bzw. $x = 0{,}05$ m = Radius der horizontalen Heizfläche (S. 168), die $Nu = \alpha \dfrac{x}{\lambda}$-Werte und trägt diese in Abhängigkeit der Kennzahl ($Gr \cdot Pr$) auf (Abb. 97), so erkennt man, daß die Versuchswerte für Wasser und Tetrachlorkohlenstoff tatsächlich durch eine einzige

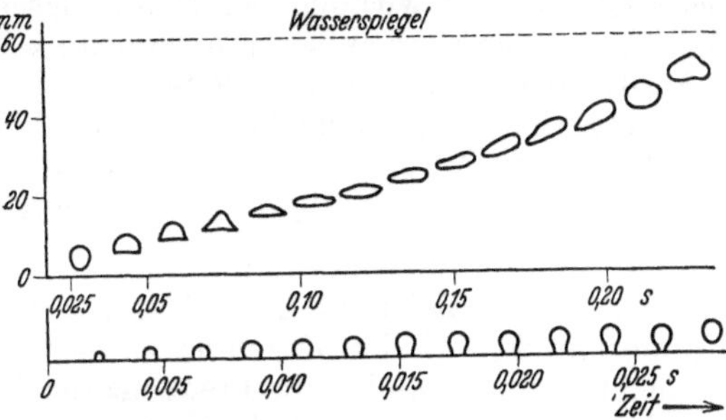

Abb. 96. Entstehen und Aufsteigen einer Dampfblase. (Kinematische Aufnahmen von M. Jakob.)

Kennlinie dargestellt werden können mit der Neigung 0,25, wie bei der freien Strömung nichtsiedender Flüssigkeiten. Da sowohl durch die aufsteigenden Dampfblasen als auch in der nächsten Umgebung der

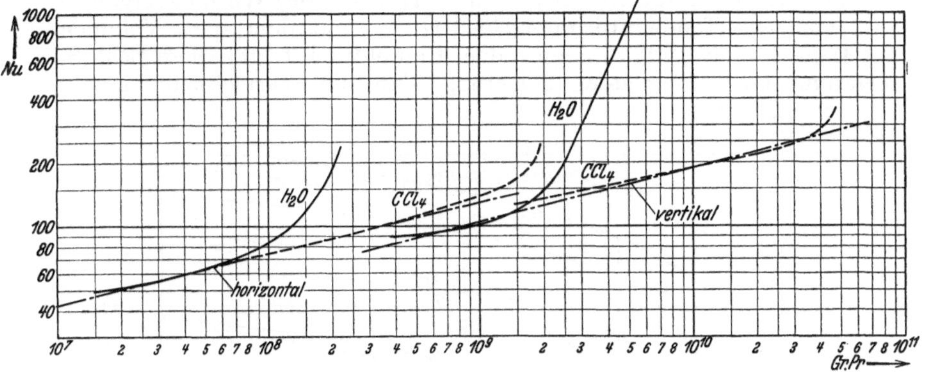

Abb. 97. Wärmeübergang an siedenden Flüssigkeiten. (Versuche von Jakob und Linke [1935].)

abreißenden Blasen lokale Strömungen entstehen, die den Wärmeübergang vergrößern, liegt die Kennlinie für siedende Flüssigkeiten etwas höher (etwa 20%) als für nichtsiedende.

Künstliche Flüssigkeitsbewegungen durch Rührwerke oder Pumpen können den Wärmeübergang nur dann wesentlich beeinflussen, wenn die Geschwindigkeit in der Nähe der Heizfläche dadurch gegenüber der freien Strömung stark erhöht wird. Schon geringfügige Änderungen in der Anordnung der Heizfläche (Abb. 95) oder auch des Abschlußbodens, durch welche die freie Strömung der Flüssigkeit behindert wird, beeinflussen hier den Wärmeübergang wesentlich.

Bei der Verdampfung in engen Rohren (Versuche von Cleve und von
Campagne) gilt diese einfache Beziehung nicht mehr, da die Geschwindigkeiten in den engen Rohren durch die aufsteigenden Dampfblasen stark vergrößert sind (beeinflußt).

Bei steigender Heizflächenbelastung entsteht ein lebhaftes Sieden, das
bei den praktischen Anwendungen am häufigsten vorkommt. Hierbei
überwiegt die Rührwirkung der Dampfblasen und der Wärmeübergang
folgt dann einem ganz anderen, noch nicht zuverlässig bekannten Gesetz.

M. Jakob und W. Linke leiten auf Grund der beobachteten Vorgänge eine möglichst einfache und plausible Ähnlichkeitsbeziehung ab
und stellen ihre Versuchsergebnisse durch die dimensionslose Gleichung

$$\frac{\alpha}{\lambda}\,\frac{\sigma}{\gamma_f} = 30\left(\frac{q\,v''}{r\,w}\right)^{0,8} \tag{178}$$

dar. In dieser Gleichung ist v'' das spez. Volumen des gesättigten
Dampfes (m³/kg), d der Durchmesser der Dampfblasen beim Abreißen
von der Heizfläche und ω die Frequenz der Blasenbildung. Das Produkt
$w = d \cdot \omega$ scheint (nach Jakob und Linke) für reine Flüssigkeiten
const $= 280$ m/h zu sein. Eliminieren wir aus dieser Gleichung die Heizflächenbelastung $q = \alpha\,\Theta$, so wird:

$$\frac{\alpha}{\lambda}\cdot\frac{\sigma}{\gamma_f} = 30\left(\frac{\Theta\,v''\,\lambda}{r\,w}\sqrt{\frac{\gamma}{\sigma}}\right)^{4} \tag{178a}$$

aus welcher Gleichung eine erhebliche Zunahme der Wärmeübergangszahl mit dem Temperaturunterschied Θ und mit dem spez. Volumen
des Dampfes, also mit abnehmendem Dampfdruck folgt. Diese Schlußfolgerung und die weitere Folgerung, daß die Wärmeübergangszahl

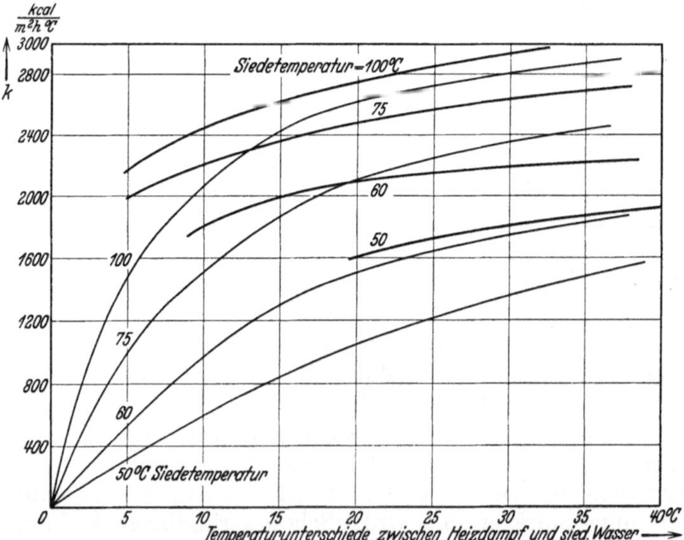

Abb. 98. Scheinbare und wirkliche Wärmedurchgangszahlen für vertikale Verdampfer. (Versuche
von Badger und Shepard.) Die scheinbaren (schwächer ausgezogenen) Wärmedurchgangszahlen
sind berechnet ohne Berücksichtigung der Erhöhung des Siedepunktes durch die Höhe des
Flüssigkeitsstandes.

unabhängig von der Zähigkeit der Flüssigkeit sei, stehen mit anderen Versuchen in Widerspruch. Die in Abb. 98 dargestellten Versuchsresultate von W. L. Badger und P. W. Shepard mit destilliertem Wasser in einem vertikalen Verdampfer zeigen, daß die Wärme durchgangszahlen sich nur wenig mit dem Temperaturunterschied Θ ändern, aber mit zunehmender Siedetemperatur stark zunehmen.

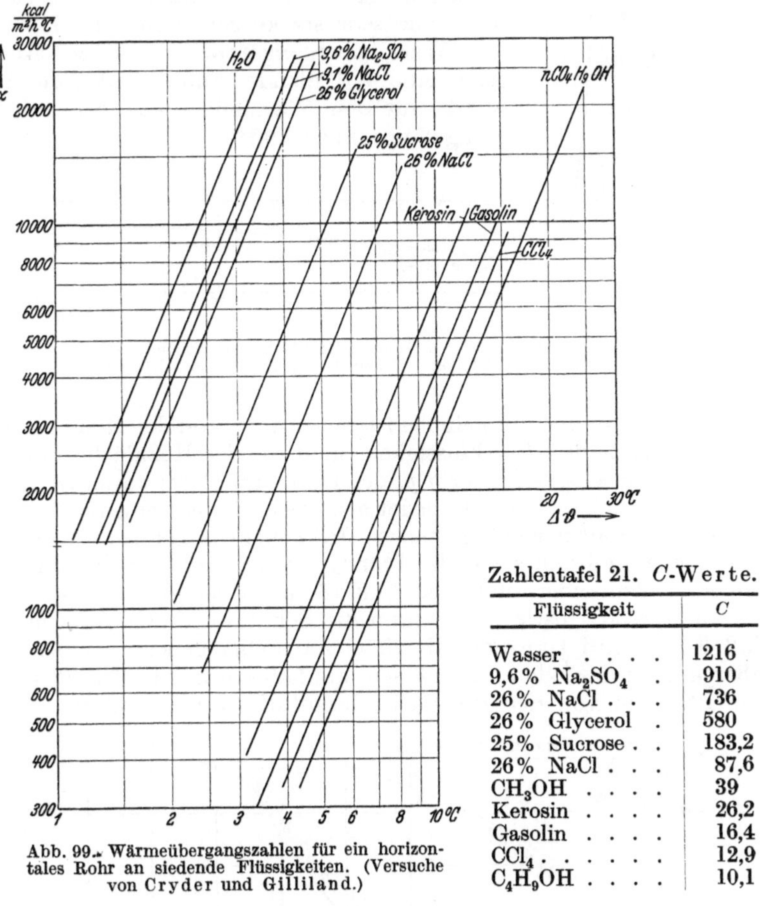

Abb. 99. Wärmeübergangszahlen für ein horizontales Rohr an siedende Flüssigkeiten. (Versuche von Cryder und Gilliland.)

Zahlentafel 21. C-Werte.

Flüssigkeit	C
Wasser	1216
9,6% Na₂SO₄ .	910
26% NaCl . . .	736
26% Glycerol .	580
25% Sucrose . .	183,2
26% NaCl . . .	87,6
CH₃OH	39
Kerosin	26,2
Gasolin	16,4
CCl₄	12,9
C₄H₉OH	10,1

Aus den Versuchen von Cryder und Gilliland für die Verdampfung von verschiedenen Flüssigkeiten mit einem 9,8 cm langen, horizontalen zylindrischen Heizkörper von 2,6 cm Durchmesser folgte (Abb. 99)

$$\alpha = C \cdot \Theta^{2,4} \text{ kcal/m}^2, \text{ h, } ^0\text{C,} \tag{179}$$

worin der Proportionalitätsfaktor C aus Zahlentafel 21 zu entnehmen ist. Aus diesen Versuchen folgte weiter:

$$\alpha = C_1 \frac{\Theta^{2,4}}{\gamma^{3,2}} \text{ kcal/m}^2, \text{ h, } ^0\text{C.} \tag{179a}$$

Es scheint also, daß bei den Ähnlichkeitsbetrachtungen von Jakob
und Linke noch nicht alle Faktoren berücksichtigt sind und daß z. B.
das Produkt $w = d \cdot \omega$ nicht für alle Flüssigkeiten gleich ist.

Jakob und Linke fanden, daß die Wärmeübergangszahl für eine
horizontale Heizfläche sich, bis zu ganz kleinen Spiegelhöhen, nur wenig
ändert (Abb. 100). Erst bei Spiegelhöhen von der
Größenordnung eines Dampfblasendurchmessers
setzt eine sehr starke Zunahme ein. Der Verlauf
der Wärmeübergangszahl in dieser Abbildung
zeigt eine auffallende Ähnlichkeit mit Abb. 74,
S. 168 für den Wärmeübergang bei freier Strömung längs einer Platte.

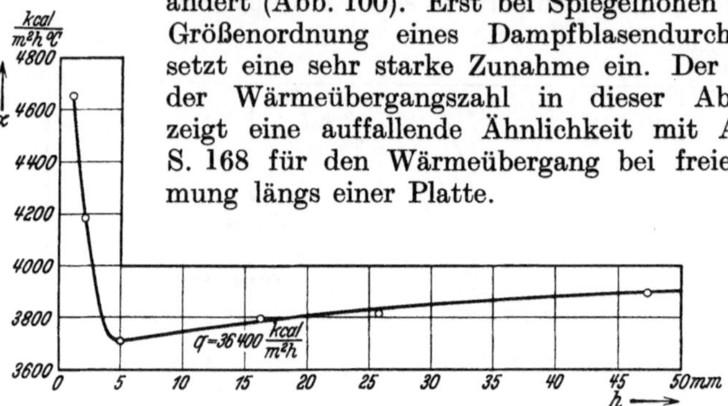

Abb. 100. Wärmeübergangszahlen für horizontale Heizfläche und siedendes Wasser in Abhängigkeit
von der Wasserhöhe. (Versuche von Jakob und Linke.)

Der Einfluß der Spiegelhöhe ist sicher auch von der Höhe des Dampf-
druckes abhängig. Die Flüssigkeit steht an der Heizfläche unter einem
höheren Druck $p_0 + h$, worin p_0 der Druck im Dampfraum ist (gemessen
in m Flüssigkeitshöhe). Sie siedet also erst bei einer höheren Temperatur
als dem Dampfdruck entsprechend. Je kleiner der Temperaturunterschied
zwischen Wand und siedender Flüssigkeit und je höher das Vakuum ist,
um so bedeutender muß der Einfluß des Flüssigkeitsstandes werden.

Aus diesen Überlegungen muß die Schlußfolgerung gezogen werden,
daß Form und Lage der Heizfläche ausschlaggebend für den Wärmeübergang beim Sieden sein mussen, da dadurch nicht allein das Loslösen
der Bläschen von der Heizfläche beeinflußt wird, sondern namentlich

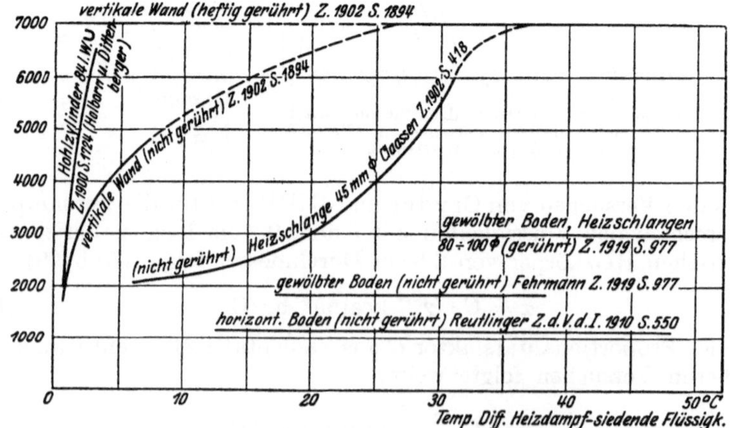

Abb. 101. Wärmeübergangszahlen für siedendes Wasser (ältere Versuche).

auch das Temperaturfeld der Flüssigkeitsschicht, durch welche die losgelöste Blasen aufsteigen. Der Einfluß von Form und Lage der Heizfläche auf den Wärmeübergang ist in Abb. 101 auf Grund von älteren Versuchen dargestellt.

3. Kondensierender Dampf.

Auch hier kann zunächst von der Überlegung ausgegangen werden, daß der Wärmetransport durch die Bewegung der gleichen Dampfteilchen besorgt wird, die den Strömungswiderstand verursachen.

Wenn G die Dampfmenge ist, die in der Zeiteinheit ihre Bewegungsgröße an die Grenzschicht abgibt, so ist der Strömungswiderstand

$$W = \frac{G}{g}\,(u_m - u')\,\text{kg}. \qquad \text{(Gleichung 119, S. 96)}$$

Wenn diese Dampfmenge in der Grenzschicht vollständig kondensiert, so ist $w' = 0$ und die übertragene Wärme mit $u_m = w$ (vgl. S. 113)

$$Q = G \cdot r = \frac{W}{w} \cdot g \cdot r\ \text{kcal}, \qquad (181)$$

worin r die Verdampfungswärme bei der Sättigungstemperatur ist. Setzt man nach Gleichung (23)

$$W = \frac{\pi}{4}\,\zeta\,l \cdot d \cdot \frac{w^2}{2g}\,\gamma,$$

so wird die je Flächeneinheit übertragene Wärme

$$\frac{Q}{\pi \cdot d \cdot l} = q = \frac{\zeta}{8}\,wr\gamma\ \text{kcal/m}^2,\ \text{h}. \qquad (182)$$

Für 1 ata ist $r = 542$ kcal/kg und $\gamma = 0{,}561$ kg/m³, so daß

$$q = 137\,000\,\zeta \cdot w\ \text{kcal/m}^2,\ \text{h}$$

wird. Nun haben wir es bei der Kondensation von Dampf meist mit sehr kurzen Rohren zu tun. Die bedeutende Erhöhung der Widerstandszahl ζ im Anfang des Rohres, der Einfluß von vorhandenen Wirbelungen und auch der Temperaturunterschiede zwischen Dampf und Wand, sollten bei der Festsetzung von ζ berücksichtigt werden. Mit dem Blasiusschen Wert von ζ für isothermische Strömung:

$$\zeta = 0{,}3164\,Re^{-0{,}25}$$

erhält man Grenzwerte von q, die infolge der obenerwähnten Einflüsse nicht als Höchstwerte für die Größe des Wärmetransportes anzusehen sind. Die q-Werte nach Gleichung (182) sind in Zahlentafel 22 für ein Rohr von 17 mm Durchmesser berechnet und mit den höchsten

Zahlentafel 22. $d = 0{,}017$ m. $H = 0{,}46$ m.

w	70	50	30	10	m/s
Re	50 100	35 800	21 500	7 160	
ζ	0,0207	0,0231	0,0262	0,0345	
$\zeta\,w$	1,485	1,155	0,786	0,345	
q	203 000	158 000	108 000	47 300	kacl/m², h
Beobachtete q-Werte	146 000	158 000	138 000	110 000	kacl/m², h

Versuchswerten von Jakob und Erk verglichen. Überschritten werden
die so berechneten q-Werte namentlich bei der kleinen Dampfgeschwindigkeit von 10 m/s. Neben den schon angeführten Gründen lassen sie sich
auch dadurch erklären, daß in der Grenzschicht nicht die ganze Dampfmenge G kondensiert, also $w' = \varphi w$ zu setzen ist und $q = 13700\,\zeta$
$w/(1-\varphi)$, also entsprechend größer wird.

Die Größe dieses Wärmetransportes wird aber durch das Kondensat
gehemmt. W. Nusselt geht nun von der Annahme aus, daß die
Wasserhaut eine „zusammenhängende“ Schicht bildet. Die Beobachtungen von Schmidt, Schürig
und Sellschopp zeigten aber, daß
dies nicht immer der Fall ist, sondern, daß der Dampf sich in Gestalt feiner Tröpfchen von nahezu
halbkugeliger Form niederschlägt,
die durch Zusammenfließen wachsen.
Beim Herunterfließen nimmt es alle
in seiner Bahn liegenden Tropfen
mit und hinterläßt einen blanken
Streifen, auf dem sich sofort wieder
ein hauchfeiner Tropfenbesatz bil-
dete. Der Vorgang unterscheidet sich
von der bekannten Erscheinung einer
kalten Fensterscheibe dadurch, daß
auf der Bahn eines Tropfens keine
zusammenhängende Wasserhaut zu-
rückbleibt.

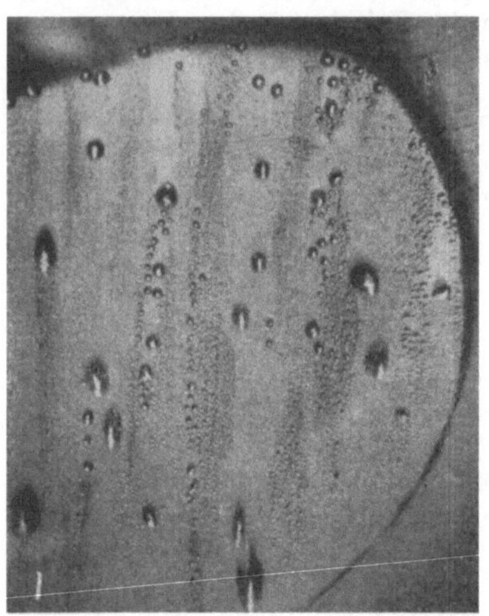

Abb. 102. Reine Tropfenkondensation an einer
polierten und verchromten Kupferplatte.

Bei Abb. 102 (mit $^1/_{100}$ s Belich-
tungszeit aufgenommen) ist die Kühl-
platte aus poliertem und ver-
chromtem Kupfer von 15 cm $\varnothing$. Man erkennt die Tropfen verschiedener Größe bis etwa 3 mm $\varnothing$; die größten Tropfen befinden sich in
Bewegung nach unten.

Tropfen entstehen allgemein bei einer nicht benetzenden Flüssigkeit
(Abb. 93); bei Wasser an sauberen, glatten Oberflächen. Eine zusammenhängende Wasserhaut wird bei benetzter Kühlfläche gebildet,
die bei den Versuchen von Schmidt, Schürig und Sellschopp nach
Ätzen der Kupferplatte mit Salzsäure, in der Zink aufgelöst war, erzielt
wurde. Die Haut blieb aber nicht dauernd erhalten, sondern bei längerem
Betrieb traten Störungen auf mit Tropfenkondensation. Wichtig ist die
Beobachtung, daß dabei die Wärmeübergangszahl wesentlich größer war
(6—8fach) als bei der Wasserhautkondensation. Durch das Kondensieren in mikroskopisch kleinen Tropfen wird plötzlich Raum frei. Die
umgebenden Dampfteilchen müssen also mit einer beträchtlichen Geschwindigkeit auf die Kühlfläche aufprallen. Nur so können die großen
Wärmeübergangszahlen bei Tropfenkondensation erklärt werden.

Die Nusseltsche Wasserhauttheorie geht von der Annahme aus, daß
sich an der Kühlfläche eine Wasserhaut bildet, deren Dicke den Widerstand der Wärmeströmung verursacht. Die dem Dampf zugekehrte Seite

der Wasserhaut hat die Sättigungstemperatur ϑ_s des Dampfes, die mit der kalten Wand in Berührung stehende Seite hat die Temperatur ϑ_w der Wandoberfläche. Sie haftet dort an der Wand, während die Wasserhaut unter dem Einfluß der Schwere, und gebremst durch die Zähigkeit des Wassers, nach abwärts fließt.

Die mittlere Dicke y_m der Wasserhaut ist von der Anordnung der Kühlfläche und vom Bewegungszustand des Dampfes abhängig. Wenn ein geradliniger Temperaturverlauf in der Wasserhaut angenommen wird, folgt aus der Wärmebilanz, mit $\vartheta_s - \vartheta_w = \Theta$:

$$Q = \frac{\lambda}{y_m} F \cdot \Theta = \alpha\, F \cdot \Theta = G \cdot r$$

die Wärmeübergangszahl

$$\alpha = \lambda / y_m$$

und das kondensierte Dampfgewicht

$$G = \frac{\lambda}{y_m\, r} F\, \Theta \ \ \text{kg/h}. \tag{186}$$

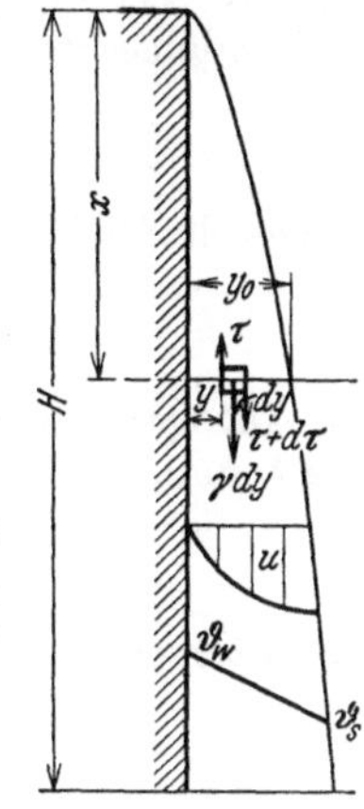

Abb. 103.

Ruhender Dampf kann angenommen werden, solange der Geschwindigkeitsunterschied zwischen Dampf und Kondensat so klein ist, daß die Schubspannung an der Oberfläche der Wasserhaut vernachlässigt werden kann, etwa bis $w = 20$ m/s. (Zahlenbeispiel 30, S. 211).

Wenn u die der vertikalen Wand parallele Wassergeschwindigkeit im Abstand y und an der Stelle x ist, so wirken auf ein Volumenelement $dx \cdot dy \cdot 1$ die Schubspannungen τ und $d\tau$, sowie das Gewicht $\gamma \cdot dx \cdot dy$. Wenn die Beschleunigung vernachlässigt wird, so ist im Beharrungszustand:

$$d\tau + \gamma\, dy = 0. \tag{187}$$

Mit
$$\tau = \eta\, \frac{du}{dy} \qquad \text{und} \qquad \frac{d\tau}{dy} = \eta\, \frac{d^2 u}{dy^2}$$

wird
$$\frac{d^2 u}{dy^2} = -\frac{\gamma}{\eta}. \tag{188}$$

Die Integration dieser Gleichung ergibt mit $\eta = \text{const}$

$$u = -\frac{\gamma}{2\eta}\, y^2 + C_1 y + C_2.$$

Die Grenzbedingungen sind für $y = 0$

$$u = 0, \ \text{d. h. } C_2 = 0$$

und für $y = y_0$:

$$\left(\frac{du}{dy} \right)_{y=y_0} = 0 = -\frac{\gamma}{\eta}\, y_0 + C_1,$$

so daß

$$u = \frac{\gamma}{\eta}\, y_0\, y - \frac{\gamma}{2\eta}\, y^2 \tag{189}$$

und die mittlere Geschwindigkeit in der Wasserhaut:

$$u_m = \frac{1}{y_0} \int_0^{y_0} u\, dy = \frac{\gamma}{3\eta}\, y_0^2$$

ist. Durch die Ebene x fließt in der Sekunde die Wassermenge G_1, für die Breiteneinheit der Platte:

$$G_1 = u_m\, y_0\, \gamma = \frac{\gamma^2}{3\eta}\, y_0^3. \tag{190}$$

Durch die um dx tiefer liegende Ebene strömt

$$\gamma\, d\,(u_m y_0) = \frac{\gamma^2}{\eta}\, y_0^2\, d y_0 \text{ kg}$$

mehr Wasser hindurch. Diese Zunahme entspricht der auf dem Streifen dx kondensierten Dampfmenge

$$dG_1 = \frac{\lambda}{y_0}\, d x \cdot \frac{\vartheta_s - \vartheta_w}{r}.$$

Durch Gleichsetzung beider Werte

$$\frac{\gamma^2}{\eta}\, y_2^0\, d y_0 = \frac{\lambda}{y^0}\, \frac{\vartheta_s - \vartheta_w}{r}\, d x$$

und Integration mit der Randbedingung, daß für $x = 0$, $y_0 = 0$ ist, erhält man:

$$x = \frac{\gamma^2 r\, y_0^4}{4\,\eta\,\lambda\,\Theta} \quad \text{und} \quad y_0 = \sqrt[4]{\frac{4\,\lambda\,\eta\,\Theta}{r\,\gamma^2}\, x}. \tag{191}$$

Die Wärmeübergangszahl an der Stelle x ist mit der Abkürzung:

$$A = \frac{r\,\gamma^2\,\lambda^3}{\eta} \tag{192}$$

$$\alpha_x = \frac{\lambda}{y_0} = \sqrt[4]{\frac{A}{4\,H\cdot\Theta}} \tag{193}$$

und die **mittlere Wärmeübergangszahl** für die ganze Höhe H:

$$\alpha_m = \frac{1}{H} \int\limits_0^H \alpha_x\, d x = \frac{4}{3} \sqrt[4]{\frac{A}{4\,H\cdot\Theta}} = 3400 \cdot \sqrt[4]{\frac{A}{H\cdot\Theta}} \text{ kcal/m}^2,\text{ h, }^0\text{C}. \tag{194}$$

Die Nusseltschen Überlegungen gelten nur für glatte Oberflächen und solange Laminarströmung in der Wasserhaut vorhanden ist, d. h. solange $u'\, y_0/\nu$ den kritischen Wert K (etwa 150) nicht überschreitet.

Mit dem Wert von u' (für $y = y_0$) aus Gleichung (89) folgt dann:

$$u' = \frac{\gamma}{2\,\eta}\, y_2^0 = K \cdot \frac{\nu}{y_0}.$$

Die höchstzulässige Dicke der zusammenhängenden Wasserhaut

$$y_0 = \sqrt[3]{\frac{2\,K\,\nu^2}{g}}. \tag{195}$$

ist also abhängig von der mittleren Temperatur des Kondensates und beträgt mit $\nu = 0,0032$ (90^0) bzw. $\nu = 0,0088$ [cm²/s] (25^0) $y_0 < 0,15$ mm bzw. $0,28$ mm. Mit dem kritischen Wert von y_0 wird der Grenzwert des Kondensates für die Gültigkeit der Nusseltschen Überlegungen mit $K = 150$:

$$\left(\frac{G_1}{r}\right)_{\text{max}} = \frac{\gamma}{3\,\eta}\, y_0^3 = \frac{2}{3}\, K \cdot \nu = 100\,\nu \text{ [cm²/s]}. \tag{196}$$

Tritt an der Oberfläche der Wasserhaut Turbulenz ein, so ist dort auch ein Temperaturausgleich zu erwarten und die vorausgesetzte geradlinige Temperaturverteilung in der Wasserhaut nicht mehr vorhanden. Der Temperaturverlauf an der Wand wird steiler, so daß die Theorie mit Laminarströmung dann zu kleine Wärmeübergangszahlen gibt.

Nusselt hat die Theorie mit den älteren Versuchen von English und Donkin verglichen und für glatte, vertikale Zylinder eine gute Übereinstimmung gefunden.

Die Gleichung für die vertikale Platte gilt auch für ein Rohr mit senkrechter Achse.

Die Betrachtungen können leicht auf geneigte Flächen ausgedehnt werden, indem in Gleichung (187) nur die vertikale Komponente der Schwerkraft eingesetzt wird. Ist β der Neigungswinkel der Fläche gegen den Horizont, so wird:

$$d\,\tau + \gamma \sin\beta\,dy = 0$$

und

$$\alpha_{m\beta} = \alpha_{mv} \sqrt[4]{\sin\beta}. \tag{197}$$

Für ein horizontales Rohr kann die Oberfläche in kleine ebene Flächen von verschiedener Neigung β aufgelöst, und dann von $\beta = 0$ bis $\beta = 180^0$ integriert werden. Nusselt fand für ein horizontales Rohr

$$\alpha_{mh} = 2600 \sqrt[4]{\frac{A}{d\cdot\Theta}} = 0{,}766\,\alpha_{mv} \sqrt[4]{\frac{H}{d}} \;[\text{kcal/m}^2,\,\text{s},\,^0\text{C}]. \tag{198}$$

Für $d = 0{,}02$ m und $H = $ Rohrlänge $= 1{,}0$ m ist

$$\frac{\alpha_h}{\alpha_v} = 0{,}766 \sqrt[4]{\frac{100}{2}} = 2{,}04,$$

die horizontale Anordnung ist unter sonst gleichen Verhältnissen bei ruhendem Dampf doppelt so wirksam wie die vertikale.

Dies gilt für ein einzelnes horizontales Rohr oder für die oberste Reihe eines Rohrbündels. Liegen nun mehrere Rohre übereinander, so tropft das abfließende Kondensat auf das darunterliegende Rohr und vermindert dessen Wärmeabgabe. Für das zweite Rohr berechnet W. Nusselt, daß der Wärmeübergang nur 68% von dem des ersten beträgt. Für tieferliegende Rohre wird dieser Prozentsatz natürlich noch kleiner.

Beim Ginabat - Kondensator werden deshalb die Rohre nach

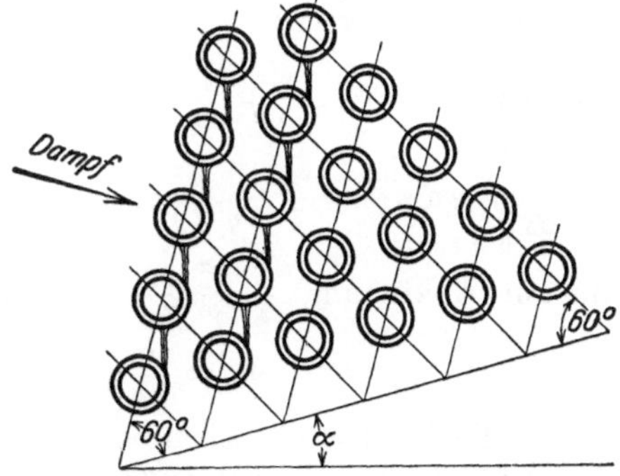

Abb. 104. Rohranordnung beim Ginabat-Kondensator. (Aus Hoefer, Kondensation. Berlin: Julius Springer 1925.)

Abb. 104 angeordnet. Der Dampf trifft dann die wasserfreie Seite der Rohre, wodurch — wie die Versuche bestätigen — die Leistung des Kondensators gesteigert wird.

Die Überlegungen von Nusselt sind nicht auf horizontale Flächen anwendbar; für schwach gewölbte Böden können die Wärmeübergangszahlen durch Einführung einer mittleren Neigung, wie eine geneigte Platte berechnet werden.

In Gleichung (194) ist die Verdampfungswärme r bei dem entsprechenden Sättigungsdruck des Dampfes und die Werte γ, λ und η für die mittlere Temperatur $\frac{1}{2}(\vartheta_s + \vartheta_w)$ der Wasserhaut. In Zahlentafel 23 sind die Werte $A^{0,25}$ für Wasserdampf von 1 ata berechnet; für andere Dampfdrücke sind diese Werte mit $\left(\dfrac{r_p}{r_1}\right)^{0,25}$ zu multiplizieren. Dieser Einfluß ist unbedeutend, denn für 0,024 ata (20^0 C) ist $\sqrt[4]{\dfrac{r_p}{r_1}} = \sqrt[4]{\dfrac{584}{539}} = 1,04$ und für 20 ata (212^0 C) $\sqrt[4]{\dfrac{r_p}{r_1}} = \sqrt[4]{\dfrac{539}{450}} = 0,96$. Es würde daraus eine kleine Verbesserung der Wärmeübergangszahl mit niedrigen Dampfdrücken erfolgen. Viel wichtiger ist aber, daß bei anderen Dampfdrücken sich auch die mittlere Temperatur des Kondensates ändert. Bei gleichen Θ-Werten verhalten sich dann die Wärmeübergangszahlen wie die entsprechenden Werte von $A^{0,25}$, so daß mit niedrigeren Dampfdrücken (im Kondensator) die Wärmeübergangszahlen für kondensierenden Dampf viel kleiner werden als bei 1 ata. Bei einer Siedetemperatur von 50^0 statt 100^0 C vermindert sich die Wärmeübergangszahl um 18%. Diese Schlußfolgerung steht in Übereinstimmung mit den Beobachtungen.

Der Dampf strömt mit einer Geschwindigkeit w an der Wand entlang. In diesem Fall läßt sich die an der Oberfläche der Wasserhaut entstehende Schubspannung aus dem Spannungsabfall des strömenden Dampfes in Rohren berechnen. Mit der allgemeinen Beziehung (23) zwischen Schubspannung und Druckverlust, wird

$$\tau_0 = \frac{\zeta}{4}\,\frac{w^2}{2g}\,\gamma_d = \pm\,\eta\left(\frac{du}{dy}\right)_{y=y_0} = -\gamma\,y_0 + C_1\,\eta,$$

d. h. $C_1 = \pm\,\dfrac{\zeta}{4\eta}\,\dfrac{w^2}{2g}\,\gamma_d \vdash \dfrac{\gamma}{\eta}\,y_0.$ $\vdash$, wenn der Dampf abwärts,

                                  $-$,   ,,   ,,   ,,   aufwärts strömt.

Damit wird: $u = \left(\pm\,\dfrac{\zeta}{4\eta}\,\dfrac{w^2}{2g}\,\gamma_d + \dfrac{\gamma}{\eta}\,y_0\right) y - \dfrac{\gamma}{2\eta}\,y^2$ und

$$u_m = \frac{1}{y_0}\int_0^{y_0} u\,dy\,\gamma = \pm\,\frac{\zeta}{8\eta}\,\frac{w^2}{2g}\,\gamma_d\,y_0 + \frac{\gamma}{3\eta}\,y_0^2 = \frac{\gamma}{\eta}\left(\frac{3}{8}\,b\,y_0 + \frac{y_0^2}{3}\right), \qquad (199)$$

wenn zur Abkürzung $\dfrac{\zeta}{3}\,\dfrac{w^2}{\gamma}\,\dfrac{\gamma_d}{2g} = b$ gesetzt wird,

$$u_m = \frac{\gamma}{\eta}\left(\frac{3}{8}\,b\,y_0 + \frac{y_0^2}{3}\right). \qquad (200)$$

Durch die horizontale Ebene an der Stelle x von oben, strömt für die Breiteneinheit die Wassermenge $\gamma\,y_0 u_m$, und durch die um dx tiefer liegende noch der Mehrbetrag

$$\gamma\,d(u_m\,y_0) = \frac{\gamma^2}{\eta}\left(\frac{3}{4}\,b\,y_0 + y_0^2\right)dy_0,$$

der gleich dem längs der Strecke dx kondensierten Dampfgewicht

$$dG = \frac{\lambda}{y_0}\,\frac{\vartheta_d - \vartheta_w}{r}\cdot dx$$

Zahlentafel 23 zur Berechnung von α für die Kondensation von Sattdampf von 1 ata ($r_1 = 539{,}4$, $\gamma_d = 0{,}5974\,\text{kg/m}^3$) nach Gleichung (203).

Flüssig-keit °C	$\lambda \cdot 10^5$ kcal/s m °C	$\eta \cdot 10^6$ kg s/m²	γ kg/m³ kg/m³	$A = \dfrac{v \cdot \gamma^2 \cdot \lambda^3}{\eta}$ $\dfrac{\text{kcal}^4}{\text{m}^7\,\text{s}^4\,{}^0\text{C}^3}$	$\sqrt[4]{A}$ $\dfrac{\text{kcal}}{\text{m}^{7/4} \cdot \text{s} \cdot {}^0\text{C}^{3/4}}$	$B' = \dfrac{6 \cdot \gamma_d}{g \cdot \gamma \cdot \lambda}$ $\dfrac{\text{s}^3 \cdot {}^0\text{C}}{\text{kcal}}$
0	13,33	182,9	999,9	6,9839	1,626	0,07614
5	13,6	156,5	1000,0	8,6700	1,716	0,07462
10	13,8	132,2	999,7	10,7167	1,809	0,07356
15	14,0	116	999,1	12,7366	1,889	0,07256
20	14,25	101,3	998,2	15,3524	1,980	0,07135
25	14,5	89,8	997,0	18,202	2,065	0,07020
30	14,7	80,8	995,7	21,023	2,141	0,06934
40	15,1	67,1	992,2	27,247	2,285	0,06774
50	15,4	56,6	988,1	33,983	2,415	0,06669
60	15,7	48,1	983,8	41,952	2,545	0,06575
70	15,9	41,2	977,8	50,316	2,663	0,06528
80	16,1	35,9	971,8	59,218	2,774	0,06486
90	16,2	31,5	965,3	67,836	2,870	0,06490
100	16,3	28,3	958,5	75,835	2,951	0,06496

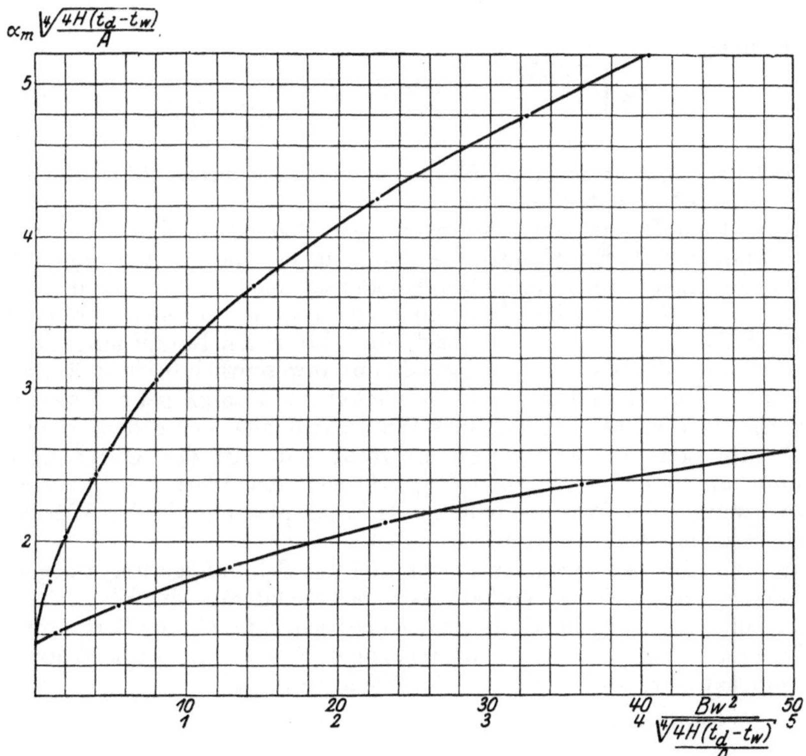

Abb. 105. Zur Berechnung der Wärmeübergangszahl für kondensierenden Wasserdampf.

ist. Die Gleichsetzung liefert dann mit $a = \dfrac{r\,\gamma^2}{4\,\lambda\,\eta\,(\vartheta_d - \vartheta_w)}$,

die Differentialgleichung: $dx = a\,(3\,b\,y_0^2 + 4\,y_0^3)\,dy_0$, $\qquad\qquad$ (201)

und nach Integration, wenn für $x = 0$, $y_0 = 0$, also $C = 0$, ist:

$$\frac{x}{a} = b\,y_0^3 + y_0^4.$$

Diese Gleichung hat nur eine positive reelle Wurzel.

Die Wärmeübergangszahl an der Stelle x ist $\alpha_x = \dfrac{\lambda}{y_0}$ und die mittlere Wärmeübergangszahl für eine Wand von der Höhe H

$$\alpha_m = \frac{1}{H}\int\limits_0^H \frac{\lambda}{y_0}\,dx = \frac{1}{H}\int\limits_0^{y_h} \frac{\lambda}{y_0}\,\frac{dx}{dy}\,dy_0.$$

Ersetzt man in diesem Integral die Integrationsveränderliche x durch y_0, so erscheint als obere Grenze die Stärke der Wasserhaut am unteren Ende der Wand y_h.

Durch eine Umformung weist Nusselt nach, daß mit der Abkürzung A nach Gleichung (192) und

$$B = \frac{\zeta}{6\,g}\,\frac{\gamma d}{\gamma\cdot\lambda} \qquad\qquad (202)$$

die Lösung

$$\alpha_m \sqrt[4]{\frac{4\,H\,\Theta}{A}} = \text{Funktion}\ \left(\frac{B\,w^2}{\sqrt[4]{\dfrac{4\,H\,\Theta}{A}}}\right) \qquad\qquad (203)$$

ist, welche Funktion in Abb. 105 dargestellt ist, während $B' = B/\zeta$ aus Zahlentafel 23 zu entnehmen ist.

Strömt der Dampf von unten nach oben, also entgegen der Richtung des herunterrieselnden Kondensates, so muß er eine gewisse minimale Geschwindigkeit haben, um alles Kondensat nach oben mitzureißen. Für kleinere Geschwindigkeiten fließt ein Teil des Kondensates nach unten, während ein anderer Teil nach oben durch den Dampf mitgeführt wird, wodurch die Wärmeübergangszahl nur unwesentlich beeinflußt wird.

Bei der Kondensation von überhitztem Dampf geht Nusselt ebenfalls vom Vorhandensein einer Wasserhaut aus, deren dem Dampf zugekehrte Seite die Sättigungstemperatur hat. In den Gleichungen ist dann an Stelle der Verdampfungswärme r der Wert $i - i' > r$ zu setzen, wenn i der Wärmeinhalt des Heißdampfes und i' der Wärmeinhalt des abfließenden Kondensates ist.

W. Stender hat daraus zuerst die wichtige Schlußfolgerung gezogen, daß unter sonst gleichen Verhältnissen bei Heißdampf die Wasserhaut dünner und die übergehende Wärme größer sein muß als für Sattdampf.

Trotz der Vergrößerung der übergehenden Wärme nimmt die Wärmeübergangszahl α bei Heißdampf ab. Denn setzt man

$$Q_{1s} = \alpha_s\,H\,(\vartheta_s - \vartheta_w) \quad \text{und} \quad Q_{1\ddot{u}} = \alpha_{\ddot{u}}\,H\,(\vartheta_{\ddot{u}} - \vartheta_w),$$

so ist $\qquad\qquad \dfrac{\alpha_{\ddot{u}}}{\alpha_s} = \sqrt[4]{\dfrac{i - i'}{r}}\,\dfrac{\vartheta_s - \vartheta_w}{\vartheta_{\ddot{u}} - \vartheta_w} < 1.$

Die Versuche von M. Jakob und seinen Mitarbeitern S. Erk und H. Eck zeigen eine sehr gute Übereinstimmung mit der Nusseltschen Theorie (Abb. 106 u. 107). Nach diesen Versuchen tritt auch bei überhitztem Dampf Kondensation ein, sobald die Wandtemperatur niedriger als die Verflüssigungstemperatur ist. Sie zeigten weiter, daß die übergehende Wärme $q = \alpha\,\Theta$ praktisch konstant ist, so daß unabhängig von der Überhitzungstemperatur das ganze Gebiet der Überhitzung und Kondensation wie reine Kondensation zu berechnen wäre, wenn die Gesamtwärme $Q_ü + Q_k$ eingesetzt wird.

Bei schnell längs der kühlen Wand bewegtem Dampf bildet sich also auch bei reiner und glatter Fläche eine Wasserhaut.

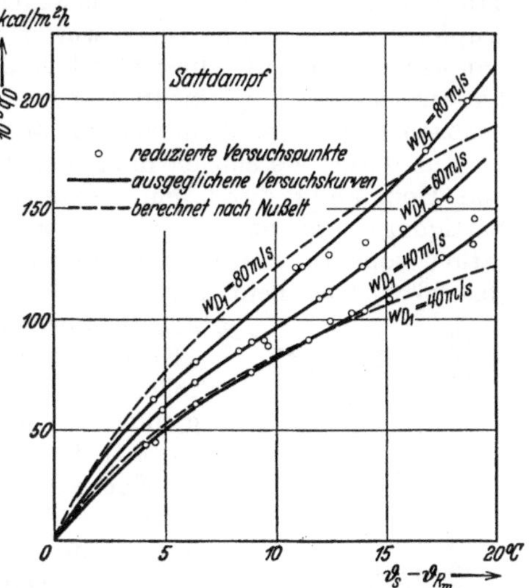

Abb. 106. Wärmeabgabe q_d (kcal/m², h) von Sattdampf bei verschiedenen Eintrittsgeschwindigkeiten w_{d_1}; abhängig vom Temperaturunterschied $\vartheta_s - \vartheta_{Rm}$.

Die Schlußfolgerung von W. Stender steht aber in Widerspruch mit verschiedenen Beobachtungen in der Praxis. Claassen verdampfte

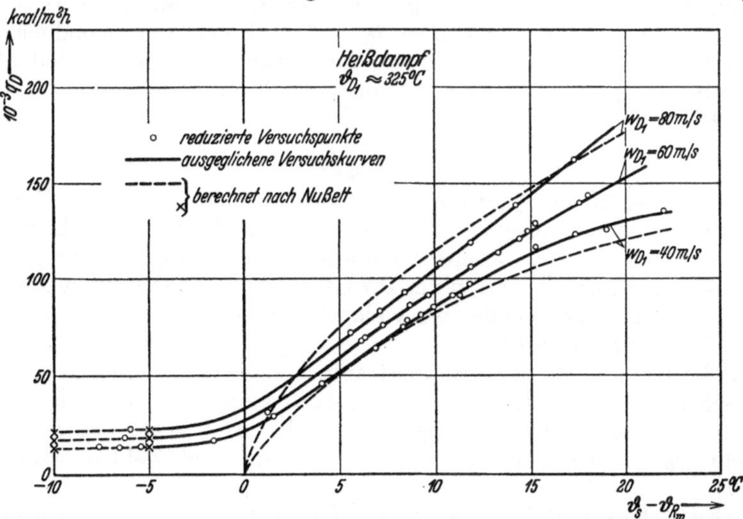

Abb. 107. Wärmeabgabe q_d (kcal/m², h) von Heißdampf bei verschiedenen Eintrittsgeschwindigkeiten w_d. (Versuche von Jakob, Erk und Eck.)

durch eine Heizschlange in einem Vakuumverdampfer Wasser und fand mit Heißdampf eine starke Abnahme der Wärmedurchgangszahl. Holmboe ließ durch ein Kupferrohr von 20 mm ∅ überhitzten Wasser dampf von 1 bis 5 ata und 3 bis 32,5 m/s Geschwindigkeit strömen. Das Kupferrohr von 2 mm Dicke wurde außen durch Wasser (von Zimmertemperatur, ?) mit einer Geschwindigkeit von über 2,8 m/s gekühlt. Es wurden dabei Wärmeübergangszahlen von 12 bis 277 kcal/m², h, °C beobachtet, die eine Kondensation an der Wand vollständig ausschließen.

Aus diesen Versuchen muß man schließen, daß es bei der Kühlung von Heißdampf durch eine Metallwand, deren Oberfläche unter der Sättigungstemperatur liegt, Fälle geben muß, bei denen keine Kondensation, sondern eine Unterkühlung entsteht. Starke Unterkühlungen (bis 26° C) sind beim Strömen von Dampf in Düsen schon früher beobachtet worden. Zur Bildung von Tropfen sind „Kerne" (konvexe Rauhigkeitselemente, Staubteilchen, Ionen) erforderlich. Sind diese nicht genügend vorhanden oder ist die Zeit zu kurz, so tritt Unterkühlung ein.

Nach den anschaulichen Überlegungen von O. Reynolds und L. Prandtl ist bei Heißdampf nur dann eine starke Kondensation zu erwarten, wenn die Temperatur ϑ' am Rande der Laminarschicht die Sättigungstemperatur ϑ_s erreicht. Andernfalls, wenn $\vartheta' > \vartheta_s$ ist, kühlen sich die vom Rohrinnern an die Laminarschicht übergehenden Dampfteilchen nur ab und prallen zurück ohne zu kondensieren.

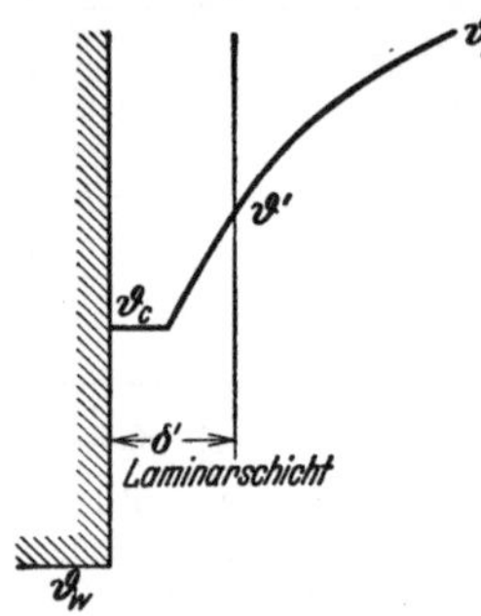

Abb. 108. Kondensation von Heißdampf.

Da für Wasserdampf $Pr \sim 1$ ist (vgl. Zahlentafel 39, S. 260), folgt aus Gleichung (32) mit $\psi = 1$, daß $\vartheta' - \vartheta_w = \varphi \Theta_m$ ist; mit $\varphi_m = 0{,}38$ und $\Theta_m = \vartheta_d - \vartheta_w = 200°\,C$ wird $\vartheta' = \vartheta_w - 76°$! Wenn auch Kondensation an der Wand eintritt, so braucht sich die Sättigungstemperatur jedenfalls nicht über die ganze Dicke der Laminarschicht auszudehnen (Abb. 108). Aus Gleichung (24) folgt

$$\frac{\delta'}{D} = \frac{8\,\varphi}{\zeta\,Re}$$

d. h. je kleiner Re und je größer D ist, um so kleiner wird die Dicke δ' der Laminarschicht. Die Versuche von Jakob, Erk und Eck sind in dünnen Rohren (17 und 40 mm ⌀) durchgeführt mit Geschwindigkeiten bis zu 80 m/s, während man in der Praxis viel kleinere Geschwindigkeiten verwendet. Hierdurch ließe sich vielleicht der Unterschied in den Versuchsergebnissen erklären.

In bezug auf die Wärmeübertragung sind dann drei Gebiete zu unterscheiden, nämlich: Das Überhitzungsgebiet, das eigentliche Kondensationsgebiet und die Unterkühlung. Diese Frage ist für die Berechnung von Kondensatoren von Bedeutung (vgl. Zahlenbeispiel 38, S. 227).

Jakob, Erk und Eck haben die Nusseltsche Theorie noch etwas erweitert, indem sie die Abnahme der Dampfgeschwindigkeit infolge der Kondensation berücksichtigten, nicht aber das eventuelle Auftreten von Turbulenz in der Wasserhaut. Die Abweichungen zwischen Theorie und Versuch (Abb. 106) bleiben deshalb auch bestehen, wie ihre neuen verbesserten Messungen zeigen, bei welchen die Voraussetzungen der Theorie (konstante Wandtemperatur) möglichst genau erfüllt wurden. Diese Abweichungen sind vielleicht auch durch teilweise Tropfenkondensation im Anfang des Rohres zu erklären.

Die einzelnen, zu verschiedenen Zeiten durchgeführten Versuchsreihen zeigten weiter, daß die Wärmeübergangszahlen (auch bei sonst genau gleichen Verhältnissen) nicht gleich groß sind und Abweichungen unter sich von 10 und mehr Prozent aufweisen, die eventuell durch eine Änderung der Oberflächenbeschaffenheit erklärt werden können.

Zahlenbeispiel 30. Wie groß ist die Wärmeübergangszahl bei der Kondensation von Sattdampf von 101^0 C in einem vertikalen Rohr von 40 mm $\varnothing$ und 1,2 m Länge, wenn $\Theta = \vartheta_s - \vartheta_w = 10^0$ C ist?

Für $\vartheta_m = 96^0$ C ist nach Zahlentafel 23 $A^{0,25} = 2,93$ und $B' = 0,065$. Aus Abb. 132, S. 226 $\nu = 0,22$ cm²/s.

a) Für ruhenden Dampf ist nach Gleichung (194):

$$\alpha_m = \frac{3400 \cdot 2,93}{\sqrt[4]{1,2 \cdot 10}} = 5300 \text{ kcal/m}^2, \text{ h, }^0\text{C}.$$

b) Für $w = 20$ m/s ist $Re = 2000 \cdot \dfrac{4}{0,22} = 36350$, $\zeta = 0,022$[1].

$$\frac{B w^2 \sqrt[4]{A}}{\sqrt[4]{4 H \Theta}} = \frac{0,022 \cdot 0,065 \cdot 400 \cdot 2,93}{2,65} = 0,635.$$

Aus Abb. 105 folgt: $\qquad \alpha_m \sqrt[4]{\dfrac{4 H \Theta}{A}} = 1,3$

und $\qquad \alpha_m = 3600 \cdot \dfrac{2,93}{2,65} \cdot 1,3 = 5200 \text{ kcal/m}^2, \text{ h, }^0\text{C},$

also praktisch gleich groß wie bei ruhendem Dampf.

c) Für $w = 40$ m/s ist $Re = 72700$, $\zeta = 0,019$, $\dfrac{B w^2 \sqrt[4]{A}}{\sqrt[4]{4 H \Theta}} = 2,225$.

Aus Abb. 105 $\qquad \alpha_m \cdot 0,901 = 2,1 \qquad$ folgt

$$\alpha_m = 8390 \text{ kcal/m}^2, \text{ h, }^0\text{C}$$

in Übereinstimmung mit den Versuchen (Abb. 106).

d) Für überhitzten Dampf von 325^0 C ist

$$i = 748 \text{ kcal/kg}, \quad i' = 100 \text{ kcal/kg}, \quad A_{\ddot{u}}^{0,25} = A_s^{0,25} \sqrt[4]{\frac{i-i'}{r}} = 3,06.$$

$$B'_u \sim B'_s = 0,065; \quad \nu \text{ (1 ata, } 325^0 \text{ C, Abb. 132)} = 0,60 \text{ cm}^2/\text{s}.$$

$$Re = \frac{4000 \cdot 4}{0,6} = 26,700 \quad \text{und} \quad \zeta = 0,025.$$

Mit $\dfrac{B w^2 \sqrt[4]{A}}{\sqrt[4]{4 H \Theta}} = 3,02$ folgt aus Abb. 105 $\alpha_m \cdot 0,86 = 2,28$.

$$\alpha_m = 9540 \text{ kcal/m}^2, \text{ h, }^0\text{C}$$

$$\alpha_{\ddot{u}} = \alpha_m \cdot \frac{\vartheta_s - \vartheta_w}{\vartheta_{\ddot{u}} - \vartheta_w} = \frac{9540 \cdot 10}{234} = 408 \text{ kcal/m}^2, \text{ h, }^0\text{C}$$

gemessen (Abb. 107) $\qquad \alpha_m = 363 \text{ kcal/m}^2, \text{ h, }^0\text{C}$.

Für andere Dämpfe als Wasserdampf können die Wärmeübergangszahlen ebenfalls aus Gleichungen (194)/(198) berechnet werden.

---

[1] Vgl. z. B. ten Bosch, Vorlesungen Masch.-El. Heft 5, S. 60.

Zahlentafel 24. Wärmeübergang für andere Dämpfe.

	ϑ_d °C	$10^6 \eta_f$ kg·s/m²	λ_f kcal/m, s, °C	γ_f kg/m³	$\dfrac{r}{\text{kcal}}$ kg, °C	A	$\sqrt[4]{A}$
Alkohol . . .	78,3	43,9	0,0000411	794	210	0,21	0,68
Benzol . . .	80,4	32	0,0000322	885	94	0,075	0,525
NH_3	20	22,8	0,00012	618	283	8,19	1,68
CO_2*	20	8,0	0,000022	818	37,1	0,03	0,42
CH_3Cl	20	28,1	0,000039	920	93	0,163	0,635
SO_2	20	30,8	0,000047	1396	86	0,555	086

bei 15° C

Zahlenbeispiel 31. Wie groß ist die Wärmeübergangszahl bei der Kondensation von Ammoniak um ein horizontales Rohr von 30 mm Außendurchmesser bei 20° C Verflüssigungstemperatur, wenn $\Theta = \vartheta_s - \vartheta_w = 7°$ C ist?

Aus Gleichung (198) folgt mit $\sqrt[4]{A}$ aus Zahlentafel 24:

$$\alpha = \frac{2600}{\sqrt{7 \cdot 0,03}} \cdot 1,68 = 6400 \text{ kcal/m}^2, \text{ h, } °\text{C} ** .$$

Einfluß des Luftgehaltes. Es ist schon lange bekannt, daß der Luftgehalt den Wärmeübergang von kondensierendem Dampf, namentlich bei niedrigen Dampfdrücken, sehr stark beeinflußt. Nach den Versuchen von Josse soll schon durch $5°/_{00}$ Gewichtsteile Luft im Kondensator die Wärmeübergangszahl auf die Hälfte reduziert werden.

Bei der Kondensation von lufthaltigem Dampf kondensiert an der kalten Oberfläche nur der Dampf und nicht die Luft; es muß sich an der Wand also eine Luftschicht bilden, die isolierend wirkt. Die Voraussetzung der Nusseltschen Theorie, daß die Temperatur ϑ_d im Dampfraum gleich der Temperatur ϑ_{wa} der äußersten Schicht der Wasserhaut ist, trifft bei Anwesenheit von Luft (wie auch die Messungen von E. Langen zeigen) nicht mehr zu. Der Temperaturunterschied $\vartheta_d - \vartheta_{wa}$ ist vom Luftgehalt abhängig. Langen leitet aus seinen Versuchen eine empirische Gleichung für die kondensierende Dampfmenge in Abhängigkeit vom Luftgehalt ab. Man könnte aus dem Luftgehalt und aus der Menge des Kondensates die mittlere Dicke der Luftschicht berechnen.

---

* Kardos [Z. ges. Kälteind. Bd. 41 (1934) S. 33] findet für CO_2 einen viel zu großen Wert, da λ_{CO_2} (nach Stakelberg) viel zu groß angenommen wurde [vgl. Forschung Bd. 5 (1934) S. 162/172].

** Dr. K. Linge [Z. ges. Kälteind. Bd. 40 (1933) S. 81] wählt bei der Berechnung den sicher zu großen Wert von 10000 kcal/m², h, °C.

IV. Allgemeine Gesichtspunkte für die Konstruktion von Wärmeaustauschapparaten.

Die Wärmeaustauschapparate (Kondensatoren, Heiz-, Kühl-, Verdampfungsapparate) werden in den verschiedensten Formen hergestellt, obschon der Zweck in fast allen Fällen ähnlich ist. Es scheint demnach nützlich, allgemeine Gesichtspunkte für die zweckmäßige Konstruktion solcher Apparate festzulegen.

Die Grundlagen für die Berechnung bilden die Gleichungen für die Wärmedurchgangszahl (vgl. S. 55)

$$\frac{1}{k} = \frac{1}{\alpha_1} + \frac{1}{\alpha_2} + \sum \frac{\delta}{\lambda} \tag{1}$$

und für die ausgetauschte Wärme:

$$dQ = k\,\Theta\,dF. \tag{2}$$

1. Die Wärmedurchgangszahl[1].

Früher war man immer bestrebt Erfahrungswerte für die Wärmedurchgangszahlen zu sammeln. In Abb. 109 sind an dem einfachen Beispiel (Wärmedurchgang Sattdampf—Wasser) gezeigt, wie aussichtslos dieses Bestreben war. In dieser Abbildung sind einige berechnete Wärmedurchgangszahlen eingetragen, und zwar

1. für einen mit Abdampf geheizten Speisewasservorwärmer, bestehend aus Messingrohren von 20/23 mm $\varnothing$ mit reiner Oberfläche, wenn eine mittlere Temperatur von 100^0 C angenommen werden darf.

2. für einen Kondensator mit rd. 50^0 C Dampftemperatur, ebenfalls bestehend aus Messingrohren von 20/23 mm $\varnothing$, wenn die Oberfläche mit 0,2 mm Kesselstein verunreinigt ist.

3. für den Verdampfer einer Kältemaschine, bestehend aus Eisenrohren von 30/38 mm $\varnothing$ mit 0,1 mm Eisschicht bedeckt, wenn die mittlere Temperatur -10^0 C ist.

Zum Vergleich ist auch die früher viel gebrauchte empirische Formel $1700\sqrt[3]{w_w}$ eingezeichnet; sie entspricht ungefähr den Wärmedurchgangszahlen für ein leicht inkrustiertes Eisenrohr von 20 mm $\varnothing$ bei einer mittleren Temperatur $t_m = 25^0$ C. Interessant ist die wenig beachtete Tatsache, daß die Wärmedurchgangszahlen bei niedriger Wandtemperatur so viel kleiner werden.

Aus Gleichung (1) folgt, daß die Wärmedurchgangszahl immer kleiner ist als die kleinste Wärmeübergangszahl. Wollen wir (um kleine Apparate zu erhalten) die Wärmedurchgangszahl vergrößern, so müssen die Verbesserungen hauptsächlich an der kleinsten Wärmeübergangszahl vorgenommen werden. Es ist z. B. von keiner oder nur

---

[1] Th. E. Schmidt: Bestimmung der Wärmeübergangszahlen aus gemessenen Wärmedurchgangszahlen. Forschung Bd. 4 (1933) S. 183.

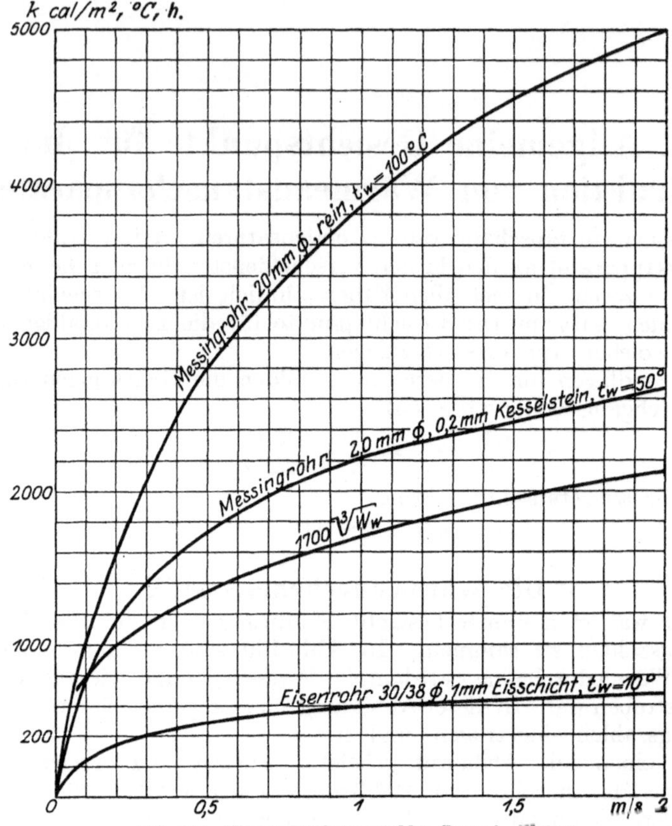

Abb. 109. Wärmedurchgangszahlen Dampf — Wasser.

Abb. 110. Vergleich der Kennlinien für den Wärmeübergang bei der Strömung in und um ein Rohr.

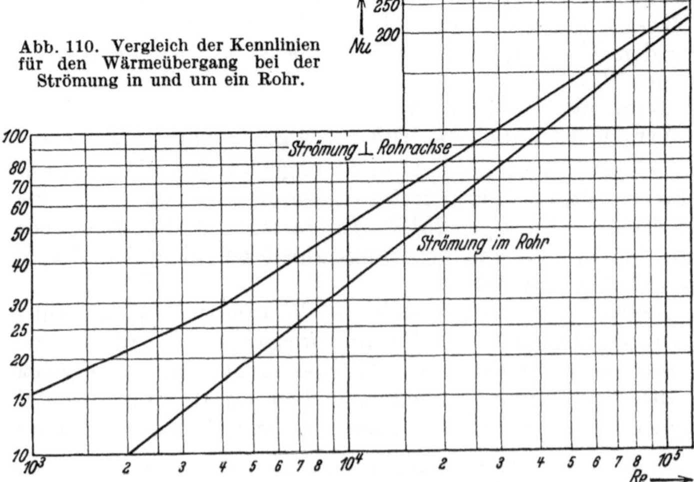

geringer Bedeutung, die Wärmedurchgangszahl bei Rauchgasvorwärmern durch Vergrößerung der Wassergeschwindigkeit verbessern zu wollen, da die Wärmeübergangszahl für Rauchgase viel kleiner ist als die für strömendes Wasser. So einfach und selbstverständlich dies auch erscheint, hat man doch ausgedehnte Versuche angestellt, um sich davon praktisch zu überzeugen[1]. Aus dem gleichen Grunde nützt eine Erhöhung der Wassergeschwindigkeit bei Ölkühlern nicht viel, sondern beim Öl sollte eine künstliche Wirbelung angebracht werden. Rippen haben nur Sinn an derjenigen Wandseite, die eine kleine Wärmeübergangszahl hat und müssen natürlich in der Stromrichtung liegen. Sie sind z. B. in einem Dampfkessel an der Rauchgasseite und nicht an der Wasserseite anzubringen.

Da die Wirbelung der Luft beim Austritt aus einem Ventilator stets größer ist als im Saugrohr, ist es zweckmäßig, die Apparate im Druckrohr aufzustellen.

Weil die Kennfunktion $\alpha\,\dfrac{d}{\lambda} = F\,(Re)$ für die Strömung um Röhren höher liegt als für die Strömung durch Röhren (Abb. 110), so muß diejenige Flüssigkeit, welche die Wärme am schlechtesten überträgt, um die Röhren herumgeführt werden. So benötigen z. B. bei gleicher Rauchgasgeschwindigkeit und gleichem Rohrdurchmesser Wasserrohrkessel eine kleinere Heizfläche als Rauchrohrkessel. Bei Luftkühlern oder -erhitzern muß die Luft um die Röhren geführt werden, ebenso das Öl bei den Ölkühlern. Für Gase ist eine rauhe Oberfläche etwas wirksamer als eine glatte.

Verdampferflächen geben bei vertikaler Anordnung die größten Wärmeübergangszahlen. Bei Kondensatoren dagegen sollen die Rohre horizontal angeordnet werden; der Dampf ist um die Rohre zu führen, damit das Kondensat leicht abfließen kann.

Die Gesetze des Wärmeüberganges geben also gute Anhaltspunkte für die zweckmäßige Anordnung der Flächen. Die Bedingung einer kleinstmöglichen Wärmeaustauschfläche ist für die Formgebung nicht allein entscheidend. Die wirtschaftlichen Bedingungen, kleinste Herstellungskosten und geringer Kraftbedarf (Strömungswiderstand), sowie die Betriebsvorschrift, daß die Flächen leicht zu reinigen sein sollten, zwingen oft zu anderen Formen.

Der Einfluß des Materials und der Dicke der Wandung kommt in Gleichung (1) deutlich zur Geltung. Setzt man für eine reine Metallfläche

$$\frac{1}{k_0} = \frac{1}{\alpha_1} + \frac{1}{\alpha_2} + \frac{\delta}{\lambda},$$

so ist für die isolierte oder inkrustierte Fläche:

$$\frac{1}{k} = \frac{1}{k_0} + \frac{\delta'}{\lambda'}.$$

Die prozentuale Verschlechterung der Wärmedurchgangszahl hängt nicht nur von der Dicke und von der Art der Verunreinigung ab, sondern wesentlich von der absoluten Größe der Wärmedurchgangszahl für die

---

[1] Vgl. z. B. Z. bayr. Revis.-Ver. 1909, Nr. 19, 20, 21 und Z. f. Dampfk. u. Masch.-Betrieb. 1910, Nr. 8, 31, 36, 44, 45; 1911, Nr. 44 und 1913, Nr. 11, 12, 13.

reine Wandung. Man darf demnach nicht allgemein sagen, daß durch die Verwendung von diesem oder jenem Material, oder bei dieser oder jener Verunreinigung die Wärmedurchgangszahl sich um so oder soviel Prozent ändert. In dem einen Fall kann der Einfluß des Materials oder der Verunreinigung praktisch vernachlässigt werden, während in einem anderen Fall diese Faktoren von ausschlaggebender Bedeutung sind. Allgemein kann man sagen, daß dort, wo die Wärmeübertragung beträchtlich ist, die Reinheit der Oberfläche eine bedeutende Rolle spielt.

Da die Inkrustierung der Heizfläche auch eine Erhöhung der Oberflächentemperatur zur Folge hat, woraus wieder eine Zunahme der zurückgestrahlten Wärme folgt, wird hierdurch noch eine neue Abnahme der Wärmedurchgangszahl verursacht.

Zahlenbeispiel 32. a) **Ein Wasservorwärmer wird durch Abdampf geheizt.** Wie groß ist die Wärmedurchgangszahl, wenn das Wasser mit 1 m/s durch Röhren von 20 mm l. W. strömt und eine mittlere Temperatur von 50° C hat?

$$\alpha_{\text{Dampf}} \approx 10000 \text{ kcal/m}^2, \text{ h, }^0\text{C},$$

$$\alpha_{\text{Wasser}} \text{ (aus Zahlenbeispiel 17, S. 135)} = 5000 \text{ kcal/m}^2, \text{ h, }^0\text{C}.$$

Für Kupferrohr von 1 mm Dicke ist

$$\frac{1}{k_0} = \frac{1}{10000} + \frac{1}{5000} + \frac{0,001}{320} = 0,000303, \text{ oder } k_0 = 3300 \text{ kcal/m}^2, \text{ h, }^0\text{C}.$$

Für Eisenrohr von 3 mm Dicke (glatt)

$$\frac{1}{k_0} = \frac{1}{10000} + \frac{1}{5000} + \frac{0,003}{54} = 0,000356, \text{ oder } k_0 = 2810 \text{ kcal/m}^2, \text{ h, }^0\text{C},$$

das ist 85% des Wertes für Kupferrohr.

Wird die Rohroberfläche leicht inkrustiert durch eine Kesselsteinschicht von 0,2 mm Dicke ($\lambda = 2$), dann ist für das Kupferrohr:

$$\frac{1}{k} = \frac{1}{k_0} + \frac{0,0002}{2} = 0,000403 \text{ oder } k = 2480, \text{ das sind 75% von } k_0$$

und für das Eisenrohr

$$\frac{1}{k} = \frac{1}{k_0} + \frac{0,0002}{2} = 0,000456 \text{ oder } k = 2190, \text{ das sind 78% von } k_0.$$

Ist die Rohroberfläche **stark** inkrustiert, wie es in der Praxis vorkommen kann, mit 3,25 mm Kesselstein und 0,05 mm Öl[1], dann ist für das Eisenrohr:

$$\frac{1}{k} = \frac{1}{k_0} + \frac{0,00325}{2} + \frac{0,00005}{0,1} = 0,00248 \text{ oder } k = 403, \text{ das sind 14% von } k_0.$$

b) Strömt durch die gleichen Rohre Luft von 1 ata und 50° C mit einer Geschwindigkeit von 4 m/s, so folgt aus Gleichung (64, S. 75)

$$\alpha = \frac{2,70\,\xi}{d^{0,25}} \, (w\gamma)^{0,75}$$

mit $\xi = 0,86$ und γ_{Luft} aus Zahlentafel 38, S. 257.

Der Einfluß des Materials und der Inkrustierung ist hier zu vernachlässigen.

---

[1] Günther: Versuche an Speisewasservorwärmern. Z. VDI 1921 S. 1209.

Zahlenbeispiel 33. Wie groß ist die Abnahme der Wärmedurchgangszahl in einem Rauchrohrüberhitzer (S. 126) durch eine Rußschicht von 0,5 mm Dicke ($\lambda = 0,03$ kcal/m, h, ^{0}C) ?

Die Wärmeübergangszahlen für die Rauchgas- und Dampfseite sind aus Zahlentafel 8 (S. 131) zu entnehmen. Für die reine Oberfläche kann

$$\frac{1}{k_0} = \frac{1}{\alpha_g} + \frac{1}{\alpha_d}$$ gesetzt, also der Faktor $\dfrac{\delta_{\text{Wand}}}{\lambda_{\text{Wand}}}$ vernachlässigt werden.

Die Wärmedurchgangszahlen für die reine und für die berußte Fläche sind in Zahlentafel 25 berechnet. Es geht daraus hervor, daß bei großen Rauchgasmengen die Wärmedurchgangszahl durch die dünne Rußschicht um etwa 50% verkleinert wird.

Zahlentafel 25. Wärmedurchgangszahlen für Rauchrohrüberhitzer.

		Kleinrohr 70/76 2·19/24		Großrohr 127/136,5 4·44,5/50,8			
		$D=60$ kg/h	100	$D=100$	200	300	$D=400$kg/h
$G =$ 60 kg/h	α_g	38					
	α_d	346	510				
	k_0	34	35,5				
	k	21,7	23,2				
$G =$ 100 kg/h	α_g	56,5		48,5			
	α_d	346	510	126	196	270	330
	k_0	48,5	50,7	35	39	41	42,4
	k	26,8	27,5	23,5	23,5	24,4	24,8
$G =$ 200 kg/h	α_g	95		82			
	α_d	346	510	126	196	270	330
	k_0	74,5	80	49,7	57,7	63	65,7
	k	33,2	34,2	27,2	29,4	30,7	31,4

Zahlenbeispiel 34. Für einen Dampfkessel sei die Abnahme der Wärmedurchgangszahl infolge Kesselsteinansatz berechnet[1].

Die Wassertemperatur $\vartheta_2 =$ etwa $180^0 \approx \vartheta_{w_2}$.

Die Blechwandung sei 18 mm dick ($\lambda = 54$) und mit einer sehr starken Kesselsteinschicht ($\delta = 0,010$; $\lambda = 2$) verunreinigt.

Wir betrachten einen Teil der Kesselheizfläche, bei welchem die Wärme zum größten Teil durch Strahlung übertragen wird, z. B. von der Rostfläche aus oder durch die Strahlung der feuerfesten Wände.

Aus der Gleichung

$$\vartheta_{w_1} = \vartheta_{w_2} + Q \sum \frac{\delta}{\lambda},$$

folgt: $\quad \vartheta_{w_1}^{\text{rein}} = 180 + 0,0003\,Q, \quad \vartheta_{w_1}^{\text{inkrustiert}} = 180 + 0,0053\,Q.$ (a)

Zur Berechnung der Wärmedurchgangszahl $k = \dfrac{Q}{\vartheta_1 - \vartheta_2}$ muß die Temperatur ϑ_1 berechnet werden. Bei einer gegebenen Wärmemenge

$$Q = \alpha\,(\vartheta_1 - \vartheta_{w1}) + 4,6\left\{\left(\frac{T_1}{100}\right)^4 - \left(\frac{T_{w_1}}{100}\right)^4\right\} \text{kcal/m}^2, \text{h}$$

---

[1] Siehe auch **Reutlinger:** Z. VDI 1910 S. 545 und Forschungsheft 94.

ist die Wandtemperatur durch Gleichung (a) bestimmt. Die Wärmeübergangszahl α hängt von der Geschwindigkeit und von der Temperatur
der Rauchgase ab; sie wird zu 15 kcal/m², h, °C angenommen. Aus

$$\frac{Q}{4,6} - \frac{15}{4,6}\,(\vartheta_1 - \vartheta_{w_1}) + \left(\frac{T_{w_1}}{100}\right)^4 = \left(\frac{T_1}{100}\right)^4$$

kann T_1 berechnet werden, wenn der relativ kleine Faktor $\dfrac{15}{4,6}\,(\vartheta_1 - \vartheta_{w_1})$
zuerst geschätzt und nachher die Schätzung kontrolliert bzw. geändert
wird. Das Rechnungsresultat ist in Abb. 111a und b dargestellt. Trotz

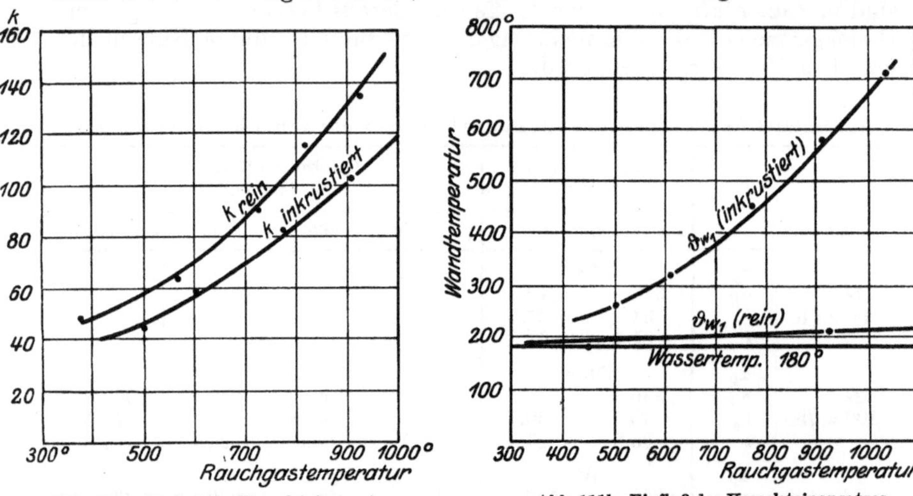

Abb. 111a. Einfluß des Kesselsteinansatzes
auf die Wärmedurchgangszahl.

Abb. 111b. Einfluß des Kesselsteinansatzes
auf die Blechtemperatur.

der sehr starken Inkrustierung ist die Verminderung der Wärmedurchgangszahl nicht sehr groß. Viel gefährlicher ist die dadurch verursachte
Erhöhung der Wandtemperatur, weil dadurch die Festigkeit des Bleches
und die Betriebssicherheit des Kessels stark vermindert wird.

2. Gleichstrom, Gegenstrom[1].

Die Temperaturen der Flüssigkeiten sind auch für den stationären
Zustand im allgemeinen nicht konstant, da die warme Flüssigkeit sich
längs der Wärmeaustauschfläche abkühlt und die kalte sich erwärmt.
Die Gleichung (1) gilt also nur für eine unendlich kleine Fläche dF. Bei
der Integration dieser Gleichung ist es nun gebräuchlich die Wärmedurchgangszahl k für die ganze Fläche als konstant anzunehmen. Aus
Abschnitt III folgt aber, daß die Wärmeübergangszahlen von einer
großen Zahl von Faktoren abhängen, unter anderem von den Temperaturen und von der Rohrlänge. Die gemachte Voraussetzung, $k =$
konstant trifft demnach im allgemeinen nicht zu.

Der Temperaturunterschied Θ ändert sich in verschiedener Weise,
je nachdem die Flüssigkeiten in gleicher oder in entgegengesetzter

[1] G. Schütze, Gleich-, Gegen- und Kreuzstrom in einheitlicher Darstellung.
Gesundh.-Ing. Bd. 58 (1935) S. 169/176.

Richtung an der Fläche vorbeigeführt werden (Gleichstrom oder Gegenstrom). Ändern sich nun in der Zeiteinheit G_w kg warme Flüssigkeit von der Temperatur ϑ_w um $d\,\vartheta_w$ und G_k kg kalte Flüssigkeit von der Temperatur ϑ_k um $d\,\vartheta_k$ und seien c_w und c_k die als konstant angenommenen spezifischen Wärmen der beiden Flüssigkeiten, so ist, wenn die Wärme verlustfrei ausgetauscht wird:

$$dQ = G_w c_w\, d\,\vartheta_w = G_k c_k\, d\,\vartheta_k. \tag{3}$$

Wenn ein Teil der Wärme z. B. an die Umgebung und nicht an die kalte Flüssigkeit übertragen wird, so ist:

$$dQ = \eta\, G_w c_w\, d\,\vartheta_w = G_k c_k\, d\,\vartheta_k, \tag{3a}$$

worin der Faktor η (kleiner als 1) die Verluste berücksichtigt. Für Gegenstrom (Abb. 112a) ist:

$$d\,\Theta = -\,d\,\vartheta_w + d\,\vartheta_k$$

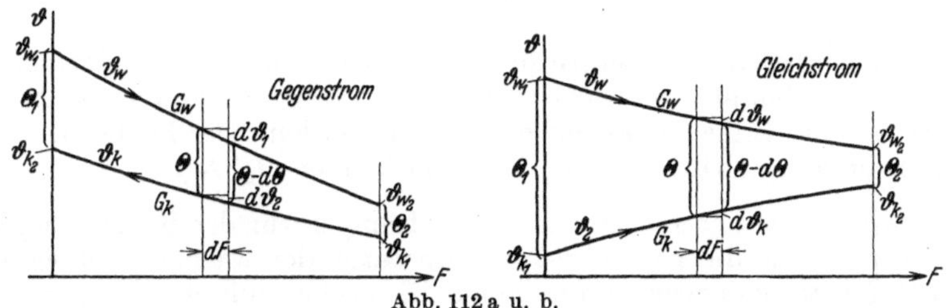

und mit Gleichung (3) bzw. (3a):

$$d\,\Theta = -\,d\,Q\left(\frac{1}{\eta\,G_w\,c_w} - \frac{1}{G_k\,c_k}\right).$$

Für Gleichstrom (Abb. 112b) ist:

$$d\,\Theta = -\,d\,\vartheta_w - d\,\vartheta_k = -\,d\,Q\left(\frac{1}{\eta\,G_w\,c_w}\right) + \frac{1}{G_k\,c_k}\right).$$

Es ist also:

$$d\,\Theta = -\,d\,Q\left(\frac{1}{\eta\,G_w\,c_w} \pm \frac{1}{G_k\,c_k}\right) = -\,\mu\,d\,Q, \tag{4}$$

wobei das positive Vorzeichen für den Gleichstrom, das negative für den Gegenstrom gilt. Der von Θ unabhängige Klammerausdruck ist zur Abkürzung $= \mu$ gesetzt. Die Integration zwischen Anfangs- und Endzustand (Θ_1 und Θ_2) gibt, wenn μ für die ganze Fläche als unveränderlich angenommen wird:

$$Q = \frac{1}{\mu}\,(\Theta_1 - \Theta_2). \tag{5}$$

Der Anfang der Wärmeaustauschfläche ist dort wo Θ am größten ist, also immer $\Theta_1 > \Theta_2$.

Den Wert von dQ aus Gleichung (4) in Gleichung (2) eingesetzt, gibt:

$$dQ = -\frac{d\,\Theta}{\mu} = \Theta \cdot k \cdot d\,F$$

oder

$$\frac{d\,\Theta}{\Theta} = -\,\mu\,k \cdot d\,F$$

und integriert, wenn μ und k als konstant angenommen werden[1]:

$$\ln \frac{\Theta_1}{\Theta_2} = \mu\, k \cdot F \tag{6}$$

oder

$$\Theta_2 = \Theta_1\, e^{-\mu k F}, \tag{7}$$

wodurch der Temperaturverlauf längs der Fläche bestimmt ist[2]. Der „mittlere" Temperaturunterschied Θ_m für die ganze Fläche folgt aus Gleichung (5), wenn der Wert von μ aus Gleichung (6) darin eingesetzt wird:

$$Q = k \cdot F\, \frac{\Theta_1 - \Theta_2}{\ln \dfrac{\Theta_1}{\Theta_2}} = k \cdot F \cdot \Theta_m, \tag{8}$$

also

$$\Theta_m = \Theta_1\, \frac{1 - \dfrac{\Theta_2}{\Theta_1}}{\ln \dfrac{\Theta_1}{\Theta_2}}. \tag{8a}$$

Für die mittlere Temperaturdifferenz darf demnach im allgemeinen nicht einfach das arithmetische Mittel der Temperaturunterschiede am Anfang und am Ende der Fläche genommen werden. Der Fehler, welcher dadurch entsteht, wird um so größer, je kleiner Θ_2/Θ_1 ist.

Beim Gleichstrom bleibt die Ablauftemperatur der Kühlflüssigkeit stets geringer als die niedrigste Temperatur der warmen Flüssigkeit. Beim Gegenstrom dagegen kann die Kühlflüssigkeit mit einer Temperatur ablaufen, welche nur wenig niedriger ist als die höchste Temperatur der warmen Flüssigkeit.

War in beiden Fällen die Anfangstemperatur der Kühlflüssigkeit gleich, so folgt daraus, daß diese sich beim Gegenstrom bedeutend mehr

---

[1] Dr. Hoefer hat aus den Abweichungen des tatsächlichen Temperaturverlaufes den Schluß gezogen, daß die durchgehende Wärme nicht mehr mit der Temperaturdifferenz, sondern mit irgendeiner Potenz der Temperaturdifferenz proportional sei. Logischer und auch zweckmäßiger ist es aber, diese Abweichungen auf die erwähnte Veränderlichkeit der Wärmedurchgangszahlen zurückzuführen, denn der Exponent ist keine unveränderliche Zahl, sondern abhängig von den vielen Faktoren, welche die Wärmeübergangszahl beeinflussen.

Die Veränderlichkeit von k kann dadurch berücksichtigt werden, daß die totale Fläche in eine Anzahl Teile zerlegt wird, für welche die mittleren Wärmedurchgangszahlen als unveränderlich angenommen werden dürfen. Es kommt dann auf eine Wiederholung der Aufgabe hinaus, bei gegebenen Anfangstemperaturen und bekannten Werten von F, k und c die Endtemperaturen zu bestimmen. Bleibt die eine Temperatur konstant, so ist einfach ϑ_2 aus der Gleichung

$$F = \frac{G_1\, c_1}{k} \ln \frac{\vartheta_c - \vartheta_2}{\vartheta_c - \vartheta_1} \text{ zu rechnen.}$$

Siehe auch A. Colburn: Mean temperature difference and heat coeff. in liquid heat exchangers. Ind. Engng. Chem. 25 (1933) S. 875; W. M. Nagle: Mean Temp. Diff. in multipass heat exchangers. Ind. Engng. Chem. 25 (1933) S. 604.

[2] Wenn nach Gleichung (8) die Temperaturdifferenz Θ_2 am Ende der Fläche berechnet ist, findet man die Temperaturdifferenz für die halbe Fläche sofort aus:

Für $\qquad F' = \dfrac{F}{2}$ ist $\Theta'_2 = \Theta_1\, e^{-\mu k \frac{F}{2}} = \Theta_1 \sqrt{e^{-\mu k F}} = \Theta_1 \sqrt{\dfrac{\Theta_2}{\Theta_1}}.$

Durch wiederholte Zweiteilung der Fläche kann der Temperaturverlauf in einfacher Weise mit dem Rechenschieber so für die ganze Fläche bestimmt werden.

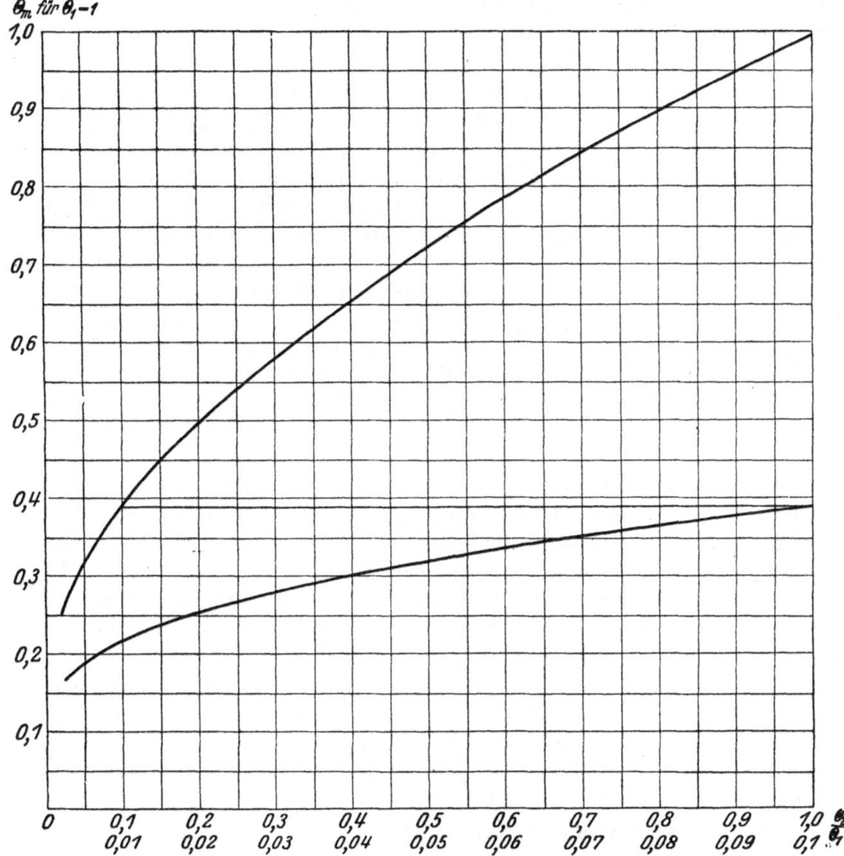

Abb. 113. Zur Berechnung der mittleren Temperaturdifferenz.

erwärmen kann als bei Gleichstrom, d. h. wir brauchen zum Abführen der gleichen Wärmemenge bei Gegenstrom weniger Kühlflüssigkeit; solche Apparate sind also wirtschaftlicher.

Das gilt natürlich nur, wenn die Temperaturen beider Flüssigkeiten veränderlich sind. Bei kondensierendem Dampf oder siedender Flüssigkeit ist es für die Wirtschaftlichkeit gleichgültig, ob Gleich- oder Gegenstrom angewandt wird.

Für $\mu = 0$ ist $e^{-\mu k F} = 1$ und $\Theta = \Theta_1 = \Theta_2 = \Theta_m = \text{const}$, d. h. der mittlere Temperaturunterschied wird am größten und damit die Wärmeaustauschfläche am kleinsten. In diesem Fall muß

$$G_k\, c_k = \eta\, G_w\, c_w. \tag{9}$$

Durch Gleichsetzen der Werte dQ aus den Gleichungen (2) und (3):

$$dQ = G_k\, c_k\, d\vartheta_k = G_w\, c_w\, d\vartheta_w = k\, dF\, \Theta$$

folgt

$$\frac{d\vartheta_w}{dF} = \frac{d\vartheta_k}{dF} = \frac{k\,\Theta}{G_k\, c_k} = \text{const},$$

d. h. der Temperaturverlauf beider Flüssigkeiten ist geradlinig. Weiter folgt aus Abb. 114

$$\vartheta_{w_1} - \vartheta_{k_1} = \Theta + \Delta\vartheta. \tag{10}$$

In vielen Fällen wird vom Wärmeaustauschapparat verlangt, daß die kalte Flüssigkeit möglichst hoch erwärmt bzw. die warme Flüssigkeit möglichst tief gekühlt wird. Die verlangten Ablauftemperaturen sind beim Gegenstromapparat durch die Zulauftemperaturen der anderen Flüssigkeit begrenzt. Die Vorschrift verlangt also, daß der Temperaturunterschied Θ_2 möglichst klein wird. Um in solchen Fällen kleine Wärmeaustauschflächen zu erhalten, muß μ möglichst groß, d. h. beim Kühlen soll $G_k\,c_k$ und beim Erwärmen

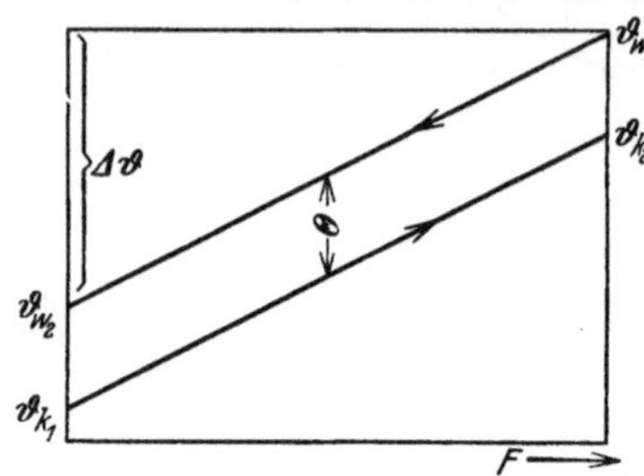

Abb. 114. Temperaturverlauf für $\mu = 0$.

$G_w\,c_w$ so groß wie möglich sein. Die zur Verfügung stehenden Flüssigkeitsmengen sind von Fall zu Fall verschieden, je nach Art und Preis der Flüssigkeit. Bei großen Mengen steigen auch die Energiekosten für die Überwindung der Strömungswiderstände, so daß das günstigste Verhältnis $n = G_w\,c_w/G_k\,c_k$ ·von Fall zu Fall zu wählen ist.

Ist die Temperatur der einen Flüssigkeit konstant (siedend oder kondensierend, spez. Wärme = unendlich groß), dann ist der Temperaturverlauf der anderen Flüssigkeit mit $1/\mu = G \cdot c$ aus Gleichung (7) bestimmt.

Zahlenbeispiel 35. Ein Speisewasservorwärmer besteht aus sieben Rohrgruppen von 24 verzinkten eisernen Rohren 15/17 mm ⌀ und 2000 mm Länge, mit einer totalen Heizfläche von 16,11 m². Die Wassergeschwindigkeit in sämtlichen Rohrbündeln ist dieselbe und beträgt bei 12 cbm Speisewasser stündlich 0,78 m/s.

Die Dampftemperatur am Eintritt . . . . . . = 102° C,
,,   ,,   ,, Austritt . . . . . = 100° C,
,, Temperatur des Kondensats . . . . . . = 100° C,
,, Kühlwassertemperatur am Eintritt . . . = 15° C,
,,   ,,   ,, Austritt . . . = 100,5° C,

also $\Theta_2 = 1,5°$ C, $\Theta_1 = 100 - 15 = 85°$ C, $\Theta_2/\Theta_1 = 0,0177$, Θ_m Abb. 113 $= 0,24\,\Theta_1 = 20,4°$ C, also nicht $\dfrac{85 + 1,5}{2} = 43,2°$ C! Die mittlere Wassertemperatur ist $\dfrac{1}{2}(102 + 100) - 20,4 = 80,6$ und nicht $\dfrac{1}{2}(15 + 100,5) = 57,75°$ C! Der Temperaturverlauf wird durch wiederholte Zweiteilung der Heizfläche F bestimmt:

Für $F/2$ ist $\sqrt{\Theta_1/\Theta_2} = \sqrt{0,0177} = 0,133$ und $\Theta_1' = 0,133\cdot 85 = 11,3°$C
$\quad F/4 \qquad\qquad \sqrt{0,133} = 0,366, \qquad \Theta_1' = 0,366\cdot 85 = 31°$C
$\quad F/8 \qquad\qquad \sqrt{0,366} = 0,606, \qquad \Theta_1' = 0,606\cdot 85 = 51,5°$C
$\quad F/16 \qquad\quad\; \sqrt{0,606} = 0,780, \qquad \Theta_1' = 0,780\cdot 85 = 66,3°$C
$\quad F/32 \qquad\quad\; \sqrt{0,78} = 0,885, \qquad \Theta_1' = 0,885\cdot 85 = 75,3°$C
und für $3/4\,F$: $\sqrt{\Theta_1/\Theta_2} = \sqrt{0,133} = 0,366, \qquad \Theta_1' = 0,366\cdot 11,3 = 4,15°$C

Die Übereinstimmung zwischen Versuch[1] und Rechnung (Abb. 115) ist sehr gut (+ gerechnete, • gemessene Werte).

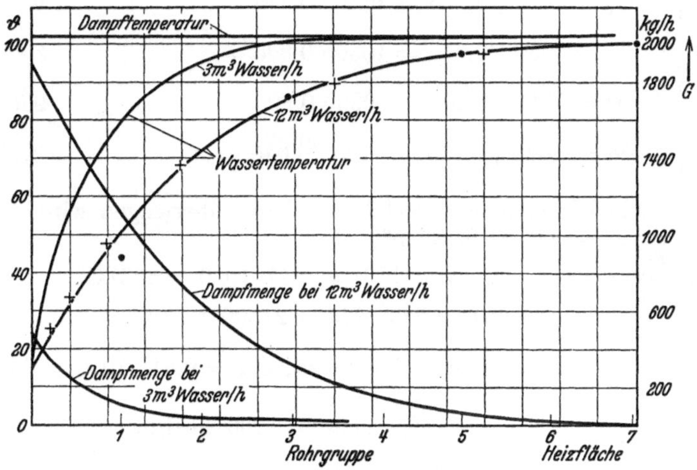

Abb. 115. Zum Zahlenbeispiel 35.

Aus der Gleichung $G_1 c_1 d\vartheta = dQ = G_2 r$, worin r die Verdampfungswärme ist, läßt sich, nachdem der Temperaturverlauf bekannt ist, auch das kondensierte Dampfgewicht berechnen. Wird die kondensierte Flüssigkeit auch noch unterkühlt, so ist an Stelle der Verdampfungswärme r die Gesamtwärme einzusetzen.

Die Dampfmengen, welche durch jedes Rohrbündel kondensiert werden, sind ebenfalls in der Abbildung eingetragen.

Zahlenbeispiel 36. Durch ein Rauchrohr eines Lokomotivkessels von 44,1 mm l. W. und 3,750 m Länge strömen 100 kg Rauchgase pro Stunde mit einer Anfangstemperatur von 1200° C. Wie hoch ist die Endtemperatur, und wieviel Dampf wird im ersten und im letzten Rohrviertel erzeugt, wenn der Kesseldruck 8 at abs. (170° C) beträgt?

Für Rauchgase ist die Wärmeübergangszahl (vgl. S. 130) mit $X = 1,2$ und $G = 100$ kg/h

$$\alpha = 2,24\, X G^{0,75} = 84\ \text{kcal/m}^2,\ \text{h},\ °\text{C}.$$

Allgemein ist $\Theta_2 = \Theta_1\, e^{\mu kF}$; worin $\mu = \dfrac{1}{G \cdot c}$ mit G in kg/h.

$$\mu\, kF = \frac{1}{100 \cdot 0,25} \cdot 84 \cdot \pi \cdot 0,0445 \cdot 3,75 = 1,77;\ e^{\mu kF} = 5,85.$$

Mit $\Theta_1 = 1200 - 170 = 1030$, wird $\Theta_2 = \dfrac{1030}{5,85} = 176°$ und die Temperatur am Ende des Rohres $176 + 170 = 346°$ C. Der Temperaturverlauf ist wie folgt zu berechnen:

---

[1] Beobachtung Z. VDI 1908 S. 311.

$$\text{Für } \frac{F}{2}, \quad \Theta_1 = 1030 \sqrt{\frac{1}{5{,}85}} = 1030 \sqrt{0{,}171} = 0{,}413 \cdot 1030 = 425^0 \text{ C,}$$

$$„ \; \frac{F}{4}, \quad \Theta_2 = 1030 \sqrt{0{,}413} = 1030 \cdot 0{,}645 = \qquad\qquad 665^0 \text{ C,}$$

$$„ \; \frac{F}{8}, \quad \Theta^3 = 1030 \sqrt{0{,}645} = 1030 \cdot 0{,}805 = \qquad\qquad 830^0 \text{ C,}$$

$$„ \; \frac{F}{16}, \quad \Theta^4 = 1030 \sqrt{0{,}805} = 1030 \cdot 0{,}895 = \qquad\qquad 920^0 \text{ C,}$$

$$„ \; \frac{3}{4}F, \; \Theta^5 = \; 425 \sqrt{0{,}413} = \; 425 \cdot 0{,}645 = \qquad\qquad 275^0 \text{ C.}$$

Die totale Wärmemenge, welche im Rohr übertragen wird, ist $Q = kF\,\Theta_m$, mit $F = \pi\,dl = 0{,}525$ m².

Für $\dfrac{\Theta_2}{\Theta_1} = 0{,}171$, Θ_m (Abb. 113) $= 0{,}47 \cdot 1030 = 483^0$ C.

$$Q = 84 \cdot 0{,}525 \cdot 483 = 21500 \text{ kcal/h.}$$

Im ersten Viertel ist für $\dfrac{\Theta_2}{\Theta_1} = 0{,}645$, $\Theta_m = 0{,}81 \cdot 1030 = 835^0$ C.

$$Q_1 = 84 \cdot \frac{0{,}525}{4} \cdot 835 = 9200 \text{ kcal/h.}$$

Im letzten Viertel, für $\dfrac{\Theta_2}{\Theta_1} = 0{,}645$, $\Theta_m = 0{,}81 \cdot 275 = 222^0$ C.

$$Q_4 = 84 \cdot \frac{0{,}525}{4} \cdot 222 = 2450 \text{ kcal/h.}$$

Im ersten Viertel des Rohres wird 3,75mal so viel Dampf erzeugt als im letzten, und zwar $92/215 = 43\%$ der ganzen Dampfmenge. In Wirklichkeit ist der Unterschied noch etwas größer, weil die Wirbelung im Anfang größer ist als gegen das Ende, und wegen der Strahlung.

Sind die Temperaturen von beiden Flüssigkeiten veränderlich, so folgt aus Gleichung (7):

$$\Theta_1 - \Theta_2 = \Theta_1 \left(1 - e^{-\mu k F}\right),$$

mit Gleichung (5):

$$\mu\,Q = \Theta_1 \left(1 - e^{-\mu k F}\right).$$

Da

$$Q = G_w\,c_w\,(\vartheta_{w_1} - \vartheta_{w_2}) = -\,G_k\,c_k\,(\vartheta_{k_1} - \vartheta_{k_2})$$

ist, wird

$$\mu\,G_w\,c_w\,(\vartheta_{w_1} - \vartheta_{w_2}) = \Theta_1 \left(1 - e^{-\mu k F}\right)$$

oder

$$\vartheta_{w_2} = \vartheta_{w_1} - \frac{\Theta_1}{\mu\,G_w\,c_w} \left(1 - e^{-\mu k F}\right) \qquad\qquad (11a)$$

und

$$\vartheta_{k_2} = \vartheta_{k_1} + \frac{\Theta_1}{\mu\,G_k\,c_k} \left(1 - e^{-\mu k F}\right) \qquad\qquad (11b)$$

Für Gleichstrom ist $\Theta_1 = \vartheta_{w_1} - \vartheta_{k_1}$ und damit:

$$\vartheta_{w_2} = \vartheta_{w_1} - \frac{\vartheta_{w_1} - \vartheta_{k_1}}{\mu\,G_w - c_w} \left(1 - e^{-\mu k F}\right) \qquad\qquad (12a)$$

$$\vartheta_{k_2} = \vartheta_{k_1} + \frac{\vartheta_{w_1} - \vartheta_{k_2}}{\mu\,G_k\,c_k} \left(1 - e^{-\mu k F}\right) \qquad\qquad (12b)$$

Für Gegenstrom sei (willkürlich) für die Anfangstemperaturdifferenz der Temperaturunterschied beim Eintritt der warmen Flüssigkeit angenommen, dann ist

$$\vartheta_{w_2} = \vartheta_{w_1} - \frac{\vartheta_{w_1} - \vartheta_{k_2}}{\mu\, G_w\, c_w}\,(1 - e^{-\mu k F})$$

$$\vartheta_{k_2} = \vartheta_{k_1} + \frac{\vartheta_{w_1} - \vartheta_{k_2}}{\mu\, G_k\, c_k}\,(1 - e^{-\mu k F}).$$

Durch einige Umformungen ergibt sich daraus:

$$\vartheta_{w_2} = \frac{(G_k c_k - G_w c_w)\,\vartheta_{w_1}\, e^{-\mu k F} + G_k c_k\,\vartheta_{k_1}\,(1 - e^{-\mu k F})}{G_k c_k - G_w c_w\, e^{-\mu k F}} \tag{13a}$$

$$\vartheta_{k_2} = \frac{(G_k c_k - G_w c_w)\,\vartheta_{k_1} + G_w c_w\,\vartheta_{w_1}\,(1 - e^{-\mu k F})}{G_k c_k - G_w c_w\, e^{-\mu k F}} \tag{13b}$$

worin dann nur noch die Anfangstemperaturen vorkommen. Die Temperaturen an einer beliebigen Stelle $x\,\vartheta_{w\,x}$ und $\vartheta_{k\,x}$ folgen in ähnlicher Weise aus der Gleichung:

$$Q_x = G_w\, c_w\, (\vartheta_{w_1} - \vartheta_{w\,x}) = -\, G_k\, c_k\, (\vartheta_{k\,x} - \vartheta_{k_2})$$

zu

$$\vartheta_{w\,x} = \vartheta_{w_1} - (\vartheta_{w_1} - \vartheta_{k_1})\,\frac{1 - e^{-\mu k F_x}}{1 - \dfrac{G_w c_w}{G_k c_k}\, e^{-\mu k F}} \tag{14a}$$

und

$$\vartheta_{k\,x} = \vartheta_{k_1} + \frac{G_w c_w}{G_k c_k}\,(\vartheta_{w_1} - \vartheta_{k_1})\,\frac{e^{-\mu k F_x}\, e^{-\mu k F}}{1 - \dfrac{G_w c_w}{G_k c_k}\, e^{-\mu k F}}. \tag{14b}$$

Für die Berechnung der mittleren Wärmeübergangszahlen müssen noch die „mittleren" Flüssigkeitstemperaturen aus der Gleichung:

$$\vartheta_m = \frac{1}{F}\int\limits_0^F \vartheta_x\, d\,x$$

berechnet werden. Aus der Integration folgt z. B. für

$$\vartheta_{wm} = \frac{1}{F}\int\limits_0^F \left[\vartheta_{w_1} - (\vartheta_{w_1} - \vartheta_{k_1})\,\frac{1 - e^{-\mu k F_x}}{1 - \dfrac{G_w c_w}{G_k c_k}\, e^{-\mu k F}}\right] d\,F$$

$$= \vartheta_{w_1} - \frac{\vartheta_{w_1} - \vartheta_{k_1}}{1 - \dfrac{G_w c_w}{G_k c_k}\, e^{-\mu k F}}\left(1 - \frac{1 - e^{-\mu k F}}{\mu k F}\right), \tag{15}$$

welche Gleichung für den praktischen Gebrauch sehr unbequem ist. J. van der Ploeg[1] weist nach, daß man mit einer Genauigkeit von $\pm 1\%$ für $3 \geqq \dfrac{G_k c_k}{G_w c_w} \geqq 2$

$$\left.\begin{array}{l}\vartheta_{km} = \vartheta_{k_1} + 0{,}3\,\varDelta\,\vartheta_k \\[2pt] \vartheta_{wm} = \vartheta_{w_2} + 0{,}3\,\varDelta\,\vartheta_w\end{array}\right\} \tag{16}$$

---

[1] J. van der Ploeg: Der Wärmeübergang am Rieselkühler. Beiheft 2, Reihe 2 zur Z. ges. Kälteind. 1929.

Wenn beide Flüssigkeiten ihre Wärme sowohl im Gleichstrom als im Gegenstrom austauschen, wie z. B. beim Rauchrohrüberhitzer, so ist die Berechnung des Temperaturverlaufes noch umständlicher[1].

Zahlenbeispiel 37. 2000 Liter Bier sollen per Stunde von 80^0 auf 20^0 C gekühlt werden durch Kühlwasser, das sich von 15 auf 60^0 erwärmt. Der Temperaturverlauf beider Flüssigkeiten soll bestimmt werden.

$$Q = 2000 \, (80 - 20) = 120\,000 \text{ kcal/h.}$$

$$\frac{\Theta_e}{\Theta_a} = \frac{5}{20} = 0{,}25; \; \Theta_m \text{ (Abb. 113)} = 0{,}542 \, \Theta_a = 10{,}84^0 \text{ C}, \; k \cdot F = \frac{120000}{10{,}84} \approx 11100.$$

$$\sqrt{\frac{\Theta_e}{\Theta_a}} = 0{,}5; \qquad \Theta_1 = 10^0 \qquad \Theta_m = 0{,}722 \, \Theta_a = 14{,}44^0,$$

$$\sqrt{\frac{\Theta_1}{\Theta_a}} = \sqrt{0{,}5} = 0{,}707; \qquad \Theta_2 = 14{,}14^0 \qquad = 0{,}845 \, \Theta_a = 16{,}9^0,$$

$$\sqrt{\frac{\Theta_2}{\Theta_a}} = \sqrt{0{,}707} = 0{,}84; \qquad \Theta_3 = 16{,}8^0 \qquad = 0{,}92 \, \Theta_a = 18{,}4^0,$$

$$\sqrt{\frac{\Theta_3}{\Theta_a}} = \sqrt{0{,}84} = 0{,}916; \qquad \Theta_4 = 18{,}3^0 \qquad = 0{,}960 \, \Theta_a = 19{,}2^0,$$

$$\sqrt{\frac{\Theta_e}{\Theta_1}} = \sqrt{0{,}50} = 0{,}707; \qquad \Theta_5 = 7{,}1^0 \qquad = 0{,}722 \, \Theta_1 = 7{,}2^0.$$

$$Q_1 = \frac{11\,100}{2} \cdot 14{,}14 = 80\,000 \text{ kcal/h.}$$

$$\Delta \vartheta_1 = \frac{Q}{Gc} = \frac{5550 \cdot 14{,}44}{2000} = 40^0; \qquad \vartheta_1 = 80 - 40 \quad = 40^0,$$

$$\Delta \vartheta_2 = \frac{11\,100}{4} \cdot \frac{16{,}9}{2000} = 23{,}4^0; \qquad \vartheta_2 = 80 - 23{,}4 = 56{,}6^0,$$

$$\Delta \vartheta_3 = \frac{11\,100}{8} \cdot \frac{18{,}4}{2000} = 12{,}8^0; \qquad \delta_3 = 80 - 12{,}6 = 67{,}4^0,$$

$$\Delta \vartheta_4 = \frac{11\,100}{16} \cdot \frac{19{,}2}{2000} = 6{,}6^0; \qquad \vartheta_4 = 80 - 6{,}6 = 73{,}4^0,$$

$$\Delta \vartheta_5 = \frac{11\,100}{4} \cdot \frac{7{,}2}{2000} = 10^0; \qquad \vartheta_5 = 20 + 10 \quad = 30^0.$$

Diese wenigen Werte genügen vollständig, den Temperaturverlauf aufzuzeichnen (Abb. 116). Aber auch, wenn nur die Mengen (2000 bzw. 2667 kg/h) der Flüssigkeiten und die Eintrittstemperaturen 80^0 bzw. 15^0 C gegeben sind, lassen sich die Endtemperaturen und damit der Temperaturverlauf berechnen. Für Gegenstrom ist

$$\mu = \frac{1}{G_w \, c_w} - \frac{1}{G_k \, c_k} = \frac{1}{2000 \cdot 1} - \frac{1}{2667 \cdot 1} = \frac{1}{8000},$$

und $\mu \, k \, F = 1{,}386$. Mit Gleichung (13a) wird

$$\vartheta_e = \frac{(2667 - 2000) \, 80 \, e^{-1,386} + 2667 \cdot 15 \, (1 - e^{-1,386})}{2667 - 2000 \, e^{-1,386}} = 20^0 \text{ C.}$$

[1] U. Barske: Wärmeübertragung im Lokomotivkessel. Hanomag-Nachrichten-Verlag G. m. b. H. — C. Th. Müller: Die Wärmeübertragung im Lokomotivrauchrohr. Diss. T. H. Aachen 1933 (Org. Fortschr. Eisenbahnwes. 1934 Heft 15/16 Julius Springer, Berlin.) — T. B. Morley: Wärmeaustausch zwischen drei strömenden Stoffen. Engineer Bd. 155 (1933) S. 314.

Zahlenbeispiel 38. Bei einem Kondensator einer Ammoniakkälte-maschine sei:

die Temperatur der Ammoniakgase am Eintritt $= 80^0$ C,
die Verflüssigungstemperatur $= 25^0$ C,
das Kühlwasser trete mit 15^0 C ein und mit 22^0 C aus,
die Unterkühlung sei bis 2^0 C über Kühlwassereintrittstemperatur ausgedehnt (Abb. 117).

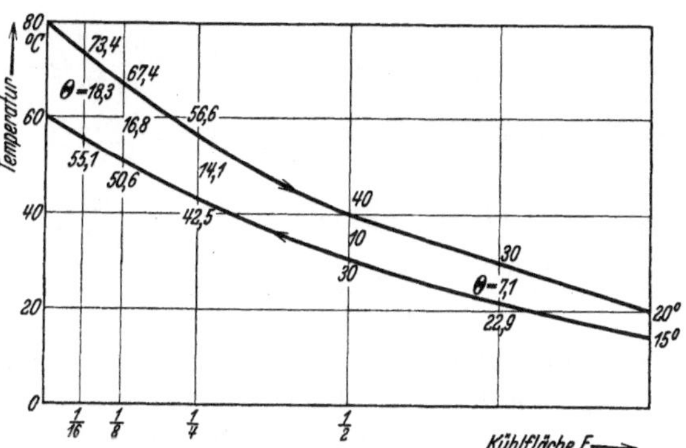

Abb. 116. Zum Zahlenbeispiel 37.

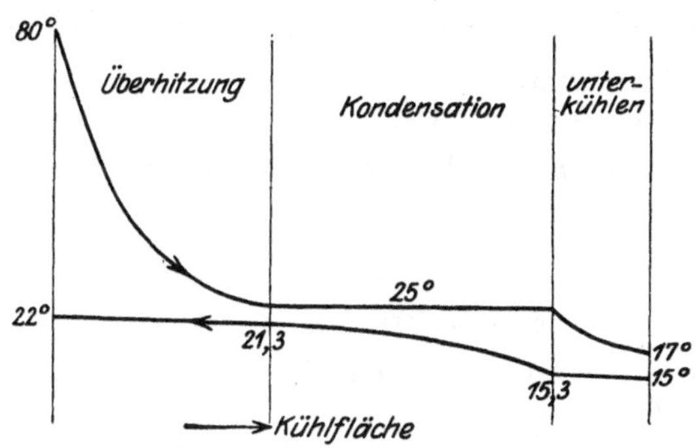

Abb. 117. Zum Zahlenbeispiel 38.

Mit diesen Annahmen und mit Hilfe einer Entropietafel kann für jedes der drei Gebiete die abzuführende Wärmemenge prozentual gerechnet werden.

Wärmeinhalt am Eintritt im Kondensator 339 kcal/kg
,, ,, Anfang der Kondensationsperiode 308 kcal/kg
,, ,, Ende ,, ,, 29 kcal/kg
,, ,, Austritt aus dem Kondensator 19 kcal/kg

Es müssen also abgeführt werden:

im Überhitzungsgebiet 31 kcal oder 9,7 %
beim Kondensieren 279 kcal ,, 87,2 %
bei der Unterkühlung 10 kcal ,, 3,1 %
total 320 kcal oder 100 %.

15*

Es seien

k_1, k_2, k_3 die Wärmedurchgangszahlen,
Θ_1, Θ_2, Θ_3 „ mittleren Temperaturdifferenzen,
Q_1, Q_2, Q_3 „ Wärmemengen,
F_1, F_2, F_3 „ Kühlflächen für die drei Gebiete,
$Q = Q_1 + Q_2 + Q_3$ die Gesamtwärme und
$F = F_1 + F_2 + F_3$ die gesamte Kühlfläche.

Dann ist:

$$Q_1 = k_1 F_1 \Theta_1 = 0{,}097\,Q \ \text{ oder } \ F_1 = \frac{0{,}097}{k_1\,\Theta_1}\,Q,$$

$$Q_2 = k_2 F_2 \Theta_2 = 0{,}872\,Q \quad \text{ „ } \quad F_2 = \frac{0{,}872}{k_2\,\Theta_2}\,Q,$$

$$Q_3 = k_3 F_3 \Theta_3 = 0{,}031\,Q \quad \text{ „ } \quad F_3 = \frac{0{,}031}{k_3\,\Theta_3}\,Q,$$

und
$$F = Q \left\{ \frac{0{,}097}{k_1\,\Theta_1} + \frac{0{,}872}{k_2\,\Theta_2} + \frac{0{,}031}{k_3\,\Theta_3} \right\} \text{m}^2.$$

Die Temperaturunterschiede Θ sind aus den angenommenen Wasser-
und Ammoniaktemperaturen zu rechnen. Zuerst sind aber die Wassertemperaturen am Anfang und am Ende der eigentlichen Kondensie-
rungsperiode zu bestimmen. Da die Kühlwassermenge für die ganze
Kühlfläche konstant ist, muß die Temperaturzunahme in jedem Abschnitt der durchgehenden Wärmemenge proportional sein, also für

die Überhitzung   9,7% von $(22^0 - 15^0) = \sim 0{,}7^0$,
  „ Unterkühlung 3,1%   „ 7^0 $= \sim 0{,}2^0$.

Mit Hilfe der Abb. 113 sind dann die entsprechenden mittleren Temperaturunterschiede:

$$\Theta_1 = 0{,}343 \cdot 5{,}8 \approx 19{,}8^0,$$
$$\Theta_2 = 0{,}642 \cdot 9{,}8 \approx 6{,}3^0,$$
$$\Theta_3 = 0{,}503 \cdot 9{,}8 \approx 4{,}9^0.$$

Sie sind nur von den angenommenen Temperaturen und nicht von der
Kondensatorgröße abhängig.

$$F = \frac{Q}{1000} \left\{ \frac{4{,}9}{k_1} + \frac{138{,}5}{k_2} + \frac{6{,}35}{k_3} \right\} \text{m}^2.$$

Wie groß muß z. B. die Kühlfläche eines Doppelrohrkondensators
für 20000 kcal/h sein, welcher aus Röhren von 25/30 und 38/46 mm $\varnothing$
zusammengestellt ist, wenn das Ammoniak im Ringspalt und das Wasser
im inneren Rohr strömt?

1. Im Überhitzungsgebiet gilt Gl. (78), S. 132 mit $22 \cdot \pi^{0{,}75} = 52{,}4$:

$$\alpha = 52{,}4 \ \lambda^{0{,}25} \ c_p^{0{,}75} \ \frac{G^{0{,}75}}{d_{ae}\,U^{0{,}75}} \ \text{kcal/m}^2,\ \text{h, }^0\text{C}.$$

$G = \dfrac{20000\ \text{kcal/h}}{320\ \text{kcal/kg}} = 62{,}5\ \text{kg/h} = 0{,}0173\ \text{kg/s};\ G^{0{,}75} = 0{,}047;\ \lambda_{50^0} = $ (Zahlentafel 35, S. 253, interpoliert) $= 0{,}022\ \text{kcal/m, h, }^0\text{C};\ \lambda^{0{,}25} = 0{,}388;\ c_p$
(Abb. 140, S. 268, bei 25^0 verfl. Temperatur) $= 0{,}65;\ c_p^{0{,}75} = 0{,}72$.

Der äquivalente Durchmesser des Ringspaltes:

$$d_{ae} = \frac{4f}{U} = \frac{4 \cdot \frac{\pi}{4}\,(0,038^2 - 0,03^2)}{\pi\,(0,038 + 0,03)} = 0,008 \text{ m},$$

$$U = \pi\,(0,038 + 0,03) = 0,214\,m; \quad U^{0,75} = 0,315.$$

Mit diesen Werten ist

$$\alpha_{NH_3} = \frac{52,4 \cdot 0,388 \cdot 0,72 \cdot 0,047}{0,008 \cdot 0,315} = 273 \text{ kcal/m}^2, \text{ h, }^\circ\text{C}.$$

Die Wassermenge ist $\dfrac{20000}{3600\,(22-15)} = 0,8$ kg/s, und die Wassergeschwindigkeit $\dfrac{0,8}{\dfrac{\pi}{4} \cdot 0,025^2} = 1,62$ m/s.

Aus Zahlentafel 40, S. 260 für $\vartheta = 22^\circ$ C:

$$\nu = 0,00952, \quad Pr = 6,6, \quad Re = \frac{162 \cdot 2,5}{0,00952} = 42\,500.$$

Aus Nomogramm 1, $\varphi_{erw} = 0,34$; aus Nomogramm 2, $Pr_g = 5,9$

$$N = 1 + 0,34 \cdot 4,9 = 2,67.$$

Aus Nomogramm 1: $C = 0,00105$. Mit diesen Werten und $\xi = 0,98$ für $\Theta = 3$ wird

$$\alpha = 3600\,C\,\xi\,w\,c_p\,\gamma = 6000 \text{ kcal/m}^2, \text{ h, }^\circ\text{C}$$

Wenn eine leichte Verunreinigung durch Öl berücksichtigt werden soll ($\lambda = 0,1$ kcal/m, h, $^\circ$C; $\delta = 0,02$ mm), dann ist:

$$\frac{1}{k_1} = \frac{1}{273} + \frac{1}{6000} + \frac{0,00002}{0,1} = 0,004 \quad \text{oder} \quad k_1 = 250 \text{ kcal/m}^2, \text{ h, }^\circ\text{C}.$$

2. **Im Verflüssigungsgebiet** finden wir für Wasser in ähnlicher Weise

$$\alpha_{H_2O} = 5830 \text{ kcal/m}^2, \text{ h, }^\circ\text{C}.$$

Für die Kondensation von gesättigtem NH_3-Dampf ist nach Zahlenbeispiel 31, S. 212:

$$\alpha_{NH_3} = 6400 \text{ kcal/m}^2, \text{ h, }^\circ\text{C}.$$

Bei gleicher Verunreinigung ist

$$\frac{1}{k_2} = \frac{1}{5830} + \frac{1}{6400} + \frac{0,0002}{0,1} = 0,00053 \quad \text{und} \quad k_2 = 1900 \text{ kcal/m}^2, \text{ h, }^\circ\text{C}.$$

3. Da für flüssiges Ammoniak bei 20° C, $Pr \sim 1,2$ ist, kann die Wärmeübergangszahl für die Unterkühlung von 0,0173 kg/s NH_3 im Ringspalt ebenfalls aus Gleichung (18) berechnet werden:

$$\alpha_{NH_3} = 52,4 \cdot 0,81 \cdot 0,89\,\frac{0,047}{0,008 \cdot 0,315} = 700 \text{ kcal/m}^2, \text{ h, }^\circ\text{C}.$$

Für Wasser von 15° ist: $\alpha_{H_2O} = 4800$ kcal/m^2, h, $^\circ$C

$$\frac{1}{k_3} = \frac{1}{4800} + \frac{1}{700} + \frac{0,00002}{0,1} = 0,00184 \quad \text{und} \quad k_3 = 540 \text{ kcal/m}^2, \text{ h, }^\circ\text{C}.$$

Mit diesen Wärmedurchgangszahlen wird die erforderliche Kondensatorfläche:

$$F = 20 \left(\frac{4,9}{250} + \frac{138,5}{1900} + \frac{6,35}{540} \right) = 2,09 \text{ m}^2.$$

Die mittlere Belastung von $20\,000/2,09 = 9600$ kcal/m², h, ⁰C ist ein Vielfaches der in der Praxis gebräuchlichen Werte.

Würde das Überhitzungsgebiet zur Kondensatorfläche gerechnet (vgl. S. 209), so wird

$$F = 20 \left(\frac{4,9 + 138,5}{1900} + \frac{6,35}{540} \right) = 1,76 \text{ m}^2$$

oder noch 15% kleiner. Die Messung der Wassertemperaturen im Überhitzungsgebiet würde in einfachster Weise darüber Aufschluß geben können, ob im Überhitzungsgebiet tatsächlich sofort Kondensation eintritt.

Mit der Zeit veränderlicher Wärmeaustausch. Bei der Ableitung der Gleichung (8a) für die mittlere Temperaturdifferenz und Gleichung (7) für den Temperaturverlauf ist von dem stationären Zustand ausgegangen, d. h. von der Voraussetzung, daß die Temperaturen von der Zeit unabhängig sind. Trifft das nun nicht zu, so können diese Gleichungen aber immer auf eine unendlich kleine Zeit angewandt werden, für welche Zeit die Temperaturen als unveränderlich zu betrachten sind. Gleichung (2) geht dann über in:

$$d\,Q = k \cdot F \cdot \Theta_m \, d\,t, \tag{17}$$

worin Θ_m der mittlere Temperaturunterschied für die ganze Fläche zur Zeit t ist. Bleibt die Temperatur der einen Flüssigkeit unverändert, so ist $\Theta_m = \Theta$. Die Verbindung dieser Gleichung mit Gleichung (4), die für die Zeit dt gültig bleibt, gibt:

$$k \cdot \Theta \cdot F \cdot dt = - \frac{d\,\Theta}{\mu}$$

oder

$$\frac{d\,\Theta}{\Theta} = - k\,\mu\,F\,d\,t$$

und die Integration über die Zeit von 0 bis t:

$$\Theta = \Theta_1\, e^{-\mu\,k\,F\,t}. \tag{18}$$

Unter der Voraussetzung $\Theta_m = \Theta$ folgt daraus, daß Gleichung (8a) für den mittleren Temperaturunterschied und Gleichung (8) für die übertragene Wärme unverändert bleiben, und daß in den Gleichungen für den Temperaturverlauf einfach $\mu\,kF$ durch $\mu\,kFt$ zu ersetzen ist.

Zahlenbeispiel 39. Ein Wärmespeicher ist gefüllt mit 101,82 Liter warmen Wassers von 98⁰ C und isoliert mit einer Korksteinschicht von 125 mm Dicke ($= 0,04$). Wie warm ist das Wasser noch nach 215,6 Stunden, wenn die abkühlende Oberfläche 2,92 m² ist?

In der Gleichung $\frac{1}{k} = \frac{1}{\alpha_1} + \frac{1}{\alpha_2} + \sum \frac{\delta}{\lambda}$ kann hier die Wärmeübergangszahl für ruhendes, warmes Wasser (etwa 40⁰) gegenüber den beiden anderen Faktoren vernachlässigt werden. Wenn der Wärmespeicher eine Glanzblechverkleidung hat, so ist die Wärmeübergangszahl für die umgebende Luft ~ 4, und damit $k = 0,3$.

In der Gleichung $\Theta_2 = \Theta_1\, e^{-\mu\, kF\, t}$ ist hier $\dfrac{1}{\mu} = G$, das unveränderliche Wassergewicht $= 101,82$ kg und damit $\mu\, kFt = 1,85$.

$$e^{1,85} = 6,35 \quad \text{und} \quad \Theta_2 = \frac{\Theta_1}{6,35} = \frac{81}{6,35} = 12,7 ,$$

also
$$\vartheta_2 = 12,7 + 16 = 28,7^0\ \text{C} .$$

Die Übereinstimmung mit der gemessenen Temperatur von $29,3^0$ C[1] ist gut, denn die Rechnung ist eben nicht ganz genau. In der Isolierung selbst ist nämlich auch eine gewisse Wärmemenge aufgespeichert, wodurch die Abkühlung des Wassers noch etwas verzögert wird.

Der Temperaturverlauf in der Isolierung kann mit den Gleichungen (9) berechnet werden. Die mittlere Temperatur der Isolierung ist

am Anfang
$$\approx \frac{28 + 16}{2} = 22^0\ \text{C} ,$$

und am Ende
$$\approx \frac{90 + 20}{2} = 55^0\ \text{C}$$

so daß das Isoliermaterial im Mittel um 33^0 C abgekühlt wird. Das Gewicht der Isolierung ist rd. 72 kg, die spezifische Wärme etwa 0,3, so daß darin $72 \cdot 0,3 \cdot 33 = 720$ kcal aufgespeichert sind, das sind rd. 10% der vom Wasser abgegebenen Wärme $(101,82 \cdot 70 = 7000)$.

Wenn nun aber der Raum mit warmer Luft gefüllt wäre, so ist die Wärmeabgabe der Luft bei der gleichen Abkühlung nur
$$0,1018 = 1,2 \cdot 0,24 \cdot 70 \approx 2\ \text{kcal!}$$

Für die Abkühlung geheizter oder für die Erwärmung gekühlter Räume bei unterbrochenem Betrieb ist also die Abkühlung bzw. die Erwärmung der eingeschlossenen Luft vollständig von den Wärmebewegungen in den umgebenden Wänden abhängig[2].

Zahlenbeispiel 40. Ein Warmwasserspeicher hat 26,65 Liter Inhalt. Wie lange dauert es, bis das Wasser eine Temperatur von 110^0 C erreicht hat, wenn er elektrisch durch 264,179 bzw. 88,5 Watt geheizt wird, und wenn die Temperatur der Umgebung durchschnittlich 15^0 C ist[1].

Da die Art der Isolierung bei den Versuchen nicht angegeben ist, kann die Wärmedurchgangszahl nur durch einen Abkühlungsversuch bestimmt werden. In Beispiel 39 ist schon darauf hingewiesen, daß durch die in der Isolierung aufgespeicherte Wärme das Rechnungsresultat beeinflußt wird. Der Einfluß dieser Wärme ist prozentual um so größer, je kleiner der Wasserinhalt des Speichers selbst ist. Bei diesem kleinen Speicher sind also verhältnismäßig große Abweichungen von der Rechnung zu erwarten, und zwar wird $\mu\, kF$ in Wirklichkeit größer sein als aus der Gleichung (7), beim Abkühlungsversuch berechnet wird. Umgekehrt werden bei der Erwärmung die aus Gleichung (117,) S. 95 berechneten Temperaturen tatsächlich etwas kleiner ausfallen.

Abkühlungsversuch:

Zur Zeit $\quad t = 0, \qquad$ ist $\vartheta_1 = 120^0$ C, $\quad$ und $\quad \vartheta_a = 15^0$ C.
$\qquad\qquad t = 3,05$ h $\qquad\qquad = 110^0$ C.

---

[1] Mitt. über Forschungsarbeiten H. 214 (1919) S. 15 bzw. 17.
[2] H. Gröber: Das Aufheizen großer Räume. Forschung Bd. 3 (1932) S. 170.

Aus Gleichung (7) folgt

$$\mu\, kFt = \ln\frac{105}{95} = 0{,}095$$

und

$$\mu\, kF = \frac{0{,}095}{3{,}05} = 0{,}031\,.$$

Da, wie oben erwähnt, $\mu\, kF$ tatsächlich etwas größer sein wird als aus dieser Rechnung folgt, sei $\mu\, kF = 0{,}035$ angenommen. Mit $\dfrac{1}{\mu} = 26{,}65$ wird $kF = 0{,}93$. Für die Erwärmung gilt nach Gleichung (116, S. 95)

$$\vartheta_1 - \vartheta_a = \frac{0{,}86\,J^2R}{kF}\,(1 - e^{-0{,}035\,t})\,,$$

$$\ln\frac{1}{1 - (\vartheta_1 - \vartheta_a)\dfrac{kF}{0{,}86\,J^2R}} = 0{,}035\,t\,.$$

Mit $\vartheta_1 = 110^0\,\text{C}$, $\vartheta_a = 15^0$ und $kF = 0{,}93$ wird $\ln\dfrac{1}{1 - \dfrac{102}{J^2R}} = 0{,}035\,t\,.$

Für $J^2R = 264$ Watt $\quad 0{,}035\,t = 0{,}4886$ oder $t = 14$ h (gemessen 14,2 h),
$\qquad\qquad 179\quad$ „ $\qquad 0{,}035\,t = 0{,}8416\quad$ „ $\quad t = 23$ h (gemessen 25 h),
$\qquad\qquad 88{,}5\ ,,\quad\ 0{,}035\,t = \ln$ negative Zahl oder t unmöglich,
d. h. die Temperatur von 110^0 C kann hier **nicht** erreicht werden. In diesem Fall ist die Temperatur nach 67 h

$$\vartheta_1 = \vartheta_a + \frac{0{,}86\,J^2R}{kF}\,(1 - e^{-2{,}24}) = 89^0\,\text{C (gemessen } 87{,}9^0\,\text{C)}$$

und die maximal erreichbare Temperatur

$$(\vartheta_a)_{\max} = \vartheta_1 + \frac{0{,}86\,J^2R}{kF} = 15 + 82 = 97^0\,\text{C}\,.$$

3. Kreuzstrom[1].

Oft ist es aus konstruktiven Rücksichten nicht möglich, den Gegenstrom zu verwirklichen, z. B. bei Rauchgasvorwärmern (Ekonomiser) und Automobilkühlern. Dort bilden die Richtungen, in denen die beiden Flüssigkeiten den Apparat durchfließen, einen rechten Winkel; die Wärme wird im Kreuzstrom ausgetauscht (Abb. 118). Die mathematische Lösung dieses Problems stammt wieder von W. Nusselt. Er führt dimensionslose Größen ein

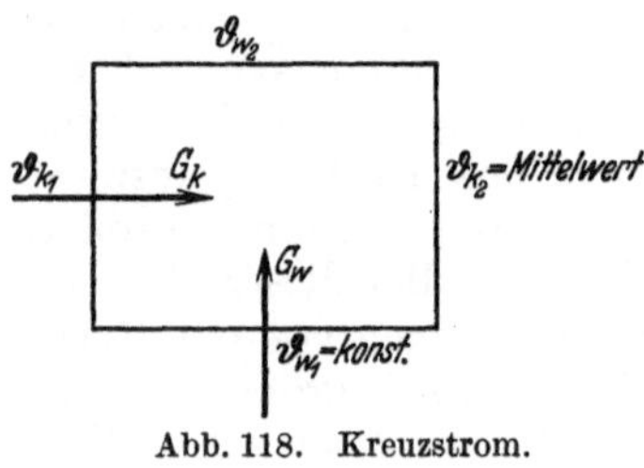

Abb. 118.   Kreuzstrom.

$$\tau_w = \frac{\vartheta_{w_2} - \vartheta_{k_1}}{\vartheta_{w_1} - \vartheta_{k_1}} \quad\text{und}\quad \tau_k = \frac{\vartheta_{k_2} - \vartheta_{k_1}}{\vartheta_{w_1} - \vartheta_{k_1}} \tag{19}$$

die bekannt sind, sobald die Temperaturen der austretenden Flüssigkeiten vorgeschrieben sind. Weiter ist dann aus den Gleichungen

---

[1] Nusselt: Z. VDI 1911 S. 2021 und Forschung, Bd. 1 (1930) S. 417. D. M. Smith: Mean temp. diff in cros flow. Engineering 1934 S. 479. G. Zimmermann: Wärmeübergang in Kreuzstromaustauscher Z. bayer. Revis.-Ver. Bd. 33 (1929) Nr 19—24.

$$Q = G_w\, c_w\, (\vartheta_{w_1} - \vartheta_{w_2}) = G_k\, c_k\, (\vartheta_{k_1} - \vartheta_{k_2}) \tag{20}$$

die Wärmemenge Q bekannt. Setzt man zur Abkürzung:

$$a = \frac{kF}{G_k\, c_k} \quad \text{und} \quad b = \frac{kF}{G_w\, c_w}$$

so wird:

$$Q = \frac{kF}{b}\, (\vartheta_{w_1} - \vartheta_{k_1})\, (1 - \tau_w) = \frac{kF}{a}\, (\vartheta_{w_1} - \vartheta_{k_1})\, \tau_k = kF\, \zeta\, (\vartheta_{w_1} - \vartheta_{k_1}) , \tag{21}$$

wobei

$$\zeta\, (\vartheta_{w_1} - \vartheta_{k_1}) = \Theta_m ,$$

der mittlere Temperaturunterschied bei Kreuzstrom ist.

Bei gegebenen Temperaturen ist ζ mit den Werten von τ_w und τ_k aus Zahlentafel 26 durch lineare Interpolation zu finden, womit aus Gleichung (21) kF und aus Gleichung (20) G_w und G_k bekannt sind.

Zahlentafel 26. Beiwert $\zeta = \dfrac{\tau_k}{a}$ bzw. $\dfrac{1-\tau_w}{b}$, abhängig von τ_w und τ_k.

τ_k	0	0,1	0,2	0,3	0,4	0,5	0,6	0,7	0,8	0,9	1,0
$\tau_w = 1$	1,0	0,947	0,893	0,838	0,781	0,721	0,657	0,586	0,502	0,388	0
0,9	0,947	0,893	0,840	0,786	0,729	0,670	0,605	0,533	0,448	0,338	0
0,8	0,893	0,840	0,785	0,734	0,677	0,617	0,552	0,480	0,398	0,292	0
0,7	0,838	0,786	0,734	0,682	0,625	0,565	0,502	0,430	0,348	0,247	0
0,6	0,781	0,729	0,677	0,625	0,569	0,513	0,449	0,378	0,300	0,206	0
0,5	0,721	0,670	0,617	0,565	0,513	0,456	0,394	0,326	0,251	0,167	0
0,4	0,657	0,605	0,552	0,502	0,449	0,394	0,334	0,271	0,201	0,128	0
0,3	0,586	0,533	0,480	0,430	0,378	0,326	0,271	0,213	0,151	0,089	0
0,2	0,502	0,448	0,398	0,348	0,300	0,251	0,201	0,151	0,100	0,052	0
0,1	0,388	0,338	0,292	0,247	0,206	0,167	0,128	0,089	0,052	0,022	0
0	0	0	0	0	0	0	0	0	0	0	0

Sind G_w, G_k, k und F und damit a und b gegeben, so folgt τ_w am einfachsten aus Zahlentafel 27. Aus der Beziehung

$$\zeta = \frac{\tau_k}{a} = \frac{1-\tau_w}{b} \tag{21a}$$

ist dann auch τ_k bekannt.

Zahlentafel 27. Austrittstemperatur $\tau = \dfrac{\vartheta_2 - \vartheta_{k_1}}{\vartheta_{w_1} - \vartheta_{k_1}}$, abhängig von a und b.

$b =$	0	0,5	1	2	3	4
$a = 0$	1	0,6065	0,3679	0,1353	0,0498	0,0183
1	1	0,7263	0,5238	0,2676	0,1340	0,0660
2	1	0,8012	0,6338	0,3857	0,2271	0,1284
3	1	0,8455	0,7113	0,4846	0,3177	0,2027
4	1	0,8799	0,7665	0,5645	0,4018	0,2709

4. Verhältnis zwischen Rohrlänge und Durchmesser.

Da die Wärmeübergangszahl in engen Röhren größer ist als in weiten, kommt man leicht dazu, den Durchmesser sehr klein zu wählen. Die durchströmende Flüssigkeit (Dampf, Wasser, Heizgas) besitzt aber einen durch Druck, Temperatur und Geschwindigkeit bestimmten Wärmeinhalt. Mehr Wärme als diesen kann also die Flüssigkeit nicht abgeben, so stark auch die Heizfläche durch Verlängerung der Rohre vergrößert wird. Aus diesem Grunde ist der Länge der Heizschlangen eine bestimmte Grenze gesetzt, über die hinaus es keinen Wert hat, die Heizfläche zu vergrößern.

Strömt z. B. durch ein Rohr gesättigter Dampf, und sei

d_i bzw. d_a = innerer bzw. äußerer Rohrdurchmesser in m,

w = Dampfgeschwindigkeit im m/s,

r = Verdampfungswärme in kcal/kg,

γ = spezifisches Gewicht in kg/m³,

so ist der Wärmeinhalt des einströmenden Dampfes:

$$Q = \frac{1}{4}\,\pi\,d_i^2\,w \cdot 3600\,r\,\gamma \;\text{kcal/h}$$

und die im Rohr abgegebene Wärme $Q = k\,\Theta\,\pi\,d_a\,l$.

Durch Gleichsetzung beider Werte, wobei zur Vereinfachung $d_i = d_a$ gesetzt ist, wird:

$$\frac{l}{d} \leq \frac{900\,w\,r\,\gamma}{k\,\Theta_m}\,. \tag{22}$$

Strömt an Stelle des Dampfes irgendeine Flüssigkeit durch das Rohr, mit der spezifischen Wärme c, welche sich um $\varDelta\,\vartheta$ abkühlt, so ist in dieser Gleichung r durch $c\,\varDelta\,\vartheta$ zu ersetzen.

Zahlenbeispiel 41. Wie lang darf eine Verdampferschlange von 30 mm l. W. höchstens werden, wenn darin schweflige Säure bei —10° C verdampft und eine maximale Dampfgeschwindigkeit von 10 m/s zugelassen wird?

Nehmen wir, wie bei Eisgeneratoren üblich, $k = 250$ und $\Theta_m = 6°\,$C, dann ist, da die Verdampfungswärme r für schweflige Säure bei —10° C 93 kcal/kg und das spezifische Gewicht des Dampfes $\gamma = 3{,}0$ ist, nach Gleichung (22)

$$\frac{l}{0{,}03} < \frac{900 \cdot 10 \cdot 93 \cdot 3{,}0}{250 \cdot 6} = 1670 \;\text{oder}\; l < 50\;\text{m}.$$

Aus Gleichung (7) folgt $\Theta_1 - \Theta_2 = 1 - e^{-\mu k F}$.

Wenn die Temperatur der anderen Flüssigkeit unveränderlich bleibt, dann ist auch $Q = G c\,\varDelta\,\vartheta = G \cdot c\,(\Theta_1 - \Theta_2)$.

Bei vollständigem Temperaturausgleich ist $Q_{\max} = G \cdot c \cdot \Theta_1$. Man nennt

$$\frac{Q_{\max}}{Q} = \eta = 1 - \frac{\Theta_2}{\Theta_1} \tag{23}$$

den Wirkungsgrad[1] der Wärmeaustauschfläche (Abb. 119). Aus dieser Abbildung ist leicht zu erkennen, daß bei andauernder Vergrößerung der Fläche die übertragene Wärme sich asymptotisch dem Maximalwert nähert, so daß die Kosten der Vergrößerung bald in keinem Verhältnis zum erreichten Nutzen stehen und die Anlage unwirtschaftlich wird. Wo die wirtschaftliche Grenze liegt, kann nicht allgemein gesagt werden. Nehmen wir diese (beliebig) bei 90% Wirkungsgrad an, so folgt

---

[1] E. Richter: Wirkungsgrad der Erwärmung und Abkühlung. Arch. Wärmewirtsch. Bd. 9 (1928) S. 365/367.

aus der Abbildung, daß eine Vergrößerung von $\mu\,kF$ über 2,25 unwirtschaftlich wird.

Die Wärmedurchgangszahl ist von vielen Faktoren abhängig. Eine allgemeine Beziehung läßt sich nur dann aufstellen, wenn in der Gleichung

$$\frac{1}{k} = \frac{1}{\alpha_1} + \frac{1}{\alpha_2} + \sum \frac{\delta}{\lambda} \qquad (16,\ \text{S.}\ 55)$$

die beiden letzten Glieder gegenüber $\dfrac{1}{\alpha_1}$ vernachlässigt werden dürfen. Dieser Fall ist fast immer bei Erwärmung oder Abkühlung von Gasen vorhanden. Dann ist nach Gleichung (71) S. 129

$$k = \text{const} \cdot \frac{G^{0,75}}{d^{1,75}} \qquad (24)$$

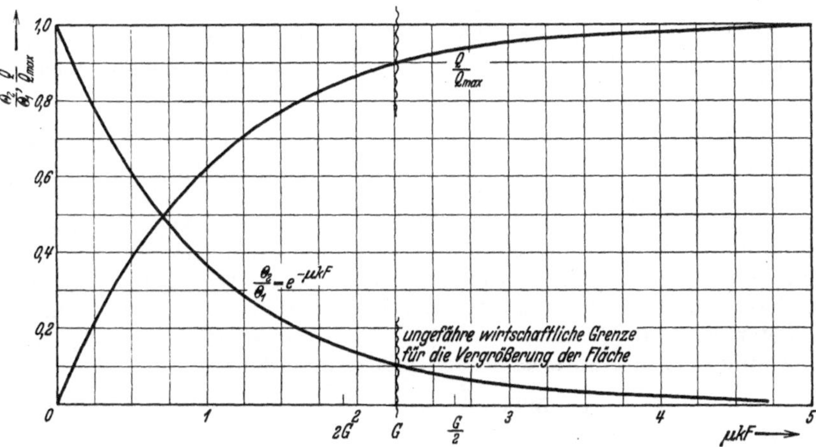

Abb. 119. Wirkungsgrad der Wärmeaustauschfläche $\eta = Q/Q_{\text{max}}$.

und $\qquad \mu\,kF = \dfrac{\text{const}}{G\cdot c}\cdot\dfrac{G^{0,75}}{d^{1,75}}\cdot\pi\,d\,l = \dfrac{\text{const}\cdot l}{G^{0,25}\,d^{0,75}} = 2{,}25$

für die Grenze der Wirtschaftlichkeit.

Für einen bestimmten Apparat sind l und d gegeben; dann ist

$$\mu\,k\,F = \frac{\text{const}}{G^{0,25}}. \qquad (25)$$

Daraus läßt sich eine interessante Schlußfolgerung ziehen. Wird beim gleichen Apparat die Gasmenge verdoppelt, $G_1 = 2\,G$, so wird

$$(\mu\,k\,F)_1 = \frac{\mu\,k\,F}{\sqrt[4]{2}} = 0{,}85\,\mu\,k\,F.$$

Damit ändert sich der Wirkungsgrad (Abb. 119) nur um 2—3%, d. h. die gleiche Fläche überträgt fast doppelt soviel Wärme. Diese Schlußfolgerung steht auch in voller Übereinstimmung mit den Versuchen, welche Couche[1] an einem Lokomotivkessel angestellt hat; er erzeugte bei gleicher Brenngeschwindigkeit aus dem Kessel fast die gleiche Dampfmenge, ob er die Hälfte der Rauchrohre zugepfropft hat oder nicht.

---

[1] Couche: Voie metérial roulant. Bd. 3, S. 34.

Allerdings istda durch der Wirkungsgrad etwas verschlechtert. W. Tafel[1] schlägt nun mit Recht vor, alle Versuche an Heizkörpern bei gleichem Wirkungsgrad durchzuführen und vermutet dann, daß in diesem Fall die Wärmeübergangszahl auch gleich sein sollte. Man kann bei $G_1 = 2\,G$ den gleichen Wirkungsgrad durch eine $\sqrt[4]{2}$fache Verlängerung des Rohres erreichen. Aus der Gleichung $\alpha = \text{const}\,\dfrac{G^{0,75}}{d^{0,25}}$ folgt, daß die Wärmeübergangszahl dann $2^{0,75}$mal so groß wird, unabhängig vom Wirkungsgrad der Fläche.

Aus der Gleichung $\mu\,k\,F = \dfrac{\text{const}\cdot l}{G^{0,25}\,d^{0,75}} = 2{,}25$ folgt

$$\frac{l}{d} = k\,\sqrt[4]{\frac{G}{d}}\,. \tag{25}$$

Garbe[2] findet für Lokomotivkessel als günstigsten Wert $l/d = 104$; aus der Gleichung folgt aber, daß dieses Verhältnis nicht konstant, sondern von G/d abhängig ist.

Aus diesen Erörterungen folgt weiter, daß ein Wärmeaustauschapparat für eine gegebene Leistung ganz verschiedene Formen annehmen kann. Eine weitere Einschränkung in der Formgebung ist meist dadurch noch vorhanden, daß der Druckverlust im Apparat eine bestimmte, ebenfalls wirtschaftliche Grenze nicht überschreiten darf. Für Röhrenapparate ist der Druckverlust und die Wärmeübergangszahl durch die Überlegungen von Osborne Reynolds (vgl. S. 111) verknüpft.

Setzt man in Gleichung (28a) S. 114) den Druckverlust Δp nach Gleichung (27) ein, so erhält man mit w in m/S:

$$\alpha = 3600 \cdot \frac{d}{4l} \cdot \frac{c_p\,g}{1 + \varphi\,(Pr_g - i)} \cdot \frac{\Delta p}{w} \tag{26}$$

und für Gase mit $Pr \approx 1$

$$\alpha = 3600\,\frac{d}{4l}\,c_p\,g\,\frac{\Delta p}{w}\ \text{kcal/m}^2,\,\text{h},\,^0\text{C}. \tag{27}$$

Aber auch mit den beiden Gleichungen (24) und (27) sind die drei Unbekannten l, d und n noch nicht eindeutig bestimmt. Die Möglichkeit der Rohrreinigung, die Platzfrage oder auch die Herstellungskosten liefern von Fall zu Fall eine weitere Bedingung für die Ausführung des Apparates.

Zahlenbeispiel 42. Berechnung der Rauchrohrheizfläche eines Lokomotivkessels. Die Rauchgasmenge sei 25000 kg/h = 6,95 kg/s und soll von 1550^0 C auf 360^0 C abgekühlt werden, wenn die Wassertemperatur 190^0 C beträgt. Aus

$$\frac{\Theta_2}{\Theta_1} = \frac{360 - 109}{1250 - 190} = 0{,}16$$

folgt mit Abb. 113

$$\Theta_m = 0{,}458 \cdot 1060 = 485^0\ \text{C}$$

und mit Abb. 119

$$\mu\,kF = 1{,}82\,.$$

---

[1] W. Tafel: Wärmewirtschaft der Kraft- und Feuerungsanlagen. S. 163
[2] Garbe: Die zeitgemäße Heißdampflokomotive. S. 60. Berlin: Julius Springer 1924.

Wie oben erläutert, kann der Rohrdurchmesser und der Druckverlust frei gewählt werden, z. B. $d = 44,5$ mm und $\Delta p = 75$ mm Wassersäule.

Für Rauchrohre von 44,5 mm ist nach Zahlentafel 7 S. 130, wenn ein Wirbelfaktor $X = 1,2$ eingeführt:

$$\alpha = k = 965 \cdot 1,2\, G^{0,75} = 1155\, G^{0,75},$$

und

$$\mu\, kF = \frac{1}{3600\, G\, c} \cdot 1155\, G^{0,75} \cdot \pi \cdot 0,0445\, l = 1,82,$$

woraus

$$G^{0,25} = 0,91\, l. \tag{a}$$

Zwischen Druckverlust und Wärmeübergangszahl besteht die Beziehung

$$\alpha = 3600\, \frac{d}{4\, l}\, c_p\, g\, \frac{\Delta p}{w} \tag{27}$$

und mit $w = \dfrac{G}{\dfrac{\pi}{4}\, d^2\, \gamma}:$

$$\alpha = 3600\, \frac{\pi\, c_p\, g\, \Delta p\, \gamma}{16\, l} \cdot \frac{d^3}{G},$$

worin γ das mittlere spezifische Gewicht im Rohr der Rauchgase ist.

Die totale Heizfläche ist

$$F = \frac{Q}{\alpha\, \Theta_m} = \frac{3600\, G \cdot n \cdot c_p\, (1250 - 360)}{\alpha \cdot 485} = \pi\, d\, l\, n,$$

so daß

$$\pi\, d\, l\, n\, \alpha = \frac{3600\, G_n\, c_p\, 890}{485} = \frac{360\, \pi_1\, c_p\, g\, \Delta p\, \gamma}{16} \cdot \frac{d^4\, n}{G}.$$

woraus

$$n = 330.$$

Mit $G = \dfrac{6,95}{330}$ wird: $l = \dfrac{G^{0,25}}{0,91} = 4,15$ m.

Zahlenbeispiel 43. Ein Rauchgasvorwärmer einer Lokomotive besteht aus 268 ringförmig angeordneten Heizrohren von 25/30 mm $\varnothing$, welche von 8600 kg Speisewasser umspült werden. Wie lang müssen die Rohre sein, damit das Wasser von 10^0 auf 125^0 C erwärmt werden kann und die Temperatur der Rauchgase in der Rauchkammer 250^0 C ist?

Nehmen wir für die Lokomotive etwa 7,7 kg Kohlen pro Kilogramm Dampf, so müssen $\dfrac{8600}{7,7} = 1120$ kg Kohlen verbrannt werden. Die Rauchgasmenge beträgt dann höchstens $1120 \cdot 16 = 17\,800$ kg/h (vgl. Abb. 21).

Um das Wasser von 10^0 auf 125^0 C zu erwärmen, sind

$$8600 \cdot 115 = 1\,000\,000 \text{ kcal/h nötig.}$$

Die Rauchgase kühlen sich dann um $\dfrac{1\,000\,000}{17\,800 \cdot 0,25} = 225^0$ C ab.

Bei 250^0 C Rauchkammertemperatur müssen dann die Heizgase mit 475^0 C in den Vorwärmer eintreten.

Wasser und Rauchgase tauschen ihre Wärme hier im Kreuzstrom aus. Mit $\vartheta_{w_1} = 475^0$, $\vartheta_{w_2} = 250^0$, $\vartheta_{k_1} = 10^0$ und $\vartheta_{k_2} = 125^0$ C ist

$$\tau_w = \frac{250 - 10}{475 - 10} = 0,515 \quad \text{und} \quad \tau_k = \frac{125 - 10}{475 - 10} = 0,247.$$

Aus Zahlentafel 26 folgt $\zeta = 0{,}642$ und

$$\Theta_m = 0{,}642\,(\vartheta_{w_1} - \vartheta_{k_1}) = 300^0\,\text{C}.$$

Für Rauchgasvorwärmer darf in der Gleichung $\dfrac{1}{k} = \dfrac{1}{\alpha_1} + \dfrac{1}{\alpha_2} + \sum \dfrac{\delta}{\lambda}$,

$\sum \dfrac{\delta}{\lambda}$ meist gegenüber dem Übergangswiderstand Rauchgaswandung vernachlässigt werden.

Die Wärmeübergangszahl α_2, für Wasser an Wand, ist abhängig von der Wassergeschwindigkeit und kann genau erst bestimmt werden, wenn die Längen der Rohre und damit der freie Wasserquerschnitt bekannt ist. Die Wasserführung kann aber immer so gewählt werden, daß α_2 zehn- und mehrfach so groß wie α_1 ist. Für die Berechnung der erforderlichen Heizfläche kann demnach annähernd $k \approx 0{,}9\,\alpha_1$ gesetzt werden.

Die Wärmeübergangszahl für Rauchgase ist nach S. 130 für $d = 25$ mm

$$\alpha_1 = 2640\,G^{0{,}75}.$$

Die Rauchgasmenge pro Rohr ist $G = \dfrac{17\,800}{268 \cdot 3600} = 0{,}0185$ kg/s, so daß $\alpha_1 = 132$ kcal/m², h, ^{0}C ist und $k \approx 110$ gesetzt werden kann.

Die Heizfläche des Vorwärmers folgt aus der Gleichung

$$Q = 1\,000\,000 = 100\,F \cdot 300$$

zu $F = 30$ m², und damit die Rohrlänge

$$l = \frac{30}{268 \cdot \pi \cdot 0{,}025} = \text{rd. } 1{,}5 \text{ m}.$$

Der Druckverlust Δp ist dann [nach Gleichung (27)] rd. 30 mm Wassersäule.

5. Günstigste Rippenabmessungen.

Durch das Anbringen von Rippen wird die Oberfläche einer wärmeaustauschenden Fläche und dadurch auch die übergehende Wärme vergrößert. Infolge des unvermeidlichen Temperaturabfalles ist die Wirkung der Rippenfläche immer ungünstiger als die einer gleich großen glatten Fläche konstanter Temperatur.

Die beiden wichtigsten Anwendungsbeispiele von Rippenkonstruktionen sind:

1. Gerade Rippen auf ebene Oberflächen, (z. B. Ölbehälter bei elektrischen Transformatoren). Die Rippenlänge in der Richtung der meist freien Luft- bzw. Ölströmung ist groß.

2. Kreisförmige Rippen, wie sie z. B. bei den Rippenrohren für Kühlleitungen, Wasservorwärmer (Ekonomiser) oder Heizkörper und auch an den Zylindern von Flugzeugmotoren vorkommen. Die Rippenlänge ist kurz; die Wärmeabgabe erfolgt sowohl bei freier als bei erzwungener Strömung.

Die günstigsten Rippenabmessungen hängen von verschiedenen Bedingungen ab[1]. Nur ausnahmsweise, z. B. bei der Luftkühlung von

---

[1] H. Repky geht z. B. von der Überlegung aus, daß die glatte Fläche die billigste sei, so daß eine Vergrößerung der Rippenhöhe nur solange zweckmäßig erscheint, als dadurch eine größere Wärme ausgetauscht wird als durch Vergrößerung der glatten Fläche *(L. 21.7)*.

Flugzeugmotoren werden sie durch den kleinsten Baustoffaufwand (Gewicht) bedingt (vgl. S. 62).

Viel wichtiger ist in vielen Fällen die Forderung des kleinsten Raumbedarfes; diese bedingt kleine Temperaturunterschiede zwischen Rippenfuß und Spitze, für welche die Rechteckrippe am besten geeignet ist. In diesem Fall bleiben auch die Wärmespannungen in der Rippe klein und man erzielt damit nebenbei noch den Vorteil, daß auch für Rippenrohre und bei verjüngtem Rippenquerschnitt immer mit den viel einfacheren Formeln für die ebene Rippe gerechnet werden darf (vgl. S. 73). Die Rippenhöhe wird dann:

$$h = \frac{1}{\alpha} \cdot \frac{Q}{\Theta_1} \quad \text{(gültig bis } \beta h < 0,5) \qquad [(41)\ \text{S. 63}]$$

unabhängig von der Rippendicke, die so klein gewählt wird, wie es die Herstellungsrücksichten verlangen. Die Wärmeübergangszahl α kann durch Unterbrechung der Rippenlänge (oder auch durch Verwendung von Nadeln) erhöht werden.

Aus allen Bedingungsgleichungen für die Rippenhöhe h folgt die allgemeine und praktisch wichtige Regel, daß die Rippenhöhe h um so kleiner wird, je größer die Wärmeübergangszahl (also z. B. die Luftgeschwindigkeit) ist.

Man kann also nicht ein genormtes, im Handel erhältliches Rippenrohr für alle Verhältnisse gleich gut verwenden.

Die kleinste Rippenteilung (Rippenabstand) ist dadurch festgelegt, daß der Wärmeübergang einer Rippe durch die Nähe der zweiten nicht wesentlich beeinflußt werden darf. Bei der freien Strömung sollte die Rippe möglichst wie eine Platte in einem großen Raum wirken. Aus dem Temperaturverlauf (ϑ-Kurve in Abb. 71, S. 162) folgt, daß für $\xi = 4$ Temperatur- und Geschwindigkeitsfeld praktisch vollständig ausgeglichen sind; Spaltweiten größer als $2\,\xi = 8$ müssen demnach wie unendlich große Räume wirken. Nun ist

$$\xi = \frac{y}{x} \sqrt[4]{\frac{Gr}{4}} = y \sqrt[4]{\frac{\beta\, g\, \Theta}{x\, v^2}} \qquad (28)$$

nur wenig von x abhängig. Als Mittelwert kann (für $Gr = 4 \cdot 10^8$)

$$\xi = 100\,\frac{y}{x} = 4$$

gesetzt werden, so daß die kleinste freie Rippenentfernung für $x = 50$ cm

$$2\,y = 0,08\,x = 40\ \text{mm}$$

ist. In den meisten praktischen Fällen wird die Aufgabe aber anders gestellt, indem nicht die von einer Rippe übertragene Wärme, sondern die Gesamtwärme der ganzen Rippenfläche so groß wie möglich werden soll. An einer gegebenen glatten Fläche sind also möglichst viele Rippen anzubringen.

Das Temperaturgefälle an der Wand und damit die übertragene Wärme hängt hauptsächlich von der Geschwindigkeitsverteilung in der unmittelbaren Wandnähe ab. Die Geschwindigkeitsverteilung außerhalb der maximalen beeinflußt also das Temperaturgefälle an der Wand nicht mehr.

Bei der freien Strömung längs einer vertikalen Platte wird die maximale Geschwindigkeit bei $\xi = 2$ erreicht, an welcher Stelle rd. 80% des ursprünglichen Temperaturunterschiedes ausgeglichen ist. Bei einer Rippenteilung gleich der halben „günstigsten" Entfernung, also für

$$\xi = \frac{y}{x} \sqrt[4]{\frac{Gr}{4}} = 2 \tag{29}$$

wird die auf einer gegebenen glatten Fläche angebrachten Rippenzahl verdoppelt. Jede Rippe überträgt noch 80% der größtmöglichen Wärme, so daß die gesamte übertragene Wärme rd. 1,6mal so groß ist wie bei

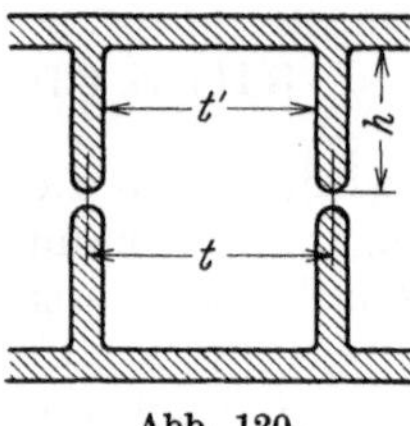
Abb. 120.

der vorher berechneten „günstigsten" Rippenteilung. Diese Schlußfolgerungen werden durch die Versuche von Th. E. Schmidt bestätigt; die übertragene Wärme nahm dabei um etwa 20% zu, wenn die freie Rippenentfernung von 19 auf 34 mm erhöht wurde *(L. 21.10)*.

Bei turbulenter Strömung wird die Laminarschicht, in welcher Temperatur- und Geschwindigkeitsfeld zum größten Teil ausgeglichen werden, viel dünner (vgl. Abb. 57 S. 142). Die Rippen können dann noch näher zusammengesetzt werden.

Die an der Rippenfläche ausgetauschte Wärme

$$Q = \alpha \, (t' + 2\,h) \, x \, \Theta_m \;\; \text{kcal/h}$$

ändert die Temperatur der durch den Rippenkanal strömenden Flüssigkeit um den Betrag $\varDelta \vartheta$, der aus der Gleichung

$$Q = w \cdot t' \cdot h \cdot \gamma \, c_p \, \varDelta \vartheta \cdot 3600 \;\; \text{kcal/h}$$

berechnet werden kann. Die mittlere Strömungsgeschwindigkeit w ist nur ein Bruchteil der maximalen, die bei freier Strömung

$$u_{\max} = 0{,}54 \, \sqrt{\beta \, g \, \Theta \, x} \;\; [\text{m/s}].$$

ist. Aus der Gleichsetzung beider Wärmemengen folgt:

$$\frac{\varDelta \vartheta}{\Theta_m} = \frac{\alpha \, (t' - 2\,h) \, \sqrt{x}}{1944 \, t' \, h} \cdot \frac{\dfrac{u_{\max}}{w}}{\gamma \, c_p \, \sqrt{\beta \, g \, \Theta}}. \tag{29}$$

Nun kann $\varDelta \vartheta$ höchstens gleich Θ werden, da dann vollständiger Temperaturausgleich vorhanden ist.

So ist z. B. für Luft mit $\gamma = 1{,}2 \, \text{kg/m}^3$, $\sqrt{\beta \, g \, \Theta} = 1 \left[\dfrac{\text{m}^{1/2}}{\text{s}} \right]$,

$$c_p = 0{,}25 \;\text{kcal/kg, }^0\text{C}, \quad \frac{u_{\max}}{w} \sim \frac{3}{2}, \quad x = 1\,\text{m}, \quad t' = 4\,\text{cm} = 0{,}04\,\text{m} = \frac{h}{2}$$

$$\frac{\varDelta \vartheta}{\Theta_m} \sim 0{,}5 \,.$$

$\dfrac{\varDelta \vartheta}{\Theta_m}$ kann je nach dem Zweck der Wärmeaustauschfläche verschieden gewählt bzw. vorgeschrieben werden. Bei gegebenem $\dfrac{\varDelta \vartheta}{\Theta_m}$ ist h durch Gleichung (29) eindeutig bestimmt.

V. Stoffwerte[1].

Wärmeeinheiten und Umrechnungsfaktoren.

Die Londoner Internationale Dampftafelkonferenz[2] hat (1930) als internationale Wärmeeinheit festgelegt:

$$1 \text{ intern. kcal} = 1/860 \text{ kWh}.$$

Diese Einheit unterscheidet sich praktisch um weniger als 0,05% von der bisher benutzten Kilocalorie, das ist die Wärmemenge, welche erforderlich ist, um 1 kg Wasser um 1^0 C zu erwärmen, und zwar von 14,5 auf $15,5^0$ C oder, was praktisch auf das gleiche herauskommt, der hundertste Teil der Wärmemenge, welche erforderlich ist, um 1 kg Wasser von 0 auf 100^0 zu erwärmen.

$$1 \text{ kcal} = 1000 \text{ cal} = 4,184 \text{ kWs} = 427 \text{ kgm}$$
$$1 \text{ kcal/h} = 1,165 \text{ Watt}$$
$$1 \text{ kW} = 0,239 \text{ kcal/s}$$
$$1 \text{ PSh} = 632 \text{ kcal}.$$

1 B.T.U. (British Thermal Unit.) ist die Wärmemenge, welche erforderlich ist, um 1 Pfund Wasser um 1^0 Fahrenheit zu erwärmen.

$$1 \text{ B.T.U.} = 0,252 \text{ kcal} = 107,6 \text{ m/kg}$$
$$1 \text{ cal} = 4,189 \cdot 10^7 \text{ Erg} = 4,184 \text{ Joule}$$
$$1 \text{ Watt} = 1 \text{ Joule/s oder } 1 \text{ cal/s} = 4,184 \text{ Watt}$$
$$1 \text{ PS} = 736 \text{ Watt}$$

Wärmemengen:
$$1 \text{ kcal/m}^2, \text{h} = 0,000117 \text{ Watt/cm}^2$$
$$1 \text{ Watt/dm}^2 = 0,86 \text{ kcal/m}^2, \text{h}$$
$$1 \text{ B.T.U./ft}^2, \text{h} = 2,71 \text{ kcal/m}^2, \text{h}$$

Wärmeleitzahl:
$$1 \text{ cal/cm, s, } ^0\text{C (cgs)} = 360 \text{ kcal/m, h, } ^0\text{C}$$
$$1 \text{ Watt/cm, s} = 86 \text{ kcal/m, h} = 0,24 \text{ cal/cm, s}$$
$$1 \text{ B.T.U./ft, h, } ^0\text{F} = 1,49 \text{ kcal/m, h, } ^0\text{C}$$

Wärmeübergangszahl:
$$1 \text{ B.T.U./ft}^2, \text{h, } ^0\text{F} = 4,88 \text{ kcal/m}^2, \text{h, } ^0\text{C}$$
$$1 \text{ cal/cm}^2, \text{s, } ^0\text{C} = 36000 \text{ kcal/m}^2, \text{h, } ^0\text{C}$$
$$1 \text{ kcal/m}^2, \text{h, } ^0\text{C} = 1,17 \text{ Watt/m}^2, ^0\text{C}.$$

Spezifische Wärme:
$$1 \text{ B.T.U./Lb} = 0,5555 \text{ kcal/kg}$$
$$1 \text{ B.T.U./cu ft} = 8,8992 \text{ kcal/m}^3.$$
$$1 \text{ B.T.U./ft}^3, ^0\text{F} = 16 \text{ kcal/m}^3, ^0\text{C}.$$

---

[1] Als Quellen für die verschiedenen Stoffwerte dienten die ausführlichen Literaturangaben in Landolt u. Börnstein, Physikalisch-chemische Tabellen. Berlin: Julius Springer und Intern. Critical Tables, McGraw-Hill, Book Co. New York. Die Versuchswerte zeigen zum Teil noch bedeutende Streuungen. Die in den Zahlentafeln und Abbildungen aufgenommenen Werte sind nach sorgfältiger Bearbeitung der neuesten Werte ausgewählt.

[2] Jakob, Eine internationale Wärmeeinheit. Z. VDI 74 (1930) S. 880.

1. Strahlungszahlen.

Zahlentafel 28. Strahlungszahlen (Metalle).

$C = 10^8\,\sigma$	C $\dfrac{\text{kcal}}{\text{m}^2,\,\text{h},\,\text{gr}^4}$	Temperatur-Bereich °C	$C = 10^8\,\sigma$	C $\dfrac{\text{kcal}}{\text{m}^2,\,\text{h},\,\text{gr}^4}$	Temperatur-Bereich °C
Aluminium			Gold	1,3	
Blech, roh	0,35	18÷ 30	galvanisch nieder-		
poliert, leicht oxy-			geschl., nicht poliert	2,35	
diert	0,26		**Kupfer**		
Folie Abb. 121			rauh	3,6	
Blei, rauh	2,1		gewalzt	3,1	
grau oxydiert . . .	1,39	18÷ 30	gezogen, oxydiert .	1,8	
Eisen:			matt	1,1	
Gußeisen, rauh			schwach poliert . .	0,8	50÷280
stark oxydiert. .	4,6	40÷250	poliert	0,6	
Gußhaut, rau . .	4,06	18÷ 30	hochglanzpoliert . .	0,2	
glatt	3,98		**Messing**		
frisch abgedreht .	2,16		blank poliert, spie-		
Schmiedeeisen,			gelnd	0,25	18÷ 30
matt, oxydiert .	4,5	20÷360	etwas angelaufen .	0,28	
glatt, gezogen . .	3,7		rohe Walzfläche . .	0,34	
blank	1,7		mit grobem Schmir-		
hochpoliert . . .	1,3	40÷250	gelpapier abgerie-		
Blech,			ben	1,02	
frisch abgeschmir-			**Nickel**		
gelt	1,2		poliert	0,3	18÷ 30
blank, geätzt, dann			draht, stark oxydiert	2,4	
rot angerostet .	3,04		**Nickelin**		
ganz rot verrostet	3,4		grau, oxydiert . .	1,3	18÷ 30
Walzhaut . . .	3,3		**Neusilber**, blank, ge-		
mit starker rauher			zogen	1,5	
Oxydschicht . .	3,98		**Platin**, gewalzt . .	0,4	
m. dichter glänzen-			poliert	0,4	
der Oxydschicht	4,06		draht, s. S. 243 oben		
blank verzinkt .	0,945		**Quecksilber**	0,9	
verzinkt, stark			**Silber**	0,15	
oxydiert	1,13		**Zinn**	0,6	
	÷1,37		**Zink**	1,3	

Zahlentafel 29. Absorptionsverhältnis von Molybdän und Wolfram bei Temperaturen über 1200° C.

(Nach Angaben von W. Coblentz in den Internat. Critical Tables, Bd. 5, S. 243).

ϑ °C	A_{Mo}	A_W	ϑ °C	A_{Mo}	A_W
1200	0,154	0,187	2000	0,237	0,286
1400	0,176	0,218	2200	0,254	0,301
1600	0,197	0,245	2400	0,271	0,316
1800	0,217	0,267	2600	0,288	0,327

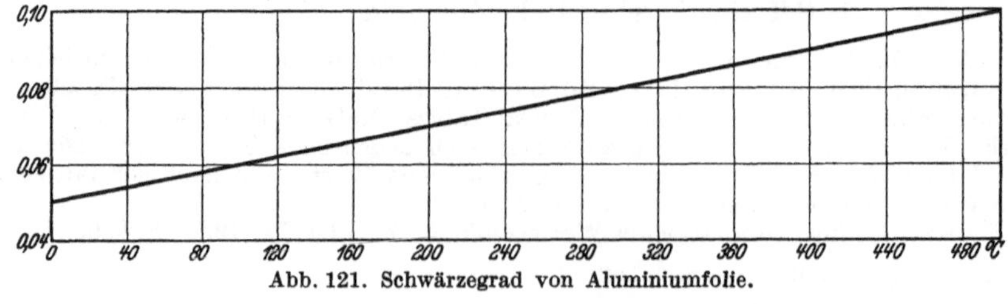

Abb. 121. Schwärzegrad von Aluminiumfolie.

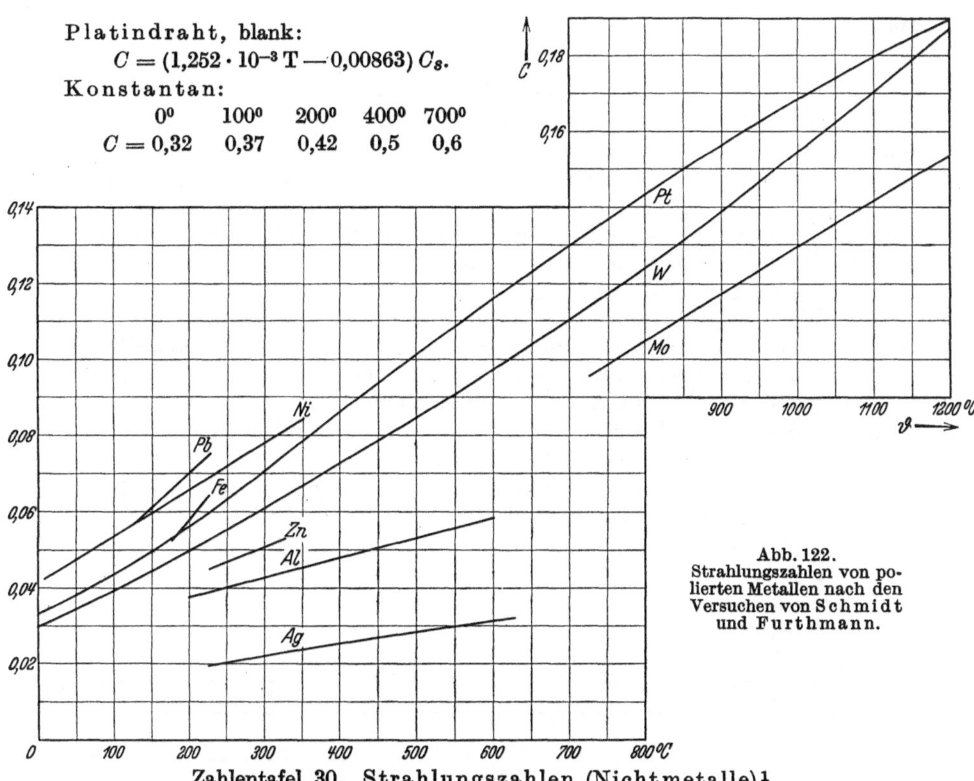

Platindraht, blank:
$$C = (1{,}252 \cdot 10^{-3}\,T - 0{,}00863)\,C_s.$$

Konstantan:

	0°	100°	200°	400°	700°
$C =$	0,32	0,37	0,42	0,5	0,6

Abb. 122.
Strahlungszahlen von polierten Metallen nach den Versuchen von Schmidt und Furthmann.

Zahlentafel 30. Strahlungszahlen (Nichtmetalle)[1].

	C	Temperatur-Bereich °C		C	Temperatur-Bereich °C
Absolut schwarzer Körper	4,96		Humus	3,1	
Asbestschiefer, rauh	4,26	18 ÷ 30	Kalkmörtel, rauh, weiß	4,5	40 ÷ 250
Basalt, geschliffen	3,42	60 ÷ 200	Dolomitkalk, geschliffen	2,0	60 ÷ 200
Dachpappe	4,52		Kies	1,4	
Eis, glatt, durchsichtig	4,75		Lehm	1,85	
Emaillack	4,45		Marmor, geschliffen	4,6	20
Erde, Ackererde	1,8		Papier	4,6	20
Gips	4,48	20	Porzellan, glasiert	4,44	18 ÷ 30
Glas	4,45		Quarz, geschmolzen, rauh	4,61	18 ÷ 30
Glimmer	3,7		Ruß, Lampenruß	4,6	
Gummilack	3,3		Sandstein, rot, glatt geschliffen	2,9	60 ÷ 200
Gummi, weich, grau, rauh	4,26	18 ÷ 30	Schiefer, geschliffen	3,3	60 ÷ 200
hart, glatt, schwarz	4,69		Schlämmkreide	1,45	
Granit, glatt geschliffen	2,1	60 ÷ 200	Wasser[2]	4,75	60
Holz, Eichenholz gehobelt	4,44	18 ÷ 30	Ziegelstein, rot, rauh	4,61	18 ÷ 30

[1] B. Wrede: Wärmestrahlung feuerfester Körper. Mitt. Kais.-Wilh.-Inst. Eisenforschg., Düsseldf., Bd. 13, Lieferung 7.

[2] Wasser ist schon bei Schichtdicken von 0,1 mm für Wärmestrahlen praktisch undurchlässig, so daß benetzte Oberflächen fast wie schwarze Körper strahlen.

16*

2. Wärmeleitzahlen.

In den Zahlentafeln 31 bis 34 und in den Abb. 123 und 124 sind die Wärmeleitzahlen im technischen Maßsystem für verschiedene praktisch wichtige Stoffe nach verschiedenen Quellen zusammengestellt. Wie daraus zu sehen ist, handelt es sich hier nicht um unveränderliche Zahlen, sondern für das gleiche Material ist die Wärmeleitzahl von einer großen Anzahl Faktoren, wie Temperatur, Feuchtigkeit, spezifisches Gewicht, Struktur usw. abhängig.

Die Wärmeleitfähigkeit von Metallen ist im großen und ganzen ungefähr der elektrischen Leitfähigkeit proportional, sie ist um so größer, je reiner das Metall ist. Legierungen leiten die Wärme viel schlechter als die reinen Metalle aus denen sie zusammengesetzt sind. Auffallend ist der außerordentliche Einfluß auch kleiner Verunreinigungen, z. B.:

a) Reines Gold $\lambda = 266$ kcal/m, h, ^{0}C.

    Gold mit 0,2% Verunreinigung, darunter 0,1% Eisen, $\lambda = 155$.

b) Kupfer, rein, $\lambda = 346$ kcal/m, h, ^{0}C

    ,,   mit Spuren von Arsen, $\lambda = 122$ kcal/m, h, ^{0}C

    Handelskupfer $= 300$

    Konstantan (60 Cu + 40 Ni) $= 18$

    Reines Nickel $= 50$

c) Nickelstahl mit

	0	5	10	20	30	40	50	60	75	85	95	% Ni
$\lambda =$	36	25	22	14	11	9	11	14	22	.25	29	$\dfrac{\text{kcal}}{\text{m, h, }^0\text{C}}$

Hierher gehört auch der Einfluß des Kohlenstoffgehaltes auf die Leitfähigkeit des Eisens.

Da nach der Definition (S. 49) die Wärmeleitzahl nichts anderes als ein Proportionalitätsfaktor ist, die aus einer Hypothose über die Wärmeleitung folgt, so ist es auch nicht möglich durch physikalische Überlegungen diese Abhängigkeit zu erklären. Wir sind hier ausschließlich auf die Erfahrungen der Experimentalphysik angewiesen.

Auch der Einfluß der Struktur des Körpers, also ohne Änderung der chemischen Zusammensetzung ist bedeutend (s. nebenstehende Tabelle).

Schmiedeisen mit 0,5% Mn und 0,2% Si	weich	gehärtet
mit 0,1% C bei 20^0 C	$\lambda = 45$	$\lambda = 41$
0,3	41	38
0,6	38	34
0,1	34	39
1,5	31	23

Interessant ist auch die Wärmeleitung in feuchten Körpern[1]. Die Wärmeleitzahl nimmt zunächst langsam zu bis zu einer natürlichen Feuchtigkeit, um dann schließlich größer zu werden als der bestleitende Stoff der Mischung. Diese Tatsache läßt sich durch Kapillarerscheinungen erklären, z. B.: trockener Ziegel $\lambda = 0,3$ trockener Sand $\lambda = 0,28$

        feuchter   ,, $= 0,9$ feuchter   ,, $= 0,97$

        Wasser $= 0,5$

---

[1] E. Raisch: Wärmeleitfähigkeit von Beton in Abhängigkeit von Raumgewicht und Feuchtigkeit. Gesundh.-Ing. Sonderheft 4, Juni 1930, S. 17.

Zahlentafel 31. Wärmeleitzahlen, spezifisches Gewicht und spezifische Wärme für Metalle (Abb. 123)[1].

Stoff	Spez. Gewicht kg/dm³	Wärme-leitzahl λ $\dfrac{\text{kcal}}{\text{m, h, °C}}$ bei 20° C	Spez. Wärme $\dfrac{\text{kcal}}{\text{kg °C}}$	Temp.-Leitfähig-keit $a = \dfrac{\lambda}{\gamma c}$ m²/h
Aluminium 99%	2,6÷2,7	175	0,22	0,3
92 A + 8 Cu		112		
88 Al + 10 Zn + 2 Cu		126		
Antimon, elektrolytisch dargestellt		18		
Blei	11,3	30	0,031	0,086
Bronze (Rotguß) 8÷14% Zn	7,4÷8,9	51÷61	0,091	0,06
Eisen	7,2÷7,8	40÷45	0,115	0,05
Gußeisen		53		
Stahl		39		
Gold	19,3	267	0,031	0,44
Kupfer (elektrolytisch rein)	8,3÷8,9	332	0,094	0,37
Handelsware		320		
mit 0,63% Phosphor		90		
mit 1,98% Phosphor		45		
Konstantan (60 Cu + 40 Ni)		19	0,098	
Messing, rot	8,4÷8,7	55		
Messing, gelb		94	0,092	0,11
Neusilber	8,8÷8,7	25	0,095	0,03
Magnesium	1,74	135	0,25	0,31
Nickel, 97%	8,4÷8,9	50	0,11	0,053
Platin, rein	21,4	60	0,032	0,087
Quecksilber	13,6	6	0,033	0,013
Silber	10,5	360	0,056	0,61
Wolfram		100		
Zink	6,7÷7,1	95	0,094	0,15
Zinn	7,2÷7,4	56	0,056	0,13

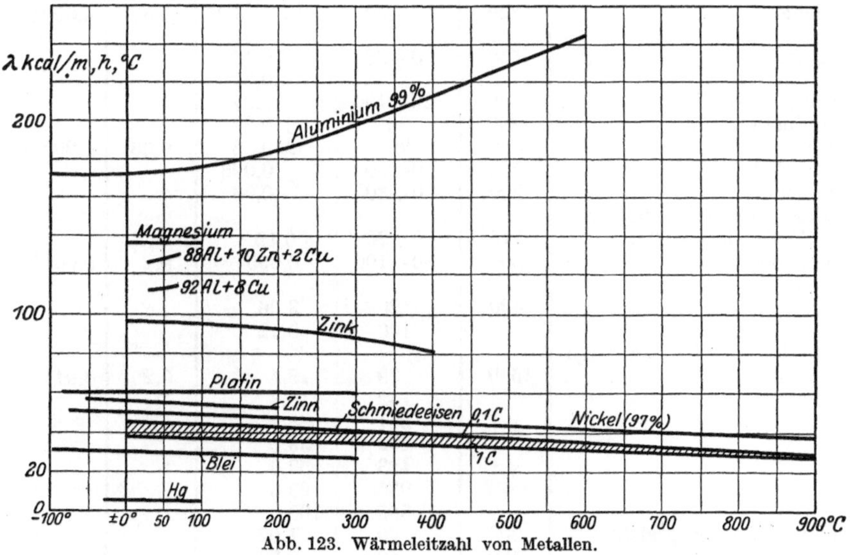

Abb. 123. Wärmeleitzahl von Metallen.

[1] A. Schulze: Wärmeleitfähigkeit der Metalle u. Legierungen. Wärme 1933, S. 17.

Zahlentafel 32. Wärmeleitzahl, spezifische Wärme, spezifisches Gewicht für organische Stoffe.

| | Raum-gewicht kg/m³ | Wärmeleitzahl λ | | Spez. Wärme kcal kg, °C | Temp.-Leitfähigkeit $a = \dfrac{\lambda}{c\,\gamma}$ m²/h |
		Temp. °C	kcal m, h, °C		
Asphalt	2130	0	0,52		
		10	0,56		
		20	0,60	0,22	0,00128
		30	0,64		
Baumwolle, lufttrocken . . .	81	− 200	0,0275		
		− 100	0,0375		
		− 59	0,0425		
		± 0	0,0480	0,34	0,00174
		+ 50	0,0535		
		+ 100	0,059		
Celluloid, weiß	1400	30	0,18		
Federn,					
Eiderdaunen, bei 150° getr.	2,1	80	0,056		
	19	80	0,021		
	109	80	0,017		
Fiber, weiß	1220	20 ÷ 50	0,24		
Fiber, rot	1290	20 ÷ 100	0,41		
Gummi,					
Ebonit	1190	0 ÷ 100	0,14	0,34	0,00035
Hartgummi	1190	−80 ÷ 25	0,13		
weich, vulkanisiert	1100	30	0,15		
Haare,					
Roßhaar, gepreßt	172	20 ÷ 60	0,45		
Holz, trocken			Abb. 124		
Ahorn	710	20 ÷ 50	⊥ 0,15		
			‖ 0,37		
Eiche	820	0 ÷ 50	⊥0,17 ÷ 0,26	0,57	0,0004
			‖ 0,31		
Kiefer	550	0 ÷ 25	⊥ 0,13		
			‖ 0,31		
Guajacholz	1160	20 ÷ 100	0,24		
Nußbaum	700	70	‖ 0,23		
Tanne	550	70	⊥ 0,12	0,65	0,00034
Sperrholz	588	0 ÷ 20	0,096		
Sägemehl	200	0 ÷ 30	0,06		
Zementholz (Sägemehl und					
Portlandzement)	715	0 ÷ 20	0,12		
Holzkohle	200	0 ÷ 100	0,055	0,2	0,0014
Kohle,					
Gaskohle	420	20	3,06		
		100	3,42		
Graphit, synthetisch herge-					
gestellt	1580	79	13,4	0,2	0,041
		142	15,3		
		261	28,2		
		292	33,0		
		423	59,6		
		935	93,0		
		555	100		
Graphitpulver, gesiebt . .	700	20	1,02		
	420	40	0,33		

Zahlentafel 32 (Fortsetzung).

	Raum-gewicht kg/m³	Wärmeleitzahl λ		Spez. Wärme	Temp.-Leit-fähigkeit
		Temp. °C	kcal m, h, °C	kcal kg, °C	$a = \dfrac{\lambda}{c\,\gamma}$ m²/h
Kohle,					
Steinkohlenkoks, kompakt			2,5—3		
Koksstaub	1000	0÷20	0,12	0,2	0,0006
Lampenruß	180	10÷300	0,03		
Steinkohle		20÷100	0,15	0,3	
Korkplatten			Abb. 124	0,3÷0,45	
Leder, chamois	1000	30	0,14		
			0,054		
Leinen			0,076		
Leinenband, firnißt, trocken		30	0,13		
Linoleum	1183	20	0,16		
Korkmentlinoleum, eine be-sonders weiche elastische Sorte, als Unterlage ver-wendet	535	20	0,069		
Paraffin	920	0	0,25	0,5—0,7	0,0005
Preßspan, nicht imprägniert .		54	0,214	0,7	
Seide		— 200	0,020		
Spinnereiabfälle	100	— 100	0,032		
		— 50	0,0375		
		0	0,0425	0,3	
		50	0,0480		
Seidenzopf	147	0	0,039		
		50	0,047		
		100	0,052		
Torf			Abb. 124		
Wachs (Bienenwachs) . . .	960	20	0,075	0,8÷1,7	
Wolle, Schafwolle	136	0	0,033	0,4	0,0006
		50	0,042		
		100	0,050		
Zucker	1600	0	0,50	0,3	0,001

Zahlentafel 33. Wärmeleitzahl, spezifische Wärme, spezifisches Gewicht für anorganische Stoffe.

	Raum-gewicht kg/m³	Wärmeleitzahl		Spez. Wärme	a
		Temp. °C	kcal m, h, °C	kcal kg, °C	m²/h
Asbest:					
lose			Abb. 124		
Filz, sehr leicht	116	10÷200	0,04	0,195	0,0018
Filz	420	30	0,08		
gepreßt	1240	15	0,22		
Isoliersteine	290	30	0,07		
Isoliersteine	470	30	0,11		
Papier	980	20÷100	0,13		
Platte	1930	20÷90	0,70		
Schiefer	1783	50	0,19		
Basalt		0	1,14		
		20÷100	1,87	0,2	

Zahlentafel 33 (Fortsetzung).

	Raum-gewicht kg/m³	Wärmeleitzahl		Spez. Wärme kcal/kg, °C	a m²/h
		Temp. °C	kcal/m, h, °C		
Beton:					
1 Zement + 5 Sand + 9 Vol.-% Feuchtigkeit	1900	0	1,10	0,27	0,002
1 Zement+2 Sand+2 Kies (völlig trocken)	2180	20	0,65		
Betonsteine		30	1,0		
„ trocken	1660	20	0,6		
Bimskies:					
Schwemmstein aus Bims-kies und Zement . . .	630	20	0,13	0,24	0,00086
Bimsbeton, 10,3 Vol.-% Feuchtigkeit	800		0,24		
Carborundum	4000	600	3,35	0,28	0,003
				− 40° 0°	
Eis . . . . {		0	2,0	0,43÷0,5	
		− 100°	3,0		
Erde:					
aus München, grobkiesig, trocken	2040	0	0,43		
		20	0,45	0,44	
		70	0,50		
gewachsener Boden, lehmi-ger Feinsand, 28,3 Vol.-% Feuchtigkeit	2020	0	2,0		
Erde, trocken			0,12		
„ naß			0,58		
Feldspat	2500	17÷70	2,0	0,19	0,004
Feuerfeste Steine:		Siehe Zahlentafel 34			
Schamotte (Retortenmasse)	1850—2200	200	0,52		
		600	0,68		
		1000	0,83		
Schamotte (Mehl)	1240	100	0,38	0,28	0,001
		300	0,45	0,30	
Magnesit	3000	600	1,29		
		1000	1,43		
Gips:					
Baugipsplatten 3 Wochen getrocknet	1250	0÷50	0,37	0,25	0,0012
Gipsmörtel	740	30	0,29		
Glas:					
Fintglas	3150÷3900	12	0,52	0,12	0,001
Spiegelglas	2700	12	0,65	0,2	0,0012
Natronglas	2590	20÷100	0,64	0,18	0,0014
Glasplatten	2500	20÷100	0,70		
Glaswolle	186	0	0,03	0,16	0,001
		100	0,047		
		200	0,068		
		300	0,092		
Glimmer		41	0,31	0,21	
Preßglimmerplatten . . .	2300	60	0,23		
Gneis	2400÷2700	20	3,0	0,20÷0,24	
Granit	2500÷3000		2,7÷3,5	0,2	
Graphit siehe Kohle					

Zahlentafel 33 (Fortsetzung).

	Raum-gewicht kg/m³	Wärmeleitzahl		Wärme Spez.	a
		Temp. °C	kcal m, h, °C	kcal kg, °C	m²/h
Kalk, hart	1200		3,13		
tonig			2,81		
schwertonig			2,41		
pulverig			0,10		
Kalksandstein, ganz trocken		15	0,57	0,2	
„ feinkörnig .	1662	25	0,59		
		40	0,62		
„ grobkörnig .	1987	25	0,80		
		40	0,85		
Kalkstein	2550	100÷300	1,1	0,2	0,0022
Kesselstein, Z. techn. Phys. 1930. S. 33					
Kies, lose, trocken	1850	0	0,29		
		20	0,32		
Kieselgur:					
Zunahme 0,00013 kcal/°C .		0	Abb. 124	0,2	
Lehmstein:					
ungebr., 7,4% Feuchtigk. .	1775	25	0,6		
„ 10% Feuchtigk. .	1775	25	0,8		
„ trocken	1775	20	0,28		
Marmor	2700	0	0,29		
Mehl	1560	100	0,29	0,21	0,0009
		300	0,34		
Magnesit:					
85 MgCO₃ + 15% Asbest-fasern	216	10÷100	0,058	0,28	0,001
		10÷400	0,060		
		10÷600	0,070		
Magnesitstein, vgl. feuer-feste Steine.					
Mörtel:					
3 T. Sand + 1 T. Kalk + 1,4 Vol.-% Feuchtigk.	1820	0÷20	0,58		
12 T. Sand + 4 T. Kalk + 1 Zement + 2 Vol.-% Feuchtigk. (Verputz) . .	1870	0	0,46		
Porzellan	2300÷2500	95	0,49	0,26	0,001
Quarz:					
Kristall, ⊥-Achse	2500—2800	— 190	21,1		
		— 78	8,7		
		0	6,2	0,2	0,012
		+ 100	4,8		
„ ∥-Achse		— 190	42,1		
		— 78	16,8		
		0	11,7		
		+ 100	7,7		
Quarzsand, je nach Feinh.	1370÷1550	100	0,3÷0,5	0,55÷0,3	0,001
Quarzglas	2100	— 190	0,57		
		— 78	1,00		
		0	1,19		
		+ 100	1,64		

Zahlentafel 33 (Fortsetzung).

	Raum-gewicht kg/m³	Wärmeleitzahl Temp. °C	Wärmeleitzahl kcal m, h, °C	Spez. Wärme kcal kg, °C	a m²/h
Sand:					
Flußsand, feinkörnig, 11,3 Vol.-% Feuchtigkeit	1640	20÷50	0,98		
Flußsand, feinkörnig, tr. .	1520	0	0,26	0,17÷0,22	0,001
		20	0,28		
		160	0,33		
		300	0,45		
Schiefer, ⊥-Schichtung . .	2800		1,1÷1,3	0,18	0,002
„ ‖-Schichtung . .			2,0÷2,3		
Schieferstein, 53,9 SiO₂ + 40,2 Al₂O₃	1810	50	0,78		
		500	1,01		
Porenvolumen 31% . .		950	1,18		
Schwemmsteine (Rheini-sches) Mauerwerk		0÷20	0,21		
Schlacke:					
Kohlenschlacke	700—750	0	0,12÷0,13	0,19	0,0009
Schlackenbeton, trocken .	1115—1150	0	0,22		
		10	0,24		
		20	0,26		
Mauer aus Schlackenbeton-steinen, mit Kalkmörtel vermauert und beiderseits verputzt, 4 Mon. alt . .	1372	10	0,59		
Hochofenschaumschlacke Korngröße 2÷5 mm . .	360	0÷20	0,09	0,18	0,0014
„ 30 mm . .	360	0÷20	0,125		
Hochofenschwemmsteine .	300	0÷30	0,07		
	785	10÷25	0,155		
Speckstein	2800	100	0,25	0,25÷0,29	0,0003
Mehl	1080	100	0,25	0,31	0,0007
		200	0,29	0,33	
Platten aus gepreßtem Specksteinmehl	1810	100		0,25	
Platten aus gepreßtem Specksteinmehl	2770	100		0,24	
Steingut					
Zement:					
Portlandzementmörtel . .	1715	89	0,29	0,27	0,0006
	1890	90	0,46		
Ziegel:					
hochporös, ganz trocken ⎰	710	0÷20	0,145	0,18	0,001
⎱	810	20÷80	0,17		
„ 1,2 Vol.-% W.	740	20	0,145		
„ 5,8 Vol.-% W.	800	20	0,21		
„ 21,5 Vol.-% W.	940	20	0,34		
Ziegelleichtsteine, trocken .	1010	100	0,26		
		200	0,28		
		300	0,30		
„ 0,15 Gew.-% W.	1268	0	0,28		
		20	0,30		
		50	0,315		

Zahlentafel 33 (Fortsetzung) [1].

	Raum-gewicht kg/m³	Wärmeleitzahl		Spez. Wärme kcal kg, °C	a m²/h
		Temp. °C	kcal m, h, °C		
Ziegel:					
Ziegel, handgeformt, ganz trocken	1568	0÷25	0,34		
Maschinenziegel, ganz tr. .	1672	0÷40	0,45		
„ 0,9 Vol.-% Feuchtigk.			0,60		
„ 1,8 Vol.-% Feuchtigk.			0,82		
Ziegelmauerwerk von altem Haus, sehr trocken . .	1850	0÷40	0,36		
Hohlziegel, Mauerwerk		0÷20	0,18		
¹/₂ Jahr getrocknet . .		0÷20	0,28		
Ziegelstein (Mehl)	1230	100	0,25	0,23	0,0009

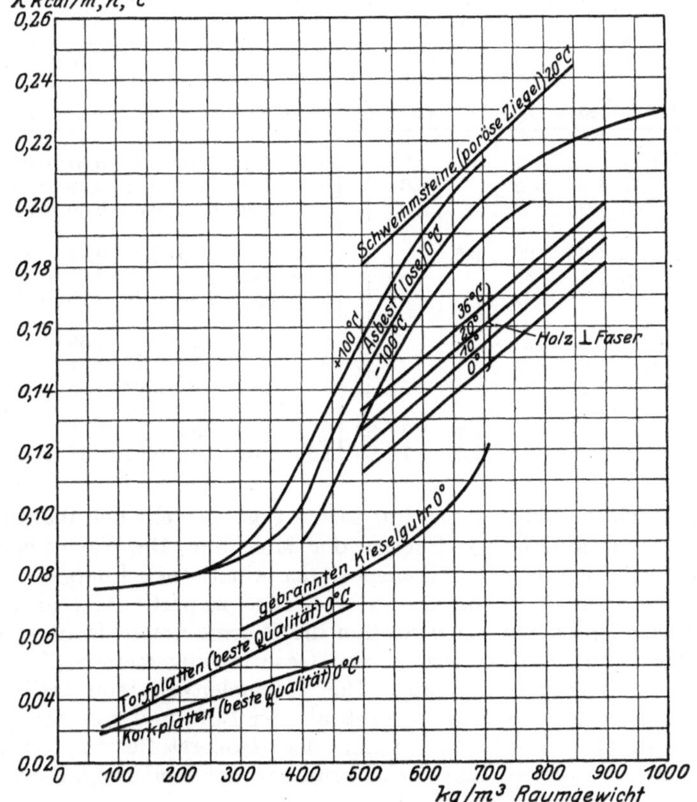

Abb. 124. Wärmeleitzahlen von Isolierstoffen.

[1] Eine ausführliche Zusammenstellung der Wärmeleitzahlen in H. 5 der Mitteilungen aus dem Forschungsheim für Wärmeschutz. München 1924. W. J. King: Conduction. Mech. Engng. 1932, S. 275/279.

Das Isoliervermögen von porösen Stoffen beruht auf dem eingeschlossenen Luftgehalt; die Wärmeleitzahl nimmt, wie für Luft, mit der Temperatur zu.

Die Wärmeleitzahlen der Korksteinplatten weichen auch bei der gleichen Temperatur und beim gleichen Raumgewicht noch sehr stark voneinander ab. Die Abweichungen sind begründet durch die Korngröße des verwendeten Korkschrotes und durch die Art der Herstellung, namentlich des Bindemittels und auch dadurch, ob Expansitkork, das ist durch Wärme stark aufgeblähter, oder Naturkork verwendet wird. In Abb. 124 sind für 0° C die Minimalwerte für beste Qualität eingetragen; die Zunahme der Wärmeleitzahl mit der Temperatur beträgt rd. 0,0001 kcal/m, h, °C pro Grad Celsius.

Torf ist sehr hygroskopisch und die Wärmeleitzahl dadurch stark beeinflußt; man kann ihm aber durch Zusätze wasserabweisende Eigenschaften geben[1].

Zahlentafel 34. Wärmeleitzahl, spezifische Wärme, spezifisches Gewicht feuerfester Steine[2].

	Raum-gew. kg/dm³	chemische Zusammensetzung %					Wärmeleitzahl λ kcal/m, h, °C				Temperaturleitzahl m²/h			
		SiO₂	Al₂O₃	Fe₂O₃	CaO	MgO	500°	700°	900°	1100°	500°	700°	900°	1100°
Silikat-stein	1,77	95	1		1,7		0,27	0,34	0,40	0,58	0,61	0,68	0,72	0,91
	1,55	94	2		2,6		0,29	0,40	0,52	0,72	0,79	0,94	1,08	1,33
	1,84	93	3		2,2		0,25	0,36	0,49	0,59	0,56	0,70	0,83	0,91
Schamotte-stein	2,03	68	26	2,5			0,36	0,47	0,59	0,90	0,72	0,83	0,94	1,12
	2,00	58	30				0,29	0,43	0,58	0,86	0,61	0,77	0,90	1,22
	1,92	68	27				0,36	0,43	0,54	0,76	0,76	0,79	0,88	1,12
Retorten-material	1,85	67	27				0,29	0,38	0,47	0,63	0,63	0,72	0,79	0,95
	1,88	66	29				0,34	0,45	0,58	0,76	0,74	0,86	0,95	1,12
	1,91	73	24				0,45	0,61	0,76	0,97	0,95	1,15	1,26	1,44
Magnesit-stein	2,63			1,9	5,2	82	0,63	0,61	0,59	0,58	0,83	0,72	0,63	0,58
	2,56			2,6	4,7	88	1,14	1,01	0,97	0,90	1,37	1,19	1,04	0,88

Wärmeleitung von Gasen. Für ideale Gase besteht der Wärmeinhalt einfach in der kinetischen Energie der Molekeln. Die Wärmeleitung in einem Gas ist demnach ein Transport der kinetischen Energie. Wärmeleitung und Zähigkeit von Gasen sind also proportional (vgl. S. 106).

Die Gase leiten von allen Stoffen die Wärme am schlechtesten, und zwar haben die spezifisch schwereren Gase im allgemeinen die kleinere Wärmeleitzahl (Zahlentafel 35). Die Wärmeleitzahl von Helium und Wasserstoff ist 6- und 7mal so groß als der Luft und von der gleichen Größenordnung der Wärmeleitzahl der Isolierstoffe für elektrische Maschinen. Die feinen Gaszwischenräume in der Isolierung, die bei Luft

---

[1] O. Krischer: Der Einfluß von Feuchtigkeit, Körnung und Temperatur auf die Wärmeleitfähigkeit. Beiheft 33, Reihe I zum Ges.-Ing. Oldenburg 1934.

[2] Green, A. T.: Trans. Ceramic Soc. Bd. 21, S. 394. Vgl. auch Z. VDI 1934, S. 181. A. Eucken: Wärmeleitfähigkeit keramischer feuerfester Stoffe. Forschungsheft Nr. 353, VDI-Verlag 1932.

Zahlentafel 35. Wärmeleitzahl verschiedener Gase[1].

		-250^0 C	-190^0 C	0^0 C	100^0 C	200^0 C
Wasserstoff	H_2	0,008	0,047	0,148	0,180	
Helium	He	0,018	0,054	0,122	0,144	
Sauerstoff	O_2		0,0065	0,0206	0,027	
Methan			0,007	0,026		
Ammoniak	NH_3		0,0138 (-60^0 C)	0,0185	0,0258	
Kohlensäure	CO_2		0,008 (-80^0 C)	0,0122	0,0178	0,022
Benzol				0,0076	0,0147	0,0234
Schweflige Säure . .	SO_2			0,0070		
Chlor	Cl_2			0,0066		

Wärmeleitzahl für Luft Zahlentafel 38; für Wasserdampf Zahlentafel 39.

bedeutende Temperaturgefälle hervorrufen, sind bei Wasserstoff unschädlich[2]. — Die Wärmeleitzahlen sind in weiten Grenzen unabhängig vom Druck. Nur bei äußerst geringem Druck (kleiner als 1 bis 2 mm Hg) trifft dies nicht mehr zu. Bei sehr starker Verdünnung (Drucke kleiner als 0,005 mm Hg) ist die Wärmeleitzahl dem Druck proportional:

$$\lambda = C \cdot p. \qquad (1)$$

Für die gasförmigen Kohlenwasserstoffe Methan, Äthan, Propan, n-Butan, usw. ist die Wärmeleitzahl bei 0^0 C:

$$\lambda = 0,008017 + \frac{0,1887}{M-5,53} \text{ kcal/m, h, }^0\text{C} \qquad (2)\,[3]$$

$M = $ Molekulargewicht.

Nach der kinetischen Gastheorie muß der Temperatureinfluß auf die Wärmeleitzahl ähnlich wie bei der Zähigkeit sein. Bei anorganischen Gasen und Dämpfen nimmt sie schwächer, bei organischen stärker als linear mit der Temperatur zu[4].

Der Zusammenhang zwischen Wärmeleitzahl und Zähigkeit von Gasen

$$\lambda\, Pr = \eta\, c_p\, g \qquad [(11)\text{ S. }104]$$

wird oft benützt, aus bekannten Zähigkeitszahlen die Wärmeleitzahl eines Gases zu berechnen, z. B. bei Abb. 133, S. 263.

Für die Wärmeleitung von Gasmischungen gilt nicht die einfache Mischungsregel, sondern eine viel verwickeltere Gesetzmäßigkeit.

Für tropfbare Flüssigkeiten[5] ist die Wärmeleitzahl sowohl von der Temperatur als auch vom Druck abhängig. In den meisten Fällen ist nur die Abhängigkeit von der Temperatur untersucht worden. Die unten angegebenen Werte gelten nur innerhalb der angegebenen Grenzen.

[1] A. H. Davis: Coll. Res. Nat. Phys. Lab. Bd. 19 (1926) S. 193. Kinetische Zähigkeit und Wärmeleitzahl von Sauerstoff und Wasserstoff. Proc. Roy. Soc., Lond., A 149 (1935) S. 35 (Wasserstoff); Philos. Mag. Bd. 19 (1935) S. 901 (Kohlensäure).

[2] M. Jakob: Z. VDI Bd. 76 (1926) S. 889.

[3] W. B. Mann and B. G. Dickens: Proc. Roy. Soc. Lond. A Bd. 134 (1931) S. 77.

[4] Die Wärmeleitzahlen verschiedener anorganischer Gase hat Jakob in „Der Chemie-Ingenieur" Bd. 1, Leipzig 1933, S. 323, Abb. 8, übersichtlich dargestellt.

[5] A. Kardos: Wärmeleitfähigkeit verschiedener Flüssigkeiten. Z. ges. Kälteind. Bd. 41 (1934) S. 1 u. 214 mit vielen Literaturangaben.

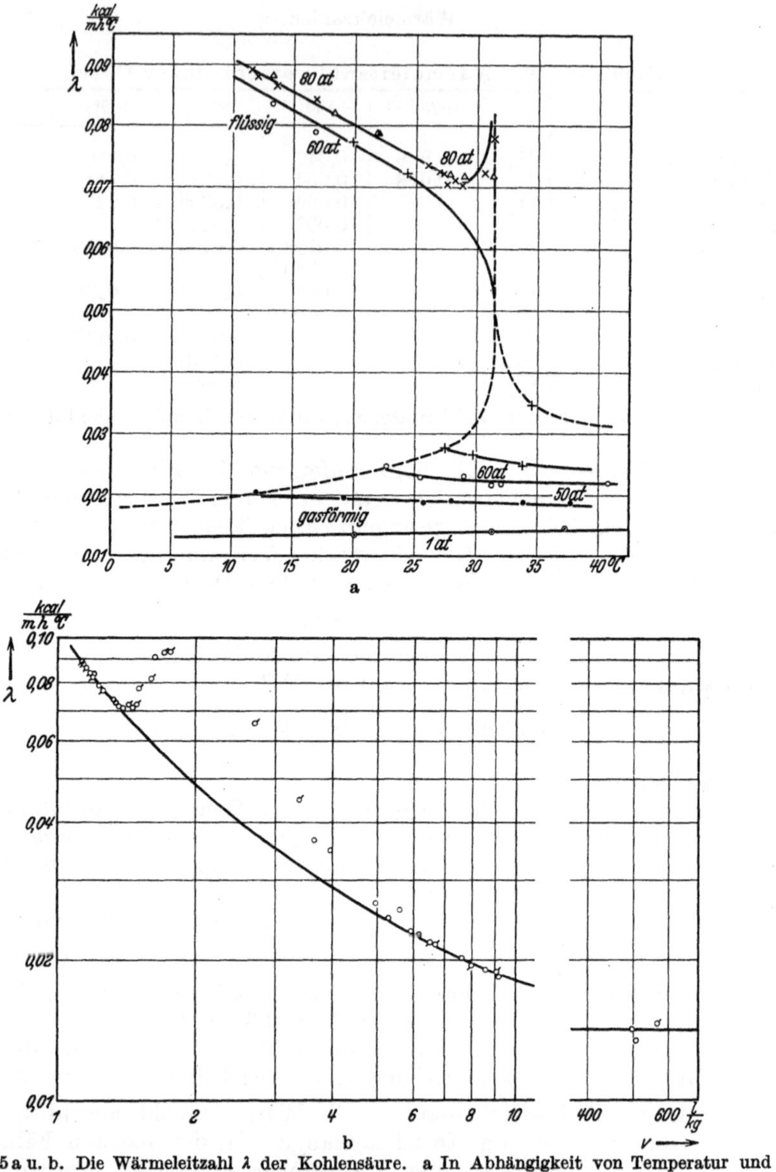

Abb. 125 a u. b. Die Wärmeleitzahl λ der Kohlensäure. a In Abhängigkeit von Temperatur und Druck, b als Funktion des spezifischen Volumens.

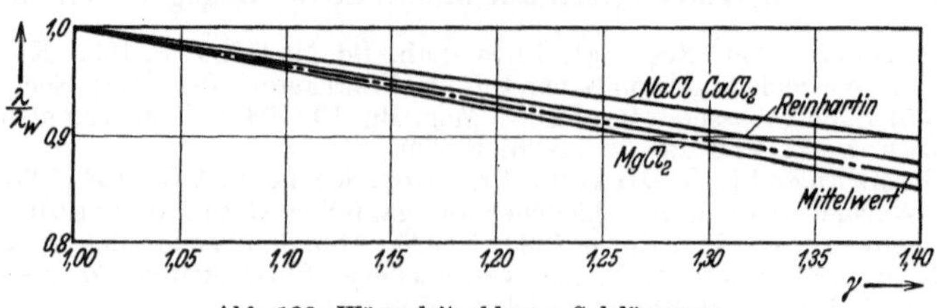

Abb. 126. Wärmeleitzahl von Salzlösungen.

a) **Wasser** (Zahlentafel 40, S. 206).

b) **Methylchlorid** (CH_3Cl), $p = 7,5$ ata, zwischen -13 und $+.25^0$ C,
$\lambda = 0,1541$ $(1 - 0,00475\ t)$ kcal/m, h, ^{0}C.

c) **Schwefeldioxyd** (SO_2), $p = 5,25$ ata, zwischen -13 und $+25^0$ C,
$\lambda = 0,1818$ $(1 - 0,00296\ t)$.

d) **Ammoniak** (NH_3), $p = 12$ ata, $t = -10$ bis $+20^0$ C, $\lambda = 0,43$ [1].

e) **Toluoal** (C_7H_8) $p = 1$ ata, $t = 24,4^0$ C, $\lambda = 0,1241$.

f) **Methylenchlorid** (CH_2Cl_2), $p = 1$ ata, $t = -13$ bis $+25^0$ C,
$\lambda = 0,1355$ $(1 - 0,00106\ t)$.

g) **Kohlensäure** (CO_2). W. Sellschopp (Forschung Bd. 5 (1934) S. 162/172) fand, daß die Wärmeleitzahl von Kohlensäure, gasförmig und flüssig, in der Hauptsache vom spezifischen Volumen und nur in geringem Maße von der Temperatur abhängt (Abb. 125 b). Seine Versuchswerte sind in Abb. 125a in Abhängigkeit von Temperatur und Druck dargestellt.

Im kritischen Gebiet wird die Wärmeleitzahl und auch die spezifischen Wärme unendlich groß; die Temperaturleitfähigkeit $a = \lambda/c_p\,\gamma$ behält dagegen einen endlichen Wert (Abb. 134).

Als Kühlflüssigkeit werden in der Kältetechnik wäßrige Lösungen von Kochsalz ($NaCl$), Chlorcalcium ($CaCl_2$), Chlormagnesium ($MgCl_2$) und andere Salze in verschiedener Konzentration verwendet.

Die **Wärmeleitzahlen** dieser Lösungen sind noch nicht systematisch untersucht. Aus den wenigen bekannten Versuchswerten zeigt es sich jedoch, daß die Wärmeleitfähigkeit von Lösungen nur wenig verschieden ist von der reinen Wassers (Abb. 126). Solange genauere Versuche nicht vorliegen muß die Wärmeleitzahl unabhängig von der Temperatur angenommen werden.

Die Temperaturleitfähigkeit variiert für die verschiedenartigsten Flüssigkeiten nur innerhalb verhältnismäßig kleiner Grenzen.

3. Zähigkeit[2].

Nach der kinetischen Gastheorie ist die Zähigkeit von **idealen Gasen** unabhängig vom Druck. Für wirkliche Gase trifft dies nur annähernd zu, weil bei hohen Drucken die molekularen Kräfte nicht mehr vernachlässigt werden dürfen. Es liegen nur wenige Versuche vor, die die Abhängigkeit der Zähigkeit vom Druck systematisch klarzustellen suchen, so z. B. für Luft (Abb. 128), Wasserdampf und Kohlensäure.

Auch die aus der Gastheorie abgeleitete Abhängigkeit der Zähigkeit von der Temperatur $\left(\eta = \eta_0\,\sqrt{T}\right)$ erfährt — wie Sutherland nachgewiesen hat — durch die Anziehung der Moleküle eine Änderung:

$$\eta = \eta_0 \frac{1 + \dfrac{C}{273}}{1 + \dfrac{C}{T}} \sqrt{\frac{T}{273}}. \tag{3}$$

---

[1] Vgl. auch Sellschopp: Z. VDI Bd. 79 (1935) S. 69.

[2] In den physikalischen Handbüchern ist η in cgs-Einheiten (Poise) ausgedrückt; die Umrechnung in technische Einheiten erfolgt durch die Division mit 98,1.

Zahlentafel 36. Werte von C und η_0 in Gleichung (3).

Gültig von −180 −1200° C	° C	η_0 kg·s/m²	Gültig von −180 −1200° C	° C	η_0 kg·s/m²
Wasserstoff	83	$85 \cdot 10^{-8}$	Schweflige Säure . .	416	$117 \cdot 10^{-8}$
Helium	80	188	Azetylen	198	102
Luft	124	178	Chlor	531	129
Sauerstoff	138	197	Methan	198	110
Stickstoff	110	170	Wasserdampf . . .	673	87
Ammoniak	626	96	Quecksilberdampf .	960	
Kohlensäure	274	140			

Die genauesten neueren Messungen haben ergeben, daß C nur innerhalb eines gewissen Temperaturbereiches als konstant angenommen werden darf, so daß Extrapolationen nicht zu weit außerhalb der Versuchsgrenzen gemacht werden dürfen[1].

Auch für die Zähigkeit von Gasmischungen gilt nicht die einfache Mischungsregel, sondern eine viel verwickeltere Gesetzmäßigkeit. Für die Zähigkeit von Gasgemischen leitet M. Trautz[2] eine Gleichung ab, die an neueren Versuchen geprüft und bestätigt wurde.

Bei tropfbaren Flüssigkeiten ist die Zähigkeit sowohl von der Temperatur als auch vom Druck abhängig. Mit wachsender Temperatur nimmt der Einfluß des Druckes ab, doch liegen zur Zeit nur wenige systematische Versuche darüber vor. Man setzt:

$$\eta = \eta_0\,(1 + \beta\,p), \qquad (4)$$

worin p in at einzusetzen ist. Wie aus der Zahlentafel 37 hervorgeht, sind die β-Werte für verschiedene Flüssigkeiten stark verschieden.

Die Zähigkeit von Ölen ist innerhalb weiter Temperaturgrenzen durch eine einfache Potenzgleichung von der Form

$$\eta = \eta_1 \left(\frac{\vartheta}{\vartheta_1}\right)^{-b} \qquad (5)$$

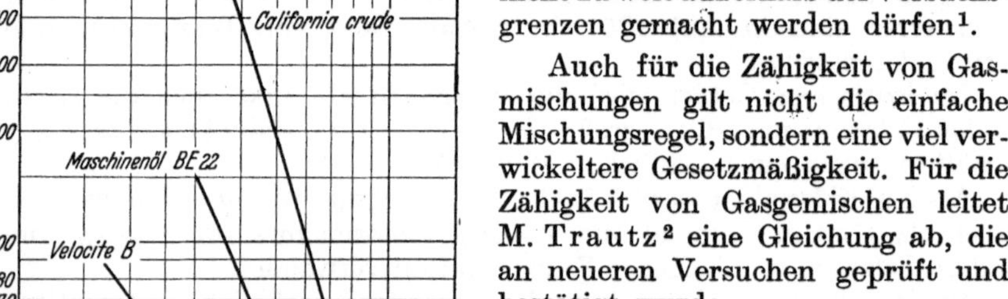

Abb. 127. Zähigkeit von Mineralöl in Abhängigkeit von der Temperatur.

[1] R. Plank: Über die Zähigkeit von Gasen und Dämpfen. Forschg. Bd. 4 (1933) S. 1. — Partington: Temperaturabhängigkeit der Zähigkeit. Physik. Z. 1933, S. 289.

[2] M. Trautz: Ber. Heidelberg. Akad. 1929, 12. Abh.; M. Trautz u. W. Weizel: Ann. Physik (4) Bd. 78 (1925) S. 305. — M. Trautz u. R. Melster: Ann. Physik 7 (1930) S. 409/452. — Mitt. Gasinstitut Karlsruhe. Gas- u. Wasserfach Bd. 75 (1932) S. 623, 641, 660.

darstellbar. Die Werte η_1 und b sind für die verschiedenen Ölsorten verschieden (Abb. 127); b liegt etwa zwischen 1,75 und 2,5.

Für Wasser zwischen 50 und 200° C ist $b = 1$.

Zahlentafel 37. β-Werte, gültig bis $p = 150$ at.

	Kohlensäure	Äther	Benzol	Wasser
Für $\vartheta =$	25° C	20° C	20° C	20° C
ist $\beta \cdot 10^6 =$	7470	730	930	— 17

Für Quecksilber

bei $\vartheta =$ —21,4 —18,1 $\pm$ 0 +20 40 99 196 340° C

$\eta =$ 187 184 167 159 148 123 102 $90 \cdot 10^{-5}$ kg $\cdot$ s/m²

4. Luft.

Zahlentafel 38. Stoffwerte für trockene Luft bei 1 ata = 735,5 mm Hg.

ϑ^0 C	$\eta \cdot 10^6$ kg, s/m²	γ kg/m³	ν cm²/s (Stokes)	c_p $\dfrac{\text{kcal}}{\text{kg, }^0\text{C}}$	λ $\dfrac{\text{kcal}}{\text{m, h, }^0\text{C}}$	$a = \dfrac{\lambda}{c_p \cdot \gamma}$ cm²/s	$1/\nu^2$ s²/cm⁴
— 190					0,0065 [5]		
— 150	0,876 [1]	2,817 [2]	0,0305 [3]		0,010		1074,98 [6]
— 100	1,21	1,984	0,0598		0,014		279,64
— 50	1,51	1,534	0,0973		0,017		105,63
— 20	1,66	1,365	0,1193		0,0194		70,26
0	1,78	1,252	0,1396	0,241 [4]	0,0204	0,1878	51,31
10	1,82	1,206	0,1482	0,2413	0,0210	0,201	45,5
20	1,86	1,164	0,1568	0,2416	0,0216	0,2133	40,67
30	1,905	1,127	0,1660	0,2419	0,0222	0,226	36,35
40	1,95	1,092	0,1752	0,2422	0,0228	0,2394	32,58
50	1,99	1,057	0,1847	0,2426	0,0234	0,2535	29,4
60	2,03	1,025	0,1943	0,2429	0,0240	0,2678	26,49
70	2,08	0,996	0,2045	0,2432	0,0246	0,2827	23,95
80	3,12	0,968	0,215	0,2435	0,0252	0,2958	21,63
90	2,165	0,942	0,2258	0,2438	0,0258	0,3125	19,60
100	2,21	0,916	0,237	0,2441	0,0264	0,3281	17,80
120	2,30	0,870	0,259	0,2447	0,0275	0,3589	14,91
140	2,38	0,827	0,282	0,2453	0,0286	0,3917	12,575
160	2,46	0,789	0,306	0,2460	0,0296	0,4236	10,68
180	2,54	0,755	0,330	0,2466	0,0307	0,4581	9,18
200	2,62	0,723	0,356	0,2472	0,0318	0,4942	7,89
250	2,81	0,653	0,422	0,249	0,0344	0,588	5,615
300	2,99	0,596	0,492	0,250	0,0369	0,687	4,123
350	3,16	0,549	0,565	0,252	0,0393	0,789	3,1326
400	3,34	0,508	0,645	0,253	0,0417	0,901	2,4037
500	3,65	0,442	0,810	0,257	0,0464	1,135	1,5242
600	3,94	0,391	0,989	0,260	0,050	1,363	1,0224
800	4,45	0,318	1,37	0,266	0,0575	1,89	0,5328
1000	4,94	0,268	1,81	0,272	0,0655	2,496	0,3052
1200	5,37	0,232	2,27	0,278	0,0727	3,13	0,1941
1400	5,79	0,204	2,78	0,284	0,080	3,835	0,1294
1600	6,16	0,182	3,32	0,291	0,087	4,577	0,0907
1800	6,51	0,165	3,87	0,297	0,094	5,34	0,0668

Fußnoten siehe S. 258.

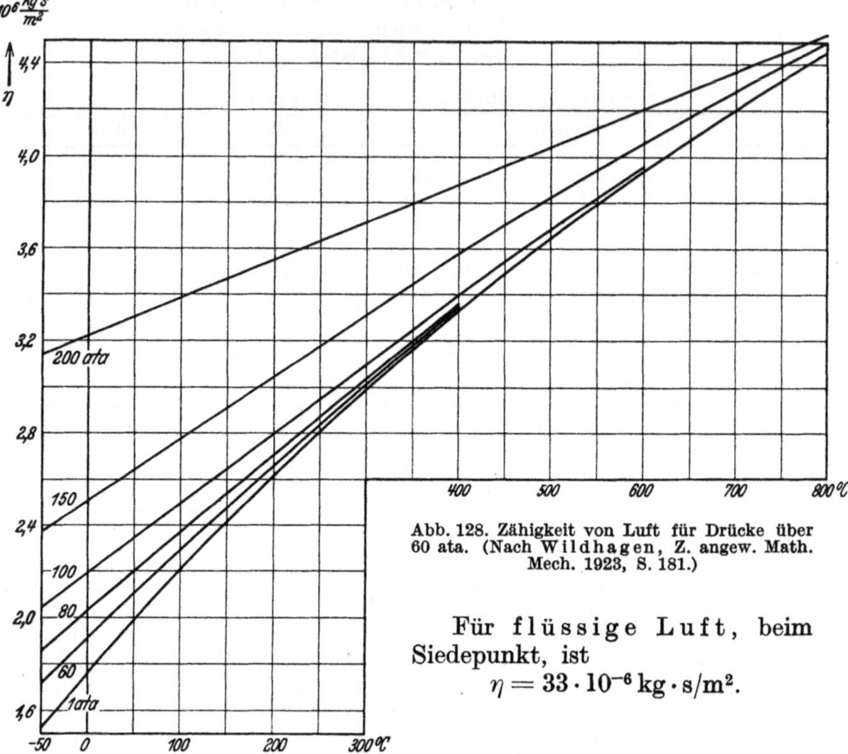

Abb. 128. Zähigkeit von Luft für Drücke über
60 ata. (Nach Wildhagen, Z. angew. Math.
Mech. 1923, S. 181.)

Für flüssige Luft, beim Siedepunkt, ist
$$\eta = 33 \cdot 10^{-6}\ \mathrm{kg \cdot s/m^2}.$$

Für trockene Luft ist $Pr = 0{,}725$

Für mit Wasserdampf gesättigte Luft bei 20° C, $Pr = 0{,}73$, bei 40° C, $Pr = 0{,}75$.

Zwischenwerte sind geradlinig zu interpolieren oder bei öfterem Gebrauch durch Aufzeichnen der Kurven mit den Tabellenwerten abzulesen.

[1] Für höhere Drucke s. Abb. 128.

[2] Für andere Drucke und bis 60 ata kann $\gamma = 1/v$ aus der Gasgleichung $pv = RT$ mit $R = 29{,}27$ berechnet werden, d. h. die Zahlentafelwerte sind mit p in ata zu multiplizieren. Für hohe Drucke und tiefe Temperaturen aus Abb. 130. Für höhere Drucke und Temperaturen sind die Werte den neuen Entropietafeln für Luft von Ostertag (3. Aufl., Berlin: Julius Springer 1930) entnommen. Für Temperaturen bis zu 100° C ergeben sich sehr genaue Werte von v aus Hausen: Forschungsheft 274, Tafel 7. VDI 1926.

[3] Für andere Drucke (bis 60 at) sind diese Werte durch p in ata zu dividieren.

Für höhere Drucke und tiefere Temperaturen sind die v-Werte $= \dfrac{\eta g}{\gamma}$ aus Abb. 128 und 130 zu berechnen.

[4] Bis 3000° C nach Formel von Neumann $c_p = 0{,}241 + 0{,}000031\ \vartheta$. (Stahleisen 1919, S. 746.) Für andere Drücke als 1 ata aus Abb. 129.

[5] Nach der Formel von W. Nusselt [Z. VDI Bd. 61 (1917) S. 686]

$$\lambda = 0{,}00167\ \frac{1 + 0{,}000194\ T}{1 + \dfrac{117}{T}}\ \sqrt{T}.$$

[6] Für andere Drucke (bis 60 ata) sind diese Werte mit p^2 in ata zu multiplizieren.

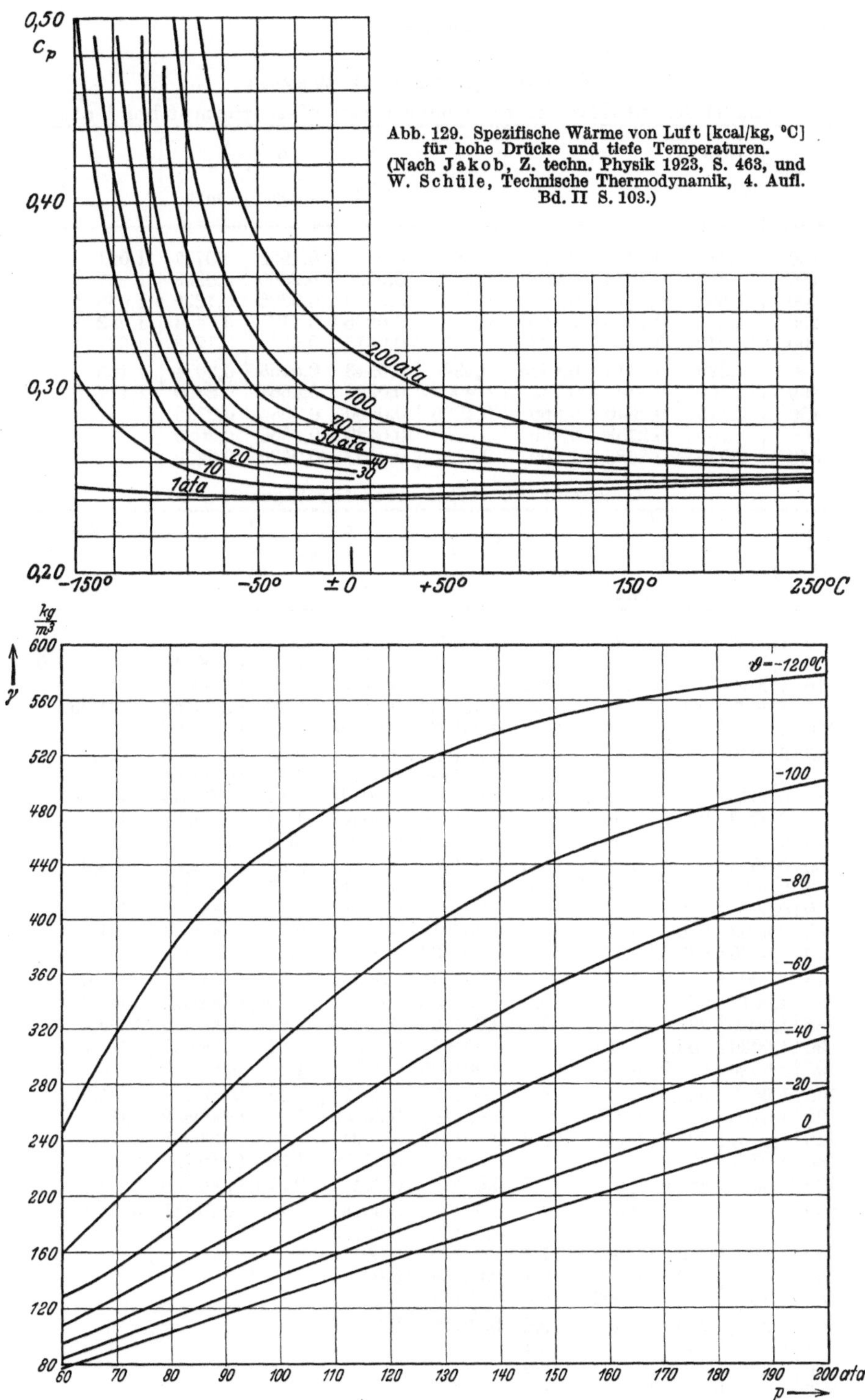

Abb. 129. Spezifische Wärme von Luft [kcal/kg, °C]
für hohe Drücke und tiefe Temperaturen.
(Nach Jakob, Z. techn. Physik 1923, S. 463, und
W. Schüle, Technische Thermodynamik, 4. Aufl.
Bd. II S. 103.)

Abb. 130. Spezifisches Gewicht von Luft für hohe Drücke und tiefe Temperaturen.

17*

5. Wasserdampf und Wasser.

Zahlentafel 39.　Stoffwerte für überhitzten Wasserdampf bei 1 ata.

ϑ °C	$\eta \cdot 10^6$ kg s/m²	γ kg/m³	ν cm²/s	c_p $\dfrac{kcal}{kg,\ °C}$	λ $\dfrac{kcal}{m,\ h,\ °C}$	$a = \dfrac{\lambda}{c_p \cdot \gamma}$ cm²/s	m²/h	$Pr = \dfrac{\nu}{a}$	
100	1,28	0,5775	0,2174	0,486	0,0201	0,1992	0,0717	1,091	
150	1,465	0,5065	0,2834	0,472	0,0229	0,2660	0,0958	1,067	
200	1,664	0,451	0,3621	0,469	0,0258	0,3390	0,1220	1,068	
250	1,854	0,4075	0,4465	0,473	0,0286	0,412	0,1484	1,083	1,08
300	2,040	0,3720	0,538	0,477	0,0315	0,493	0,1776	1,091	
350	2,220	0,3415	0,6375	0,484	0,0343	0,5765	0,2074	1,105	
400	2,400	0,316	0,745	0,490	0,0372	0,6667	0,2400	1,117	
450	2,575	0,2940	0,860	0,4985	0,0400	0,7585	0,2730		
500	2,750	0,2753	0,980	0,506	0,0429	0,8560	0,3080		
550	2,920	0,2585	1,109	0,515	0,0457	0,9530	0,3430		

Zahlentafel 40.　Stoffwerte für Wasser.

Temperatur °C	c_p $\dfrac{kcal}{kg\ °C}$	γ kg/m³	λ $\dfrac{kcal}{m, h, °C}$	$\eta \cdot 10^6$ $\dfrac{kg \cdot s}{m^2}$	$a = \dfrac{\lambda}{c_p \cdot \gamma}$ cm²/s	$\nu = \dfrac{\eta}{\varrho}$ cm²/s	$Pr = \dfrac{\nu}{a}$	β 1/°C	$\dfrac{\beta \cdot g \cdot Pr}{\nu^2}$ 1/°C, m³
0	1,0093	899,9	0,480	182,9	0,001322	0,01794	13,57		
5	1,0047	1000,0	0,488	156,5	0,001352	0,01535	11,35	0,000015	7,09 . 10
10	1,0019	999,7	0,496	132,2	0,001377	0,01297	9,42	0,000090	49,4
15	1,0000	999,1	0,505	115,8	0,011403	0,01137	8,10	0,000154	94,65
20	0,9988	998,2	0,513	101,3	0,001430	0,00996	6,97	0,000208	143,3
25	0,9980	997,1	0,521	89,8	0,001457	0,00884	6,08	0,000256	196,1
30	0,9975	995,7	0,529	80,8	0,001480	0,00796	5,38	0,000302	250,6
35	0,9973	994,1	0,537	73,4	0,001505	0,00724	4,81	0,000344	309,8
40	0,9973	992,2	0,544	67,1	0,001529	0,00663	4,34	0,000386	373,4
45	0,9975	990,2	0,550	61,7	0,001550	0,00611	3,94	0,000422	436,8
50	0,9978	988,1	0,556	56,6	0,001568	0,00562	3,58	0,000457	508,6
55	0,9982	985,7	0,561	52,0	0,001585	0,00518	3,27	0,000400	580,3
60	0,9978	983,2	0,566	48,1	0,001604	0,00480	2,99	0,000522	664,0
65	0,9993	980,6	0,570	44,4	0,001618	0,00444	2,74	0,000554	754,4
70	1,0000	977,8	0,574	41,2	0,001633	0,00413	2,53	0,000584	852,4
75	1,0008	974,9	0,577	38,4	0,001645	0,00386	2,35	0,000614	950,6
80	1,0017	971,8	0,579	35,9	0,001655	0,00362	2,19	0,000642	1051,9
85	1,0026	968,7	0,581	35,5	0,001665	0,00339	2,04	0,000670	1165,4
90	1,0036	965,3	0,583	31,5	0,001675	0,00320	1,91	0,000697	1276,7
95	1,0046	961,9	0,585	29,8	0,001685	0,00304	1,80	0,000723	1382,8
100	1,0057	958,4	0,586	28,3	0,001690	0,00290	1,72	0,000749	1501,3
120	1,0108	943,5	0,589	24,0	0,001707	0,00250	1,46	0,000850	1947,5
140	1,0167	926,3	0,588	20,5	0,001719	0,00217	1,248	0,000966	2511,1
160	1,0234	907,6	0,585	17,5	0,001720	0,00189	1,080	0,001098	3258,7
180	1,050	886,6	0,579	15,5	0,00172	0,00172	0,975	0,001256	4059,0
200	1,075	862,8	0,572	14,2	0,00172	0,00161	0,94	0,001451	5163,1
220	1,10	837	0,561	12,7	0,00169	0,00149			
240	1,13	809	0,545	11,6	0,00165	0,00141			
260	1,19	779	0,527	10,7	0,00159	0,00140			
280	1,25	750	0,506	10,0	0,00151	0,00135			
300	1,36	700	0,485	9,4	0,00140	0,00138	1		
325	1,60	650		9,1					
350	2,22			8,8					
375				8,5					

Spezifische Wärme von Wasserdampf c_p bis 30 at (Abb. 131). Z. VDI Bd. 66 (1922) S. 423; O. Knoblauch, E. Raisch, H. Hausen u. W. Koch: Tabellen und Diagramme für Wasserdampf. München u. Berlin: Oldenburg 1932, 2. Aufl.

Spezifische Wärme des Wassers. We. Koch. Forschung Bd. 5 (1934) S. 138; F. G. Keyes and L. B. Smith: Mech. Engng. 1931 S. 132.

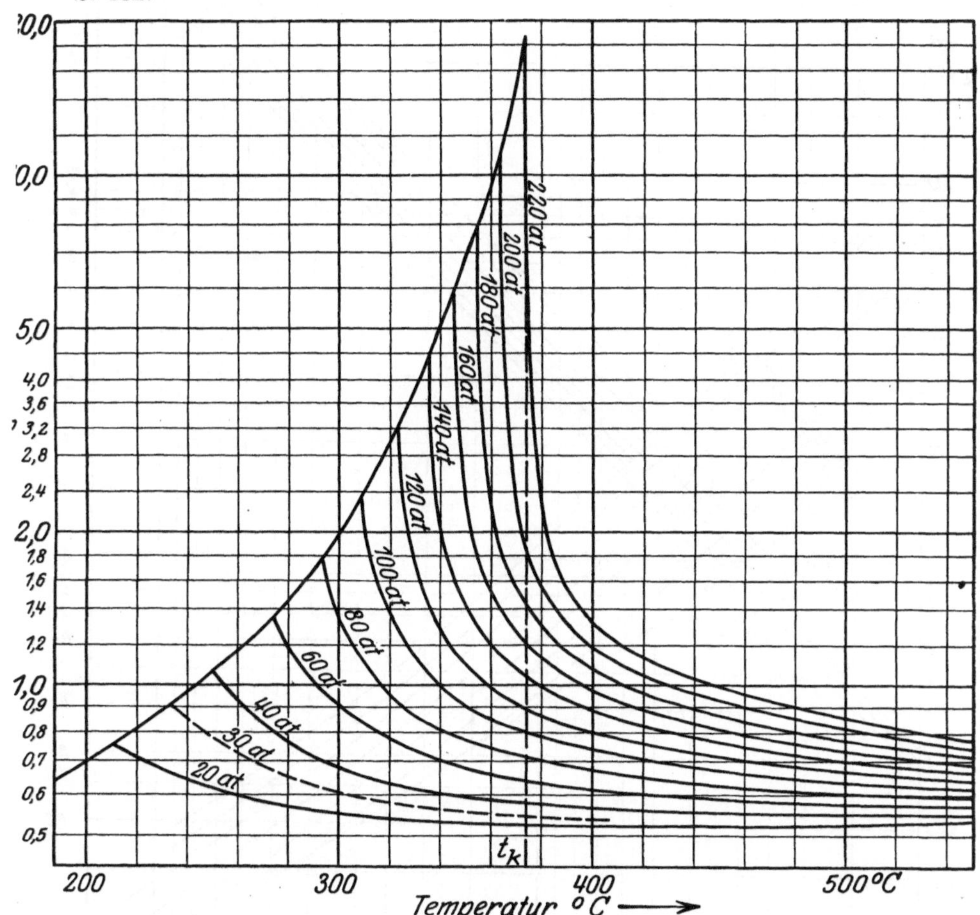

Abb. 131. Spezifische Wärme c_p von Wasserdampf. (Aus Stodola, Dampfturbinen.)

Spezifisches Gewicht (Abb. 132) nach H. Speyerer u. G. Saurer. Vollständige Zahlentafeln und Diagramme für das spez. Volumen des Wasserdampfes 1 μ 270 at (VDI-Verlag).

Zähigkeit. Dr. H. Speyerer: Z. VDI Forschungsheft 273 (1925). W. Schiller: Forschung Bd. 4 (1933) S. 225 und Bd. 4 (1934) S. 71/74. Arch. Wärmewirtsch. 1934 S. 565; R. Plank: Forschung Bd. 4 (1933) S. 1. G. Ruppel: Forschung Bd. 6 (1935) S. 155. Sigwart: Zähigkeit von Wasser und Dampf. Z. VDI Bd. 79 (1935) S. 70 u. 792. G. A. Hawkins, H. L. Solberg u. A. A. Potter: The Viscosity of Water and superheated Steam. Trans. Amer. Soc. mech. Engr. Bd. 57 (1935) S. 395/400. Paper, F.S.P. 57. 11.

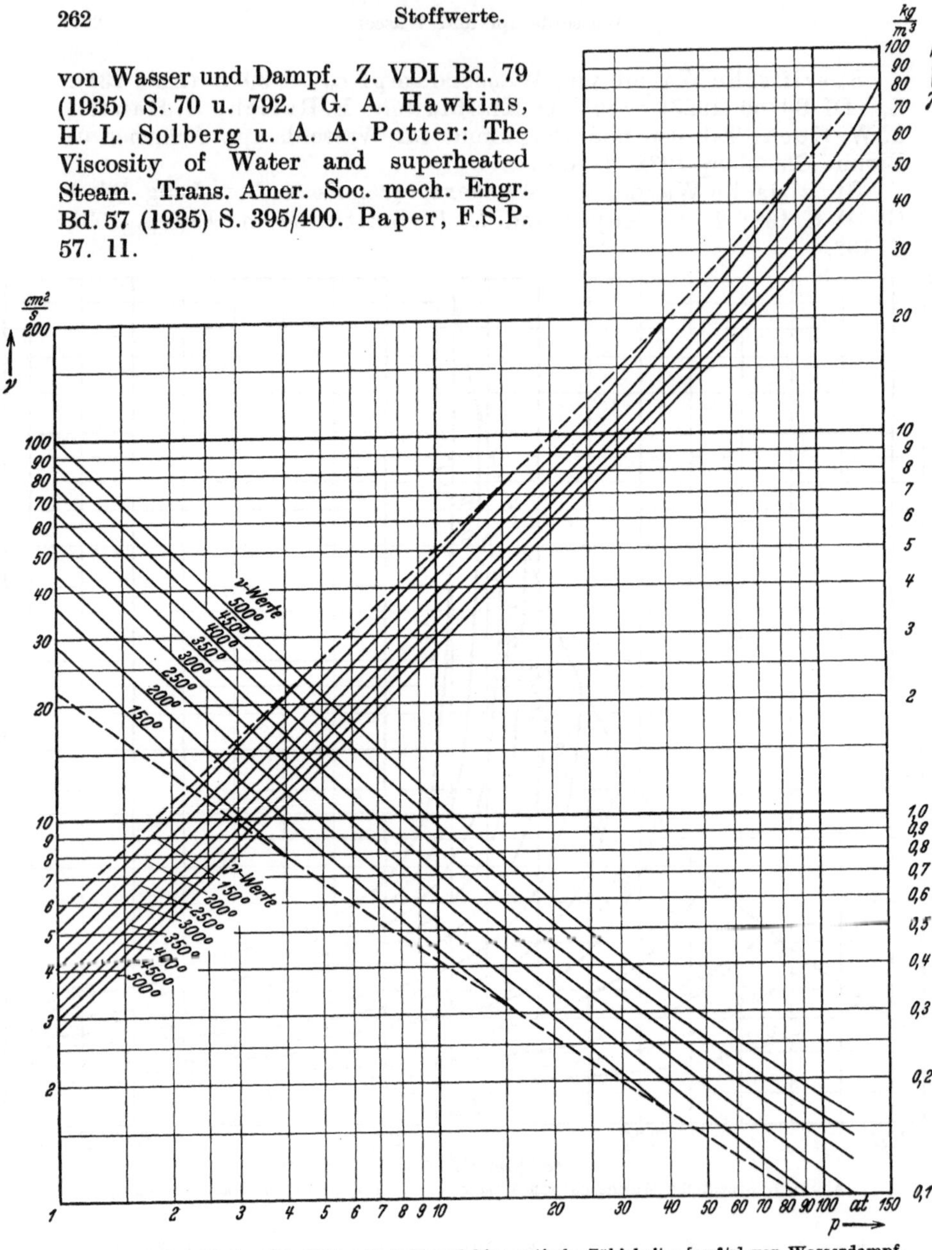

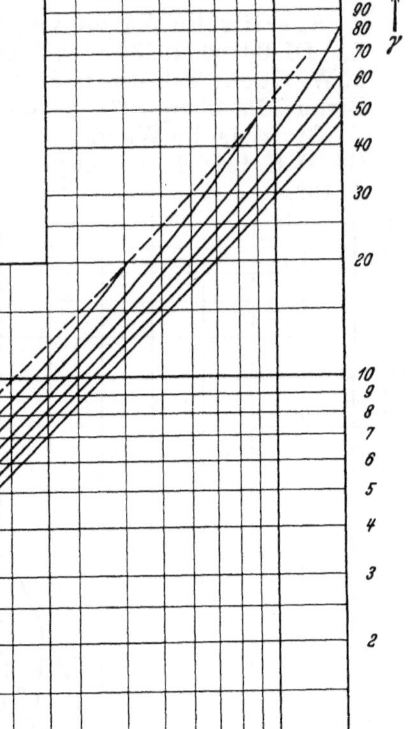

Abb. 132. Spezifisches Gewicht γ [kg/m³] und kinematische Zähigkeit ν [cm²/s] von Wasserdampf.

Für 1 at ist:

$$\eta = 0{,}000\,000\,885\ \frac{1 + \dfrac{673}{273}}{1 + \dfrac{673}{T}}\ \sqrt{\frac{T}{273}}\ [\mathrm{kg \cdot s/m^2}]\,.$$

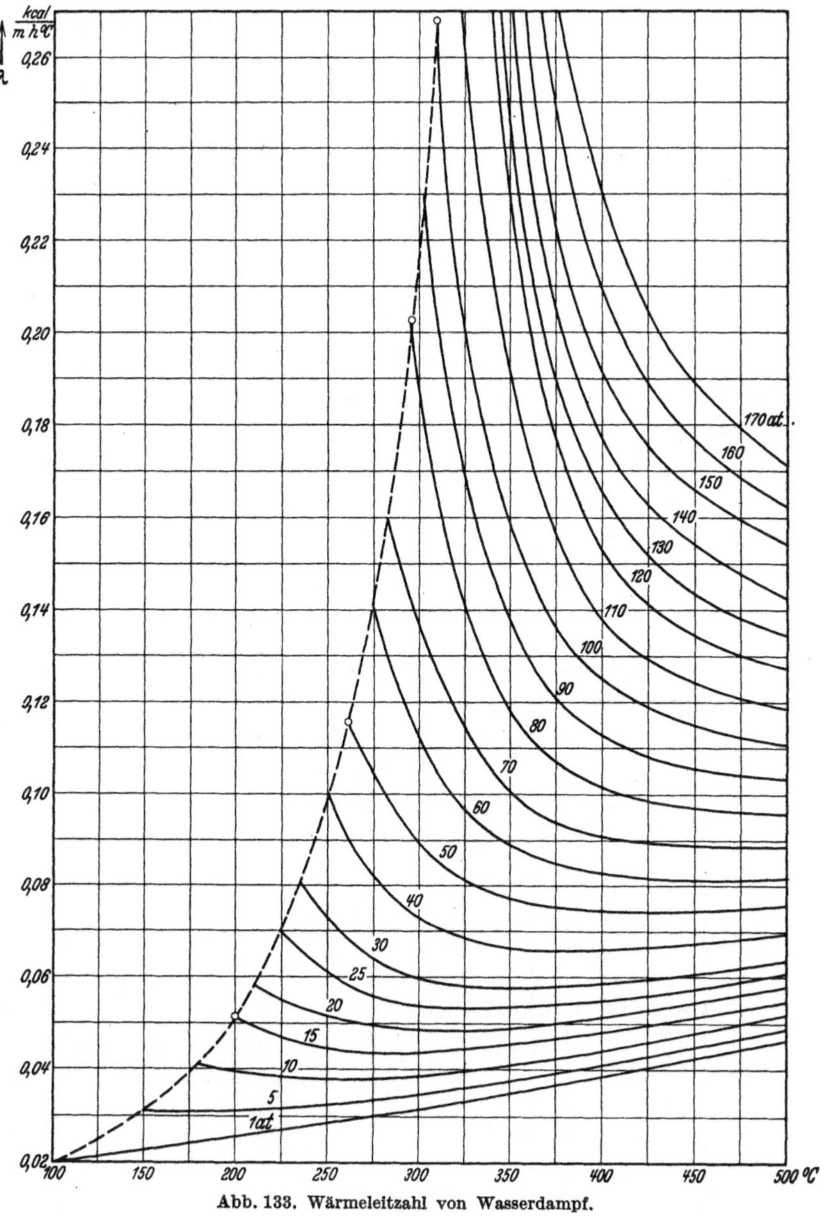

Abb. 133. Wärmeleitzahl von Wasserdampf.

Für 1 at nach Nusselt [Z. VDI Bd. 61 (1917) S. 686]

$$\lambda = 0{,}00578 \frac{c_v \sqrt{T}}{1 + \dfrac{327}{T}} \text{ kcal/m, h, }^\circ\text{C}.$$

Für höhere Drücke berechnet aus η mit $Pr = 1$.

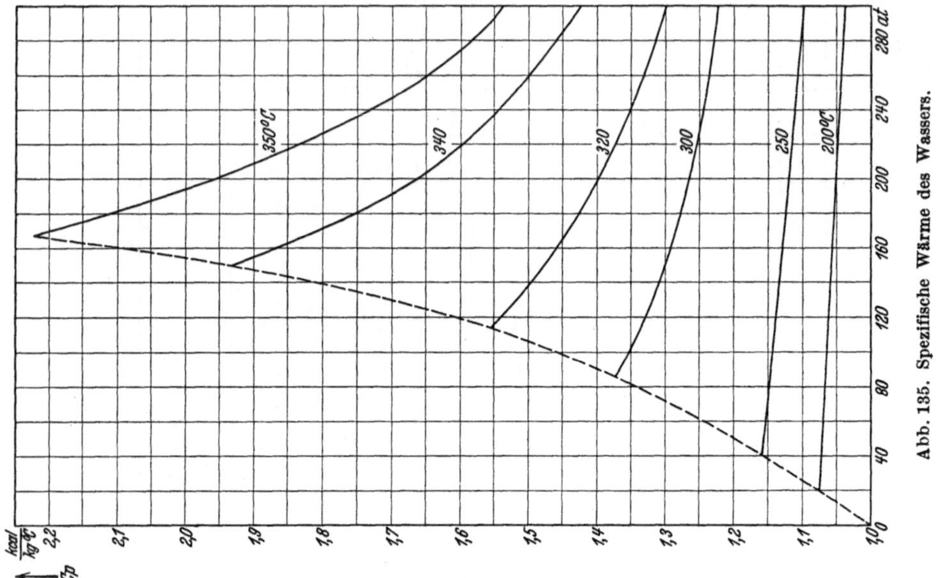

Abb. 135. Spezifische Wärme des Wassers.

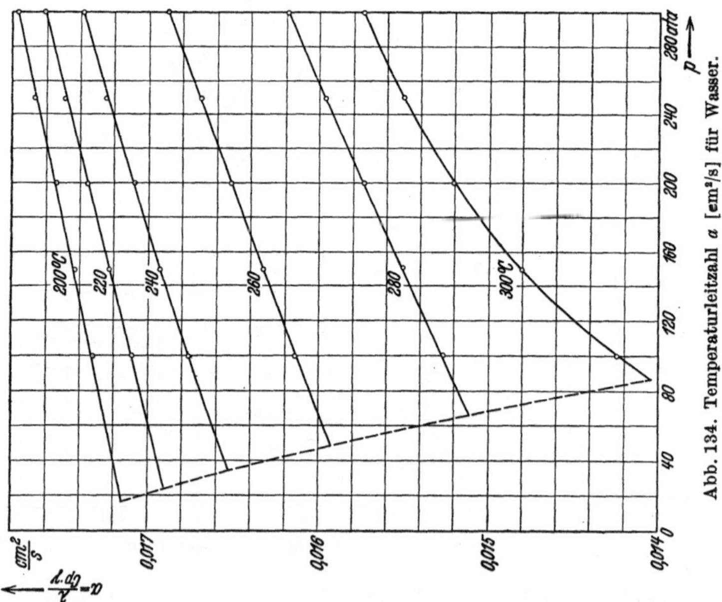

Abb. 134. Temperaturleitzahl a [cm²/s] für Wasser.

Wärmeleitzahl λ für Wasser nach E. Schmidt u. W. Sellschopp: Forschung Bd. 3 (1932) S. 277. — O. K. Bates: Thermal conductivity of liquido. Ind. Engng. Chem. Bd. 25 (1933) S. 431.

6. Kältemittel [1].

Zahlentafel 41. Zähigkeit verschiedener Kältemittel $\eta \cdot 10^6$ [kg · s/m²].
Sättigungswerte nach H. Stakelbeck.

		$-20°C$	$-15°C$	-10	± 0	$+10$	20	30	$31°C$
CO_2	$p \cdot$ ata		23,3	27	35,5	45,9	58,5	73,3	75
	flüssig		11,79	11,34	10,27	8,86	7,15	4,85	3,22
	dampf		1,68	1,705	1,77	1,87	2,07	2,40	3,22
NH_3	$p \cdot$ ata	1,94		2,97	4,38	6,27	8,74		
	flüssig	25,75		25,1	24,4	23,4	22,3		
	dampf	1,11		1,15	1,20	1,26	1,32		
SO_2	$p \cdot$ ata	0,65		1,033	1,58	2,34	3,35	4,67	
	flüssig	49,5		44,6	39,3	33,8	27,8		
	dampf	1,08		1,15	1,25	1,38	1,54	1,72	
CH_3Cl	$p \cdot$ ata	1,2		1,78	2,57	3,62	4,98	6,72	
	flüssig	31,5		30,7	29,85	28,7	27,5	25,9	
	dampf	1,05		1,10	1,16	1,23	1,33		

H. Stakelbeck: Die Zähigkeit verschiedener Kältemittel im flüssigen und dampfförmigen Zustand. Z. ges. Kälteind. Bd. 40 (1933) S. 33/39. W. Hoffman: Die Zähigkeit von CH_2Cl_2. Z. ges. Kälteind. Bd. 40 (1933) S. 179. W. Büche: Die Zähigkeit von Salzlösungen. Z. ges. Kälteind. Bd. 34 (1927) S. 143. H. Stakelbeck u. R. Plank: Die Zähigkeit von Salzlösungen. Z. ges. Kälteind. Bd. 36 (1929) S. 110/135.

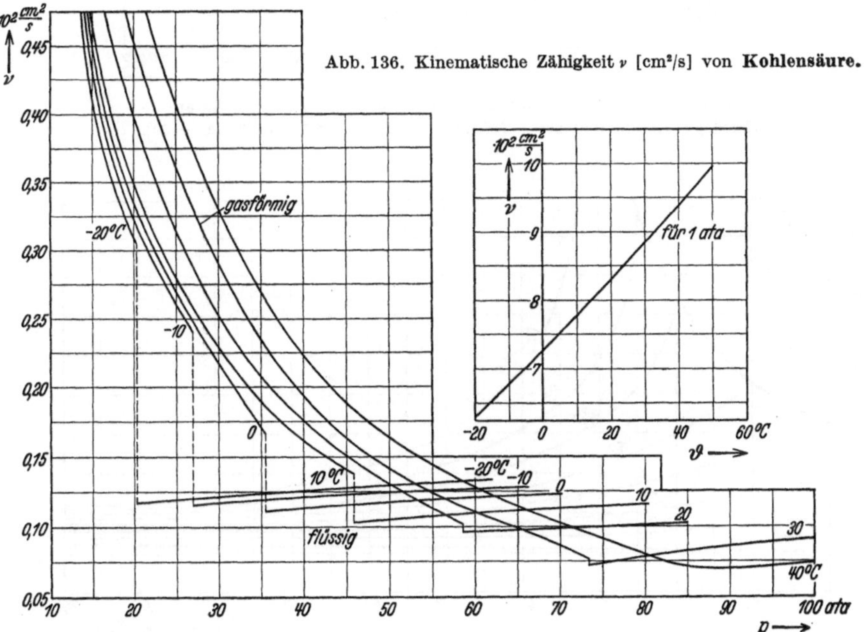

Abb. 136. Kinematische Zähigkeit ν [cm²/s] von **Kohlensäure.**

[1] Entropietafel für die Kältemedien. Ostertag: Kälteprozesse. Berlin: Julius Springer 1924.

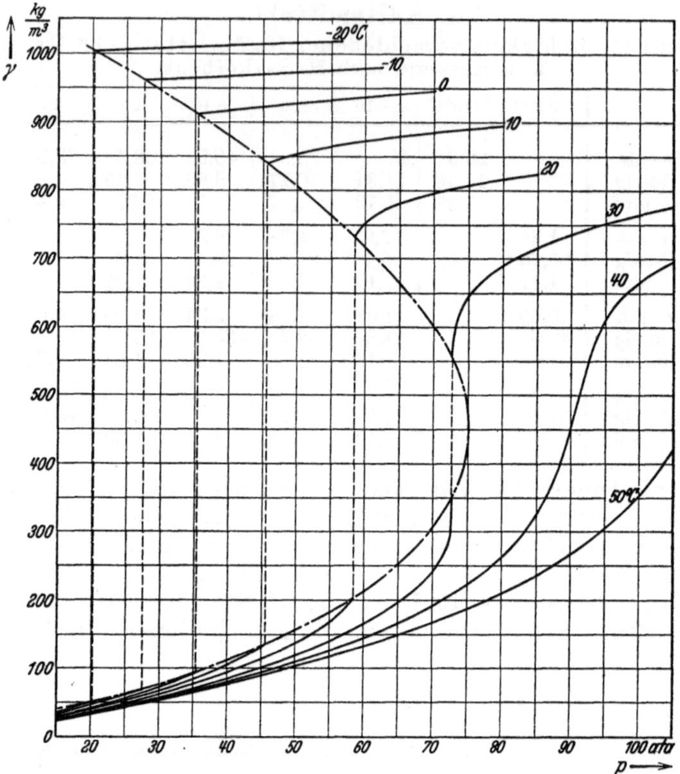

Abb. 137. Spezifisches Gewicht von **Kohlensäure,** für $p > 15$ ata
flüssig $\gamma = 1{,}53$ kg/dm³ bei -79^0 fest, $1{,}19$ bei -60^0, $1{,}075$ bei -30^0.

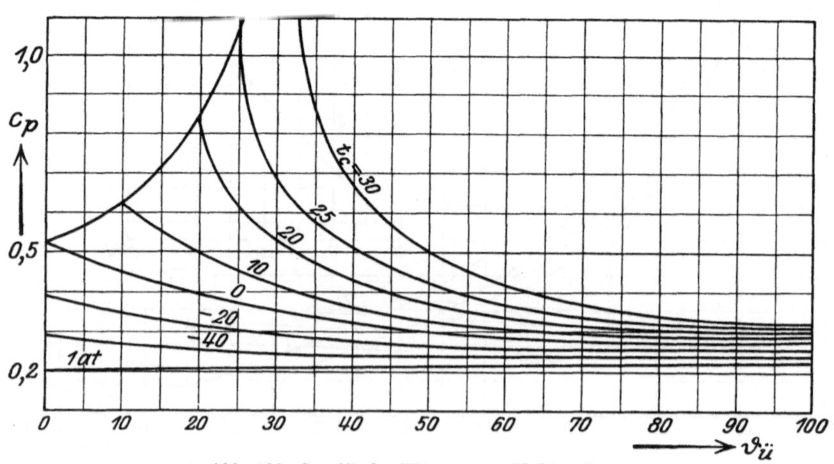

Abb. 138. Spezifische Wärme von **Kohlensäure,**
flüssig $c = 0{,}48$ zwischen 0 und -20^0C, $0{,}64$ zwischen 0 und $+20^0$C.

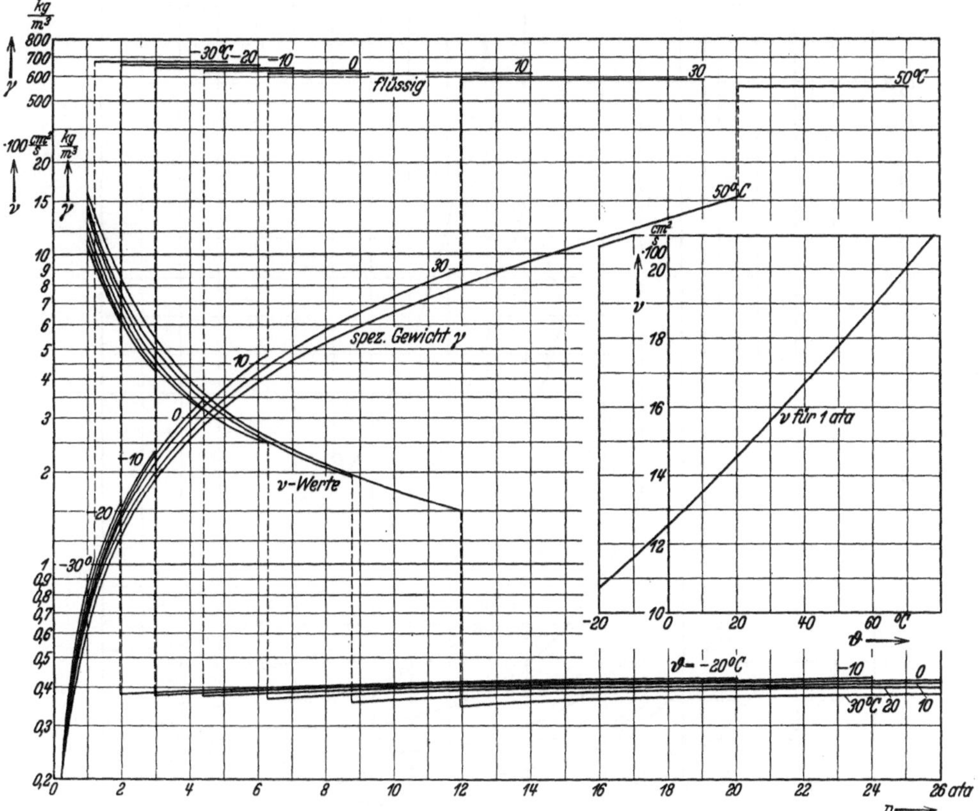

Abb. 139. Spezifisches Gewicht γ [kg/m²] und kinematische Zähigkeit ν [cm²/s] von **Ammoniak**, flüssig = 0,672 kg/dm³ bei — 30°, 0,638 bei ± 0°, 0,597 bei 30°, 0,465 bei 100°.

Für Ammoniak gasförmig [Z. ges. Kälteind. Bd. 19 (1930) S. 159]:

Für $\vartheta = -60°$ $-40°$ $-20°$ $+20°$ $60°$ $100°$ $140°$ $180°$

$\eta_{NH_3} = 74,4$ $\quad 82 \quad$ $88 \quad$ $102 \quad$ $111 \quad$ $125 \quad$ $140 \quad$ $161 \cdot 10^{-8}$ kg · s/m²

Für flüssiges Ammoniak ist bei 0° C

$$\eta = 96 \cdot 10^{-8} \text{ kg} \cdot \text{s/m}^2, \quad \lambda \approx 0,5 \text{ kcal/m, h, °C}, \quad c_p \approx 0,9,$$

und damit

$$Pr = 6,$$

das ist ungefähr halb so groß wie für Wasser bei der gleichen Temperatur.

Flüssige Kohlensäure hat eine sehr geringe Zähigkeit; bei 15° C ist $\eta_{CO_2} = \dfrac{1}{14,6} \, \eta_{\text{Wasser}}$.

Für $\vartheta =$ 5 $\quad$ 10 $\quad$ 15 $\quad$ 20 $\quad$ 25 $\quad$ 29° C

$\quad$ ist $\eta =$ 925 $\quad$ 852 $\quad$ 784 $\quad$ 712 $\quad$ 625 $\quad$ 539 10^{-8} kg · s/m².

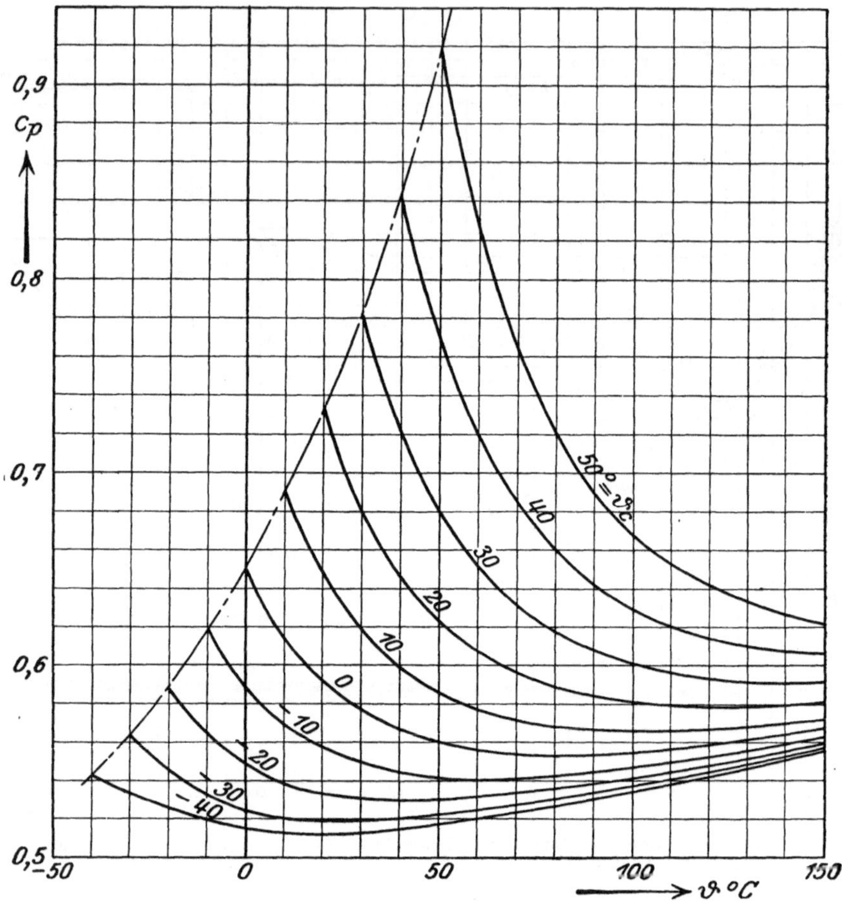

Abb. 140. Spezifische Wärme von **Ammoniak** gasförmig, flüssig $c = 0,93$ zwischen 0 und $+20°$ C, 0,86 zwischen 0 und $-20°$ C.

Die spezifische Wärme: Für Ammoniak nach dem Bureau of Standares Washington, umgerechnet von M. Jakob in der Z. VDI 1924, S. 316 (Abb. 140).

Für Kohlensäure nach Fischer, Z. ges. Kälteind. 1921, S. 91. Schüle, Thermodynamik, Bd. 2; Wiedemann, Handbuch der Physik, Bd. 3; Neumann, Stahleisen 1919, S. 746f. (Abb. 138).

Für schweflige Säure, nach Fiske, Z. ges. Kälteind. 1925, Bd. 3, S. 177 (Abb. 142).

Koch, Die spezifischen Gewichte und spezifischen Wärmen von Salzlösungen $CaCl_2$, $MgCl_2$. Z. ges. Kälteind. Bd. 29 (1932) S. 37 und Bd. 31 (1934) S. 105.

H. Gröber, Spezifische Wärme von NaCl. Z. ges. Kälteind. Bd. 16 (1909) S. 41. Spezifische Wärme von Reinhartinsole. Z ges. Kälteind. Bd. 35 (1928) S. 73.

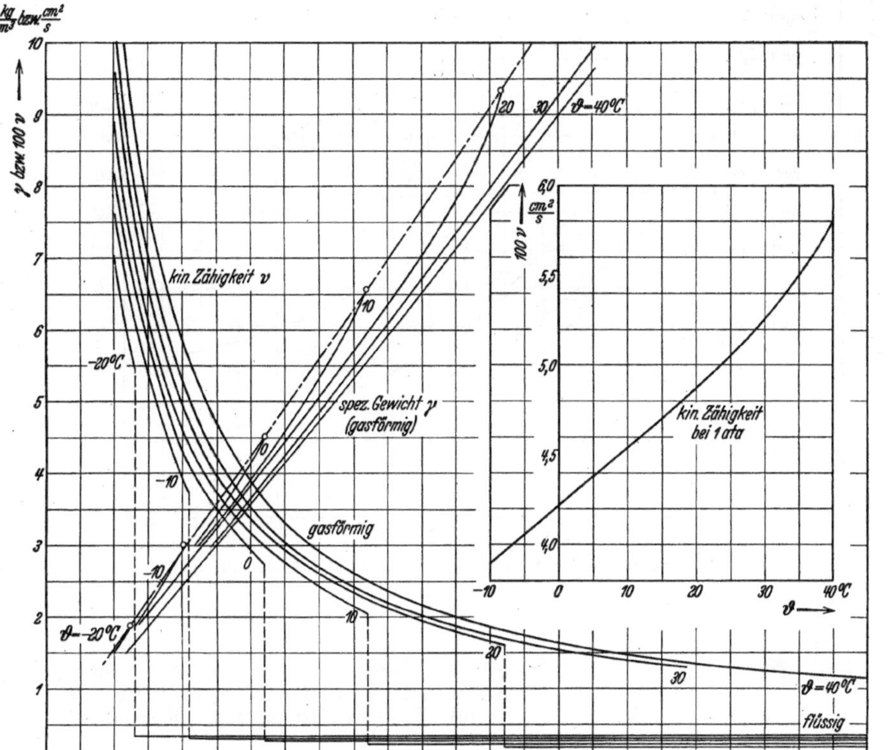

Abb. 141. Spezifisches Gewicht γ und kinematische Zähigkeit ν von schwefliger Säure (SO₂), flüssig γ kg/dm³ 1,51 bei − 30°, 1,49 bei − 20°, 1,435 bei ± 0°, 1,356 bei + 30°, 1,150 bei 100°.

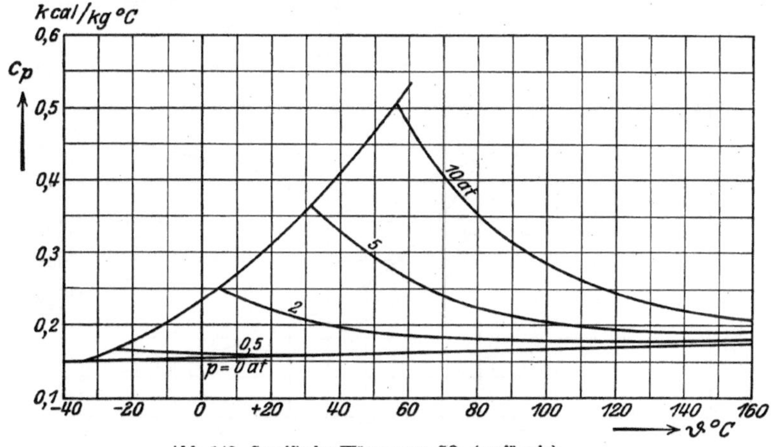

Abb. 142. Spezifische Wärme von SO₂ (gasförmig), flüssig $c = 0,33$ zwischen 0 und 20° C, 0,31 zwischen 0 und −20° C.

7. Öl.

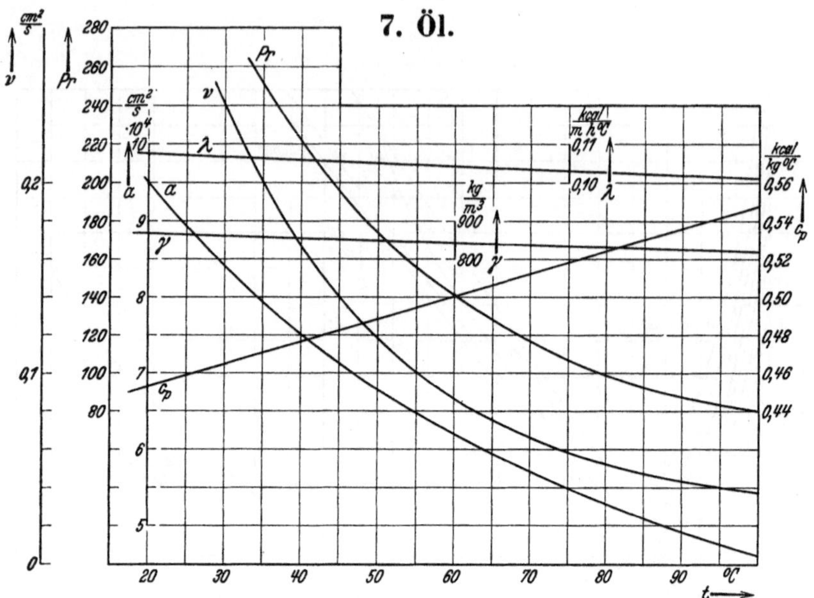

Abb. 143. **Transformeröl** V 14.   Ausdehnungzahl $\beta = 0,0006$ bis $0,008$.

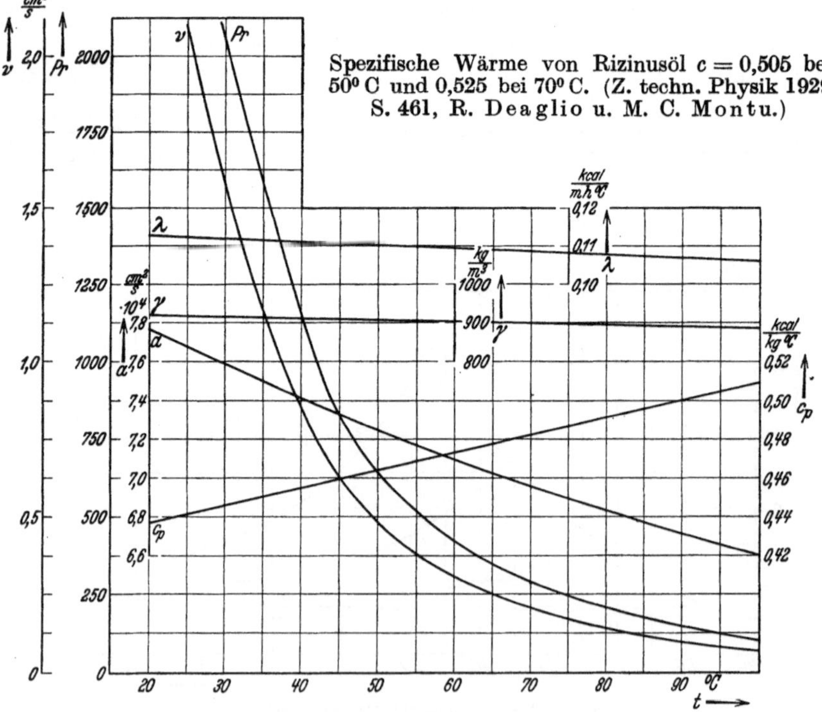

Spezifische Wärme von Rizinusöl $c = 0,505$ bei 50^0 C und $0,525$ bei 70^0 C. (Z. techn. Physik 1929 S. 461, R. Deaglio u. M. C. Montu.)

Abb. 144. **Maschinenöl** BE 22.

Literaturverzeichnis.

Das nachfolgende Literaturverzeichnis macht keinen Anspruch auf Vollständigkeit. Bevorzugt ist die technische Literatur und besonders solche Arbeiten, die wieder ausführliche Quellenangaben auf ihrem Teilgebiet aufweisen. Professor W. E. Dalby hat in den Proc. Instn. mech. Engr. London, 1909 S. 920/986 die Literatur bis 1908 systematisch zusammengestellt (406 Arbeiten über die Wärmeübertragung). Die folgenden, abschnittsweise zusammengefaßten Literaturangaben sind alphabetisch geordnet, um das Auffinden einer bestimmten Arbeit zu erleichtern. Für die Numerierung ist ein vereinfachtes Dezimalsystem gewählt.

Abschnitt I. Strahlung.
Theoretische Grundlagen. (L. 10.)

10.1. Handbuch der Physik, Bd. 20, 21. Herausgegeben von H. Geiger u. K. Scheel. Berlin: Julius Springer 1928/29.

10.2. Lecomte, J.: Le spectre infrarouge. Paris 1928.

10.3. Planck, M.: Vorlesungen über die Theorie der Wärmestrahlung, 5. Aufl. Leipzig: Johann Ambrosius Barth 1923.

10.4. Rawlins, F. J. G. u. A. M. Taylor: Infrared analysis of molecular structur. Cambridge 1929.

10.5. Schäfer, Cl. u. F. Matossi: Das ultrarote Spektrum. Berlin: Julius Springer 1930.

Strahlung nichtschwarzer Körper (Strahlungszahlen). (L. 11.)

11.1. Hagen, E. u. H. Rubens: Ann. Physik (4) Bd. 11 (1903) S. 873.

11.2. Schmidt, E.: Wärmestrahlung technischer Oberflächen bei gewöhnlicher Temperatur. Beihefte Ges. Ing. Reihe I, Heft 20. R. Oldenburg 1927.

11.3. Schmidt, H. u. E. Furthmann: Über die Eigenstrahlung fester Körper. Mitt. Kais.-Wilh.-Inst. Eisenforschg., Düsseld. Bd. 10 (1928) Abh. 109 S. 225 (Stahleisen, Düsseldorf). Mit ausführlichem Literaturverzeichnis.

11.4. Schmidt, E. u. E. Eckert: Über die Richtungsverteilung der Wärmestrahlung von Oberflächen. Forschung Bd. 6 (1935) S. 175.

11.5. Schmidt, E.: Die Wärmestrahlung von Wasser und Eis. Forschung Bd. 5 (1934) S. 1/5.

Gegenseitige Strahlung. (L. 12.)

12.1. Clausing, M. P.: Sur le rayonnement d'un filament entouré d'un tube incandescent. Rev. Opt. theor. instrum. Bd. 10 (1931) S. 353/362.

12.2. Eckert, E.: Die Wertigkeit von Strahlungsheizflächen. Arch. Wärmewirtsch. Bd. 13 (1932) S. 241.

12.3. Eckert, E.: Das Strahlungsverhältnis von Flächen mit Einbuchtungen und von zylindrischen Bohrungen. Arch. Wärmewirtsch. Bd. 16 (1935) S. 135.

12.4. Gerbel, M.: Die Grundgesetze der Wärmestrahlung. (Berlin: Julius Springer 1917.) Behandelt hauptsächlich die gegenseitige Strahlung zweier beliebig angeordneter, durch Luft getrennte Körper und gibt Zahlentafeln für einzelne Fälle.

12.5. Gruber, X.: Strahlungstechnische Untersuchung von Radiatoren. Arch. Wärmewirtsch. Bd. 10 (1929) S. 253.

12.6. Hottel, H. C.: Radiant heat transmission. 2. Weltkraftkonferenz Bd. 18 (1930) Sekt. 32 Nr. 243 oder Mech. Engng. Bd. 52 (1930) S. 699/703.

12.7. Hottel, H. C.: Radiant heat transmission between surfaces separatet by non absorking media. Trans. Amer. Soc. mech. Engr. Bd. 53 (1931) S. 265. Paper F. S. P. 50—14 mit vielen Kurvenblättern.

12.8. Koessler, P.: Beitrag zur Untersuchung des Wasserrohrkessels in bezug auf Wärmestrahlung. Z. bayer. Revis.-Ver. 1925 S. 115, 126 (vernachlässigt die Gasstrahlung).

12.9. Koessler, P.: Messung der Strahlung. A. Wärmewirtsch. Bd. 11 (1930) S. 229.
12.10. Nusselt, W.: Wärmestrahlung des Heizkörpers. Ges. Ing. 1919 S. 293.
12.11. Nusselt, W.: Graphische Bestimmung des Winkelverhältnisses bei der Wärmestrahlung. Z. VDI Bd. 72 (1928) S. 673.
12.12. Seibert, O.: Die Wärmeaufnahme der bestrahlten Kesselheizfläche. VDI-Forsch.-Heft 1930 Nr. 324.
12.13. Thomas, K.: Die Wärmeabgabe des Radiators (Beih. 23, Reihe I Ges. Ing. 1928) wendet die Nusseltsche Gleichung auf andere Heizkörperformen an.

Gasstrahlung. (L. 13.)

13.1. Fishenden, M.: Radiation from non-luminous Gases. Engineering. 1934 S. 478.
13.2. Haslam, R. T. u. M. W. Boyer: Radiation from luminous flames. Publ. Mass. Inst. Techn. 1927 Nr. 191.
13.3. Hottel, H. C.: Heat transmission by radiation from non-luminous gases. Trans. Inst. chem. Engr. Bd. 19 (1927) S. 173/205.
13.4. Hottel, H. C.: Trans Amer. Soc. mech. Engr. Bd. 50 (1928); Paper F.S.P. 50/53.
13.5. Hottel, H. C. u. V. S. Smith: Radiation from non-luminous flames. Trans. Amer. Soc. mech. Engr. Bd. 57 (1935) S. 463/470.
13.6. Hottel, H. C. u. H. G. Mangelsdorf: Heat transmission by radiation from non-luminous flames. Experimental study of carbon dioxyde and water vapor. Trans. Amer. Inst. chem. Engr. Bd. 31 (1935) S. 517.
13.7. Koessler, P.: Messungen der Flammenstrahlung in Dampfkesselfeuerungen. Diss. München 1930. Z. bayer. Revis.-Ver.
13.8. Lent, H. u. K. Thomas: Versuche über Eigenstrahlung der Gase. Mitt. 65 der Wärmestelle Düsseldorf. Stahleisen.
13.9. Moeller, M. u. H. Schmick: Die Strahlung der Feuergase. Wiss. Veröff. Siemens-Konz. Bd. 4 Heft 1 S. 239/249. Berlin: Julius Springer 1925.
13.10. Müller, C., H. Theissing u. W. Kiessig: Durchlässigkeit von Wolken und Nebeln für ultrarote Strahlen. Z. VDI Bd. 76 (1932) S. 925/929.
13.11. Nusselt, W.: Der Wärmeübergang in der Gasmaschine. Die Abhängigkeit der Wärmeübergangszahl von der Zeit. Z. VDI 1914 S. 361.
13.12. Nusselt, W.: Der Wärmeübergang in der Verbrennungskraftmaschine. Forschgsh. Nr. 264 (1923). Auszug Z. VDI Bd. 67 (1923) S. 692, 708.
13.13. Nusselt, W.: Der Verbrennungsvorgang in der Kohlenstaubfeuerung. Z. VDI Bd. 68 (1924) S. 124.
13.14. Nusselt, W.: Gasstrahlung bei der Strömung im Rohr. Z. VDI Bd. 70 (1926) S. 763.
13.15. Paschen, P.: Die genauen Wellenlängen der Banden des ultraroten Kohlensäure- und Wasserspektrums. Ann. Physik Bd. 53 (1894) S. 334.
13.16. Schack, A.: Über die Strahlung der Feuergase und ihre praktische Berechnung. Z. techn. Physik Bd. 5 (1924) S. 267/278.
13.17. Schack, A.: Strahlung von leuchtenden Flammen. Z. techn. Physik Bd. 6 (1925) S. 538.
13.18. Schack, A.: Strahlung von leuchtenden und nichtleuchtenden Naturgasflammen (Besprechung der Versuchsergebnisse von Sherman, L. 13). Forschung Bd. 4 (1933) S. 255.
13.19. Schmidt, E.: Die Berechnung der Strahlung von Gasräumen. Z. VDI Bd. 77 (1933) S. 1162/1164.
13.20. Schmidt, E.: Messung der Gesamtstrahlung des Wasserdampfes. Forschung Bd. 3 (1932) S. 57/70.
13.21. Sherman, R. A.: Radiation from Flames. Trans. Amer. Soc. mech. Engr. 1934 S. 177/192.
13.22. Stein, C.: Untersuchungen über den Zusatz von Karburierungsmitteln bei mit Mischgas beheizten S.M.-Ofen. Arch. Eisenhüttenwes. 1927/28 S. 629/638.
13.23. Wilson, D. W., W. A. Lobo u. H. C. Hottel: Heat transmission in radiant sections of tube stills. Ind. Engng. Chem. 1932 S. 486/493.
13.24. Ziegler, A.: Der Einfluß der Karburierung und des Wasserdampfgehaltes von Heizgasen auf dem Wärmeübergang im S.M.-Ofen. Ber. 96. Stahlw.-Aussch. VDE Düsseldorf.

Temperaturmeßfehler. (L. 14.)

14.1. **Kennard, R. B.**: An optical Method for measuring temperature. Bur. Stand. J. Res. Bd. 8 (1932) S. 787.

14.2. **Reiher, H. u. K. Cleve**: Temperaturmeßfehler bei strömenden Gasen. Z. VDI Bd. 69 (1925) Erg.-Heft S. 49/57.

14.3. **Schmidt, E.**: Zweckmäßige Bauart von Thermometerrohren für strömende Gase. Z. VDI Bd. 69 (1925) Erg.-Heft S. 58/60.

14.4. **Schütz, E.**: Versuche zur Ermittlung des Strahlungseinflusses auf Pyrometermessungen. Z. VDI Bd. 69 (1925) Erg.-Heft S. 61/64.

14.5. **Wenzl, M. u. E. Schulze**: Versuche mit Durchflußpyrometern. Mitt. 92 der Wärmestelle V. Eisenh. 1926.

Feuerraumtemperatur. (L. 15.)

15.1. **Mullikin, H. F.**: Evaluation of effective radiant heating surfaces. Trans. Amer. Soc. mech. Engr. Bd. 57 (1935) S. 517/529. Paper R. P. 57/62.

15.2. **Tanner, E.**: Temperaturverlauf im Brennstoffbett. VDI-Verlag 1934.

15.3. **Wohlenberg, W. J. u. H. F. Mullikin**: Review of methods of computing heat absorption in Boiler Furnaces. Trans. Amer. Soc. mech. Engr. Bd. 57. (1935) S. 531/540. Paper R. P. 57/63.

15.4. **Wohlenberg, W. J., H. F. Mullikin, W. H. Armacost u. C. W. Gordon**: An experimental investigation of heat absorption in Boiler Furnaces. Trans. Amer. Soc. mech. Engr. Bd. 57 (1935) S. 541/554. Paper R. P. 57. 4. Mit ausführlichem Literaturverzeichnis.

Abschnitt II. Wärmeleitung.

Rippen. (L. 21.)

21.1. **Bogaerts, C. u. P. Meyer**: Temperaturverlauf in Rippen. Forschung Bd. 2 (1931) S. 237.

21.2. **Burwick, K.**: Neue Erkenntnisse über Rippenrohr-Ekonomiser. Wärme 1931 S. 551.

21.3. **Doetsch, H.**: Die Wärmeübertragung von Kühlrippen an strömende Luft. Aachen. Abh. Aerodyn.-Inst. 1934 Heft 14.

21.4. **Harper, D. R. u. W. B. Brown**: Mathematical equations for heat conduction in the Fins of air-cooled Engines. Ann. R. Advisory Comitt. Aeronaut. (Washington) (8) 1922 Nr. 158.

21.5. **Kochinke, H.**: Das wirtschaftlichste Rippenrohr. Arch. Wärmewirtsch. Bd. 14 (1933) S. 149/151.

21.6. **Neussel**: Wärmedurchgang und Wärmeaufnahme von Rippenrohren. Arch. Wärmewirtsch. 1929 S. 51 und 1932 S. 266/270.

21.7. **Repky, H.**: Die Wärmeübertragung von Heizflächen mit Rippen. Stuttgart: Akad. Verlagsges. Dr. Fr. Wedekind u. Co.

21.8. **Schmidt, E.**: Die Wärmeübertragung durch Rippen. Z. VDI Bd. 70 (1926) S. 885, 947.

21.9. **Schmidt, E. u. W. Hindenburg**: Versuche über Wärmeabgabe von Rippenrohren. Arch. Wärmewirtsch. 1931 S. 327.

21.10. **Schmidt, Th. E.**: Der Wärmeübergang in Luftkühlern mit Rippenrohren. Beih. 6, Reihe 2 zur Z. ges. Kälteind.

21.11. **Taylor, C. F. u. A. Rehbock**: Rate of Heat Transfer from finned metal Surfaces. N. A. C. A. Technical Note Nr. 331 1930.

21.12. **Thum**: Festigkeit von Rippen. Z. VDI Bd. 77 (1933) S. 281.

21.13. **Wagener, G.**: Der Wärmeübergang an Kühlrippen. München: Oldenbourg 1929.

Abschnitt III. Wärmeübergang.

Erzwungene turbulente Strömung in Rohren. (L. 31.)

31.1. **McAdams, W. H.**: Heat Transmission. McGraw-Hill Book Co. 1933.

31.1a. **Blake, F. C. u. W. A. Peters**: Heat Transfer in small Pipes. Ind. Engng. Chem. Bd. 16 (1924) S. 845.

31.2.   Böhm, H. H.: Versuche zur Ermittlung der konvektiven Wärmeübergangs-zahlen an gemauerten engen Kanälen. Arch. Eisenhüttenwes. Bd. 1 (1932/33) S. 423.

Boelter, L. M. K. siehe (*L. 31.10*).

31.3.   ten Bosch: Wärmeübergang in tropfbaren Flüssigkeiten. Z. VDI Bd. 70 (1926) S. 911/914 und Bd. 71 (1927) S. 276.

31.4.   ten Bosch: Wärmeübergang hocherhitzter Luft in Rohren. Schweiz. Bauztg. Bd. 96 (1930) S. 325.

31.5.   ten Bosch: Eine einheitliche Gleichung für den Wärmeübergang strömender Flüssigkeiten in Rohren. Z. VDI Bd. 75 (1931) S. 40, 468 und Physik. Z. Bd. 32 (1931) S. 39.

31.6.   ten Bosch: Die Prandtlsche Gleichung für den Wärmeübergang. Z. techn. Physik Bd. 16 (1935) S. 39.

31.7.   Burbach, Th.: Wärmeübergang in Rohren. Leipzig: Akad. Verlagsges. 1930.

31.8.   Colburn, A. P. u. O. A. Hougen: Studies in heat transmission. Univ. Wisconsin Engng. Exp. Stat. 1930 Series Nr. 70.

31.9.   Cox, E. R.: Trans. Amer. Soc. mech. Engr. Bd. 50 (1928) S. 2.

31.10. Dittus, F. W. u. L. M. K. Boelter: Heat transfer in automobile radiators of the tubular type. Univ. California Publ. Engng. Bd. 2 (1930) S. 443 bis 461.

31.11. Eagle, A. u. R. M. Ferguson: On the coefficient of heat transfer from the internal surface of tube walls. Proc. Roy. Soc., Lond. A Bd. 128 (1930) S. 540.

31.12. Eikmann, W.: Die Wärmeübertragung in Heizrohren. Diss. Techn. Hochsch. Darmstadt 1926.

31.13. Fishenden, M. u. O. A. Saunders: The Calculation of Heat Trans-mission. London 1932.

31.14. Gröber: Der Wärmeübergang von strömender Luft an Rohrwandungen. Forschgs.-Heft Nr. 130 1912.

31.15. Gröber, H.: Wärmeübergang im Rohr bei veränderlicher Wandtemperatur. Ges. Ing. Bd. 46 (1923) Heft 26.

31.16. Hahn, Lothar: Wärmeübergang bei erzwungener Strömung in Rohren. Diss. Leipzig: Frommholt & Wendler 1933.

31.17. Hermann, R.: Strömungswiderstand in Rohren. Leipzig: Akad. Verlags-ges. 1930.

31.18. Hofmann, E.: Wärmeübertragung in Rohren. Physik. Z. Bd. 34 (1933) S. 208/211.

31.19. Hofmann, E.: Die Prandtlsche Gleichung des Wärmeüberganges in der Kältetechnik. Z. ges. Kälteind. Bd. 41 (1933) S. 154, 176.

31.20. Holmboe: Kühlung von überhitztem Wasserdampf. D. P. J. Bd. 324 (1909) S. 803, Bd. 325 (1910) S. 88.

31.21. Iterson, F. K. Th. van: Warmte-overgang van pypwand op heet water of strom. De Ingenieur 1932 Nr. 10. Werktuig- en Scheepsbouw 2.

31.22. Jaklitsch, Fr.: Wärmeübergang in Rohren. Wärme Bd. 52 (1929) S. 637 u. 658.

31.23. Jakob, M. u. A. Eucken: Der Chemie-Ingenieur, Bd. 1. Leipzig 1933.

31.24. Jordan, H. P.: On the rate of heat transmission between fluids and metall surfaces. Proc. Instn. mech. Engr., Lond. 1909 S. 1317.

31.25. Josse: Versuche über Oberflächenkondensatoren. Z. VDI Bd. 53 (1909) S. 322.

31.26. Josse: Mitt. Masch.-Labor. Techn. Hochsch. Berlin 1913 Heft 5.

31.27. Joule: On ther surface condensation of steam. Philos. Trans. Roy. Soc., Lond. Bd. 151 (1861) S. 133.

31.28. Kaye, W. A. u. C. C. Furnas: Heat transfer involving turbulent fluids. Ind. Engng. Chem. Bd. 26 (1934) S. 783/786.

31.29. Keevil, C. S. u. W. H. McAdams: How heat transmission affects fluid friction in pipes. Chem. Met. Engng. Bd. 36 (1929) S. 464.

31.30. Koenig, A.: Untersuchungen über die Wärmeübertragung im Rohr runden und segmentförmigen Querschnittes. Diss. Techn. Hochsch. Darmstadt 1933.

31.31. Kraussold, H.: Wärmeübergang bei turbulenter Strömung. Forschung Bd. 4 (1933) S. 39.

31.32. Kraussold, H.: Die Wärmeübertragung bei zähen Flüssigkeiten in Rohren. Forschgs.-Heft Nr. 351. 1931.

31.33. Kuprianoff, J.: Eine neue Form der Prandtlschen Gleichung für den Wärmeübergang. Z. techn. Physik 1935 S. 13.

31.34. Lawrence, A. E., E. I. du Pont de Nemours & Co. u. J. J. Hogan: A note on the Prandtl-Taylor equation. Ind. Engng. Chem. Bd. 24 (1932) S. 1318.

31.35. Lawrence, A. E. u. T. K. Sherwood: Ind. Engng. Chem. Bd. 23 (1931) S. 301.

31.36. Latzko, H.: Der Wärmeübergang an einen turbulenten Flüssigkeits- oder Gasstrom. Z. angew. Math. Mech. Bd. 1 (1921) S. 268.

31.37. Lévêque, M. A.: Les lois de la transmission de la chaleur par convection. Ann. Mines Bd. 12 13. Ser. (1928) S. 1.

31.38. Lorenz, H.: Wärmeübergang und Turbulenz. Z. VDI Bd. 71 (1927) S. 1071.

31.39. Lorenz, H.: Beitrag zum Problem des Wärmeüberganges in turbulenter Strömung. Z. techn. Physik 1934 S. 155, 201. Mit ausführlichem Literaturverzeichnis.

31.40. Martin, H. M.: The laws on heat transfer. Reprented from Engineering, 6. u. 23. Juli, 3. und 24. Aug. 1923. London 1928.

31.41. Morris, F. H. u. W. Whitman: Heat transfer for oil and water in pipes. Ind. Engng. Chem. Bd. 20 (1928) S. 234.

31.42. Murphree, E. V.: Relation between heat transfer and fluid friction. Ind. Engng. Chem. Bd. 24 (1932) S. 726. Leitet einen neuen Zusammenhang zwischen Reibung und Wärmeübergang ab, indem er vom Begriff der Austauschlänge der modernen Strömungslehre ausgeht und über die Veränderlichkeit der Wirbelstärke eine bestimmte Annahme macht.

31.43. Nikuradse, J.: Gesetzmäßigkeit der turbulenten Strömung in glatten Rohren. Forsch.-Heft Nr. 356. 1932.

31.44. Nikuradse, J.: Strömungsgesetze in rauhen Rohren. Forsch.-Heft Nr. 36. 1933.

31.45. Nusselt, W.: Der Wärmeübergang in Rohrleitungen. Forsch.-Heft 89 bzw. Z. VDI 1909 S. 1750.

31.46. Nusselt, W.: Entgegnung an Dr. Binder. Z. VDI 1913 S. 197/199.

31.47. Nusselt, W.: Der Wärmeübergang im Rohr. Z. VDI Bd. 61 (1917) S. 685/689.

31.48. Nusselt, W.: Die Wärmeübertragung an Wasser im Rohr. Festschrift zur Hundertjahrfeier der Technischen Hochschule Karlsruhe, S. 366/386. C. F. Müller 1925.

31.49. Nusselt, W.: Wärmeaustausch zwischen Wand und Wasser im Rohr. Forschung Bd. 2 (1931) S. 309/313.

31.50. Nusselt, W.: Der Einfluß der Gastemperatur auf den Wärmeübergang im Rohr. Techn. Mech. Thermodyn. Bd. 1 (1930) S. 277.

31.51. Nusselt, W.: Das Grundgesetz des Wärmeüberganges. Ges. Ing. Bd. 38 (1915) S. 477, 490.

31.52. Poensgen, R.: Über die Wärmeübertragung von strömenden überhitzten Dampf an Rohrwandungen und von Heizgasen an Wasserdampf. Forsch.-Heft Nr. 191/192. 1927.

31.53. Pohl, W.: Einfluß der Wandrauhigkeit auf den Wärmeübergang an Wasser. Forschung Bd. 4 (1933) S. 230/237. Diss. Techn. Hochsch. München.

31.54. Prandtl, L.: Eine Beziehung zwischen Wärmeaustausch und Strömungswiderstand der Flüssigkeit. Physik. Z. Bd. 11 (1910) S. 1072/1078.

31.55. Prandtl, L.: Bemerkungen über den Wärmeübergang im Rohr. Physik. Z. Bd. 29 (1928) S. 487.

31.56. Prandtl, L.: Über Flüssigkeitsbewegung bei sehr kleiner Reibung. Verh. 3. int. math. Kongr. Heidelberg 1904. Leipzig 1905.

31.57. Prandtl-Tietjens: Hydro- und Aeromechanik, Bd. 1 u. 2. Berlin: Julius Springer 1929/1931.

31.58. Queiser: Wärmeübergang von Rohr an Wasser. Z. VDI Bd. 75 (1931) S. 970.

31.59. Reynolds, O.: Sci. Pap. Osborne Reynolds, Bd. 2. Cambridge Univ. Press 1901.

31.60. Rice, C. W.: Ind. Engng. Chem. Bd. 16 (1924) S. 460.

31.61. Rice, C. W.: Intern. Crit. Tables Bd. 5 S. 234. McGraw-Hill 1929.

31.62. Rietschel: Untersuchungen über Wärmeabgabe, Druckhöhenverlust und Oberflächentemperatur bei Heizkörper unter Anwendung großer Luftgeschwindigkeiten. Mitt. Prüf.-Anst. Heizungs- u. Lüftgseinricht. Heft 3. Oldenburg 1910.

31.63. Schack, A.: Zur Kritik der Ähnlichkeitstheorie. Mitt. 98 Wärmestelle VDE. Düsseldorf 1927.

31.64. Schulze, E.: Versuche zur Bestimmung der Wärmeübergangszahl von Luft und Rauchgasen in technischen Rohren. Mitt. 117 Wärmestelle VDE. Düsseldorf 1928.

31.65. Schwarz: Wärmeübergang in einem Lufterhitzer aus Stein. Stahl u. Eisen 1922 S. 1385.

31.66. Ser. Traité de physique industrielle, Bd. 1. Paris: G. Massot 1888.

31.67. Sherwood, T. H. u. J. H. Petri: Heat transmission to liquids flowing in pipes. Ind. Engng. Chem. Bd. 24 (1932) S. 736.

31.68. Sherwood, T. H., D. D. Kiley u. G. E. Mangson: Heat transmission to oil flowing in pipes. Effect of tube length. Ind. Engng. Chem. Bd. 24 (1932) S. 273/277.

31.69. Smith: Trans. Amer. Inst. Chem. Engr. Bd. 31 (1934).

31.70. Soennecken, A.: Der Wärmeübergang von Rohrwänden an strömendes Wasser. Forsch.-Heft 108/109. VDI 1911.

31.71. Stender, W.: Der Wärmeübergang an strömendes Wasser. Berlin: Julius Springer 1924.

31.72. Stanton, T. E.: On the passage of heat between metal surfaces and liquids in contact with them. Philos. Trans. Roy. Soc., Lond. A Bd. 190 (1896) S. 67.

31.73. Stodola, A.: Zur Theorie des Wärmeüberganges von Flüssigkeiten an feste Wände. Schweiz. Bauztg. Bd. 88 (1926 II) S. 243.

31.74. Stodola, A.: Wärmeübergang in Grenzschichten bei stark veränderlicher Grundströmung. Schweiz. Bauztg. Bd. 89 (1927 I) S. 193.

31.75. Stodola, A.: Wärmeübergang in Grenzschichten bei großen Temperaturunterschieden. Schweiz. Bauztg. Bd. 89 (1927 I) S. 261.

31.76. Taylor, G. I.: Reports and Mem. Brit. aeron. Res. Comm. Bd. 2 (1916) Nr. 272 S. 423.

31.77. Taylor, G. I.: The application of osborne Reynolds theory of heat transfer to flow through a pipe. Proc. Roy. Soc., Lond. A Bd. 129 (1930) S. 25/30.

31.78. Wiesent, J.: Die Prandtlsche Gleichung des Wärmeüberganges und ihre Bedeutung in der Kältetechnik. Z. ges. Kälteind. Bd. 43 (1935) S. 131.

31.79. Winkler, K.: Wärmeübergang in Rohren bei hohen Reynoldsschen Zahlen. Forschung Bd. 6 (1935) S. 261/268. Re bis 500000, $Pr = 2{,}9$ bis 3,4, $d = 50$ mm.

Ebene Platte. (L. 32.)

32.1. Blasius, H.: Grenzschichten in Flüssigkeiten mit kleiner Reibung. Z. Math. u. Physik Bd. 56 (1908) S. 1.

32.2. Elias, Fr.: Die Wärmeübertragung einer geheizten Platte an strömende Luft. Abh. Aerodyn.-Inst. Techn. Hochsch. Aachen 1930 Heft 9 und Z. Math. Mech. Bd. 9 (1929) S. 434/453.

32.3. Ergebnisse der Aerodynamischen Versuchsanstalt zu Göttingen, Lief. I, II, III.

32.4. Frank: Die Wärmeabgabe ebener Flächen an Luft. Gesundh.-Ing. Bd. 52 (1929) S. 541.

32.5. Haucke, E.: Wärmeübergang des Luftstromes zwischen zwei parallelen Platten. Diss. Dresden 1930. Auszug: Arch. Wärmewirtsch. Bd. 11 (1930) S. 53.

32.6. van der Hegge Zynen, B. G.: Measurements of the velocity distribution in the boundary layer along a plane surface. Delft: J. Waltman 1924.

32.7. Jürges, W.: Der Wärmeübergang an einer ebenen Wand. Beih. 19 Gesundh. Ing. Oldenburg 1924.

32.8. Karman, v.: Über laminare und turbulente Reibung. Z. angew. Math. Mech. Bd. 1 (1921) S. 242.

32.9. Nusselt, W.: Die Wärmeleitfähigkeit von Isolierstoffen. Forsch.-Heft Nr. 63/64 1909.

32.10. Ott, L.: Untersuchungen zur Frage der Erwärmung elektrischer Maschinen. Forsch.-Heft Nr. 35/36. VDI 1906.

32.11. Pohlhausen, E.: Integration der Differentialgleichung der laminaren Grenzschicht. Z. angew. Math. Mech. Bd. 1 (1921) S. 252.

32.12. Vornehm, L.: Versuche über den Einfluß der Anströmrichtung auf den Wärmeübergang von einem strömenden Gas an Körperoberflächen. Diss. München 1932.

32.13. Wierz: Die praktischen und wissenschaftlichen Grundlagen der Wärmeverlustberechnungen in der Heiztechnik. Beih. 15 Gesundh.-Ing.

Körper ohne Stromlinienform. (L. 33.)

33.1. Bylevelt, van: Die künstliche Konvektion am elektrischen Hitzedrahte. Diss. Dresden 1915.

33.2. Chappell, E. H. u. W. H. McAdams: Heat transfer for forced Flow of air at right-angles to cylinders. Trans. Amer. Soc. mech. Engr. Bd. 48 (1926) S. 1201.

33.3. Davis, A. H.: Philos. Mag. Bd. 47 (1924) S. 972/1057 oder Nat. physic. Lab. Coll. Res. Bd. 19 (1926) S. 245 Teddington. Engl.

33.4. Drew, T. B. u. W. P. Ryan: Mechanism of heat transmission I. Distribution of heat flow about the circumference of a pipe in a stream of fluid. Ind. Engng. chem. Bd. 23 (1931) S. 945 und Trans. Amer. Inst. chem. Engr. Bd. 26 (1931) S. 118.

33.5. Gibson, A. H.: Heat dissipation from surfaces of pipes and cylinders in a air current. Philos. Mag. Bd. 47 (1924) S. 324.

33.6. Griffiths and Awberry: Heat Transfer bettwen Mettal Pipes and a Stream of Air. Proc. Instn. mech. Engr. Bd. 125 (1933) S. 316.

33.7. Hilpert: Wärmeabgabe von geheitzten Drähten und Rohren im Luftstrom. Forschung (4) 1933 S. 215.

33.8. Hughes, J. A.: On the cooling of cylinders in a stream of air. Philos. Mag., Lond. Bd. 31 (1916) Reihe 6 S. 118.

33.9. Kennelly, Wright u. van Bylevelt: The convection of heat from small copper wires. Trans. Amer. Instn. Engr. Bd. 28 (1909) S. 363.

33.10. King, L. V.: On the convection of heat from small cylinders in a stream of fluid. Trans. Roy. Soc., Lond. A Bd. 214 (1914) S. 373.

33.11. Klein, V.: Die Bestimmung der örtlichen Wärmeübergangszahlen an Rohren im Kreuzstrom durch Abschmelzversuche. Diss. Techn. Hochschule Hannover 1934. Auszug Arch. Wärmewirtsch. 1934 S. 150.

33.12. Lorisch, W.: Bestimmung der Wärmeübergangszahlen durch Diffusionsversuche. Forsch.-Heft 1929 Nr. 322.

33.13. Nusselt, W.: Die Kühlung eines Zylinders durch einen senkrecht zur Achse strömenden Luftstrom. Gesundh.-Ing. Bd. 45 (1922) S. 97.

33.14. Reiher, H.: Wärmeübergang von strömender Luft an Rohre und Rohrbündel im Kreuzstrom. Forsch.-Heft 1925 S. 269.

33.15. Small, J.: The average and local rates of heat transfer from the surface of a hot cylinder in a transverse stream of fluid. Philos. Mag. VII. Ser. Bd. 19 (1935) S. 251/260.

33.16. Schmidt, H.: Luftdurchlässigkeit von Wasserrohrkühlern in Kreuzstrom. Z. VDI Bd. 76 (1932) S. 273/276.

33.17. Thoma, H.: Hochleistungskessel. Berlin: Julius Springer 1921.

33.18. Ulsamer, J.: Die Wärmeabgabe eines Drahtes oder Rohres an einen senkrecht zur Achse strömenden Gas- oder Flüssigkeitsstromes. Forschung Bd. 3 (1932) S. 94.

33.19. Ulsamer, J.: Die Messung der Strömungsgeschwindigkeit im Zylinder eines Luftkompressors. Diss. München 1932.
33.20. Wamsler, Fr.: Die Wärmeabgabe geheizter Körper an Luft. VDI-Forsch.-Heft 1911 Nr. 98/99.

Rohre mit Füllkörpern. (L. 34.)

34.1. Colburn, A. C., Th. H. Chilton u. W. J. King: Heat transfer in packed tubes. Ind. Engng. Chem. Bd. 23 (1931) S. 910. Vgl. auch Forschung Bd. 3 S. 156.
34.2. Furnass, C. C.: Heat Transfer from a Gas stream to a bed of broken solids. Ind. Engng. Chem. Bd. 22 (1930) S. 27 u. 721.
34.3. Mach, E.: Druckverluste und Belastungsgrenzen von Füllkörpern. VDI-Forsch.-Heft 1935 Nr. 375.
34.4. Stack, H.: Der Einfluß von Füllkörpern auf die Wärmeabgabe von Gasen in Rohren. Diss. Techn. Hochsch. Hannover 1933.

Freie Strömung. (L. 35.)

35.1. Ackermann, G.: Die Wärmeabgabe eines horizontalen geheizten Rohres an kaltes Wasser bei natürlicher Konvektion. Forschung Bd. 3 (1932) S. 42.
35.2. Ayrton and Kilgouw: Thermal Emissivity of thin wires. Philos. Trans. Roy., Lond. A 183 (1892) S. 371.
35.3. Davis, A. H.: On the convective cooling of wires. Philos. Mag. Bd. 40 (1920) S. 692, Bd. 43 (1922) S. 329, Bd. 44 (1923) S. 920.
35.4. Beckmann, W.: Die Wärmeübertragung in zylindrischen Gasschichten bei natürlicher Konvektion. Forschung Bd. 2 (1931) S. 165.
35.5. Bugge, A.: Ergebnisse von Versuchen für den Bau warmer und billiger Wohnungen. Berlin: Julius Springer 1924.
35.6. Eberle, C.: Versuche über den Wärme- und Spannungsverlust bei der Fortleitung gesättigten und überhitzten Wasserdampfes. Forsch.-Heft 1909 Nr. 78 und Z. VDI 1908 S. 545.
35.7. Gregory, H. u. C. T. Archer: Proc. Roy. Soc., Lond. A Bd. 110 (1926) S. 9.
35.8. Griffiths E. u. A. H. Davis: The transmission of heat by radiation and convection. Food Investigation Bord. Spec. Rept. 9. Dep. Sci. and Ind. Research. London: H. M. Stationary Office 1931.
35.9. Griffiths, E. und Jakeman: The heat loss from the external surface of an hot pipe in air. Engineering 1927 (123) S. 1.
35.10. Heilman: Ind. Engng. Chem. Bd. 16 (1924) S. 451. Trans. Amer. Soc. mech. Engr. Bd. 51 (1929). Paper F. S. P. S. 257.
35.11. Hencky, K.: Untersuchung zur Isolation von Kühlräumen. Z. ges. Kälte-ind. 1915 S. 79/95.
35.12. Hencky, K.: Die Wärmeverluste durch ebene Wände. Oldenburg 1921.
35.13. Hermann, R.: Wärmeübergang bei freier Strömung am waagerechten Zylinder in zweiatomigen Gasen. Habil.schr. Aachen 1935. Vorver-öffentlichungen. Physik. Z. Bd. 33 (1932) S. 425/434, Bd. 34 (1933) S. 211; Z. angew. Math. Mech. Bd. 13 (1933) S. 433.
35.14. Jodlbauer, K.: Das Temperatur- und Geschwindigkeitsfeld um ein geheiztes Rohr bei freier Konvektion. Forschung Bd. 4 (1933) S. 157.
35.15. Kennelly, A. E., C. A. Wright u. J. S. van Bylevelt: The convection of heat from small copper wires. Trans. Amer. Inst. Electr. Engr. Bd. 28 (1909) S. 363.
35.16. Kimball, W. S. u. W. J. King: Theorie of heat conduction and convection from a law hot vertical plate. Philos. Mag. (13) Bd. 7 (1932) S. 888.
35.17. King, W. J.: Free convection. Mech. Engng. Bd. 54 (1932) S. 347.
35.18. Koch, W.: Wärmeabgabe geheizter Rohre. Beih. 22, Reihe 1 zum Gesundh.-Ing. 1927.
35.19. Kraussold, H.: Wärmeabgabe von zylindrischen Flüssigkeitsschichten bei natürlicher Konvektion. Forschung Bd. 5 (1934) S. 186/191.
35.20. Kreüger, H. u. A. Ericksson: Untersuchungen über das Wärmeisolierungs-vermögen von Baukonstruktionen. Berlin: Julius Springer 1923.

35.21. Langmuir, J.: Convection and conduction of heat in gases. Physiol. Rev. Bd. 34 (1912) S. 401.

35.22. Lorenz, H. H.: Die Wärmeübertragung von einer ebenen senkrechten Platte an Öl bei natürlicher Konvektion. Z. techn. Physik 1934 S. 362.

35.23. Lorenz, L.: Über das Leitvermögen der Metalle für Wärme und Elektrizität. Wiedermanns Ann. Bd. 13 (1881) S. 582.

35.24. Mc.Millian: The heat insulating properties of commercial steam pipe coverings. Mech. Engng. Bd. 37 (1915) S. 921/974, Bd. 48 (1925) S. 1269, Bd. 51 (1929) S. 349.

35.25. Mull, W. u. H. Reiher: Der Wärmeschutz von Luftschichten. Beih. 28, Reihe 1 zum Gesundh.-Ing. 1930.

35.26. Nusselt, W.: Wärmeabgabe eines waagerecht liegenden Drahtes oder Rohres in Flüssigkeiten oder Gasen. Z. VDI Bd. 73 (1929) S. 1475. Vgl. auch S. 1517.

35.27. Nusselt, W. u. W. Jürges: Das Temperaturfeld über einer lotrecht stehenden geheizten Platte. Z. VDI Bd. 72 (1928) S. 597/603.

35.28. Petavel, J. E.: Philos. Trans. Roy. Soc., Lond. A Bd. 191 (1898) S. 501, Bd. 197 (1901) S. 229.

35.29. Reutlinger, E.: Über den Einfluß des Kesselsteines auf Wirtschaftlichkeit von Heizvorrichtungen. Forsch.-Heft Nr. 94 1910.

35.30. Rice, C. W., Free u. Forced: Convection of heat. Trans. Amer. Inst. Engr. Bd. 42 (1923) S. 1228, Bd 43 (1924) S. 1141.

35.31. Rietschel-Gröber: Leitfaden der Heiz- und Lüftungstechnik, 9. Aufl. Berlin: Julius Springer.

35.32. Schmidt, E.: Versuche über den Wärmeübergang in ruhender Luft. Z. ges. Kälteind. Bd. 35 (1928) S. 213.

35.33. Schmidt, E. u. H. Kraussold: Versuche über Wärmeabgabe von Gliederheizkörpern. Gesundh.-Ing. Bd. 55 (1932) S. 49, 61, 77.

35.34. Schmidt, E. u. W. Beckmann: Das Temperatur- und Geschwindigkeitsfeld von einer Wärme abgebenden senkrechten Platte bei natürlicher Konvektion. Forschung Bd. 1 (1930) S. 341, 391.

35.35. Schmidt, E.: Schlierenaufnahmen des Temperaturfeldes in der Nähe wärmeabgebender Körper. Forschung Bd. 3 (1932) S. 181/189.

35.36. Schmidt, E.: Wärmeschutz durch Aluminiumfolie. Z. VDI Bd. 71 (1927) S. 1395.

35.37. Schropp, K.: Untersuchung über die Tau- und Reifbildung an Kühlrohren in ruhender Luft. Diss. Techn. Hochsch. München, Buchner 1934. Auszug. Z. ges. Kälteind. Bd. 42 (1935) S. 81/85.

35.38. Seeliger, R.: Physik. Z. Bd. 26 (1925) S. 282.

35.39. Voigt, H. u. O. Krischer: Wärmeübergang in zylindrischen Luftschichten bei natürlicher Konvektion. Forschung Bd. 3 (1932) S. 303.

35.40. Wamsler, F.: Die Wärmeabgabe geheizter Körper an Luft. Forsch.-Heft Nr. 98 1911.

35.41. Weber, S.: Ann. Physik 4. F., Bd. 54 (1917) S. 341.

35.42. Weise, R.: Wärmeübergang durch freie Konvektion an quadratischen Platten. Forschung Bd. 6 (1935) S. 281/292.

Laminarströmung. (L. 36.)

36.1. Colburn, A. P. u. O. H. Hougen: Studies in heat transmission. Univ. Wisconsin 1930.

36.2. Dittus, F. W.: Heat transfer from tubes to liquids in viscous motion. Univ. California 1929.

36.3. Drew, T. B., J. J. Hogan u. W. H. Mc.Adams: Heat transfer in stream-line flow. Ind. Engng. Chem. Bd. 23 (1931) S. 936, Bd. 24 (1932) S. 152.

36.4. Drew, T. B.: Publ. mass. Inst. Techn. Bd. 67 Nr. 61. Publ. Serial Nr. 284 (1931).

36.5. Graetz: Ann. Physik Bd. 18 (1883) S. 79 und Bd. 25 (1885) S. 237.

36.6. Holden u. White: Heat Transfer in stream-line flow. Ind. Engng. Chem. Bd. 23 (1931) S. 943.

36.7. Jakob, M. u. H. Eck: Über den Wärmeaustausch zäher Flüssigkeiten im Rohr. Forschung Bd. 3 (1932) S. 121.

36.8.   Kraussold, H.: Die Wärmeübertragung bei zähen Flüssigkeiten in Rohren.
        VDI-Forsch.-Heft 1931 Nr. 351.
36.9.   Kraussold, H.: Neue amerikanische Versuche über den Wärmeübergang
        an Flüssigkeiten bei Laminarströmung. Forschung Bd. 3 (1932) S. 21.
36.10. Kirkbride, C. G. u. W. L. McCabe: Heat transfer to liquids in viscons
        flow. Ind. Engng. Chem. Bd. 23 (1931) S. 625.
36.11. Lévêque: Les Lois de la Transmission de la Chaleur par Concretion Ann.
        Mines Bd. 13 (1928) Serie 12 S. 381.
36.12. Morris, F. H. u. W. G. Whitman: Heat Transmission for oils and Water
        in Pipes. Ind. Engng. Chem. Bd. 20 (1928) S. 234.
36.13. Nusselt, W.: Die Abhängigkeit der Wärmeübergangszahl von der Rohr-
        länge. Z. VDI Bd. 54 (1910) S. 1154/1158.
        Vgl. auch *L. 31.70.*

Diffusion und Verdunstung. (L. 37.)

37.1.   Ackermann, G.: Das Lewissche Gesetz für das Zusammenwirken von
        Wärmeübergang und Verdunstung. Forschung Bd. 5 (1934) S. 95/100.
37.2.   Ackermann, G.: Theorie der Verdunstungskühlung. Ing.-Arch. 1934
        S. 124.
39.3.   Cooper, C. M., T. W. Drew u. W. H. McAdams: Isothermal flow of
        liquids layers. Ind. Engng. Chem. Bd. 26 (1934) S. 428/431.
37.4.   Gilliland, E. R. u. T. K. Sherwood: Diffusion of Vapers into Air
        Stream. Ind. Engng. Chem. Bd. 26 (1934) S. 516- Auszug: Forschung
        Bd. 6 (1935) S. 53.
37.5.   Hilpert, R.: Verdunstung und Wärmeübergang an senkrechten Platten
        in ruhender Luft. Forsch.-Heft Nr. 355 1932.
37.6.   Hoffmann, W.: Wärmeübergang und Diffusion. Forschung Bd. 6 (1935)
        S. 293/304.
37.7.   Kettenacker, L.: Über ein neues Verfahren zur Bestimmung der Wärme-
        übergangszahlen. Forschung Bd. 1 (1930) S. 439.
37.8.   Lewis, W. K.: The evaporation of a liquid into a gas. Mech. Engng. Bd. 44
        (1922) S. 445, Bd. 55 (1933) S. 567.
37.9.   Matousek, Über die Wärmeübergangs- und Verdunstungszahl bei künst-
        lich belüfteten Verdunstungskühlern mit senkrechten ebenen oder
        zylindrischen von Wasser berieselten Wänden. Diss. Techn. Hochsch.
        München 1933.
37.10. Merkel, F.: Verdunstungskühlung. Forsch.-Heft 1925 Nr. 275.
37.11. Nusselt, W.: Wärmeübergang, Diffusion und Verdunstung. Z. angew.
        Math. Mech. Bd. 10 (1930) S. 105.
37.12. Schmidt, E.: Verdunstung und Wärmeübergang. Gesundh.-Ing. Bd. 52
        (1929) S. 525.
37.13. Schropp, K.: Untersuchung über die Tau- und Reifbildung an Kühlrohren
        in ruhender Luft. Diss. Techn. Hochsch. München, Buchner 1934.
        Auszug: Z. ges. Kälteind. Bd. 42 (1935) S. 81/85.
37.14. Wintergerst, E.: Bestimmung der Diffusionszahl von Ammoniak. Ann.
        Physik Bd. 4 (1930) S. 323/251.
37.15. Wirth, Th.: Beitrag zur Berechnung künstlich belüfteter Rückkühlwerke.
        Diss. Techn. Hochsch. Hannover 1931.
37.16. Wolff, Fr.: Untersuchungen über Wasserrückkühlung in künstlich be-
        lüfteten Kühlwerken. Oldenburg 1928.
        Vgl. weiter *L. 33.11* u. *33.15.*

Siedende Flüssigkeit (Verdampfung). (L. 38.)

38.1.   Alty, T.: The maximum Rate of Evaporation of Water. Philos. Mag. A,
        7. Serie Bd. 15 (1933) S. 82; Proc. Roy. Soc., Lond. A Bd. 149 (1935) S. 104.
38.2.   Austin, L.: Über den Wärmedurchgang durch Heizflächen. Z. VDI
        Bd. 46 (1902) S. 1890, oder Forsch.-Heft 1903 S. 7.
38.3.   Badger, W. L.: Heat transfer and evaporation. Chem. Cat. Co. New York
        1926. (Mit ausführlichem Verzeichnis der amerikanischen Literatur.)
38.4.   Badger, W. L. u. P. W. Shepard: Chem. metallurg. Engng. Bd. 23 (1920)
        S. 390/393.

38.5. Bosnjakovic, F.: Verdampfung und Flüssigkeitsüberhitzung. Forschung Bd. 1 (1930) S. 358.
38.6. Claassen, H.: Die Wärmeübertragung bei der Verdampfung von Wasser. Z. VDI Bd. 46 (1902) S. 408, oder Forsch.-Heft Nr. 4. 1902.
38.7. Campagne, C. A.: Ein neuartiges indirektes Heizelement (Haag-Rohr). Forschung Bd. 1 (1930) S. 409.
38.8. Cleve, K.: Modellversuche über den Wasserumlauf in Steil- und Schrägrohrkesseln. Forsch.-Heft 1929 S. 322.
38.9. Cryder, D. S. u. E. R. Gilliland: Refrig. Engng. Bd. 25 (1933) S. 78.
38.10. ₒFehrmann: Über den Wärmedurchgang an Heizkörpern von Dampfmaschinen. Z. VDI Bd. 63 (1919) S. 974/977.
38.11. Heidrich, A.: Über die Verdampfung des Wassers bei Siedeverzug. Diss. Techn. Hochsch. Aachen 1931.
38.12. Hausbrand-Hirsch: Verdampfen, Kondensieren und Kühlen. Berlin: Julius Springer 1931.
38.13. Holborn, L. u. W. Dittenberger: Wärmedurchgang durch Heizflächen. Forsch.-Heft 1901 S. 2, oder Z. VDI 1900 S. 1724.
38.14. Jakob, M. u. W. Fritz: Versuche über den Verdampfungsvorgang. Forschung (2) 1931 S. 435.
38.15. Jakob, M.: Kondensation und Verdampfung. Z. VDI Bd. 76 (1932) S. 1161/1170.
38.16. Jakob, M. u. W. Linke: Der Wärmeübergang von einer waagerechten Platte an siedendes Wasser. Forschung Bd. 4 (1933) S. 75.
38.17. Jakob, M. u. W. Linke: Der Wärmeübergang beim Verdampfen von Flüssigkeiten an senkrechten Flächen. Physik. Z. Bd. 36 (1935) S. 267—280.
38.18. Jaroscheck, K.: Wärmedurchgang beim Kestner-Verdampfer. Wärme Bd. 57 (1934) S. 308 u. 341.
38.19. Jurgensen, D. F. u. G. H. Montillon: Heat transfer coeff. on inclined tubes. Ind. Engng. Chem. Bd. 27 (1935) S. 1466/1475.
38.20. Kirschbaum, E.: Wärmeübergang am senkrechten Verdampferrohr. VDI-Forsch.-Heft 1935 Nr. 375.
38.21. Kranz, B.: Untersuchungen über den Wärmeübergang in Verdampferapparaten, Beiheft 15. Verlag Chemie G. m. b. H. 1935.
38.22. Pridgeon, L. A. u. W. L. Badger: Ind. Engng. Chem. Bd. 16 (1924) S. 474.
38.23. Queisser: Die Grundlagen der Dampferzeugung beim kritischen Druck. Diss. Berlin 1931.
38.24. Reutlinger, E.: Über den Einfluß des Kesselsteins auf Wirtschaftlichkeit von Hemmvorrichtungen Z. VDI Bd. 54 (1910) S. 545 oder Forsch.-Heft Nr. 94.
38.25. Schreber, K.: D. P. J. 345 111. Jg. (1930) S. 189 und 346 112. Jg. (1931) S. 21.
38.26. Schreber, K.: Der Vorgang der Dampfentwicklung. Z. techn. Physik Bd. 14 (1933) S. 81.

Kondensation. (L. 39.)

39.1. McAdams, W. H. u. T. H. Frost: Heat Transfer. Ind. Engng. Chem. Bd. 14 (1922) S. 13/18.
39.2. McAdams, W. H., T. K. Sherwood u. R. L. Turner: Heat transmission from condensing steam to water in surface condensers and feedwater heaters. Trans. Amer. Soc. mech. Engr. Bd. 48 (1926) S. 1233.
39.3. Colburn, A. P.: Calculation of condensation with a portion of condensate layer in turbulent motion. Ind. Engng. Chem. Bd. 26 (1934) S. 432/434.
39.4. Claassen, H.: Die Wärmeübertragung bei der Verdampfung von Wasser und von wässerigen Lösungen. Z. VDI Bd. 46 (1902) S. 418.
39.5. Claassen, H.: Der Einfluß der Überhitzung des Dampfes auf den Wärmeübergang. Z. VDI Bd. 77 (1933) S. 114 und Bd. 78 (1934) S. 1194.
39.6. English u. Donkin: Transmission of heat from surface condensation trougt metal cylinders. Proc. Instn. mech. Engr. 1896 S. 501.
39.7. Hebbard, G. M. u. W. L. Badger: Steam-film heat transfer coefficients for vertical tubes. Ind. Engng. Chem. Bd. 26 (1934) S. 420/424.
39.8. Held, van der: Einfluß des Luftgehaltes auf die Kondensation. Physica Bd. 1 (1935) S. 1153.

39.9.   Jakob, M. u. S. Erk: Der Wärmeübergang beim Kondensieren von Heiß-
        und Sattdampf. Forsch.-Heft Nr. 310. 1928.
39.10. Jakob, M., S. Erk u. H. Eck: Der Wärmeübergang in einem waage-
        rechten Rohr beim Kondensieren von Satt- und Heißdampf. Z. VDI
        Bd. 73 (1929) S. 1517.
39.11. Jakob, M. u. S. Erk: Temperaturverlauf und Turbulenz beim Konden-
        sieren von Heißdampf im Rohr. Forschung Bd. 1 (1930) S. 46/52.
39.12. Jakob, M.: Kondensation und Verdampfung. Z. VDI Bd. 76 (1932)
        S. 1161/1170.
39.13. Jakob, M., S. Erk u. H. Eck: Verbesserte Messungen und Berechnungen
        des Wärmeüberganges beim Kondensieren strömenden Dampfes in einem
        vertikalen Rohr. Physik. Z. Bd. 36 (1935) S. 73/84.
39.14. Jungnitz, G.: Beitrag zur Frage des Wärmedurchganges in Oberflächen-
        kondensatoren. Diss. Techn. Hochsch. Berlin 1931. Auszug Arch.
        Wärmewirtsch. 1932 S. 178.
39.15. Kirkbride: Heat Transmission by condensing pure and mixed Substances
        on horizontal tubes. Ind. Engng. Chem. Bd. 35 (1933) S. 1324/1331.
39.16. Kirkbride, C. G.: Heat transfer by condensing vapor in vertical tubes.
        Ind. Engng. Chem. Bd. 26 (1934) S. 425/428.
39.17. Lang, M.: Heißdampfkondensation als Schwingungsproblem. Forschung
        Bd. 5 (1934) S. 212.
39.18. Langen, E.: Einfluß des Luftgehaltes auf den Wärmeübergang bei kon-
        densierendem Dampf. Forschung Bd. 2 (1931) S. 359/369.
39.19. Linden, C. M. u. G. H. Montillon: Heat transmission in an experimental
        inclined tube-evaporator. Ind. Engng. Chem. Bd. 22 (1930) S. 708.
39.20. Logan, Tryen u. Badger: Heat Transfer Coeff. in an Vert. Tube
        Condenser. Ind. Engng. Chem. Bd. 26 (1934) S. 1044.
39.21. Monrod, C. C. u. W. L. Badger: The Condensation of Vapors. Ind. Engng.
        Chem. Bd. 22 (1930) S. 1103/1112.
39.22. Nusselt, W.: Die Oberflächenkondensation des Wasserdampfes. Z. VDI
        Bd. 60 (1916) S. 541/546, 569/575.
39.23. Othmer: The Condensation of steam. Ind. Engng. Chem. Bd. 21 (1929)
        S. 1407.
39.24. Rhodes, F. R. u. K. R. Younger: Rate of heat transfer between con-
        densing organic vapors and a metal tube. Ind. Engng. Chem. Bd. 27
        (1935) S. 957/961.
39.25. Schmidt, E., W. Schurig u. Sellschopp: Versuche über die Konden-
        sation von Wasserdampf in Film- und Tropfenform. Forschung Bd. 1
        (1930) S. 53/63.
39.26. Stender, W.: Der Wärmeübergang bei kondensierendem Heißdampf.
        Z. VDI Bd. 69 (1925) S. 905. Zuschriften an die Redaktion S. 1339,
        vgl. auch Wärme Bd. 53 (1930) S. 65/67.
39.27. Ternes, K.: Luft im Kondensator. Wärme 1929 S. 669.

Anwendungen. (L. 40.)

40.1.   Dehn, K.: Untersuchung von Automobilkühlern. VDI-Forsch.-Heft 1932
        Nr. 342.
40.2.   Doblhoff, W. von: Untersuchung von Automobilkühlern. VDI-Forsch.-
        Heft 1910 Nr. 93.
40.3.   Hase, G.: Versuche über den Wärmeübergang in Luftkühler. Z. ges.
        Kälteind. 1933 S. 149.
40.4.   Lorenz, H.: Wärmeabgabe und Widerstand von Kühlerelementen. Abh.
        Aerod. Inst. Techn. Hochsch. Aachen 1933 Heft 13.
40.5.   Parsons, S. R. u. D. R. Harper: Radiators for Aircraft engines. Tech.
        Pap. Bur. Stand. Nr. 211. Washington 1922.
40.6.   Pülz, W.: Kühlung und Kühler für Flugmotoren. Berlin: R. C. Schmidt
        1920. Mit ausführlichem Literaturverzeichnis.

Druck der Universitätsdruckerei H. Stürtz A.G., Würzburg.

Additional material from *Die Wärmeübertragung,*
ISBN 978-3-662-33641-0, is available at http://extras.springer.com